U0348861

2014年国家社科基金年度项目（立项编号：14BZX067）

厦门大学2018年度校长基金·创新团队项目
"多维视野下闽台朱子学之前沿问题研究"（项目编号：2072018001）

实验知识论研究

曹剑波 著

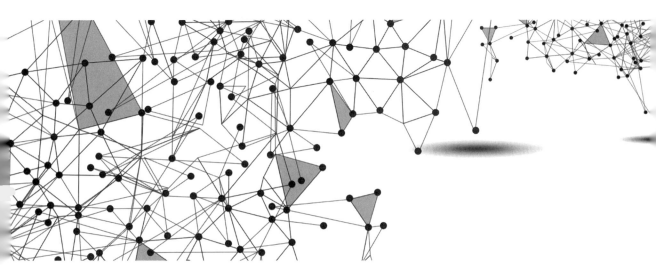

厦门大学出版社 | 国家一级出版社
XIAMEN UNIVERSITY PRESS | 全国百佳图书出版单位

图书在版编目(CIP)数据

实验知识论研究/曹剑波著. —厦门:厦门大学出版社,2018.6
ISBN 978-7-5615-7014-2

Ⅰ.①实… Ⅱ.①曹… Ⅲ.①科学哲学 Ⅳ.①N02

中国版本图书馆 CIP 数据核字(2018)第 135242 号

出 版 人	郑文礼
责任编辑	文慧云

出版发行 厦门大学出版社

社 址	厦门市软件园二期望海路 39 号
邮政编码	361008
总 编 办	0592-2182177 0592-2181406(传真)
营销中心	0592-2184458 0592-2181365
网 址	http://www.xmupress.com
邮 箱	xmup@xmupress.com
印 刷	厦门集大印刷厂

开本	787mm×1092mm 1/16
印张	18.5
字数	432 千字
版次	2018 年 6 月第 1 版
印次	2018 年 6 月第 1 次印刷
定价	78.00 元

本书如有印装质量问题请直接寄承印厂调换

厦门大学出版社
微信二维码

厦门大学出版社
微博二维码

内容摘要

"实验哲学是近年来哲学上最令人兴奋和最有争议的发展成果之一。"(查默斯语)实验知识论是十余年来伴随实验哲学运动而产生的一种新兴的知识论。传统的分析知识论凭借哲学家的直觉和思辨分析的方法来研究知识论的问题,而实验知识论主要用问卷调查的方法来检测普通大众对知识论问题的直觉,从而为解答知识论问题提供实证数据。一切可以实验化的分析知识论问题都是实验知识论研究的对象。

我们的主要研究有:(1)较系统、全面地介评实验知识论 10 余年来的研究成果;(2)以中国人为研究对象,较系统地研究种族、社会经济地位、教育、问题提供的方式等因素对知识归赋直觉的影响;(3)较为系统地调查了中国普通大众对知识定义的看法以及他们是如何进行知识归赋的;(4)创建知识归赋的广义语境主义理论来解释知识归赋直觉的多样性;(5)反驳对实验哲学的质疑。

关键词:实验知识论;知识归赋;直觉;普通大众

前　言

一、国内外实验知识论研究现状

温伯格（Jonathan M.Weinberg）、尼科尔斯（Shaun Nichols）和施蒂希（Stephen P. Stich）在 2001 年发表的《规范性与认知直觉》[1]一文，是知识论发展的里程碑，标志着实验知识论（experimental epistemology，或 X-epistemology[2]）的诞生。该文一石激起千层浪，知识论学家们对新生的实验知识论的合法性展开了激烈的论争。他们对待实验知识论的态度主要有四种。第一种是以索萨（Ernest Sosa）[3]、威廉姆森（Timothy Williamson）、路德维格（Kirk Ludwig）[4]和伍尔福克（Robert L. Woolfolk）[5]为代表的强烈反对者，对实验方法作了毫不留情的批评，他们的批评集中在：质疑问卷过程中自我报告的可信性；质疑测量的有效性和可靠性；质疑抽样、随机分配问卷的恰当性；质疑研究报告的严谨性等。第二种是以席培尔（Joseph Shieber）[6]、霍瓦思（Joachim Horvath）[7]、格伦德曼（Thomas Grundmann）[8]、基珀（Jens Kipper）[9]和霍夫曼（Frank Hofmann）[10]等为代表的温和反对

---

[1]　Jonathan M.Weinberg，Shaun Nichols & Stephen P. Stich，"Normativity and Epistemic Intuitions"，in Joshua Knobe & Shaun Nichols（eds.），*Experimental Philosophy*，Oxford：Oxford University Press，2008，pp.17-46.

[2]　X-"知识论"即"未知知识论"，表示作为一种新的知识论其前景是未知的。

[3]　Ernest Sosa，"Intuitions and Meaning Divergence"，*Philosophical Psychology*，2010（23：4）：419-426.

[4]　Kirk Ludwig，"Intuitions and Relativity"，*Philosophical Psychology*，2010（23：4）：427-445.

[5]　Robert L. Woolfolk，"Experimental Philosophy：A Methodological Critique"，*Metaphilosophy*，2013（44：1－2）：79-87.

[6]　Joseph Shieber，"On the Nature of Thought Experiments and a Core Motivation of Experimental Philosophy"，*Philosophical Psychology*，2010（23：4）：547-564.

[7]　Joachim Horvath，"How（Not）to React to Experimental Philosophy"，*Philosophical Psychology*，2010（23：4）：447-480.

[8]　Thomas Grundmann，"Some Hope for Intuitions：A Reply to Weinberg"，*Philosophical Psychology*，2010（23：4）：481-509.

[9]　Jens Kipper，"Philosophers and Grammarians"，*Philosophical Psychology*，2010（23：4）：511-527.

[10]　Frank Hofmann，"Intuitions，Concepts，and Imagination"，*Philosophical Psychology*，2010（23：4）：529-546.

者,总体上同情实验的方法,但主张研究知识论的主要方法仍然是传统的分析方法。第三种是以诺布(Joshua Knobe)、尼科尔斯(Shaun Nichols)、亚历山大(Joshua Alexander)[①]、普林茨(Jesse J. Prinz)、科恩布里斯(Hilary Kornblith)、罗斯(David Rose)和丹克斯(David Danks)[②]等为代表的温和支持者,倡导把实验方法看作"往哲学家的工具箱里添加另一种工具"[③],主张把实验方法当作知识论研究的新方法。第四种是以纳罕姆斯(Eddy Nahmias)、莫里斯(Stephen Morris)、纳德霍夫尔(Thomas Nadelhoffer)和特纳(Jason Turner)[④]等为代表的强烈支持者,主张抛弃传统知识论的研究方法,全面采用实验方法从事知识论研究。

无论如何,实验知识论已经在事实上成为了知识论的一个新的分支。与以往的分析知识论不同,实验知识论借用社会科学的方法(如问卷调查、典型或个案研究、统计分析等)和认知科学的方法(如认知负荷研究、眼球追踪研究、功能磁共振成像技术、反应时研究等)为研究知识论问题提供实证数据,以此探求解答知识论难题的新途径,提出知识论新发现的重要手段。实验知识论不仅为分析知识论提供方法上的补充,还可以改进传统的研究知识论问题的方法。

不少哲学家主张,哲学的核心工作是概念分析。例如,黑格尔指出:"哲学是概念性的认识"[⑤],维特根斯坦断言"哲学研究:概念研究"[⑥],普林茨也说:"概念分析是哲学的核心工具",并说"我们称为'哲学'的东西在很大部分展现了概念澄清工作。因此,毫不奇怪的是,最占主导地位的哲学方法之一是概念分析"。[⑦] 作为哲学重要分支的主流知识论也是采用概念分析的方法,力图通过把某个概念分解为基本组成部分来精确界定概念的定义,并用精确性来衡量概念分析的进步性。在确定某个重要的哲学概念的定义后,人们经常会用不同的可能情况来检验这个定义是否恰当,是否获得了某个概念的充分必要条件。分析知识论学者的结论因而是必然的,其表现形式可能是:"在这种情况下,人们肯定会说……"

分析知识论学者凭借他们自己的想象构建特殊的案例,并通过思辨对其进行分析,得出自己的结论,其结论往往依赖于他们个人的直觉。依赖分析知识论学者自己的直觉是

---

① Joshua Alexander, *Experimental Philosophy: An Introduction*, Cambridge: Polity Press, 2012.

② David Rose & David Danks, "In Defense of a Broad Conception of Experimental Philosophy", *Metaphilosophy*, 2013(44:4):512-532.

③ Joshua Knobe & Shaun Nichols (eds.), *Experimental Philosophy*(Volume 1), Oxford: Oxford University Press, 2008, p.10.

④ Eddy Nahmias, Stephen G. Morris, Thomas Nadelhoffer & Jason Turner, "Is Incompatibilism Intuitive?" in Joshua Knobe & Shaun Nichols (eds.), *Experimental Philosophy*(Volume 1), Oxford: Oxford University Press, 2008, pp.81-104.

⑤ [德]黑格尔著,贺麟译:《小逻辑》,北京:商务印书馆 1980 年,第 327 页。

⑥ Ludwig Wittgenstein, *Zettel*, Oxford: Basil Blackwell, 1967, §458.

⑦ Jesse J. Prinz, "Empirical Philosophy and Experimental Philosophy", in Joshua Knobe and Shaun Nichols(eds.), *Experimental Philosophy*, Oxford: Oxford University Press, 2008, p.190.

分析知识论的重要特征。① 问题在于:分析知识论学者个人的直觉是否必然可靠? 而且知识论专家爱以"任何正常人都有共同的直觉"为常识、为公理,并以本己的直觉代表大众的直觉,然而,专家的直觉真的能够代表大众的直觉吗? 基于分析知识论学者直觉的理论阐释,由于缺乏事实性的证据支持,不可避免地带有某种程度的模糊性和主观性,容易造成知识论理论上的歧义纷争、莫衷一是。

实验知识论的产生正是根源于分析哲学概念分析方法的局限性,根源于对专家直觉的质疑。实验知识论学者研究的问题与分析哲学家相同,然而,与分析知识论学者闭门造车、反躬自问不同,实验知识论以实验方法来解决知识论问题,通过实验的方式来获取普通大众对各种知识论案例反应的相关数据,从而对原本属于知识论学者主观判断或概念分析的问题加以解释,得出某些实证的结果。实验知识论学者的结论因而是或然的,其表现形式可能是:"在这种情况下,65%的受试者说……"② 实验知识论学者并不重视用其他概念来分析某个概念。相反,他们强调对影响某个概念应用的那些因素进行说明,特别是对构成这些应用基础的内在心理进程进行说明。实验知识论不是用概念分析的精确性来衡量进步,而是用能够获得的解释深度来衡量进步。

实验知识论反对未经检验的、关于知识论问题的直觉看法,在知识论问题的研究上,主张把实验方法与思辨方法结合起来。实验知识论学者借助其他学科的方法来补充自己手中的"工具",借鉴系统的实验方法来"援助"知识论,为"知识论研究的工具箱里"增添"新工具",给知识论的观点提供一些经验性的"证据"。

实验知识论的出现,是知识论研究方法的重大变革。10 多年来,各类学术刊物出版了大量实验知识论的论文,哈佛、牛津、剑桥等著名大学出版社也出版了多本相关著作。国外知识论学界还成立了各类实验知识论研究机构和学术团体。实验知识论目前代表性的成果集中在 4 本论文集和 4 本专著中。4 本论文集分别是《实验知识论的进展》③、《实验哲学》(卷 1)④、《实验哲学》(卷 2)⑤和《实验哲学及其批评者》⑥;4 本专著分别是《实验

① 基于分析知识论重思辨轻实验,实验知识论学者把分析知识论称为"扶手椅知识论(armchair epistemology)",这是一种贬义的称谓。英语"armchair"作名词时是扶手椅、单人沙发;作形容词时常为贬义,即光说不练的、只说不做的、空谈的、脱离实际的、安逸的。

② Joshua Knobe & Shaun Nichols(eds.), *Experimental Philosophy*, Oxford: Oxford University Press,2008,p.4.

③ James R. Beebe(ed.), *Advances in Experimental Epistemology: Advances in Experimental Philosophy Series*, London: Bloomsbury Academic,2014.

④ Joshua Knobe & Shaun Nichols (eds.), *Experimental Philosophy*(Volume 1), Oxford: Oxford University Press,2008.《实验哲学》一书,可以视为实验哲学兴起的一个里程碑式的标志。该书收录了近年来实验哲学的主要研究成果,综合反映了该领域的最新研究状况。

⑤ Joshua Knobe & Shaun Nichols (eds.), *Experimental Philosophy*(Volume 2), Oxford: Oxford University Press,2014.

⑥ Joachim Horvath & Thomas Grundmann(eds.), *Experimental Philosophy and its Critics*, New York: Routledge,2012.

哲学导论》①、《伦理学中的实验》②、《没有直觉的哲学》③和《传统哲学和实验哲学读本》④。美国、英国、德国、法国和荷兰等欧洲国家,出现了不少做哲学实验的哲学家,并形成了一些有影响的团队,创建了几十所哲学实验室。目前比较有影响的实验室有美国的耶鲁大学的实验哲学实验室(Yale's Experimental Philosophy Lab)、亚利桑那州大学的实验哲学实验室(Arizona's Experimental Philosophy Lab)、圣地亚哥州立大学哲学系的实验哲学实验室(San Diego's Experimental Philosophy Laboratory)、希莱纳大学哲学系的行为哲学实验室(Schreiner's Behavioral Philosophy Lab)、英国谢菲尔德大学恒生认知研究中心(Hang Seng Centre for Cognitive Studies)、意大利帕维亚大学哲学系创建的计算哲学实验室(Pavia's Computational Philosophy Laboratory)、加拿大西蒙·弗雷泽大学哲学系创建的逻辑与实验哲学实验室(Simon Fraser's Laboratory for Logic and Experimental Philosophy),等等。专业的实验知识论团队和实验室有纽约州立大学布法罗分校实验知识论研究小组(Buffalo's Experimental Epistemology Research Group)和印第安纳大学哲学系的实验知识论实验室(Indiana's Experimental Epistemology Lab)。2011 年 6 月厦门大学知识论与认知科学研究中心成立;2013 年 6 月国内第一所哲学实验室"厦门大学哲学实验室"成立;2015 年 12 月由厦门大学校长基金资助的知识论与认知科学研究创新团队成立;截至 2017 年 6 月 30 日,"知识论与实验哲学研究"学术沙龙已经成功举办72 期⑤。各种实验哲学的会议和论坛在世界各地不断举行,实验哲学学会、专门网站和在线期刊相继创立,一片欣欣向荣的景象,引领哲学研究的前沿。实验知识论极大地挑战了传统知识论的许多结论,提出了许多重要的新发现。

实验知识论挑战分析知识论的一些重要共识的方面有:

(1)对葛梯尔型直觉的挑战。在主流的分析知识论者看来,葛梯尔化的主体没有知识,这种看法被称为葛梯尔型直觉。《规范性与认知直觉》⑥、《调查驱动的浪漫主义》⑦和《知识的大众概念》⑧等文通过实验发现,外行和非西方人倾向于认为葛梯尔主体有知识。

---

① Joshua Alexander, *Experimental Philosophy: An Introduction*, Cambridge: Polity Press, 2012. 《实验哲学导论》聚焦于实验哲学和传统分析哲学的目标与方法的关系,并详尽地审视了实验哲学中截然不同的哲学计划,解读了各自独特的贡献、优势与不足。该书把实验哲学放在当代和历史的语境中,阐释了其目标和方法,并通过与实验哲学批评者的交锋,批判性地评价了实验哲学中重要的主张和论证。

② Anthony Appiah, *Experiments in Ethics*, Cambridge: Harvard University Press, 2008.

③ Herman Cappelen, *Philosophy without Intuitions*, Oxford: Oxford University Press, 2012.

④ Fritz Allhoff, Ron Mallon & Shaun Nichols, *Philosophy: Traditional and Experimental Readings*, Oxford: Oxford University Press, 2012.

⑤ http://epistemology.xmu.edu.cn/

⑥ Jonathan M. Weinberg, Shaun Nichols & Stephen P. Stich, "Normativity and Epistemic Intuitions", in Joshua Knobe and Shaun Nichols(eds.), *Experimental Philosophy*, Oxford: Oxford University Press, 2008, pp.17-46.

⑦ Simon Cullen, "Survey Driven Romanticism", *Review of Philosophy and Psychology*, 2010(1: 2):275-296.

⑧ Christina Starmans & Ori Friedman, "The Folk Conception of Knowledge", *Cognition*, 2012 (124):272-283.

《知识是确证的真信念吗?》①和《一种引人注目的艺术:葛梯尔案例的测试》②用三分(tri-partite)结构设计方法指导参与者评估葛梯尔案例,结果发现,外行和非西方人都明确认为葛梯尔主体没有知识。《外行否认知识是确证的真信念》③用实验系统地研究了葛梯尔型案例中知识归赋与确证归赋之间的关系,结果发现:外行与哲学家相似,都不会把确证的真信念当作是知识;葛梯尔型直觉是非常坚实的,不受参与者的年龄、性别和种族的影响。受试者的个体特征是否会影响葛梯尔案例的知识归赋,是实验知识论争论的一个焦点问题。

(2)挑战蕴涵理论的实验研究。蕴涵理论主张,知识蕴涵信念。换言之,如果你知道P,那么你必定相信P。《知道P而不相信P》④用实验数据试图把当代知识论从蕴涵论题的教条主义迷梦中唤醒,初步证明:知识蕴涵理论并不像知识论者常说的那样,是明显的、无争议的,也不是广泛接受的;反蕴涵理论既不特殊,也不悖常理。《凭借厚的和薄的信念》⑤通过把信念分为厚(thick)信念和薄(thin)信念,对反蕴涵理论提出了批判,主张有修饰的蕴涵理论,认为知识蕴涵薄的信念。《上帝知道(然而上帝相信吗?)》⑥用地球中心案例重新挑战了蕴涵论题,并用信念的确信来解释为什么蕴涵论题是错误的。

实验知识论提出了许多重要的新发现,这些发现有:

(1)知识归赋具有风险敏感性。归赋者语境主义和利益相关的不变主义都主张,知识归赋具有风险敏感性。然而,《当事情不太重要时,你知道更多吗?》⑦、《实践利益、相关选择项和知识归赋:一个实验的研究》⑧、《周六知识没有关闭:日常语言的研究》⑨、《风险对证据不重要的证据》⑩等文,通过几个独立的实验发现,风险在知识归赋中并不重要。与

①　John Turri,"Is Knowledge Justified True Belief?" *Synthese*,2012(184:3):247-259.

②　John Turri,"A Conspicuous Art:Putting Gettier to the Test",*Philosophers' Imprint*,2013(13:10):1-16.

③　Jennifer Nagel,San Juan Valerie & A. Mar Raymond,"Lay Denial of Knowledge for Justified True Beliefs",*Cognition*,2013(129):652-661.

④　Blake Myers-Schulz & Eric Schwitzgebel,"Knowing That P Without Believing That P",*Noûs*,2013(47:2):371-384.

⑤　Wesley Buckwalter,David Rose & John Turri,"Belief Through Thick and Thin",*Noûs*,2015(49:4):748-775.

⑥　Dylan Murray,Justin Sytsma & Jonathan Livengood,"God Knows (but Does God Believe?)",*Philosophical Studies*,2013(166):83-107.

⑦　Adam Feltz & Chris Zarpentine,"Do You Know More When It Matter Less?" *Philosophical Psychology*,2010(23:5):683-706.

⑧　Joshua May,Walter Sinnott-Armstrong,Jay G. Hull & Aaron Zimmerman,"Practical Interests,Relevant Alternatives,and Knowledge Attributions:An Empirical Study",*Review of Philosophy and Psychology*,2010(1:2):265-273.

⑨　Wesley Buckwalter,"Knowledge Isn't Closed on Saturday:A Study in Ordinary Language",*Review of Philosophy and Psychology*,2010(1):395-406.

⑩　Mark Phelan,"Evidence that Stakes Don't Matter for Evidence",*Philosophical Psychology*,2014(27:4):488-512.

此不同,《知识、实验和实践利益》①、《对比知识调查》②、《利益相关的不变主义的经验检验》③和《知识、风险和错误》④等文则发现,风险在知识归赋中具有十分重要的作用,以往没有检测出知识归赋的风险效应的实验存在着四个方面的设计错误:错误的第三方提问方式;没有测试正确的变量;有叙述者暗示问题;存在抑制效应。

(2)发现了知识归赋的副作用效应(或称为诺布效应)。这些研究有:《认知副作用效应》⑤、《诺布效应案例中信念和反思的中心性》⑥、《知识与行动之间的令人惊奇的联系:认知副作用效应的稳定性》⑦、《葛梯尔制造了认知副作用效应》⑧、《什么可能更坏:认知副作用效应的概率解释》⑨、《葛梯尔化的诺布效应》⑩、《认知副作用效应知识的问题》⑪等。

(3)在知识论其他问题上的发现还有:《规范性与认知直觉》⑫、《元怀疑主义:人类知识论沉思》⑬、《哲学直觉的不稳定性》⑭等对各类认知直觉的不稳定性进行了研究;《大众

① Nestor Ángel Pinillos, "Knowledge, Experiments and Practical Interests", in Jessica Brown & Mikkel Gerken(eds.), *New Essays on Knowledge Ascriptions*, Oxford: Oxford University Press, 2012, pp.192-219.

② Jonathan Schaffer & Joshua Knobe, "Contrastive Knowledge Surveyed", *Noûs*, 2012(46:4):675-708.

③ Chandra Sekhar Sripada & Jason Stanley, "Empirical Tests of Interest-relative Invariantism", *Episteme*, 2012(9:1):3-26.

④ Wesley Buckwalter & Jonathan Schaffer, "Knowledge, Stakes, and Mistakes", *Noûs*, 2015(49:2):201-234.

⑤ James R. Beebe & Wesley Buckwalter, "The Epistemic Side-Effect Effect", *Mind & Language*, 2010(25):474-498.

⑥ Mark Alfano, James Beebe & Brian Robinson, "The Centrality of Belief and Reflection in Knobe-Effect Cases", *The Monist*, 2012(95:2):264-289.

⑦ James R. Beebe & Mark Jensen, "Surprising Connections Between Knowledge and Action: The Robustness of the Epistemic Side-Effect Effect", *Philosophical Psychology*, 2012(25:5):689-715.

⑧ Wesley Buckwalter, "Gettier Made ESEE", *Philosophical Psychology*, 2014(27:3):368-383.

⑨ Nikolaus Dalbauer & Andreas Hergovich, "Is What is Worse More Likely? —The Probabilistic Explanation of the Epistemic Side-Effect Effect", *Review of Philosophy and Psychology*, 2013(4:4):639-657.

⑩ James Beebe & Joseph Shea, "Gettierized Knobe Effects", *Episteme*, 2013(10:3):219-240.

⑪ John Turri, "The Problem of ESEE Knowledge", *Ergo, an Open Access Journal of Philosophy*, 2014(1:4):101-127.

⑫ Jonathan M. Weinberg, Shaun Nichols & Stephen P. Stich, "Normativity and Epistemic Intuitions", in Joshua Knobe & Shaun Nichols(eds.), *Experimental Philosophy*, Oxford: Oxford University Press, 2008, pp.17-46.

⑬ Shaun Nichols, Stephen Stich & Jonathan M. Weinberg, "Metaskepticism: Meditations in Ethno-Epistemology", in Steven Luper(ed.), *The Skeptics*, Aldershot, England: Ashgate Publishing, 2003, pp.227-247.

⑭ Stacey Swain, Joshua Alexander & Jonathan M. Weinberg, "The Instability of Philosophical Intuitions: Running Hot and Cold on Truetemp", *Philosophy and Phenomenological Research*, 2008(76):138-155.

论技能知识》①等对技能知识(knowing-how)与命题知识(knowing-that)进行了区分;《知识归赋与改变风险的心理后果》②和《知识归赋与考量错误的心理后果》③等探讨了自信和风险在日常知识归赋中的作用。

对实验知识论,国内学界的研究较少,只有我们中心翻译出版的论文集《实验哲学》④和楼巍老师翻译的《实验哲学导论》⑤中涉及一些,以及我系博士生何孟杰所做的所与之谜的实验研究⑥。在第 6—8 届全国分析哲学会议和 2012 年召开"知识论与认知科学"学术研讨会,2013—2016 年全国外国哲学年会上,出现了若干与实验知识论相关的论文。这表明,实验知识论开始成为国内学界的关注点。

总的来说,在国际上,实验知识论的研究虽然时间很短,但发展迅猛,并产生了许多有趣而又重要的发现。国内的引介与研究虽然处于起步阶段,但有望成燎原之势。

二、选题的价值和意义

实验知识论是一种新兴的知识论,它借用社会科学和认知科学的方法来研究知识论问题,以此来探讨影响知识归赋直觉的各种因素及知识归赋直觉多样性的心理机制,探索知识论问题解决的新途径。实验知识论的出现,标志着知识论研究的新转向。研究实验知识论的主要意义有:

(1)前沿引介的意义。实验知识论研究发现,知识归赋除了受理性、证据、可靠性等理智因素影响外,还受诸如归赋命题的道德性、归赋者种族、文化背景等非理智因素的影响,这一重大发现对主流的理智主义知识归赋理论提出了挑战。系统而又全面地介绍实验知识论的最新成果,探讨知识归赋的多样性、普通大众与知识论者在知识归赋中差异性的实验数据,具有重要的前沿引介意义。

(2)理论创新的意义。知识归赋直觉的多样性、可变性是一个普遍的现象。知识论者与普通大众知识归赋直觉的差异性,为分析知识归赋差异产生的原因,反思传统知识论理

---

① John Bengson, Marc A. Moffett & Jennifer C. Wright, "The Folk on Knowing How", *Philosophical Studies*, 2009(142:3):387-401.

② Jennifer Nagel, "Knowledge Ascriptions and The Psychological Consequences of Changing Stakes", *Australasian Journal of Philosophy*, 2008(86:2):279-294.

③ Jennifer Nagel, "Knowledge Ascriptions and The Psychological Consequences of Thinking About Error", *Philosophical Quarterly*, 2010(60:239):286-306.

④ [美]约书亚·诺布和肖恩·尼科尔斯编,厦门大学知识论与认知科学研究中心译:《实验哲学导论》,上海译文出版社 2013 年。

⑤ [美]约书亚·亚历山大著,楼巍译:《实验哲学导论》,上海译文出版社 2013 年。

⑥ 笔者所在的厦门大学知识论与认知科学研究中心曾经设计过一个实验,该实验要处理的一个知识论问题是:是否存在纯粹的认识,即是否存在不依赖于概念内容的认识。该实验的原理是:在最基本层面上,任何认识在大脑中都有相对应的过程,通过对脑电波的测绘和对脑区的精确定位,就可以在大脑层面上把握这一认识的过程,以及它是否动用了概念。如果动用了概念,是否一开始就动用了概念? 若认识过程的最初几(毫)秒没有动用概念,那这就意味着有"纯粹的认识"存在。这个实验把本来思辨性的问题转化成了实验可操作的,或者说实证性的问题。可以说,这也是用实验方法来处理知识论问题的一个典型案例。(何孟杰:《对所与之谜的哲学实验研究》,厦门大学人文学院博士论文 2014 年。)

论提供了经验基础,为我们建立新的知识归赋理论提供了契机。我们拟提出的语境知识归赋直觉理论,有可能成为现有知识归赋理论中更合理、更有解释力的理论。

(3)学科发展的意义。借用自然科学研究的成果和方法,是哲学自然化的必然发展,也是知识论自然化的必然要求。实验知识论用社会心理学和认知科学的方法来检测普通大众对知识论问题的直觉,以此重新审视传统知识论问题,拓宽传统哲学研究的疆域,提供开展知识论问题研究的新机遇,有助于推动知识论的发展,有利于交叉学科的产生。

(4)方法论发展的意义。实验知识论在方法论上有重大的创新。借用康德式的话语"思想无内容则空,直观无概念则盲"提出"数据无理论为空,理论无数据则盲"[1]。实验知识论把实验数据与哲学思辨结合起来,产生了许多重要发现,可为哲学方法论的发展提供一条新思路。

(5)人才培养的意义。用社会心理学和认知科学的方法来研究知识论的问题,有助于哲学实验室的建立。厦门大学知识论与认知科学研究中心已经挂牌成立了国内第一所哲学实验室,有待进一步发展。哲学实验室的建立可为哲学教学和研究提供一个重要的场所,可为培养追踪甚至引领前沿的、创新型交叉学科人才提供一个重要的平台,有利于培养学生的科研能力、实践操作能力、团队合作精神和道德品质。

(6)学术创新的意义。实验知识论为中国分析哲学家走向世界舞台提供了很好的机会。实验知识论要求的数据分析技术并不很艰深,要求的哲学基础并不太厚实,对哲学问题的讨论完全符合分析哲学的规范,中国的分析哲学家比较容易借助实验知识论的方法,依据中国文化的独特性,对知识论的发展作出自己的贡献。

用实证科学的方法来研究普通大众的哲学直觉的实验知识论是当代哲学中"最令人兴奋的工作","吸引了最具革新精神的哲学家"[2]。对认知直觉的实验研究,不仅有助于国内学界全面了解这一有发展前途的工作,而且还有助于我们融入相关的国际研究活动,甚至将来可能在某些方面作出引领国际研究潮流的成绩。

三、研究的主要内容

本书的主要研究分为知识论案例的实验研究和实验知识论的理论研究两部分。前者包括知识归赋案例的实验研究、确证归赋案例的实验研究和怀疑主义案例的实验研究;后者包括认知直觉多样性的理论解释和实验知识论的评价与展望。

知识归赋案例的实验研究。知识归赋(knowledge attribution)指对一个命题是否为知识的判定。在介评各类葛梯尔案例(Gettier's Cases)及其思辨分析后,本书对这些经典知识归赋案例进行改写,使它们符合汉语语言习惯,并以中国人为研究对象,选择性地对这些改版的案例进行问卷调查,以此来研究普通大众与知识论学家,以及中国人与西方人等不同类型的受试者对这些案例的看法是否有差异,为葛梯尔难题的解答提供经

---

[1] Jesse J. Prinz,"Empirical Philosophy and Experimental Philosophy",in Joshua Knobe & Shaun Nichols(eds.),*Experimental Philosophy*,Oxford:Oxford University Press,2008,p.205.

[2] Joshua Alexander,*Experimental Philosophy:An Introduction*,Cambridge:Polity Press,2012,cover,p.4.

验数据。

确证归赋案例的实验研究。确证归赋指对一个命题是否得到了确证的判定。经典确证归赋案例有银行案例(Bank Cases)和特鲁特普案例(Truetemp Cases)等。语境主义确证理论与不变主义确证理论之争,以及内在主义确证理论与外在主义确证理论之争,就是建立在不同知识论学家对这些案例的思辨分析上。在把这些案例进行汉语化改写后,本书以中国人为研究对象,分别对它们进行问卷调查,为确证的内在主义提供了经验数据。

怀疑主义案例的实验研究。在当代西方知识论中,怀疑主义的经典论证是建立在缸中之脑案例(Brains-in-a-vat Cases)和斑马案例(Zebra's Cases)等之上。分析知识论学家大都赞同"我不知道我不是缸中之脑""我不知道这匹'斑马'不是巧妙伪装的骡子"。分析知识论学家假定普通大众与他们一样会持有这些观点,然而,果真如此吗? 国外学者所发现的哲学直觉的差异性,对这些案例是否也适应? 数据对此给出了说明。

中国人知识观的实验调查。问卷调查以厦门大学文科本科生和研究生为对象,调查中国普通大众对知识定义的看法以及他们是如何进行知识归赋的。实验结果发现:(1)普通大众认为,"真"不是知识的构成要素,知识的 5 个最重要特征是"可传播的""有用的""成体系的""确证的"和"可信的";(2)普通大众认为,"伦理知识"和"审美知识"以及"琐碎知识"都不是知识。我们认为,真是知识的必要条件;"琐碎知识""道德知识"和"审美知识"都不是知识;在对知识的认识上,知识论专家具有认知特权,普通大众应该接受知识论教育。

认知直觉多样性的理论解释。普通大众与知识论学家的认知直觉相同是分析知识论论证的基本预设。然而,已有的实验知识论研究表明:哲学直觉是变化的,受文化背景、社会经济地位、教育背景等因素的影响,具有多样性。认知直觉的多样性从方法论、优越心理和认知理论三个方面对主流知识论观念提出了挑战。认知聚焦效应从心理学的角度对认知直觉的多样性提出了解释。我们创造性地提出广义语境主义理论。此理论分为知识归赋的广义语境主义和知识归赋评价的广义语境主义。知识归赋的广义语境主义主张,某个归赋者对 P 进行知识归赋的结果可以用函数式表示为 $ARc=f(Ac,Sc,Pc,P)$。其中 ARc 表示某次知识归赋结果,Ac 表示某一归赋者语境因素,Sc 表示主体语境因素,P 表示被归赋的语句即被归赋者,Pc 表示被归赋者 P 的语境因素,f 为函数式表达符号,$ARc=f(Ac,Sc,Pc,P)$ 表明,知识归赋的结果 ARc 是 Ac、Sc、Pc 和 P 的四元函数。知识归赋评价的广义语境主义认为,对某个知识归赋结果的某次评价,可以用函数式表示为 $ERc=f(Ec,Ac,Sc,Pc,P)$。其中 ERc 表示某个特定知识归赋的评价结果,Ec 表示知识归赋的评价者语境因素,Ac 表示归赋者语境因素,Sc 表示主体语境因素,Pc 表示归赋条件语境因素,f 为函数式表达符号。$ERc=f(Ec,Ac,Sc,Pc,P)$ 表明,知识归赋的评价结果 ERc 是 Ec、Ac、Sc、Pc 和 P 的五元函数。

实验哲学的评价。实验哲学主要用社会学的问卷调查方法来检测普通大众对知识论问题的看法,把实验数据与思辨分析结合起来,以此重新审视传统知识论问题,可拓宽传统哲学研究的疆域,提供开展哲学问题研究的新机遇,有助于推动哲学的发展。能否获得真实可靠的实验数据,能否建立切实可行的实验规范与操作程序,是实验哲学立足与发展的基石,也是反击实验哲学数据不可靠的有力措施。我们站在实验哲学支持者的立场为实验哲学的合法性辩护。

四、创新与不足

本书把社会科学、认知科学的研究方法应用到知识论的研究,把思辨与实验结合起来,具有实验性和学科交叉性。其创新有:(1)系统地介评实验知识论10余年来的研究成果,具有补白的作用;(2)系统地研究哲学领域的性别差异,批评了用哲学直觉的性别差异来解释哲学领域性别差异的观点;(3)提出知识归赋的广义语境主义理论来解释知识归赋直觉的多样性是一种理论的创新;(4)以我们自己的实验数据批驳了知识确证的外在主义;(5)系统地调查了中国普通大众对知识定义的看法以及他们是如何进行知识归赋的;(6)以中国文化为背景,以中国学生为调查对象,在知识论上将可能提出许多不同于西方背景下的新结论,这是研究对象上的创新;(7)将对经典思想实验案例进行系统地改进,使其能适合普通受试者,用以进行问卷调查;(8)建立了国内第一所较为完备的哲学实验室。

虽然对本书的关注已有7~8年,近3~4年每天科研时间不少于5小时,几乎每晚做科研到晚上11:30,本书花时不少于4500小时,然而,由于某些主客观上的原因,本书难免有不尽人意之处。这些原因有:(1)对于实验知识论的研究,国内研究太少,国外资料较多,对其进行筛选、理解、消化、整理、提炼要有一个较长的过程。(2)涉及一些对我来说是较新也较艰深的研究领域,如SPSS软件的使用等。为了了解并熟悉这些领域,花费了不少时间。(3)实验知识论是最近10余年才发展出来的,很多研究都尚待更进一步,其成果很具争议性。(4)我们在从事实验知识论研究时所做的实验主要采用问卷调查的方法,认知科学的方法基本没有用到,主要原因是我们的哲学实验室建设还刚起步,而且没有精通认知科学的助手。希望在今后知识论中国化的研究中会用这些方法来深化知识论研究。(5)分析知识论的绝大多数问题都可以实验化,而现在的实验研究刚刚起步,研究的范围相对较窄,研究的问题相对较少。(6)我承担繁重的行政教学任务。例如,分管哲学系本科教学,曾记录过一个学期开会次数,有60次,每次开会要用1~2个小时,半天时间都无法搞科研;近4年共举办各类学术沙龙70余次。正因如此,有些问题的研究可能不太全面,也不太到位,甚至在有些读者看来可能是错误的;有些表达和论述也可能欠清楚和严密。本书中的错误与不当之处,敬请专家学者批评指正。

五、其他应说明的地方

在进入正文之前还必须说明以下几点:

1.引文说明

对引文要加以说明的有如下几点:(1)原文中所有的着重号在引文中都被省略。(2)为了避免同一个英语词因翻译的不同增加理解的难度,本书对某些引文作了些修改。(3)为了避免同一意义的符号因表述的不同导致阅读的歧义或理解的困难,本书对符号作了统一。例如,同样表示命题的符号"P"和"p"都用"P"统一;同样表示"非"的符号"~"、"¬"和"—"都用"~"统一。纵使在引文中也是如此。(4)为了便于读者查询原文的方便,本书尽可能详细地标明引文的出处。

2.翻译说明

"attribution"或"ascription"有不同的翻译如"归赋""归因""归属""归予"等,本书翻译为"归赋"。因此,把"attributor""attributer"和"ascriber"都翻译为"归赋者"。

实验的参与者或被调查的人,英语是用"subject",有人翻译为"被试"。这有把参与者当作"小白鼠"之嫌,且没有看到实验参与者的主动性,因此本书都翻译为"受试者"。

"epistemology"与"the theory of knowledge"在英文中是同一种学科,本书都译为"知识论"而非"认识论"。对"知识论"与"认识论"通常没有什么区分,仅为用语不同而已。"expert epistemologists""trained epistemologists"和"professional epistemologists"的含义都相同。

"justified"的翻译是很伤脑筋的,它的翻译有"有理由的""(被证明是)正当的""(被证明是)合理的""(被证明)为真的""提供了充分证据的""有效的""辩护的""确证的""证成的""理据的"等。笔者认为,在知识的三元标准定义中,"justified"应译为"有理由的""有根据的"或"辩护的"。因为传统知识论都主张错误的命题可以作为推理的前提,而由错误的前提所得出的结论只能被认为是"有理由的""有根据的""辩护的"或"理据的",而不能认为是,"(被证明是)正当的""(被证明是)合理的""(被证明)为真的""提供了充分证据的""有效的""确证的""证成的"等。此外,在有些关于知识的三元定义的英文文献中,没有用"justified",而是用"evidence"或"reason"①,而且朗文英语词典对其解释是"做某事有一个好的理由"和"存在或因为一个好的理由做某事"。本书采用陈嘉明先生的译法,继承厦门大学知识论研究传统,把"justification"译为"确证",把"justified"译为"确证的",把"justify"译为"确证"。

3.资助说明

2014年国家社科基金年度项目"实验知识论"(立项编号:14BZX067)。

4.致谢

感谢"知识论与实验哲学研究"学术沙龙第15期、"知识论前沿问题研究"第3期工作坊、2014—2017年中国知识论年会第1—4期、2012—2016年中华全国外国哲学史学会和中华全国现代外国哲学学会年会、2012年分析哲学研讨会的师生对我提交的与知识论相关的论文所提出的建议与意见!感谢山东大学、南京大学、云南大学、华东师范大学、台湾大学、东吴大学、阳明大学等学校的师生对我所作的与实验知识论相关的报告所提出的建议与意见!感谢"知识论与实验哲学研究"学术沙龙第1～72期、"知识论前沿问题研究"第1～4期的讲座学者的相关讲座对本书的启发!感谢2012—2017年《实验哲学》研究生课程的同学对本书初稿所提出的批评与建议!感谢"知识论与认知科学研究中心"和哲学实验室的成员在数据收集上给我的帮助!感谢我指导的8个本科生或研究生创新课题组的成员为本书提供的数据!感谢我的同事、朋友和学生为我提供采取数据的机会!感谢美国普渡大学斯托耶普(Matthias Steup)教授的工作坊,与贝格曼(Michael Bergmann)教授的本科生课程"哲学导论"和研究生课程"知识论"对本书的启发。

---

① 　John Hospers,"Argument Against Skepticism",in Louis P.Pojman(collected),*Philosophy：The Quest for Truth*（4 th edition）,London：An International Thomson Publishing Company Inc.,1999,p.174.

目　录

对知识归赋问题的研究,不仅具有重要的理论意义,而且具有重要的实践意义。一方面,古今中外,对"知"还是"不知"的甄别历来受到重视,无论是孔子"知之为知之,不知为不知,是知也"(《论语·为政》),还是苏格拉底的"我知道我什么也不知道",都是如此。"知识归赋是否具有语境敏感性"这个问题,是当代知识论中最重要的问题之一,也是当代知识论争论最激烈、最长久的问题之一。另一方面,对某人是否知道某事作出判断是十分重要而又平常的,因为:如果我们确信某人没有某种知识,那么我们就不会向他请教或跟他学习[1];如果我们不相信某人对某案件知情,那么我们就不会把他当作证人,更不会相信他的证词;如果我们不能正确判断犯错者是否知道他所犯的错,那么我们就不能给他公正的谴责,因为对无知的犯错者,我们纵然不能完全做到"不知者不怪"(不责怪不知道这件事的人),至少也应做到"不知者少怪",这就是人们常说的"不知者不罪";相反,对明知故犯者,对于明明知道做某事是错事却有意而为者,则应罪加一等。

判断某人是否知道某事,用知识论的术语来说,就是知识归赋(attributions of knowledge)。在"A 说:'S 知道 p'"中,"A"是作出断言的人,称为归赋者(attributor)[2];"S"是被归赋为有知识的人,称为主体[3];被归赋的语句"p"是某个命题,称为被归赋者(attributee)。当问某人 E"你在多大的程度上同意 A 的说法"或"你是否同意 A 的说法"时,"E"就是评价者[4]。其完整的、肯定的语言表达结构是"E 同意:'A 说:"S 知道 p"'"。

在知识归赋问题上,存在语境主义与不变主义、理智主义与反理智主义之争。下面在介评各类知识归赋理论的基础上,以银行案例的思想实验来介评语境主义与不变主义之争,尤其是斯坦利(Jason Stanley)的主体敏感的不变主义对语境主义的批判,以及肖弗

---

[1] 肖弗认为:"知识归赋的社会作用是识别出谁能帮助我们回答我们的问题。"[Jonathan Schaffer,"The Irrelevance of the Subject:Against Subject-Sensitive Invariantism",*Philosophical Studies*,2006(127):100.]

[2] 归赋者(attributor /attributer /ascriber)有时也被称为说话者/言说者/言者(speaker/utterer)等。

[3] 主体(subject)有时又被称为假定的知者(putative knower)、中心的当事人(agent-centered)、主角(protagonist)等。

[4] 评价者(evaluator)有时也被称为评论者、评估者、评判人、裁决者(judge)、阅读者、被试(参与者或受试者,participant,subject 或 examinee)等。在英语论文中,"subject"既可表示主体,也可表示参与者(受试者或被试),故在阅读时要以区分。

(Jonathan Schaffer)的对比主义对不变主义的批判。

第一节　纷繁复杂的知识归赋理论

在当代英美知识论中,语境主义与不变主义之争一直是热门的前沿问题,在实验哲学开始盛行后,更是实验知识论热议的话题。"语境主义(contextualism)"和"不变主义(invariantism)"术语是乌格(Peter Unger)在 1984 年发表的《哲学的相对性》①一文中首创的。在这篇论文中,虽然这两个术语都是从语义学的角度来谈的,且含义"模糊",但是从知识论的角度来看,我们可以概括出基本的含义,即语境主义主张知识的标准是可变的,具有语境敏感性;与语境主义相对立的不变主义则主张知识的标准是不变的,不受语境的影响。

一、语境主义

知识论语境主义(Epistemological Contextualism)是当代西方知识论中最重要的运动之一,最早萌芽于奥斯汀(J.L.Austin)②和维特根斯坦(Ludwig Wittgenstein)③的思想,然而,直到刘易斯(David Lewis)的《语言游戏中的记分》④发表,才第一次真正说明"知道"的语境敏感性是怎样的,以及如何用它来解答知识论的问题。

知识论语境主义主张,知识归赋(knowledge-attributing)的真假依赖语境(context-dependent),具有语境敏感性。⑤ 换言之,"S 知道 p"或"S 不知道 p"的真值,是由该语句的说出者的语境决定的,知识的标准具有语境敏感性(context-sensitivity)。德娄斯(Keith DeRose)写道:"语境主义者主张,知识归赋语句和知识否定句(即'S 知道 p'和'S 不知道 p'以及与这些句子相关的变化形式)的真值条件,在某种形式上,随着对话语境的变化而变化。"⑥达克斯(Nancy Daukas)断言:"知识论语境主义是这样一种观点:一个知识主张的真值条件必然部分依赖于作出或确定这种主张的语境。"⑦柯亨(Stewart Cohen)

① Peter Unger,"Philosophical Relativity",in Keith DeRose & Ted A. Warfield(eds.),*Skepticism: A Contemporary Reader*,Oxford:Oxford University Press,1999,pp.246-251.

② J.L.Austin,"Other Minds",in J.O.Urmson & G.J.Warnock(eds.),*Philosophical Papers* (3rd edition),Oxford:Oxford University Press,1979,pp.76-116.

③ Ludwig Wittgenstein,*On Certainty*,D.Paul & G.E.M. Anscombe(trans.),G.E.M. Anscombe & G.H. von Wright(eds.),Oxford:Basil Blackwell,1969.

④ David Lewis,"Scorekeeping in a Language Game",*Journal of Philosophical Logic*,1979(8):339-359.

⑤ Elke Brendel & Christoph Jäger,"Contextualist Approaches to Epistemology:Problems and Prospects",*Erkenntnis*,2004(61):143.

⑥ Keith DeRose,"Assertion,Knowledge and Context",*Philosophical Review*,2002 (111):168.

⑦ Nancy Daukas,"Skepticism,Contextualism,and the Epistemic 'Ordinary'",*The Philosophical Forum*,2002(33):63.

宣称:"知识归赋(attribution)的发生依赖语境"①,并说:"知识归赋(ascription)的真值对说话者和聆听者的某些事实是语境敏感的。因此,对特定的主体 S 和命题 p,一个说话者可以正确地说'S 知道 p',与此同时,另一个说话者在不同的语境下可以正确地说'S 不知道 p'。"②

知识论语境主义有很多不同的类型。布兰德尔(Elke Brendel)和雅格(Christoph Jäger)把知识论语境主义归类为归赋者语境主义、主体语境主义、索引主义(indexicalism)、原初的语境主义[proto-contextualism,如德雷兹克(Fred Dretske)的相关选择论]、维特根斯坦式的语境主义、推论的语境主义、论题语境主义(issue contextualism)、对话语境主义(conversational contextualism)、认知语境主义(epistemic contextualism)和德性语境主义(virtue contextualism)。③ 普理查德(Duncan Pritchard)认为,语境主义的两种主要形式是:由德娄斯和刘易斯等人提出的语义语境主义和由威廉斯(Michael Williams)提出的推论语境主义。④

根据改变语境的动力不同,巴克(Antonia Barke)认为,知识论语境主义可分为对话语境主义和认知语境主义。对话语境主义认为,改变语境的动力源于对话;认知语境主义认为,改变语境的动力源于知者(knower)所用的方法和假定,而不只是心理的和对话的事实。⑤ 巴克自己赞成对话语境主义,认为知识归赋标准的升降具有不对称性,这种不对称性可以用心理机制来解释。他说:"对话语境主义必须求助于心理机制,如忘记了已提及的可能性,或者允许这种可能性以某种方式从归赋者的注意中心转移开来,才能说明标准升降难易的非对称性。"⑥

根据改变语境的语言学基础不同,戴维斯(Wayne A.Davis)区分了两种类型的语境主义:索引语境主义(indexical contextualism,即索引主义)和关联语境主义(relational contextualism)。索引语境主义主张,"'S 知道 p'的句子形式是索引的,因此它从一个语境到另一个语境的真值不同。在索引语境主义看来,'S 知道 p'的真值是由 S 是否满足了说话者的语境认知标准决定的。"关联语境主义主张,"'S 知道 p'的真值是由 S 的语境标准所决定,不管作出这种知识主张的说话者的标准是什么",并认为"关联语境主义是一种规范的相对主义。索引语境主义是一种语义理论。"⑦费德曼(Richard Feldman)早先也作了相似的区分。⑧

---

① Stewart Cohen,"How to Be a Fallibilist",*Philosophical Perspectives*,1988(2):103.

② Stewart Cohen,"Contextualist Solutions to Epistemological Problems:Scepticism,Gettier,and the Lottery",in Ernest Sosa & Jaegwon Kim(eds.):*Epistemology:An Anthology*,Oxford:Blackwell Publishers Ltd,2000,p.517.

③ Elke Brendel & Christoph Jäger:"Contextualist Approaches to Epistemology:Problems and Prospects",*Erkenntnis*,2004(61):143.

④ Duncan Pritchard,"Two Forms of Epistemological Contextualism",*Grazer Philosophische Studien*,2002(64):19-55.

⑤ Antonia Barke,"Epistemic Contextualism",*Erkenntnis*,2004(61):357.

⑥ Antonia Barke,"Epistemic Contextualism",*Erkenntnis*,2004(61):369.

⑦ Wayne A.Davis,"Are knowledge Claims Indexical?",*Erkenntnis*,2004(61):257.

⑧ Richard Feldman,"Contextualism and Skepticism",*Philosophical Perspectives*,1999(13):94.

根据确证的基础是内在的还是外在的不同,知识论语境主义可分为外在主义的语境主义和内在主义的语境主义两种。外在主义的语境主义(externalist contextualism)主张确证的基础是外在的,大多数语境主义者都属于这类,代表人物有德雷兹克、德娄斯、刘易斯等,他们对知识提出了敏感性要求;内在主义的语境主义(internalist contexutalism)主张确证的基础是内在的,代表人物有柯亨。

根据知识的结构不同,知识论语境主义可分为对比主义的语境主义(contrastivist contextualism,即对比主义)①和非对比主义的语境主义(non-contrastivist contextualism)。对比主义(contrastivism)以肖弗为典型代表②,支持者有莫顿(Adam Morton)和卡尔亚莱宁(Antti Karjalainen)③、布洛乌(Martijn Joan Blaauw)④及辛诺特-阿姆斯特朗(Walter Sinnott-Armstrong)⑤。德雷兹克也许是第一个注意到对比变化对知识归赋影响的人,他主张:"知道 X 是 A,就是在相关选择项 B、C 和 D 的框架下,知道 X 是 A。这组对比项……服务于定义什么是已知的东西。"⑥"有人宣称知道克莱德把他的打字机卖给了亚历克斯,并不(必然)与宣称知道克莱德把他的打字机卖给了亚历克斯的人宣称的是同一件事……知道克莱德把他的打字机卖给亚历克斯的这个人必定能够排除他把它送

---

① 笔者赞同斯塔纳克所说的"对比主义完全是一种语境主义"的观点,赞成他主张任何一种对比主义的分析,都可以形式化为在真值条件上与它等价的语境主义分析。反过来,却不能说任何一种语境主义的分析都可以形式化为对比分析。对比主义的形式化是更受限制的。斯塔纳克认为,对比主义与语境主义的不同只是在如何解释我们谈论知识的语义机制上,而非在关于"知道"这个词的真值条件的陈述上。他用句法分析分别从对比归赋(contrastive ascriptions)、捆绑(binding)、省略(ellipsis)和焦点(focus)四个方面,论证了对比主义与语境主义在真值条件上并无本质区别的观点。他认为:相关选择的语境主义的知识分析是:S 相对于决定相关选择集 Γ 的语境知道 p 是真的,当且仅当 S 有能力把现实世界从 Γ 集合中的任何非 p 的可能世界中区分开来。相应的对比主义的知识分析是:S 知道 p 而非 q 是真的,当且仅当 p 是真的,而且 S 有能力把现实世界从 q 的世界中区分开来。他的结论是:对比主义与语境主义的争论不是关于知识主张的真值条件,而是关于知识的表达方式。(Robert Stalnaker,"Comments on 'From Contextualism to Contrastivism'",*Philosophical Studies*,2004(119):108-112.)

② Jonathan Schaffer,"From Contextualism to Contrastivism",*Philosophical Studies*,2004(119:1—2):73-103.

Jonathan Schaffer,"Contrastive Knowledge",in Tamar Szabó Gendler & John Hawthorne(eds.),*Oxford Studies in Epistemology*,Oxford:Oxford University Press,2005,pp. 235-271.

Jonathan Schaffer,"Closure,Contrast and Answer",*Philosophical Studies*,2007(133:2):233-255.

Jonathan Schaffer,"The Contrast-Sensitivity of Knowledge Ascriptions",*Social Epistemology:A Journal of Knowledge,Culture and Policy*,2008(22:3):235-245.

Jonathan Schaffer & Joshua Knobe,"Contrastive Knowledge Surveyed",*Noûs*,2012(46:4):675-708.

③ Adam Morton & Antti Karjalainen,"Contrastive Knowledge",*Philosophical Explorations*,2003(6):74-89.

④ Martijn Joan Blaauw,*Contrastivism:Reconciling Skeptical Doubt with Ordinary Knowledge*,Amsterdam:Dissertation Free University of Amsterdam,2004.

⑤ Walter Sinnott-Armstrong,*Pyrrhonian Skepticism*,Oxford:Oxford University Press,2004.

⑥ Fred Dretske,"Epistemic Operators",in Keith DeRose & Ted A.Warfield(eds.),*Skepticism:A Contemporary Reader*,Oxford:Oxford University Press,1999,p.143.

给了他,或他把它借给了他这种可能……然而,如果他需要任何确证的话,他只需要一个名义上的确证,认为他把它卖给的那个人是亚历克斯。"[1] 约翰森(Bredo Johnsen)把知识归赋的本质描述为对比:"已知的东西总是一种对比命题,大意是:p 而非任何类别 C 中的其他成员是真的。"[2]

对比主义认为,知识语句表达的是一种三元关系[3],即知识主体、知识命题和一组对照命题之间的关系。对比主义把"知道"这个动词看作是三元谓词,除了涉及认知主体 S 和标准的知识内容 p 之外,还要涉及反映知识归赋语句所处的不同语境的第三个变元,即与知识命题不相容的对比命题 q(在不同的语境当中,q 代表不同的对比命题),对比主义的知识结构是:知识关系是三元的(ternary)对比关系,即 Kspq。其中 K 是知识关系,s 是认知主体,p 是被挑选的命题,q 是被拒斥的对比命题。Kspq 的含义是:s 知道 p 而不是 q。命题 q 可以看作析取的"相关选择项",q 必须是非空集,而且,p 与所有 q 必须是成对相互排斥的。对比主义声称不存在二元的知识归赋,任何知识归赋都可归为隐藏的对比知识归赋。然而,大部分知识论语境主义都是非对比主义的语境主义,其知识语句表达的是二元关系即知识主体和知识命题之间的关系,其知识结构是 CKap。含义是:a 在语境 C 下知道 p。

对比主义赞同德娄斯的认知面貌论及其精致的分析。认知面貌论(epistemic aspectism)"指一系列关于涉及'知道'的句法关系的观点,它们似乎与'S 知道 p'的句子形式密切相关"[4]。认知面貌论者认为在诸如"玛丽知道彼得偷了红宝石"的类似句子群表述中,虽然它们都包含有同样的玛丽,同样的彼得,同样的红宝石以及同一个时间,然而由于表达式不同,它们的真值不相同。德娄斯对"玛丽知道彼得偷了红宝石"作出了丰富而又精致的分析[5]:

1a.玛丽知道谁偷了红宝石

1b.玛丽知道彼得偷了什么

1c.玛丽知道彼得对红宝石做了什么

2a.玛丽知道是彼得偷了红宝石

2b.玛丽知道红宝石被彼得偷了

2c.玛丽知道彼得对红宝石所做的是偷

3a.玛丽知道彼得,而不是别人或别的什么,偷了红宝石

3b.玛丽知道彼得偷了红宝石,而不是别的东西

① Fred Dretske,"The Pragmatic Dimension of Knowledge ",*Philosophical Studies*,1981(40):373.

② Bredo Johnsen,"Contextualist Swords,Skeptical Plowshares",*Philosophy and Phenomenological Research*,2001(62):401.

③ 索引主义也可以看作是三元的,知识语句表达的是认知主体、命题和知识标准之间的关系。

④ Keith DeRose,"Contextualism,Contrastivism,and X-Phi Surveys",*Philosophical Studies*,2011(156:1):104.

⑤ Keith DeRose,"Contextualism,Contrastivism,and X-Phi Surveys",*Philosophical Studies*,2011(156:1):104.

3c.玛丽知道彼得偷了红宝石,而不是对它们做其他什么

4a.玛丽知道**彼得**偷了红宝石

4b.玛丽知道彼得偷了**红宝石**

4c.玛丽知道彼得**偷**了红宝石

5a.玛丽知道彼得偷了红宝石(在关注"谁偷了红宝石"这个问题的语境上说的)

5b.玛丽知道彼得偷了红宝石(在关注"彼得偷了什么"这个问题的语境上说的)

5c.玛丽知道彼得偷了红宝石(在关注"彼得对红宝石做了什么"这个问题的语境上说的)

　　所有的"a"都关注"谁做了这件事(who did the deed)",所有的"b"都关注"这件事是对什么做的(what the deed was done to)",所有的"c"都关注"做了什么事(what deed was done)"。不同的关注要求的证据不同。在对比主义看来,"玛丽知道彼得偷了红宝石"在不同的语境中可能有不同的真值,甚至在描述相同的情况下,在关注"彼得偷了红宝石"这点上,如果对比项不同,真值也可能不同。例如,这是可能发生的:"玛丽知道彼得,而不是保罗、玛丽或任何其他这个地区著名的小偷,偷了红宝石"是真的,而"玛丽知道是彼得,而不是一个先进的、外表和行为像彼得的机器人,偷了红宝石"是假的,尽管这两句话描述的是相同的情况。

　　根据知识归赋语句真值的决定者不同(这是最常见的语境主义的分类方式),知识论语境主义可分为归赋者语境主义和主体语境主义两种。戴维斯认为:"语境主义的解释可能是主体相关或归赋者相关,这依赖于决定'S 知道 p'的真值条件的独立因素是主体的语境还是归赋者的语境。"①如果"S 知道 p"的真值条件只是由说话者或归赋者的语境决定,那么这种语境主义就是归赋者语境主义(attributor contextualism),归赋者语境主义又被称为语义语境主义(semantic contextualism)或对话语境主义(conversational contextualism)。由于归赋者语境主义主张知识归赋的真值依赖归赋者的知识标准,因此有时也被称为归赋者敏感的可变主义(ascriber-sensitive variantism)。如果"S 知道 p"的真值条件只由主体决定,那么这种语境主义就是主体语境主义(subject contextualism)。大多数语境主义者都主张归赋者语境主义,归赋者语境主义是知识论语境主义的主流。布莱迪(Michael Brady)和普理查德认为:"当代知识论中发生的最重要运动之一是知识论的归赋者语境主义。"②恩格尔(Jr. Mylan Engel)也认为,语境主义的标准形式是归赋者敏感的语境主义③。归赋者语境主义由于强调认知标准的语境敏感性,因此又被称为标准语境主义(standard contextualism)。德雷兹克、德娄斯、刘易斯、柯亨等人的语境主义都是归赋者语境主义。麦肯纳(Robin McKenna)④的利益语境主义(interests contextual-

① Wayne A. Davis,"Knowledge Claims and Context:Loose Use",*Philosophical Study*,2007(132):398.

② Michael Brady & Duncan Pritchard:"Epistemological Contextualism:Problems and Prospects",*The Philosophical Quarterly*,2005(219:55):161.

③ Jr. Mylan Engel,"What's Wrong with Contextualism,and a Noncontextualist Resolution of the Skeptical Paradox",*Erkenntnis*,2004(61):208.

④ Robin McKenna,"Interests Contextualism",*Philosophia*,2011(39:4):741-750.

ism)由于主张知识归赋受归赋者的利益和目的影响,因此也属于归赋者语境主义。威廉斯所主张的推论语境主义则属于主体语境主义①。至于霍桑(John Hawthorne)、斯坦利、范特尔(Jeremy Fantl)和麦格拉斯(Matt McGrath)等人的利益相关的不变主义或主体敏感的不变主义是不是主体语境主义,我们的答案是肯定的,因为它们都强调主体的风险对知识归赋的影响。本书稍后再介绍学界分类的混乱现象。

二、不变主义

不变主义是传统知识论的主流。在知识论史上,无论是怀疑主义者还是可知论者,大都是不变主义者。对不变主义的定义,不同的学者有不同的看法。在巴克沃尔特(Wesley Buckwalter)看来,不变主义者认为知识的断定或否认对说话者语境不敏感,否认说话者的语境决定知识的标准,认为控制知识归赋的真理条件是固定不变的,不受归赋语境的影响。② 在凯尔普(Christoph Kelp)看来,知识论中的经典不变主义(classical invariantism)主张,对当事人的命题进行知识归赋,只依赖于当事人对这个命题的信念态度和认知态度的强弱,以及命题的真值,否认对话语境对知识归赋真值的影响。③ 不变主义的基本观点有两个:(1)知识的标准是不变的;(2)知识归赋不受归赋者语境影响。根据知识归赋标准的高低,不变主义分为怀疑主义的不变主义(sceptical invariantism)和非怀疑主义的不变主义[non-sceptical invariantism,又称可知论的不变主义、温和的不变主义(moderate invariantism)④]。早期的乌格是怀疑主义的不变主义者,之所以是"不变主义者",是因为他主张"知道"是绝对术语,知识的标准无论在什么条件下都是绝对不变的;之所以是怀疑主义者,是因为知识的这种标准非常高,以致会导致"没有知识"的结论。⑤ 斯特劳德(Barry Stroud)⑥与乌格一样,也是语用怀疑主义的不变主义者。布莱克(Tim Black)的摩尔式不变主义(Moorean invariantist)则是非怀疑主义的不变主义,因为其知

① Michael Williams,*Unnatural Doubts：Epistemological Realism and the Basis of Scepticism*,Princeton University Press,1996.Michael Williams,"Knowledge,Reflection and Sceptical Hypothese",*Erkenntnis* 2004(61):315-343.

② Wesley Buckwalter,"Knowledge Isn't Closed on Saturday:A Study in Ordinary Language",*Review of Philosophy and Psychology*,2010(1):396.

③ Christoph Kelp,"Do 'Contextualist Cases' Support Contextualism?",*Erkenntnis*,2012(76:1):115-116.

④ 温和的不变主义主张低认知标准,认为:(1)在高风险中,评估者会基于更多的证据要求去判断归赋者的知识归赋是否正确,会基于归赋者是否消除了所有凸显的错误可能性来判断归赋者的归赋是否正确。归赋者没有消除某些显然相关的错误可能性,构成了归赋者的信念没有资格作为知识的证据。(2)在高风险中这些被考虑的附加证据则是误导人的,使归赋者远离真理。(Christoph Kelp,"Do 'Contextualist Cases' Support Contextualism?" *Erkenntnis*,2012(76:1):118)

⑤ Peter Unger,"A Defense of Skepticism",*Philosophical Review*,1971(80):198-219.

⑥ Barry Stroud,*The Significance of Philosophical Scepticism*,Oxford:Oxford University Press,1984,pp.1-38.

识标准是日常语言的低标准,且主张知识标准对语境不敏感。① 依据对知识归赋语境敏感性现象的解释不同,不变主义可分为三类。

第一类不变主义即霍桑②、斯坦利③、范特尔和麦格拉斯④等人的利益相关的不变主义和主体敏感的不变主义,强调主体的利益关系在知识归赋中的作用,主张主体的实践语境部分地决定知识归赋。霍桑的主体敏感的不变主义(subject-sensitive invariantism,简称 SSI)或敏感适中的不变主义(sensitive moderate invariantism)与斯坦利的利益相关的不变主义(interest-relative invariantism,简称 IRI)实质相同,只是称呼不同而已。霍桑的主体敏感的不变主义认为,知识归赋语句的真值并不随着归赋者所处语境的变化而变化,真正影响知识归赋语句真值的因素是认知主体所处的认知状态和认知条件,尤其是主体的实践利益。主体 S 在某时是否知道命题 p 不仅依赖传统因素(如"是否相信 p""p 是否为真""是否有关于 p 的充分证据"),而且也依赖"主体的注意力、利益、风险等"。⑤ 巴克沃尔特认为:"主体敏感的不变主义宣称,主体的实践利益能够影响知识归赋。具体地说,虽然主体敏感的不变主义者否认在知识归赋中知识是相对于说话语境的,但是他们认为,诸如'S 知道 p'句子的真理条件是根据主体的风险是什么而变化的。"⑥主体敏感的不变主义认为,对主体来说的真实的或被主体察觉到的风险在知识归赋的真理中起重要作用。对主体来说,风险越高,归赋者进行知识归赋的倾向越低。

斯坦利的利益相关的不变主义主张"所有的认知概念都是利益相关的"⑦,认为日常知识归赋可以部分地对主体的实践事实敏感,实践事实是"关于某人信念的出错代价的事实"⑧。在斯坦利看来,S 是否知道 p 部分依赖 S 关于 p 的信念出错的代价。因此,当 S 关

① Tim Black,"A Moorean Response to Brain-in-a-Vat Scepticism",*Australasian Journal of Philosophy*,2002(80):148-163. Tim Black,"Relevant Alternatives and the Shifting Standards for Knowledge",*Southwest Philosophy Review*,2002(18):23-32.

② John Hawthorne,*Knowledge and Lotteries*,Oxford:Oxford University Press,2004.

③ Jason Stanley,"Context,Interest-relativity and the Sorites",*Analysis*,2003(63):269-280.

Jason Stanley,"On the Linguistic Basis for Contextualism",*Philosophical Studies*,2004(119):119-146.

Jason Stanley,*Knowledge and Practical Interests*,Oxford:Oxford University Press,2005.

④ Jeremy Fantl & Matt McGrath,"Evidence,Pragmatics,and Justification",*The Philosophical Review*,2002(111):67-94.

Jeremy Fantl & Matt McGrath,"On Pragmatic Encroachment in Epistemology",*Philosophy and Phenomenological Research*,2007(75:3):558-589.

Jeremy Fantl & Matt McGrath,*Knowledge in an Uncertain World*,Oxford:Oxford University Press,2009.

⑤ John Hawthorne,*Knowledge and Lotteries*,Oxford:Oxford University Press,2004,p.157.

⑥ Wesley Buckwalter,"Knowledge Isn't Closed on Saturday:A Study in Ordinary Language",*Review of Philosophy and Psychology*,2010(1):396.

⑦ Jason Stanley,*Knowledge and Practical Interests*,Oxford:Oxford University Press,2005,p.182.

⑧ Jason Stanley,*Knowledge and Practical Interests*,Oxford:Oxford University Press,2005,p.6.

于 p 的信念出错的代价很低时,我们同意 S 知道 p;然而,基于相同的证据,当 S 相信 p 出错的代价很高时,我们认为 S 不知道 p。[①] 利益相关的不变主义主张,知识归赋语句可以表述如下(其中 x、w、t 和 p 分别指人名、世界、时间和命题)[②]:"知道<x,w,t,p>,当且仅当:(1)p 在 w 中是真的;(2)对 x 来说,在 t 时,非 p 不是严重的认知可能;(3)如果对 x 来说,在 t 时,p 是一个严重的实践问题,那么根据 x 的所有证据,非 p 的认知概率足够低;(4)在 t 时,x 相信 p 是基于非推论的证据,或是基于 x 已知的命题推出来的。"利益相关的不变主义的知识归赋语句<x,w,t,p>,由于需要在特定的时间里表达确定的命题,而不同时间的知识归赋语句可能表达不同的命题,因此知识归赋语句对 t 这个语境因素敏感。

利益相关的不变主义[③]的基本主张是:(1)知识的标准是不变的;(2)知识归赋语句不是语境敏感的,知识归赋语句的真值部分取决于主体的实践利益而不是归赋者的语境,"仅仅宣称某人是否知道 p 可能部分由主体环境的实践事实决定"[④]。施瑞帕德(Chandra Sekhar Sripada)和斯坦利认为:"在利益相关的不变主义看来,当事人是否知道 p,或拥有其他类型的认知属性或关系,在一定程度上是由弄错了 p 的实践成本代价决定的。"[⑤]

主体敏感的不变主义和利益相关的不变主义都诉诸对话语用学(conversational pragmatics)或操作错误(performance errors)来解释知识归赋的差异性。对话语用学认为,知识归赋要求消除相关选择项。由于霍桑的主体敏感的不变主义与斯坦利的利益相关的不变主义都强调主体的实践利益和关心之事对知识归赋的影响,由此表明它们并没有本质的不同,还可以从霍桑和斯坦利合写《知识与行动》一文[⑥]中看出这两种学说的相同之处。

主体敏感的不变主义与归赋者语境主义是当代知识论中影响最深远、讨论最激烈的、

① Jason Stanley,*Knowledge and Practical Interests*,Oxford:Oxford University Press,2005,p.8.

② Jason Stanley,*Knowledge and Practical Interests*,Oxford:Oxford University Press,2005,p.89.

③ 利益相关的不变主义有知识的、证据的和自信规范的三种。施瑞帕德和斯坦利认为:"在关于知识的利益相关的不变主义者看来,在某种情况下,风险多大确实潜在地对这种情况下的主体是否知道那时在这种情况下发生的事情有直接的影响。对此,人们也可以换用其他认知概念而非知识的利益相关的不变主义。人们可以认为,在某种情况下,风险多大确实潜在地直接影响在这种情况下的主体是否把某事完全当作证据。另外,人们可以认为,在某种情况下,风险多大确实潜在地直接影响在这种情况下提供给当事人的某些信念作为证据的质量。这两者都是关于证据的利益相关的不变主义的。最后,在应该相信,或者更一般地说,应该有多大的自信上,人们可能是利益相关的不变主义者。关于自信规范的利益相关的不变主义主张关于某个命题应该有多大的自信(包括是否应该采纳一个有充分理由的信念)部分地取决于风险有多大。"[Chandra Sekhar Sripada & Jason Stanley,"Empirical Tests of Interest-relative Invariantism",*Episteme*,2012(9:1):3.]

④ Jason Stanley,*Knowledge and Practical Interests*,Oxford:Oxford University Press,2005,p.85.

⑤ Chandra Sekhar Sripada & Jason Stanley,"Empirical Tests of Interest-relative Invariantism",*Episteme*,2012(9:1):3.

⑥ John Hawthorne & Jason Stanley,"Knowledge and Action",*Journal of Philosophy*,2008(105):571-590.

相互竞争的知识归赋理论①。在关于知识归赋的语境敏感性根源上，这两种理论争论的焦点问题是"知识的标准是由主体语境决定，还是由归赋者语境决定？"如果是由主体的语境决定，那么由于主体的语境是固定的，因此无论由谁进行知识归赋，知识的标准都是不变的；如果由归赋者的语境决定，那么随着归赋者的改变，归赋者的语境也可能随之改变，知识的标准也可能不同，知识的标准具有归赋者语境敏感性。因此，主体敏感的不变主义与归赋者语境主义的差别有：（1）知识的标准变还是不变？前者主张不变；后者主张变。（2）知识归赋的敏感性由谁的语境影响？前者认为是主体的语境；后者认为是归赋者的语境。虽然有差异，但是这两种理论都常常诉诸日常知识归赋中的语义学直觉（以大众的直觉为判准），都主张以大众的语义学直觉支持自己的理论。

对于什么语境因素决定知识归赋，主体敏感的不变主义者和归赋者语境主义者看法虽然有些不同，然而大都持两种基本观点：一是风险（或利益）的大小；二是错误的凸显性（the salience of error），或错误的可能性（error possibilities），或凸显的选择项（salient alternatives）。他们都认为，在其他条件不变的情况下，当归赋者或主体的风险增加或当出错可能性凸显时，知识归赋就会减少。虽然两者都赞成风险影响对证据的需求，然而解释却不相同。主体敏感的不变主义者认为，与低风险处境相比，在高风险处境中，为了拥有知识，主体需要更强的证据；而归赋者语境主义者则认为，认知标准会随着对话语境的变化而变化，高风险对话语境要求高认知标准，高认知标准决定了拥有知识需要更多的证据。

第二类不变主义学者以赖肖（Patrick Rysiew）②、索萨（Ernest Sosa）、布朗（Jessica Brown）③和多尔蒂（Trent Dougherty）④为代表，他们的语用不变主义（pragmatic invariantism）认为，知识归赋的语境敏感性不是由于知识归赋语句的真值条件具有语境敏感性，而是由于会话的适当性条件（conversational propriety conditions）或有保证的可断定性条件（warranted assertibility conditions）具有语境敏感性。语用不变主义对知识归赋

---

① 不可否认，两者谈论的主题不同。归赋者语境主义谈论的话题主要是"知识与语义"，更准确地说是"知识归赋与知识标准"的关系；利益相关的不变主义谈论的话题主要是"知识与行动"，更准确地说是"知识归赋与行动"的关系。

② Patrick Rysiew，"The Context-Sensitivity of Knowledge Attributions"，*Noûs*，2001(35:4):477-514.

Patrick Rysiew，"Contesting Contextualism"，*Grazer Philosophische Studien*，2005(69):51-70.

Patrick Rysiew，"Speaking of Knowing"，*Noûs*，2007(41:4):627-662.

③ Jessica Brown，"Adapt or Die: the Death of Invariantism?" *The Philosophical Quarterly*，2005(55:219):263-285.

Jessica Brown，"Contextualism and Warranted Assertibility Manoeuvres"，*Philosophical Studies*，2006(130:3):407-435.

Jessica Brown，"The Knowledge Norm for Assertion"，*Philosophical Issues*，2008(18:1):89-103.

④ Trent Dougherty & Patrick Rysiew，"Fallibilism, Epistemic Possibility and Concessive Knowledge Attribution"，*Philosophy and Phenomenological Research*，2009(78:1):123-132.

Trent Dougherty & Patrick Rysiew，"Clarity about Concessive Knowledge Attributions: Reply to Dodd"，*Synthese*，2011(181:3):395-403.

的语境敏感现象作出了一种语用层面的解释。在高低风险变化的语境中,知识语句的真值条件不变,"知道"的语义值和标准不变,然而由于错误的成本发生变化,断言的重要性也随之变化,知识语句在语用上的可断言性也发生了变化,因此知识归赋具有风险敏感性。

温和语用不变主义与归赋者语境主义争论的焦点是:知识归赋的语境敏感性直觉所反映的是会话适切性条件还是语句的真值条件[①]。德娄斯认为,有保证的可断言性运用策略"仅仅宣称,是有保证的可断言性条件而不是真值条件随着语境变化,语境主义因此被指控为把有保证的可断言性与真值混淆了"[②]。有保证的可断言性运用把归赋者语境主义与温和语用不变主义之争转换为"有保证的可断言性"与"真值"之争。温和语用不变主义者明确区分了知识语句的真值条件和有保证的可断言性条件(warranted assertability conditions),认为话语的语义真值条件是由话语字面意义(literal meaning)或语义内容(semantic content)决定的;话语的会话适切性条件是由话语的非字面意义(nonliteral meaning)或语用内容(pragmatic content)决定。温和语用不变主义者认为,人们直觉反映的是话语语用含义的真值,而非句子字面意义的真值,知识归赋的语境敏感性并非知识语句的真值条件,而是在具体会话语境中传达的语用含义不同程度的会话适切性。因此,话语的字面意义虽然为真,但由于它在语用上不合适,因此我们的直觉会认为该语句为假,反之亦然。借助这种理论,温和的语用不变主义者认为,在任何语境中,知识归赋的真值条件或语义内容都是固定不变的,知识标准都相对较低,但其会话的适切性条件或语用内容具有语境敏感性。虽然"主体在高、低风险两种语境都有知识,知识归赋的语义内容都为真,但由于语用含义不同,因此高风险语境下的知识归赋与直觉相悖"[③]。知识归赋的可断言性条件要求:知识归赋要有适合相应语境的充分证据以及对断言的把握度和确定性。在高风险或出错可能性大的语境中,知识归赋具有排除错误可能性的语用含义,因此需要更强的证据,更高的把握度,更大的确定性和更大的信心。[④] 在低风险语境中,知识归赋既不会要求比日常语境更高的认知标准,也不会提出低概率的错误可能性,因此,低风险语境中的知识归赋符合知识语句的会话适切性条件,在语义上也是为真的。在高风险语境中,因为在语义上知识归赋符合归赋者"确证的真信念"仍然成立,却没有满足会话适切性条件,且事件的重要性和风险提高,出错的可能性也可能增大了,这就要求归赋者有更加充分的把握和更多的证据。

在语用不变主义者看来,知识归赋的语境敏感的直觉分歧源于谓词"知道"的不同严格程度的使用。在高风险语境下的知识肯定,是采用了"知道"的非严格用法;在高风险语境下的知识否定,则是采用了"知道"的严格用法。由于这两种语境下语词的含义不同,因

① Jessica Brown,"Contextualism and Warranted Assertibility Manoeuvres",*Philosophical Studies*,2006(130:3):411.

② Keith DeRose,"Contextualism:An Explanation and Defense",in John Greco & Ernest Sosa (eds.),*The Blackwell Guide to Epistemology*,Malden:Blackwell Publishers Inc.,1999,p.201.

③ Matt Lutz,"The Pragmatics of Pragmatic Encroachment",*Synthese*,2014(191):1720.

④ Kent Bach,"The Emperor's New 'Knows'",in Gerhard Preyer & Georg Peter(eds.),*Contextualism in Philosophy:Knowledge,Meaning and Truth*,Oxford:Oxford University Press,2005,p.52.

此知识归赋的语境敏感的直觉分歧只是表面上的,而非实质性的。^①

第三类不变主义可称为心理不变主义(psychological invariantism),以威廉姆森(Timothy Williamson)、内格尔(Jennifer Nagel)、巴赫(Kent Bach)等学者为代表。这些学者认为,知识论语境主义者错误地将认知主体心理状态的变化解释为语义标准的变化。认知主体在不同的语境中,可能有不同的心理状态。这些心理状态的不同主要反映为信念状态、认知状态的差异,这些差异不应该用关于知识归赋语句的语义学理论来解释,而应从心理学的理论出发,借助框架效应、凸显效应、聚集效应等心理学理论和概念来说明。在这种心理说明(psychological explanation)理论看来,主体形成坚定信念需要多少证据可能会随着风险的改变而改变。风险的大小会影响认知焦虑(epistemic anxiety)的大小,风险越大,认知越焦虑;认知焦虑的大小会影响信念的自信水平的形成,反过来会影响坚定信念的证据范围的形成;因此风险越高,越使人倾向于收集更全面和更准确的证据。内格尔认为:"风险通常是由传统因素而间接产生影响的。因为在高风险语境中,主体经常意识到他们的风险,而且因为意识到的高风险会提升认知的焦虑,因而产生更多的证据需要。为了遵守以证据为基础的传统思维规范,风险的变化经常改变主体所需要的东西。"^②威廉姆森的严格的不变主义主张,在高低风险案例中主体都有知识,强调利用凸显效应^③(effects of salience)所造成的心理偏见来说明我们在高风险语境中的知识归赋偏误。^④ 格肯(Mikkel Gerken)说:"严格的不变主义可以大致描述为这样一种观点,即只有与真值相关的因素(truth-relevant factors)才决定某人真的相信 p 的知识归赋的真值条件。"^⑤"与真值相关的因素"是影响一个信念是真的可能性大小的因素。"依据严格的不变主义,知识归赋的真值依赖于诸如主体的信念或认知立场之类的因素,而不依赖于诸如主体的或归赋者的实践利益。严格的不变主义也拒绝知识归赋的真值依赖相对于归赋者来说的纯粹的选择项(与主体的知识不相容的场景)的凸显。"^⑥

下面以柯亨的机场案例来说明心理不变主义是如何解答知识归赋的语境敏感性问题的,其案例^⑦是:

---

① 语用不变主义的困境有:(1)语用策略的普遍性问题,它只能用于认知者信念一直坚持的案例。(2)语用策略不能解释在高风险中为何主体会没有坚定的知识归赋这种可能性。(3)如何驳倒怀疑主义论证的直观性;(4)如何保证怀疑主义假设下的闭合论的正确性,尤其是闭合论会导致绝对不可错论。

② Jennifer Nagel,"Epistemic Anxiety and Adaptive Invariantism",*Philosophical Perspectives*,2010(24):426-427.

③ 凸显效应是指认知者会把更多的注意力放在对象特征中突出、醒目和鲜明的部分,从而出现判断上的偏差。

④ Williamson Timothy,"Contextualism,Subject-Sensitive Invariantism and Knowledge of Knowledge",*The Philosophical Quarterly*,2005(55):213-235.

⑤ Mikkel Gerken,"Epistemic Focal Bias",*Australasian Journal of Philosophy*,2013(91:1):41.

⑥ Mikkel Gerken," On the Cognitive Bases of Knowledge Ascriptions" ,in Jessica Brown & Mikkel Gerken(eds),*Knowledge Ascriptions*,Oxford:Oxford University Press,2012,p.140.

⑦ Stewart Cohen,"Contextualism,Skepticism,and the Structure of Reasons",*Philosophical Perspectives*,1999(13):58.

　　玛丽和约翰在洛杉矶机场,他们打算乘班机到纽约。他们想知道这架班机是否会在芝加哥中途停留。他们无意中听到有人问乘客史密斯知不知道这架班机是否会经停芝加哥。史密斯看了一眼他从旅行社拿到的航班时刻表,回答说:"是的,我知道它会经停芝加哥。"由于玛丽和约翰有个很大的商务合同,他们必须及时赶到芝加哥。玛丽说:"那张时刻表可靠吗? 它可能有印刷错误,而且飞机可能在最后一刻改变路线。"玛丽和约翰认为史密斯并不真正知道这架飞机将经停芝加哥,于是他们决定去找航空公司查对。

　　对于为什么在高风险案例中我们会否认主体知道,心理学不变主义者有相似的解释。巴赫主张用信念的置信阈值(threshold of doxastic confidence)的语境敏感性来解释知识归赋的语境敏感性。在机场案例中,玛丽坚持"史密斯不知道飞机会经停芝加哥",这是由她的信念状态决定的:她不能确定史密斯的时刻表是否可靠;自己也没有足够的信心去相信飞机经停芝加哥。由于玛丽不确信"飞机会经停芝加哥",并且认为"飞机经停芝加哥"的信息需要验证,因此玛丽没有断言"史密斯知道飞机会经停芝加哥"。① 与此类似,阿德勒(Jonathan Adlei)认为这些案例最好由主体对 p 的信心减弱来解释②。内格尔也指出,当某人有较大的风险时,我们通常会期望他们在得到确定的信念前寻求更多的证据。在高风险案例中,我们自然对主体的判断缺少信心。③ 费德曼认为,如果玛丽和约翰关注于史密斯出错的各种可能性,比如印刷错误,那么这会导致他们断言"史密斯不知道飞机将经停芝加哥"。因为当人们关注某种可能性时,这会使他们过高评估它的概率。④

三、广义语境主义

　　我们主张广义的语境主义即修正的语境主义,主张对认知主体 S 是否知道命题 p 的判定具有语境敏感性。知识归赋的语境性在于语境的多样性⑤,认为主体敏感的不变主义和利益相关的不变主义不应看作不变主义,而应看作主体语境主义。

　　在我们看来,主体敏感的不变主义实质上是一种主体语境主义。如果语境包括归赋者语境和主体语境,那么主体敏感的不变主义就是一种主体语境主义。由于斯坦利和霍桑等人仅把"是否承认知识归赋的真值条件依赖于归赋者语境"作为区分语境主义与不变主义的标准,而他们的理论只承认知识归赋的真值条件依赖于主体语境(subject con-

① Kent Bach,"The Emperor's New 'Knows'",in Gerhard Preyer & Georg Peter(eds.),*Contextualism in Philosophy*:*Knowledge*,*Meaning and Truth*,Oxford:Oxford University Press,2005,pp.76-77.

② Jonathan Adler,"Withdrawal and Contextualism",*Analysis*,2006(66:4):280-285.

③ Jennifer Nagel,"Knowledge Ascriptions and The Psychological Consequences of Changing Stakes",*Australasian Journal of Philosophy*,2008(86:2):289.

④ Richard Feldman,"Skeptical Problems,Contextualist Solutions",*Philosophical Studies*,2001(103):74-78.

⑤ 曹剑波:《知识与语境:当代西方知识论对怀疑主义难题的解答》,上海:上海人民出版社2009年,第298页。

text),因而他们把自己的理论看作是不变主义。我们反对这种狭义的划分,主张把归赋者语境和主体语境都看作是语境,并认为主体敏感的不变主义是一种语境主义,称为不变主义是对不变主义概念的误用。不变主义就是对语境不敏感与语境主义相对立。之所以有人把主体敏感的不变主义当作不变主义,因为他们片面地只把主流的归赋者语境主义当作是语境主义,而没有把主体语境主义也看作语境主义。正因为有这种偏见,有人提出了"不敏感的不变主义(insensitive invariantism)",例如,在《语境主义、主体敏感的不变主义和知识的知识》一文中,威廉姆森主张不敏感的不变主义反对语境主义和主体敏感的不变主义。①

我们还认为,语境主义包括主体语境主义和归赋者语境主义。作为主流的归赋者语境主义及其竞争者的主体语境主义,都片面地主张语境敏感的单一性。前者主张只有归赋者的语境才决定知识归赋的真值,后者主张只有主体的语境才决定知识归赋的真值。语境主义的领军人物德娄斯虽然看到了语境因素的多样性,但仍然把语境因素限制在归赋者,他写道:"关于何种类型的说话语境特征真正影响知识归赋的真值条件,以及它们在何种程度上影响知识归赋的真值条件这一问题上,语境主义者有不同的回答。"②并明确地说"语境的因素,也就是我所称的'归赋者的因素'"③,只把归赋者语境主义称为语境主义④。雅格同样认为,不同语境主义者的知识观的具体表现形式是不同的,"但他们都认为:知识归赋的真值可能随着归赋者的语境认知标准的变化而变化。"⑤恩格尔也是这样概括归赋者语境主义的特征的,他说:

> 认知语境主义的第二个可定义的特征是:是知识归赋者的语境,而不是知识的被归赋者的语境,决定断言效用的知识标准。归赋者 A 断言的"S 知道 p"的真值条件是由 A 的语境决定的,而不是由 S 的语境决定的。因此,对于一个给定的认知主体 S,命题 p 和时间 t,倘若归赋者 A_1 在一种低标准的语境,而归赋者 A_2 在一种高标准的语境,那么 A_1 在 t 时正确地断言"S 知道 p",而 A_2 在 t 时正确地断言"S 不知道 p",这种情况是可能的。在不同的会话语境中,A_2 说出来的命题不是 A_1 说出来的命题的否定表达,因此 A_1 和 A_2 没有不一致。⑥

① Timothy Williamson,"Contextualism,Subject-sensitive Invariantism and Knowledge of Knowledge",*The Philosophical Quarterly*,2005(55):213-235.

② Keith DeRose,"The Ordinary Language Basis for Contextualism,and the New Invariantism",*The Philosophical Quarterly*,2005(55):176.

③ Keith DeRose,"Contextualism and Knowledge Attributions",*Philosophy and Phenomenological Research*,1992(52):923.

④ Keith DeRose,"Contextualism:An Explanation and Defense",in John Greco & Ernest Sosa(eds.),*The Blackwell Guide to Epistemology*,Oxford:Blackwell Publisher,1999,p.190.

⑤ Christoph Jäger,"Skepticism,Information,and Closure:Dretske's Theory of Knowledge",*Erkenntnis*,2004(61):189.

⑥ Jr. Mylan Engel,"What's Wrong with Contextualism,and a Noncontextualist Resolution of the Skeptical Paradox",*Erkenntnis*,2004(61):207-208.

在当代西方知识论中,不少知识论者把语境范围片面化,有的只看到认知因素,特别是标准因素①,有的只看到风险因素;有的只看到主体因素,有的只看到归赋者因素,有的只看到评价者因素②;有的只看到语义(semantic)因素,有的只看到语用(pragmatic)因素,有的只看到心理因素。他们常常认为这些因素是相互对立的,以一方批判另一方,以一种理论批判另一种理论,产生了很多无关宏旨的、琐碎的、无意义的争论。在我们看来,无论只强调归赋者和认知标准的语境主义,或对比项凸显的对比主义,或主体的主体敏感的不变主义,还是风险的利益相关的不变主义,都是片面的。我们主张知识归赋的广义语境敏感性,主张知识归赋受多元因素影响,它们既可能源于提到或注意到的相关选择项,也可能源于出错可能性的凸显或实践的兴趣;既可能源于归赋者,也可能源于主体或评价者;既可能来自语义的因素,也可能来自语用的因素,甚至是心理的因素;既可能源于认知因素,也可能源于非认知因素。无论是哪种知识论理论,只要它具有更大的理论合理性,能更合理地解决知识论难题,就没有必要对其进行太多的划分。我们认可讷塔(Ram Neta)把被归赋者语境和归赋者语境都称为认知的评价语境(context of epistemic appraisal)③,也赞同布坎南(Reid Buchanan)把语境范围扩大,他说:

> "语境主义"认为一个给定的信念或一种知识的确证依赖于语境制约,这种制约有"论题的"或"学科的"制约(被研究的主题所决定)、"境遇的"制约(被正在讨论的信念或知识主张的有用证据这类境遇因素所决定)、"辩证的"制约(被当前的状况如问题境遇所决定),等等。④

我们还赞同德雷兹克批判的激进的语境主义。这种语境主义主张,知识"不仅相对于认知者的境况,而且相对于归赋者的境况"⑤。我们主张广义的(或修正的)语境主义,还基于不同的传统知识论开始扩展了自己的学说。例如,施瑞帕德和斯坦利认为:"利益相关的不变主义宣称,知识和其他认知属性对风险敏感,不是说,它们完全依赖于风险且只依赖于风险。利益相关的不变主义理论者同意传统知识论者所说的知识和其他认知属性

---

① 我们认为,只把决定知识归赋的真值归结为归赋的标准,甚至归结为归赋标准的升降,是错误的。有许多例子,如"我饿了""我在这里"这类断言的真值,并不根源于归赋标准的变化,它是一种"索引"的语境性。

② 理查德(Mark Richard)和麦克法兰(John MacFarlane)为相对主义辩护,在他们看来,知识句的真值依赖于评估知识句的语境中起作用的标准,而不是知识句说出语境的标准,也不是主体语境的标准。(Mark Richard," Contextualism and Relativism",*Philosophical Studies*,2004(119):215-242.John MacFarlane,"The Assessment Sensitivity of Knowledge Attributions",in Tamar Szabó Gendler & John Hawthorne(eds.),*Oxford Studies in Epistemology* 1,Oxford:Oxford University Press,2005,pp.197-233. John MacFarlane,*Assessment Sensitivity:Relative Truth and its Applications*,Oxford:Oxford University Press,2014.)

③ Ram Neta,"Contextualism and the Problem of the External World",*Philosophy and Phenomenological Research*,2003(66):1-31.

④ Reid Buchanan,"Natural Doubts:Williams's Diagnosis of Scepticism",*Synthese*,2002(131):62.

⑤ Fred Dretske,"Externalism and Modest Contextualism",*Erkenntnis*,2004(61):173.

对风险外的其他因素(如可靠性)敏感。"①

在只涉及归赋者、主体、风险、错误凸显和知识标准 5 个因素上,我们可以把知识归赋理论概括如下(其中"√"表示有影响,"×"表示无影响,"?"表示不确定):

表 1-1　不同知识归赋理论对比表

知识归赋理论	归赋者	主体	风险	错误凸显	知识标准变化
归赋者语境主义	√	×	√	√	√
对比主义	√	?	?	√	×
经典不变主义	×	×	×	×	×
主体敏感的不变主义	×	√	√	√	×
利益相关的不变主义	×	√	√	×	×
语用不变主义	×	√	√	×	×
心理不变主义	×	√	√	×	×
广义语境主义	√	√	√	√	√

对各种知识归赋理论和我们的观点有大略的了解后,下文将以银行案例的思想实验为例,介绍利益相关的不变主义和对比主义对知识归赋敏感性的不同解说。

第二节　银行案例的思想实验与各种知识归赋理论

自德娄斯提出银行案例以来,不同知识归赋理论的提出者,对银行案例进行了不同的改写,并借助思想实验来论证各自的理论。下面先介绍德娄斯的银行案例与其语境主义,再介绍斯坦利的主体敏感的不变主义对语境主义的批判,以及肖弗的对比主义对不变主义的批判。

一、银行案例与语境主义

德娄斯建构的著名银行案例原版及其改写版,是各种知识归赋理论建立与竞争的焦点所在。德娄斯通过思想实验,对比分析银行案例 A 与 B,来说明语境因素对知识归赋的影响。其银行案例见下:

> 银行案例 A:一个周五的下午,我与妻子开车去银行存钱。然而到了银行的时候,我们看到存款者排成长龙。尽管我们希望尽快把钱存上,但并不是那么迫切,因此我建议等周六上午再来。妻子说:"这家银行明天可能不营业,大部分银行在周六不营业。"

---

① Chandra Sekhar Sripada & Jason Stanley,"Empirical Tests of Interest-relative Invariantism", *Episteme*,2012(9:1):16.

我回答说："不，我知道它会营业。两周前的周六我来过，它一直开到中午。"

　　银行案例 B：一个周五的下午，我与妻子开车去银行存钱。如同在案例 A 那样，我们注意到排长队的情况。我建议我们在周六上午再来，因为在两周前的周六上午我来过银行，它一直开到中午。不过此次我们已经有一张开好的重要的大额支票，如果在周一以前没有存进我们的账户，就会被银行退票，从而陷入很大的窘境。妻子在提醒我这些事实后，问："银行确实会改变营业时间，你知道这家银行明天会营业吗？"虽然我还是像以前那样相信这家银行明天会营业，然而这时我会回答说："嗯，我不知道。我们最好进去弄清楚。"①

　　假设银行周六上午营业，而且银行案例 A 和 B 除了案例中提到的不同外，没有其他不同。德娄斯认为，在银行案例 A 中，"我"宣称知道银行将在周六营业的说法是正确的；在银行案例 B 中，"我"说不知道银行周六营业的说法也是正确的。之所以对同一问题两种不同的回答都正确，是因为在银行案例 A 和 B 中，说话者的语境不同。这种不同表现在：(1)判断正确与否的重要性不同。与银行案例 A 相比，在银行案例 B 中，"我的判断"的正确性与某些重要的事情相连，因而对是否"知道"的标准也随着风险的增加而提高。(2)证据不同。在银行案例 B 中，"我的妻子"提到"银行确实会改变营业时间"这种事实的可能性，"我"不能以两周前银行周六营业为理由来断言知道这家银行这周六会营业，除非"我"能够排除这段时间内这家银行会改变营业时间的可能性。在案例 A 中，由于没有提到这种事实的可能性，而仅仅提到"这家银行明天可能不营业"的理论的可能性，因此"我"可以不考虑这种可能性，也不必排除这种可能性。②

　　德娄斯认为，不同语境会导致知识标准的变化，而知识标准的变化会影响知识归赋的结果。由于银行案例 B 的风险高于 A，且银行案例 B 中出错的可能性(即银行可能改变营业时间)凸显了出来，因此案例 B 的知识标准比案例 A 的知识标准要高。正因为案例 A 与案例 B 的知识归赋标准不同，因此对同一问题就有两种不同看法。③

　　对于银行案例 A 和 B，不同的知识论者得出了不同的结论。例如，德娄斯和柯亨认为，银行案例 B 中提到"银行确实会改变营业时间"，而银行案例 A 却没有。此差异支持了语境主义对于归赋者凸显的不同会影响知识标准从而影响知识归赋的观点。④ 斯坦利

　　①　Keith DeRose,"Contextualism and Knowledge Attributions",*Philosophy and Phenomenological Research*,1992(52):913.

　　②　Keith DeRose,"Contextualism and Knowledge Attributions",*Philosophy and Phenomenological Research*,1992(52):913-915.

　　③　Keith DeRose,"The Ordinary Language Basis for Contextualism,and the New Invariantism",*The Philosophical Quarterly*,2005(55):172-198.

　　④　Stewart Cohen,"Contextualism,Skepticism,and the Structure of Reasons",*Philosophical Perspectives*,1999(13):57-89.

Keith DeRose,"Contextualism and Knowledge Attributions",*Philosophy and Phenomenological Research*,1992(52):913-929.

Keith DeRose,"The Problem with Subject Sensitive Invariantism",*Philosophy and Phenomenological Research*,2004(68:2):346-350.

和霍桑认为银行案例 A 和 B 中提到的风险,并不是对话语境的,而只是主体的,因此,它们并没有为归赋者语境主义提供支持,反而为"主体风险在知识归赋上起重要作用"的主体敏感的不变主义和利益相关的不变主义提供了支持。[①] 内格尔[②]和巴赫[③]认为银行案例中知识归赋的差异,源于高风险破坏了归赋者的自信,使他们不愿把这种自信归于主体,因此银行案例支持了经典的不变主义,知识归赋不仅不对归赋者的语境敏感,也不对主体的风险敏感。赖肖认为银行案例只不过反映了话语语境中的语用特征,与经典不变主义一致。[④] 虽然不同的知识论者对银行案例所支持的结论看法不同,然而他们都肯定一个基本的假设:知识归赋具有风险敏感性。然而,却有几个独立的问卷调查似乎证伪了这个基本的假设。这将在下章中再作介绍。下面仍将从思想实验的角度,以斯坦利的利益相关的不变主义为例,介绍不变主义对归赋者语境主义的批驳。

二、银行案例与利益相关的不变主义

归赋者语境主义强调知识归赋的结果和知识归赋的标准受归赋者语境影响,利益相关的不变主义强调知识归赋受主体的实际利益影响,但知识归赋的标准不具有语境敏感性。在德娄斯的银行案例中,由于第一人称代词"我"既是主体,又是归赋者,不能把风险效应是对主体敏感,还是对归赋者敏感区分开来,因此可以同时用来解释归赋者语境主义和利益相关的不变主义。为了把这两种有竞争的理论区分开来,斯坦利把德娄斯的银行案例中的"我和我的妻子"改成了"汉娜和她的妻子萨拉",并设计出 5 个不同的斯坦利式银行案例。它们分别是[⑤]:

案例 1:低风险(Low Stakes,简称 L)案例

一个周五的下午,汉娜和她的妻子萨拉[⑥]下班后开车回家。她们打算把车停在银行前去存钱。由于她们没有即将到期的账单,因此她们是不是这样做并不重要。当她们开车路过银行时,她们发现,里面排的队很长,周五下午的队伍总是很长。意

① Jason Stanley,*Knowledge and Practical Interests*,Oxford:Oxford University Press,2005.
John Hawthorne,*Knowledge and Lotteries*,Oxford:Oxford University Press,2004.

② Jennifer Nagel,"Knowledge Ascriptions and the Psychological Consequences of Changing Stakes",*Australasian Journal of Philosophy*,2008(86:2):279-294.

③ Kent Bach,"The Semantics-Pragmatics Distinction:What It Is and Why It Matters",in Ken Turner(ed.),*The Semantics/Pragmatics Interface from Different Points of View*,Kidlington,UK:Elsevier Science Ltd.,1999,pp. 65-84.
Kent Bach,"The Emperor's New 'Knows'",in Gerhard Preyer & Georg Peter(eds.),*Contextualism in Philosophy:Knowledge,Meaning and Truth*,Oxford:Oxford University Press,2005,pp. 51-89.
Kent Bach,"Knowledge in and out of Context",in Joseph Keim Campbell,Michael O'Rourke & Harry S. Silverstein(eds.),*Knowledge and Skepticism*,Cambridge:The MIT Press,2010,pp. 105-135.

④ Patrick Rysiew,"Speaking of Knowing",*Noûs*,2007(41:4):627-662.

⑤ Jason Stanley,*Knowledge and Practical Interests*,Oxford:Oxford University Press,2005,pp.4-5.

⑥ 这里是一个同性恋婚姻,因此有"她的妻子"的说法——引者注。

识到马上存钱不是很重要,汉娜说:"我知道银行周六会营业,因为两周前的那个周六的早上,我在银行,因此我们可以明早再来存钱。"①

案例 2:高风险(High Stakes,简称 H)案例

一个周五的下午,汉娜和她的妻子萨拉下班后开车回家。她们打算把车停在银行前去存钱。由于她们的账单即将到期,而户头里又没有什么钱,因此周六前把钱存了很重要。汉娜发表意见说,两周前的那个周六的早上,她在银行,银行营业。然而,正如萨拉所指出那样,银行确实会改变营业时间。汉娜说:"我猜你是对的,我不知道银行明天会营业。"②

案例 3:归赋者低风险-主体高风险(Low Attributer-High Subject Stakes,简称 LAHS)案例

一个周五的下午,汉娜和她的妻子萨拉下班后开车回家。她们打算把车停在银行前去存钱。由于她们的账单即将到期,而户头里又没有什么钱,因此她们在周六前把钱存了很重要。两周前的周六,汉娜去银行,遇到了吉尔。萨拉提醒汉娜银行确实会改变营业时间。汉娜说:"这是个好理由。我想我不是真的知道银行周六会营业。"碰巧,吉尔出于好玩,想周六去银行看看是否能遇到汉娜。吉尔没有任何风险,而且她不知道汉娜的情况。想着汉娜是否会在那里,吉尔对一个朋友说:"嗯,汉娜两周前的周六在银行,所以她知道银行周六会营业。"③

案例 4:无知的高风险(Ignorant High Stake,简称 IH)案例

一个周五的下午,汉娜和她的妻子萨拉下班后开车回家。她们打算把车停在银行前去存钱。由于她们的账单即将到期,而户头里又没有什么钱,因此她们在周六前把钱存了很重要。然而,汉娜和萨拉都没有注意账单即将到期,也没有注意到户头里只有少量的可用资金。看到银行排着长队,汉娜对萨拉说:"我知道银行明天会营业,因为两周前的那个周六的早上我就在这里。我们可以明天再来存钱。"④

案例 5:归赋者高风险-主体低风险(High Attributer-Low Subject Stakes,简称 HALS)案例⑤

一个周五的下午,汉娜和她的妻子萨拉下班后开车回家。她们打算把车停在银行前去存钱。由于她们的账单即将到期,而户头里又没有什么钱,因此她们在周六前

---

① Jason Stanley,*Knowledge and Practical Interests*,Oxford:Oxford University Press,2005,pp.3-4.

② Jason Stanley,*Knowledge and Practical Interests*,Oxford:Oxford University Press,2005,p.4.

③ Jason Stanley,*Knowledge and Practical Interests*,Oxford:Oxford University Press,2005,p.4.

④ Jason Stanley,*Knowledge and Practical Interests*,Oxford:Oxford University Press,2005,p.5.

⑤ 斯坦利还设计出了另一个归赋者高风险—主体低风险案例＊(High Attributer-Low Subject Stakes＊,简称 HALS＊):一个周五的下午,比尔打算去银行。由于是否周一前要去银行并不重要,所以他考虑推迟到周六再去银行。他以前周六去过银行,银行营业,因此他推断第二天银行也会营业。他心不在焉地说:"嗯,因为我知道银行明天会营业,所以我明天去。"相比之下,周一前去银行对汉娜来说是很重要的。她无意中听到了比尔的话,问他这样说的理由。虽然以前的周六她也去过银行,但这并不减轻她对银行以前改变过营业时间的担忧,她因此得出结论说比尔所说是错误的。(Jason Stanley,*Knowledge and Practical Interests*,Oxford:Oxford University Press,2005,p.115.)

把钱存了很重要。汉娜用手机打电话给比尔,问他银行周六是否营业。比尔回答说:"嗯,两周前的周六我在银行,它营业。"在把这段谈话告诉萨拉后,汉娜下结论说:"因为银行确实偶尔改变营业时间,因此比尔不是真的知道银行周六会营业。"①

斯坦利的 5 个改写版银行案例涉及三个主要因素:(1)身份因素:归赋者和主体;(2)风险因素:高风险与低风险;(3)意识因素:归赋者是否意识到风险。斯坦利认为,高/低风险银行案例之间的唯一区别是银行营业与否对主体的重要性,即出错代价。斯坦利对我们的直觉反应预测是:在低风险案例中,汉娜知道银行周六会营业;在高风险案例中,汉娜不知道。无知的高风险案例与高风险案例一样,萨拉和汉娜都没有意识到她们即将到期的账单。对汉娜来说风险很高,因此斯坦利预测我们的直觉反应是,汉娜并不知道银行周六会营业。在归赋者低风险-主体高风险案例(即低风险的归赋者在考虑高风险的主体是否知道)中,吉尔说,汉娜知道银行周六营业。对吉尔来说,没有什么风险,但他没有意识到萨拉和汉娜的高风险,因此斯坦利预测我们的直觉反应是,吉尔说"汉娜知道银行周六会营业"是错的。在归赋者高风险-主体低风险(即有高风险的归赋者在考虑低风险的主体是否知道)案例中,汉娜和萨拉有一个即将到期的账单,因此斯坦利预测,我们的直觉反应是,汉娜说"比尔不真的知道银行周六会营业"是真的。② 斯坦利预测我们的直觉反应可归纳为下表:

表 1-2　斯坦利预测我们的直觉反应

案例排序	案例种类	斯坦利预测我们的直觉反应	知识归赋情况
1	L	汉娜说"我知道银行周六会营业"是真的。	主体知道
2	H	汉娜说"我不知道银行周六会营业"是真的。	主体不知道
3	LAHS	吉尔说"汉娜知道银行周六会营业"是假的。	主体不知道
4	IH	汉娜说"我知道银行周六会营业"是假的。	主体不知道
5	HALS	汉娜说"比尔不知道银行周六会营业"是真的。	主体不知道

根据斯坦利的分析,归赋者语境主义和利益相关的不变主义对银行案例 1—5 的解释可以表述如下(其中:"L"表示"低风险";"H"表示"高风险";"p"表示"银行周六会营业";"A"表示"归赋者";"S"表示"主体";"K"表示"知道";"～K"表示"不知道";而形如 LH 的表示法,左边代表归赋者状况,右边代表主体状况。):

表 1-3　斯坦利分析下的银行案例解释

案例/序号	意识	实际	直觉	归赋者语境主义	利益相关的不变主义
L/1	LL	LL	SK	SK	SK
H/2	HH	HH	～SK	～SK	～SK

① Jason Stanley,*Knowledge and Practical Interests*,Oxford:Oxford University Press,2005,p.5.
② Jason Stanley,*Knowledge and Practical Interests*,Oxford:Oxford University Press,2005,p.5.

续表

案例/序号	意识	实际	直觉	归赋者语境主义	利益相关的不变主义
LAHS/3	LL	LH	~SK	SK(不同于直觉)	~SK
IH/4	LL	HH	~SK	SK(不同于直觉)	~SK
HALS/5	HL	HL	~SK	~SK	SK(不同于直觉)

利益相关的不变主义与归赋者语境主义对主体是否知道的判断,分别是由表中的"实际"列与"意识"列决定。利益相关的不变主义认为,判断主体是否知道只受"实际"列中主体的风险影响:在"实际"列中,当主体的风险低时,主体知道(SK);当主体的风险高时,主体不知道(~SK)。由于案例2、案例3和案例4中主体的风险高,而案例1和案例5则相反,因此,在利益相关的不变主义看来,案例1、案例2中汉娜说的话是正确的,案例4和案例5中汉娜说的话是错误的;案例3中吉尔的话是错误的。利益相关的不变主义对案例5的看法与斯坦利所预测的我们的直觉不同。在案例5中,如果只考虑主体因素,那么处于低风险条件下的比尔知道"银行周六营业"。然而,汉娜的风险较高,当汉娜是归赋者,直觉上我们认可汉娜所说"比尔不知道银行周六营业"。这表明,归赋者汉娜的风险大小影响了知识归赋。案例5中我们的直觉支持归赋者语境主义,这是斯坦利所不能接受的。斯坦利用"知识与行动理论"来解释我们第三者视角的直觉为什么是错误的。在斯坦利看来,行动依据知识,且限定所需何种知识。在案例5中,汉娜处于高风险条件下,她询问他人是为了获得可以指导她行动的知识,即与她有同样风险的人,是否知道银行周六营业。这表明,汉娜从自身的实践目的出发寻找自己感兴趣的信息,并不关心比尔的真实利益与兴趣。由于我们认同汉娜的知识归赋的动机,因此我们也会认可汉娜的判断,认为汉娜真正关心的是如果比尔处于她的状况,是否知道"银行周六营业"。[①] 正由于我们第三者角度与归赋者汉娜的利益角度相同,因此我们与汉娜都不能公正地评价比尔的知识状况。[②] 斯坦利根据他的利益相关的不变主义认为,由于比尔的风险很低,因此"我们的直觉"错了,"比尔确实知道银行周六会营业",并认为在这个案例中,不应该"对我们的直觉过分偏爱"。[③]

在斯坦利看来,归赋者语境主义赞成"语境敏感表达式是基于意向的观点(the intention-based view of context-sensitive expressions)"。在这种观点看来,在某个语境中,语境敏感表达式的语义内容是由说话者使用这个表达式的意向来决定。在知识归赋中,归赋者意识到的风险会影响知识归赋。[④] 因此,判断主体是否知道只受"意识"列中归赋者

---

① 德娄斯反对斯坦利这种求助于归赋者心理的解释。参看 Keith DeRose, *The Case for Contextualism: Knowledge, Skepticism and Context* (vol. 1), Oxford: Oxford University Press, 2009, pp. 234-238.

② 参看 Jason Stanley, *Knowledge and Practical Interests*, Oxford: Oxford University Press, 2005, p.118

③ Jason Stanley, *Knowledge and Practical Interests*, Oxford: Oxford University Press, 2005, pp. 97-98.

④ Jason Stanley, *Knowledge and Practical Interests*, Oxford: Oxford University Press, 2005, pp. 25-26, 116-118.

是否意识到风险影响:在"意识"列中,当归赋者风险低时,主体知道(SK);当归赋者风险高时,主体不知道(～SK)。归赋者语境主义主张归赋者的语境影响知识归赋。由于案例2、案例4和案例5中的归赋者风险高,知识的标准也高,而案例1和案例3则相反,因此,在归赋语境主义看来,案例1、案例2、案例4和案例5中汉娜说的话是正确的;案例3中吉尔的话是正确的。归赋者语境主义对案例3和案例4的看法与斯坦利所预测的我们的直觉不同。在案例3中,我们的直觉认为吉尔所说的是错误的;归赋者语境主义则认为,由于主体汉娜的高风险没有被低风险的归赋者吉尔意识到,因此得出反直觉的结论,即认为吉尔所说是正确的。在案例4中,归赋者汉娜虽然有高风险,却并没有意识到,因此归赋者语境主义得出反直觉的结论,认为汉娜知道"银行明天营业"。

在斯坦利看来,归赋者语境主义要令人满意地解释案例3和案例4中的直觉,必须放弃"语境敏感表达式是基于意向的观点",主张知识归赋的语义内容可以由归赋者意识之外的因素来影响。在案例4中,归赋者没有意识到自己的风险。归赋者语境主义可以不承认一定要归赋者意识到影响知识归赋的因素,只要承认实际存在就可以了。因此,归赋者语境主义也不必承认每种归赋者的语境都是合法的。如果归赋者对自身的语境认识错误或无知,那么这个语境就是不合法的语境,在这个语境下作出的知识归赋也不合理。只有当上表中"意识"列左边的字母与"实际"列左边的字母相同时,归赋者语境才是合法的。用这种方法,归赋者语境主义可以回应案例4中的反直觉现象。我们认为,虽然斯坦利的这种说法似乎合理,然而放弃"语境敏感表达式是基于意向的观点",归赋者语境主义借归赋者的意向性对相关选择论的相关与不相关的划界的可能性就丧失了,用归赋者的意向性来解决知识标准的转换的可能性也就丧失了;由于知识归赋的影响因素可以独立于归赋者的心灵状态,归赋者语境主义的内在主义性质就变成了外在主义的。因此,我们认为,如果归赋者语境主义真接受了斯坦利的这种建议,这对归赋者语境主义来说困境不是减少,而是增多。

在斯坦利看来,对案例3的回应不能使用"放弃'语境敏感表达式是基于意向'"的方法。在案例3中,归赋者风险低,主体风险高。如果要坚持归赋者语境主义,那就必须不涉及主体的语境,否则就变成了主体语境主义或归赋者-主体语境主义。因此,在斯坦利看来,归赋者语境主义不能一以贯之地解答自己的理论与案例3和4的直觉之间的矛盾。这也表明,斯坦利建议归赋者语境主义放弃"语境敏感表达式是基于意向的观点"是不可行的。

我们认为,如果不片面地理解语境主义,而把归赋者语境主义扩展为广义语境主义,认为影响知识归赋的因素既可能是主体的,也可能是归赋者的,最终却以归赋者所聚焦的语境为决定要素,那么这种广义语境主义就可以解决这些困境。例如,归赋者对主体的风险有两种不同的然而却可能都是合理的方式:一种是由主体的风险确定自己的语境;一种是忽略主体的风险。为此,我们可以仿照斯坦利的银行案例3制作成归赋者低风险-主体高风险案例3*:

　　一个周五的下午,汉娜和她的妻子萨拉下班后开车回家。她们打算把车停在银行前去存钱。由于她们的账单即将到期,而户头里又没有什么钱,因此她们在周六前把钱存了很重要。到达银行门口时发现银行排的队很长。虽然两周前的周六早上汉娜来这家银行时,银行营业,但考虑到银行可能改变营业时间,汉娜认为自己不知道银行周六会营业。此时恰好吉尔夫妇也准备开车来银行存钱,不同的是,他们存不存钱并不重要。在等他妻子时,吉尔打电话问汉娜,想知道银行的人多不多。汉娜告诉他:(1)银行在排着长队;(2)虽然两周前的周六银行营业,但汉娜说自己不知道银行明天会营业,因为她有急需支付的账单,而且银行可能改变营业时间。在电话里,吉尔同意汉娜的说法:"是的,你不知道银行明天营业。"

当吉尔的妻子到后,听到银行排着长队,就问吉尔:"汉娜知道银行明天会营业吗?也许我们可以明天去。"吉尔想了一会儿说:"汉娜知道银行明天会营业,因为两周前的周六早上她去过那家银行,它在营业。"

这个案例同时包含语境主义处理归赋者低风险-主体高风险的两个方式。在案例3＊的前半部分,虽然归赋者吉尔的风险低,但是与主体汉娜交谈后,他的语境受汉娜影响,采用了汉娜的高风险,提升了知识的标准。即使吉尔没有与汉娜谈话,只要他关心汉娜的风险,吉尔的语境也会受汉娜的影响。德娄斯同意这种观点:"语境主义并不禁止说话者的语境来自适合所谈主体的实际处境的认知标准,即使被讨论的主体并没有参与到谈话中来。"①"语境主义不仅允许说话者语境选择适合主体的实际处境标准,而且在相关的案例中,语境主义实际上也引导我们期望说话者语境选择这样的标准,因为在所谈论的这些案例中,说话者自己的对话目的要求这种适合主体的标准。"②

案例3＊的后半部分,表明了语境主义的另一种处理语境方式:忽略主体的高风险。由于吉尔进行知识归赋的风险不大,因此,当他的妻子问"汉娜知道银行明天会营业吗"时,他们的对话语境是由自身的风险决定的。这样,吉尔可以对他妻子说:"汉娜知道。"因此他们夫妇可以第二天再去银行,纵使银行不营业,也没有多大损失。虽然此时案例3＊的做法与案例3的做法相同,都忽略了主体的高风险,但是在案例3中,我们的直觉会一致认为吉尔的归赋是错误的;但在案例3＊的后半部分,我们的直觉却会出现分歧:有的反对吉尔的归赋,有的赞同吉尔的归赋。这表明,"忽略主体的风险"并不在直觉上是必错的。之所以我们的直觉在案例3＊的后半部分出现分歧,是因为作为第三者的我们在看待吉尔对汉娜的知识归赋时,可能关心主体汉娜的风险,也可能关心归赋者吉尔的动机。

斯坦利虽然精心设计了多个银行案例,然而他的设计却有明显的不足:(1)德娄斯的银行案例至少存在2个变量:风险和出错的可能性。斯坦利的银行案例却没有对此进行区分。对此,肖弗有明确的说明。斯坦利虽承认"大多数人都直觉到,在低风险中汉娜知道,在高风险中不知道",但他却指出:"低风险和高风险的不同……不仅在对主体来说风

---

① Keith DeRose, *The Case for Contextualism: Knowledge, Skepticism and Context* (vol. 1), Oxford: Oxford University Press, 2009, p. 240.

② Keith DeRose, *The Case for Contextualism: Knowledge, Skepticism and Context* (vol. 1), Oxford: Oxford University Press, 2009, p. 240.

险是什么上,而且在出错的可能性是否明确提及上(这只发生在高风险中)"①。当萨拉指出"银行确实会改变营业时间"时,在高风险案例中一种相关选择的可能性就凸显了出来,而在低风险案例中,萨拉没有这样做。(2)偏见可能被引入。在低风险案例和高风险案例中,主角说的东西正是斯坦利声称在这两个案例中是真的东西,这表明斯坦利首选的答案明确地被包含在问题中②。(3)在高风险案例中,汉娜说"我猜你是对的。我不知道银行明天会营业"时,她在告诉读者,她缺少很多人认为的知识所必需的那种确信。除非汉娜在高风险案例中被描述为像在低风险案例中那样肯定银行周六营业,否则,这些案例不能确实无疑地证明实践利益在知识归赋中所起的重要作用。

对于利益相关的不变主义的最大的批评,来自它导致的令人尴尬的反事实,即宣称这是真的:"要是我有较少风险,我就会知道",以及"如果风险更高,我应该不知道"。③ 甚至出现"求助门外汉而非求助专家"的怪论。例如,假设某甲是百科全书《金丝雀》的作者,某乙是一位随便翻翻《金丝雀》的小学生。在一次鸟类鉴定大赛上,人们对某只鸟是金丝雀还是金翅雀发生了争议。由于能否鉴定正确对甲的职业声誉将产生重要影响,因此风险很大,对乙没有多大影响。按主体敏感的不变主义看法,如果他们两者鉴定都正确,我们可能会因甲风险高而认为甲不知道那只鸟是否是金丝雀,而因乙风险低认为乙知道,因此鉴定时要请教的是乙而非甲。这个结论是荒谬的。相似的情景在鉴宝场所也会遇到。正因为这种困境,肖弗提出了利益不变的知识归赋观:"当错误的可能性没有凸显时……,我倾向于主体知道这种直觉;当错误的可能性凸显时……,我倾向于主体不知道这种直觉。风险不起作用。"④下面我们从思想实验的角度,看看肖弗是如何反对知识归赋的风险效应的。

三、肖弗的对比主义对主体敏感的不变主义的批判

在《主体的不相关性:反对主体敏感的不变主义》⑤一文中,肖弗旗帜鲜明地反对主体敏感的不变主义,反对风险效应在知识归赋中的合法性,主张问题敏感的对比主义。

为了测试我们的直觉是否对主体的风险敏感,肖弗改写了银行案例,设计出"只有风险对主体不同而没有告知读者要她去直觉什么"的无偏见最小对(unbiased minimal pairs)案例:⑥

---

① Jonathan Schaffer, "The Irrelevance of the Subject: Against Subject-Sensitive Invariantism", *Philosophical Studies*, 2006(127):88.

② Jonathan Schaffer, "The Irrelevance of the Subject: Against Subject-Sensitive Invariantism", *Philosophical Studies*, 2006(127):88.

③ John Hawthorne, *Knowledge and Lotteries*, Oxford: Oxford University Press, 2004, p.166.

④ Jonathan Schaffer, "The Irrelevance of the Subject: Against Subject-Sensitive Invariantism", *Philosophical Studies*, 2006(127):90.

⑤ Jonathan Schaffer, "The Irrelevance of the Subject: Against Subject-Sensitive Invariantism", *Philosophical Studies*, 2006(127):87-107.

⑥ Jonathan Schaffer, "The Irrelevance of the Subject: Against Subject-Sensitive Invariantism", *Philosophical Studies*, 2006(127):88-89.

　　低风险案例：周五下午，山姆口袋里装着他的钱开车经过银行。银行里排的队很长。虽然山姆想在周一前存完钱，但他并不急着要存钱。他没有风险。山姆记得上周六银行营业，所以他认为银行这周六也营业。他是正确的，银行将营业。所以，山姆知道银行这周六会营业吗？

　　高风险案例：周五下午，山姆口袋里装着他的钱开车经过银行。银行里排的队很长。山姆想在周一前存完钱，而且实际上他有紧迫的财务义务在周一前要存钱，否则他的整个财务未来会处在危险中。山姆记得上周六银行营业，所以他认为银行这周六也营业。他是正确的，银行将营业。所以，山姆知道银行这周六会营业吗？

　　肖弗断言，在无偏见最小对案例中，无论风险的高低，他自己都会说山姆知道。[1]

　　为了测试在高/低风险案例中我们的直觉是否对归赋者所考量的错误敏感，肖弗把无偏见最小对案例改写成向归赋者凸显出错可能性的一对案例[2]：

　　低风险-凸显（Low-and-Salient）案例：周五下午，山姆口袋里装着他的钱开车经过银行。银行里排的队很长。虽然山姆想在周一前存完钱，但他并不急着要存钱。他没有风险。山姆记得上周六银行营业，所以他认为银行这周六也营业。他是正确的，银行将营业。然而，银行确实会改变它们的营业时间，而山姆没有注意到这一点。所以，山姆知道银行这周六会营业吗？

　　高风险-凸显（High-and-Salient）案例：周五下午，山姆口袋里装着他的钱开车经过银行。银行里排的队很长。山姆想在周一前存完钱，而且实际上他有紧迫的财务义务在周一前要存钱，否则他的整个财务会有危险。山姆记得上周六银行营业，所以他认为银行这周六也营业。他是正确的，银行将营业。然而，银行确实会改变它们的营业时间，而山姆没有注意到这一点。所以，山姆知道银行这周六会营业吗？

　　肖弗断言，无论风险高低，只要出错的可能性凸显，他自己会直觉地说山姆不知道。他因此说："总的来说，当出错的可能性没有凸显时（低风险案例和高风险案例），我倾向于直觉地知道主体知道；当出错的可能性凸显时（低风险-凸显案例和高风险-凸显案例），我倾向于直觉地知道主体不知道。风险不起作用。"[3]

　　肖弗虽然承认他的直觉可能异常且有理论偏见，但他仍认为主体敏感的不变主义是错误的，归赋者语境主义是正确的。他说："也许我的直觉是与众不同的，而且毫无疑问是有理论偏见的。但至少在我看来，当有人小心地提供这些案例，并实际上是用来区分主体

　　① Jonathan Schaffer，"The Irrelevance of the Subject：Against Subject-Sensitive Invariantism"，*Philosophical Studies*，2006（127）：89.

　　② Jonathan Schaffer，"The Irrelevance of the Subject：Against Subject-Sensitive Invariantism"，*Philosophical Studies*，2006（127）：89.

　　③ Jonathan Schaffer，"The Irrelevance of the Subject：Against Subject-Sensitive Invariantism"，*Philosophical Studies*，2006（127）：90.

敏感的不变主义的解释和语境主义的解释时,只有语境主义的解释能解释这些数据。"①
为了证明主体敏感的不变主义所说的风险效应错误,他还设计了与主体敏感的不变主义
预测完全颠倒的一对案例②:

> **低风险-缓慢(Low-and-Slow)案例**:周五下午,山姆口袋里装着他的钱开车经过
> 银行。银行里排的队很长。虽然山姆想在周一前存完钱,但他并不急着要存钱。他
> 没有风险。山姆记得上周六银行营业,所以他认为银行这周六也营业。他是正确的,
> 银行将营业。
>
> 当山姆想继续往前开时,他车坏了,正好停在银行旁。在拖车来之前他有 1 个小
> 时需要消磨。他可以轻易地存完钱,或者至少看看贴在银行门上的营业时间以确认
> 银行这周六是否会营业。然而山姆只是在后座上打了个盹。所以,山姆知道银行这
> 周六会营业吗?
>
> **高风险-紧急(High-and-Fast)案例**:周五下午,山姆口袋里装着他的钱开车经过
> 银行。银行里排的队很长。山姆想在周一前存完钱,而且实际上他有紧迫的财务义
> 务在周一前要存钱,否则他的整个财务会有危险。山姆记得上周六银行营业,所以他
> 认为银行这周六也营业。他是正确的,银行将营业。
>
> 在山姆想停下来查对银行营业时间时,他记起他答应给他妻子买件礼物。如果
> 他忘了,她会生气的,他们的关系会处在危险中。商店即将关门。山姆必须选择。所
> 以山姆立即作出了决定,不停银行,而是去为他的妻子挑礼物。他心想,银行这周六
> 会营业。所以,山姆知道银行这周六会营业吗?

肖弗断言:"我倾向于直觉地知道在低风险-缓慢案例中山姆不知道;而在高风险-紧
急案例中却知道。在我看来,在低风险-缓慢案例中,山姆不知道,因为他应该查对时间。
他完全有时间。他在知识论上是疏忽的。而在高风险-紧急案例中,山姆确实知道,因为
他在为他的妻子买礼物时作出了知情的选择。他知道自己足以作出明智的选择。我怀疑
有人将直觉地知道这个主体在低风险-缓慢案例中知道而在高风险-紧急案例中不知道的
说法,而这正是主体敏感的不变主义所预测的。"③

肖弗认为,霍桑和斯坦利也会承认,主体敏感的不变主义在下列归赋者高风险-主体
低风险(High-on-Low)案例④中也会出错:

① Jonathan Schaffer,"The Irrelevance of the Subject:Against Subject-Sensitive Invariantism",
Philosophical Studies,2006(127):90.

② Jonathan Schaffer,"The Irrelevance of the Subject:Against Subject-Sensitive Invariantism",
Philosophical Studies,2006(127):90.

③ Jonathan Schaffer,"The Irrelevance of the Subject:Against Subject-Sensitive Invariantism",
Philosophical Studies,2006(127):91.

④ Jonathan Schaffer,"The Irrelevance of the Subject:Against Subject-Sensitive Invariantism",
Philosophical Studies,2006(127):91-92.

归赋者高风险-主体低风险（High-on-Low）案例：周五下午，山姆口袋里装着他的钱开车经过银行。银行里排的队很长。虽然山姆想在周一前存完钱，但他并不急着要存钱。他没有风险。山姆记得上周六银行营业，所以他认为银行这周六也营业。他是正确的，银行将营业。

顺便问一下，在这里，你的整个财务将会处在危险中。如果山姆在周一前没有存钱，山姆还给你的钱将不能及时到账来帮助你摆脱即将到来的破产。山姆没有费心去查对银行是否可能已经改变了营业时间，山姆知道银行这周六会营业吗？

肖弗认为，主体敏感的不变主义认为由于山姆的风险很小，因此山姆知道。然而，我们的直觉应该是山姆不知道。不管驱使我们把无知归于山姆的是我们的高风险，还是我们对出错的可能性考虑所产生的焦虑，都表明主体敏感的不变主义是错误的。[①]

肖弗把主体敏感的不变主义者对不同案例不同归赋理论的直觉看法概括如下[②]：

表 1-4　主体敏感的不变主义者对不同案例不同归赋理论的直觉看法

	独断论	怀疑主义	语境主义	主体敏感的不变主义
低风险（有知）	√	×	√	√
高风险（无知）	×	√		√
归赋者高风险-主体低风险（无知）	×	√	√	×
归赋者高风险-主体高风险（无知）	×	√	√	√

肖弗把自己对不同案例不同归赋理论的直觉看法概括如下[③]：

表 1-5　肖弗对不同案例不同归赋理论的直觉看法

	独断论	怀疑主义	语境主义	主体敏感的不变主义
低风险（有知）	√	×	√	√
高风险（有知）	√	×	√	√
低风险-凸显（无知）	×	√	√	×
高风险-凸显（无知）	×	√	√	√
低风险-缓慢（无知）	×	√	√	×
高风险-紧急（有知）	√	×	√	×
归赋者高风险-主体低风险（无知）	×	√	√	×

---

① Jonathan Schaffer，"The Irrelevance of the Subject：Against Subject-Sensitive Invariantism"，*Philosophical Studies*，2006（127）：92.

② Jonathan Schaffer，"The Irrelevance of the Subject：Against Subject-Sensitive Invariantism"，*Philosophical Studies*，2006（127）：94.

③ Jonathan Schaffer，"The Irrelevance of the Subject：Against Subject-Sensitive Invariantism"，*Philosophical Studies*，2006（127）：95.

对主体敏感的不变主义在归赋者高风险-主体低风险案例预测上的失败,霍桑提出了语用论和过失论这两种解释。在语用论看来,高风险的归赋者是不能断言山姆知道的①。因为在威廉姆森看来,某人要断言 p 必须知道 p②。为了断言山姆知道,作为归赋者的你必须知道山姆知道。在假定主体敏感的不变主义和你在归赋者高风险-主体低风险案例上的高风险后,你被认为不知道山姆知道。因此霍桑认为,主体敏感的不变主义与断言的知识说明一起可以解释为什么你认为山姆不知道。然而,在肖弗看来,首先,这只能解释为什么高风险归赋者不会断言山姆知道,而不能解释为什么高风险归赋者会断言山姆不知道。其次,这种解释只能说明高风险归赋者是否缺乏需要克服其高风险的证据。在归赋者高风险-主体低风险案例上,已经规定银行确实会营业,你有想要的所有证据,你知道银行将营业,因此应该能减轻任何与风险相关的焦虑。③

霍桑的第二种解释④是高风险归赋者作出了一个错误的投射。我们通常倾向于投射我们的焦虑,因此也许归赋者也正在把他的焦虑投射在低风险主体上,并因此认为他也面临了高风险。这样,主体敏感的不变主义能够解释为什么我们说低风险主体是无知的。然而,在肖弗看来,首先,这种解释过分普遍化:霍桑脑海中的那种投射错误也会同样解释任何其他直觉,如在最初的高风险案例中我们不否认主体有知识。也许这个高风险的主体确实知道,然而,因为我们高估了他在冒险这种可能性,所以我们凭直觉知道,这将破坏支持主体敏感的不变主义的最初案例。其次,投射错误不适用描述的情况。在描述的案例中,很清楚,只有你处在破产的危险中,而山姆却是安全的。我们可以通过问山姆是否知道和山姆是否处于危险之中来验证这种观点。如果你回答说,山姆不知道和没有处于危险中,那么你否认他有知识的基础就不能是霍桑认为的那种投射错误。⑤

肖弗还从知识的社会角色角度批评了主体敏感的不变主义。在他看来,知识的社会功能与调查、专家知识、证词、谈话的规范和我们评估的东西有关。知识的社会功能与主体敏感的不变主义相矛盾。肖弗构想了不同的场景:假设福尔摩斯和华生共同探讨谁谋杀了史密斯。福尔摩斯是杀人犯的名单中的下一个而华生不是,因此对福尔摩斯来说风险更大。两人都发现了布莱克是杀人犯的间接证据。主体敏感的不变主义者认为,这些间接证据对低风险的华生来说,是充分证据,而对高风险的福尔摩斯来说,则不能是充分证据。因此在主体敏感的不变主义者看来,只有华生知道布莱克杀了史密斯。似乎华生的低风险给了他一个竞争优势。然而,说只有华生才能解答谁谋杀了史密斯在这里肯定是错误的。⑥

① John Hawthorne,*Knowledge and Lotteries*,Oxford:Oxford University Press,2004,p.160.

② Timothy Williamson,*Knowledge and Its Limits*,Oxford:Oxford University Press,2000,ch.11.

③ Jonathan Schaffer,"The Irrelevance of the Subject:Against Subject-Sensitive Invariantism",*Philosophical Studies*,2006(127):93.

④ John Hawthorne,*Knowledge and Lotteries*,Oxford:Oxford University Press,2004,p.164.

⑤ Jonathan Schaffer,"The Irrelevance of the Subject:Against Subject-Sensitive Invariantism",*Philosophical Studies*,2006(127):95.

⑥ Jonathan Schaffer,"The Irrelevance of the Subject:Against Subject-Sensitive Invariantism",*Philosophical Studies*,2006(127):96.

或者假设毕克和本生博士都是医生，正在观察同一个实验。毕克对实验结果不太感兴趣，风险对他很小。但这位本生博士的整个职业声誉都寄托在这个结果上。他们有平等的机会知道实验结果会怎样。与毕克相比，本生有更大的风险，但并不意味着本生更难明白结果是什么。在科学探索中，个人不能通过不关心结果而获得竞争优势。因此，主体的风险并不会影响调查的进程。①

肖弗还举例说，假设某甲根本不关心鸟，但他很无聊，所以他找了几本关于金丝雀的画册翻了翻。他获得了足够多的信息，而且他的风险也足够低，因此在主体敏感的不变主义者看来，甲知道关于金丝雀的各种知识，按照专家的标准，甲被认为是金丝雀专家。再假设乙是一个训练有素的鸟类学家，由于他处在很高的风险下，因此在主体敏感的不变主义者看来，乙不知道很多关于金丝雀的知识。甲应该听从乙，还是乙应该听从甲？在主体敏感的不变主义者看来，甲是专家，因此乙应该听从甲。然而，很清楚，在金丝雀问题上，甲应该听从乙。②

肖弗认为，通常，专家的社会角色是作为知识储备库，是可靠的信息源。③ 个人的知识库具有稳定性，专业知识的社会地位不能随着风险而上下波动。例如，个人不能因突然不关心的某个话题获得这个话题的专业知识。另外，他主张在证词上，也是如此。

在证词上，假设我明天在办公室对你来说是至关重要的，因为明天你要与我策划关系到你终生幸福的计划，但对我来说却不是至关重要的。我告诉你，我明天会在办公室。我说我会在办公室的证据，是我有一个初步的会见一名学生的计划。我的这个证据，在主体敏感的不变主义者看来，最多只对低风险知识来说才是充分的。在主体敏感的不变主义者看来，由于我明天是否在办公室的风险很低，因此，我知道我明天会在办公室。根据证词传递知识的原则，你基于我的证词，知道我明天会在办公室。这意味着你从我的低风险证据中获得了高风险的知识。这是认知欺骗（epistemic cheating）或"知识洗钱（knowledge laundering）"。在这种情况下，主体敏感的不变主义者必须否认我的知识性证词具有传递知识的力量。一般地说，证词的社会角色是传播知识。这种实践过程无须知道证人与听众的风险。如果证词只能传递知识给同类风险的人，或者至少听众的风险不会超过证人，那么我们依靠证词的实践将会陷入困境。我们能否从老师那里学习，难道会依赖我们老师个人生活的细节吗？因此，依赖证词的认知不需要考虑证人的风险。④

在问与答的生活实践中，只问可能知道答案的人是一个合理提问规范。例如，如果有人问你我早餐喜欢吃什么，你可能会有点愤怒地回答说："我不知道，你为什么要问我？"你的愤怒是有道理的，因为你成了一个不恰当的提问对象。提问的规范要求知道不会对被

① Jonathan Schaffer，"The Irrelevance of the Subject: Against Subject-Sensitive Invariantism"，*Philosophical Studies*，2006(127)：96.

② Jonathan Schaffer，"The Irrelevance of the Subject: Against Subject-Sensitive Invariantism"，*Philosophical Studies*，2006(127)：96-7.

③ Jonathan Schaffer，"The Irrelevance of the Subject: Against Subject-Sensitive Invariantism"，*Philosophical Studies*，2006(127)：97.

④ Jonathan Schaffer，"The Irrelevance of the Subject: Against Subject-Sensitive Invariantism"，*Philosophical Studies*，2006(127)：97.

提问者的风险敏感。例如,我发邮件问我的几个同事一个关于莱布尼兹的问题,不会考虑对他们来说风险会是什么。我问他们仅仅是因为我认为他们可能会知道。我们招募线人,是因为我们认为他们可能有我们需要的信息,我们不需要知道对他们来说风险是什么。因此提问的规范并不敏感于被提问者的风险是什么。在答问时,合理的规范是:只有当知道答案时才回答问题。所有好的问题都是多项选择问题。在多项选择考试题中,如果你可以消除所有其他答案,而只留下一个答案,那么你处在一个理想的回答这个问题的处境。答问的规范并不敏感于被提问者的风险是什么。①

假设弗洛伊德在高风险场景中与 p 的关系,但他对 p 只有低风险证据。假设 p 是真的,主体敏感的不变主义会说,如果风险低,那么弗洛伊德知道 p,弗洛伊德能通过吸些汽车尾气降低对风险的关注。假定知识是有价值的,那么弗洛伊德应该吸些汽车尾气(其他条件不变)。主体敏感的不变主义的知识概念似乎惩罚热情的问询者,而奖励舒适的麻木者。知识的价值与解答我们问题的力量有关。在知识论上,我们应该努力成为更好的探询者,而不是对结果麻木的人。②

肖弗反对风险效应在知识归赋中的合法性,主张知识归赋是对问题敏感的对比主义,主张传统语境主义却不承认风险在知识归赋中的作用。肖弗说:"奇怪的是,风险变化的案例曾经成为语境主义的标志案例。迄今为止没有任何语境主义理论承认风险实际上起任何理论的作用!相反,至少根据我所喜欢的理论,变化的东西是一组相关的选择项:即正在谈论的是什么。"③

肖弗请我们考虑以下案例,就像无偏见的最小案例一样,不同之处在于对比凸显只针对归赋者④:

谁/什么:

(a)玛丽从玩具店里偷了脚踏车。侦探在现场发现了玛丽的指纹。侦探知道谁偷了脚踏车吗?

(b)玛丽从玩具店里偷了脚踏车。侦探在现场发现了玛丽的指纹。侦探知道玛丽偷了什么吗?

是否:

(a)玛丽从玩具店里偷了脚踏车。侦探在现场发现了玛丽的指纹。侦探是否知道是玛丽还是彼得偷了脚踏车?

(b)玛丽从玩具店里偷了脚踏车。侦探在现场发现了玛丽的指纹。侦探是否知

① Jonathan Schaffer,"The Irrelevance of the Subject: Against Subject-Sensitive Invariantism", *Philosophical Studies*,2006(127):98.

② Jonathan Schaffer,"The Irrelevance of the Subject: Against Subject-Sensitive Invariantism", *Philosophical Studies*,2006(127):99.

③ Jonathan Schaffer,"The Irrelevance of the Subject: Against Subject-Sensitive Invariantism", *Philosophical Studies*,2006(127):100.

④ Jonathan Schaffer,"The Irrelevance of the Subject: Against Subject-Sensitive Invariantism", *Philosophical Studies*,2006(127):100-101.

道玛丽偷了脚踏车还是四轮马车?

而非:

(a)玛丽从玩具店里偷了脚踏车。侦探在现场发现了玛丽的指纹。侦探知道是玛丽而非彼得偷了脚踏车吗?

(b)玛丽从玩具店里偷了脚踏车。侦探在现场发现了玛丽的指纹。侦探知道玛丽偷了脚踏车而非四轮马车吗?

分裂(cleft):

(a)玛丽从玩具店里偷了脚踏车。侦探在现场发现了玛丽的指纹。侦探知道是玛丽偷了脚踏车吗?

(b)玛丽从玩具店里偷了脚踏车。侦探在现场发现了玛丽的指纹。侦探知道玛丽偷的是脚踏车吗?

聚焦:

(a)玛丽从玩具店里偷了脚踏车。侦探在现场发现了玛丽的指纹。侦探知道**玛丽**偷了脚踏车吗?

(b)玛丽从玩具店里偷了脚踏车。侦探在现场发现了玛丽的指纹。侦探知道玛丽偷了**脚踏车**吗?

预设:

(a)某人从玩具店里偷了脚踏车。侦探在现场发现了玛丽的指纹。侦探知道玛丽偷了脚踏车吗?

(b)玛丽从玩具店里偷了东西。侦探在现场发现了玛丽的指纹。侦探知道玛丽偷了脚踏车吗?

肖弗认为,如果我们的直觉与他的一样,我们会说,在所有的(a)案例中侦探都知道,在所有(b)案例中侦探都不知道。他给出的统一解释是:"问题、而非从句、分裂、聚焦和预设都是编码对比的语言机制。因此,最强的语境主义直觉,是关于知识的问题敏感性(或对比敏感性)的直觉。"[①]

通过以上的论证,肖弗反对主体敏感的不变主义,主张最强的语境主义即对归赋者问题敏感的不变主义。

① Jonathan Schaffer,"The Irrelevance of the Subject:Against Subject-Sensitive Invariantism",*Philosophical Studies*,2006(127):101-102.

第二章　知识归赋的实验研究(中)：问卷调查之争

———————————●————●————————————

知识归赋中不变主义与语境主义之争是知识论最重要的论争。在对立的理论中作出选择，选择的标准从低到高是：(1)道德原则：是否宽容；(2)审美原则：是否简单；(3)理论解释原则：是否更有解释力；(4)实践原则：是否更符合事实。如果以此来看语境主义和不变主义，那么语境主义对高低语境都采取宽容的(charitable)态度，这是它的优势。不变主义则没有。无论如何，在两种理论的解释力不相上下时，选择更宽容的理论是合理的。因此，爱好中立的人们在不变主义与语境主义之间，会选择语境主义。然而，温和的经典不变主义比语境主义更简单。毕竟，说"说话者由于误导的证据犯了错"，这是任何一种知识论都会援用的说法。为了说明不同的案例，语境主义则要借助新的解释资源(一种语境主义的语义学)。从简单性原则来看，不变主义比语境主义更简单，更值得选择。在能容许闭合原则成立，能解答怀疑主义难题上，语境主义比不变主义更有说服力。[①] 最终的判断标准聚焦在是否更符合事实上。实验知识论为知识归赋之争提供了必要的资源。

实验知识论中最活跃和最有争论的问题是"知识归赋是否具有语境敏感性"。此话题涉及不变主义与语境主义之争，尤其是归赋者语境主义与主体敏感的不变主义之争。在此问题上的问卷调查研究，经历了从质疑到实证的过程。下面对此加以介绍。

第一节　质疑阶段：知识归赋无风险效应和凸显效应

费尔茨(Adam Feltz)和查澎庭(Chris Zarpentine)的《当事情不太重要时，你知道更多吗？》[②]、梅(Joshua May)、辛诺特-阿姆斯特朗、赫尔(Jay G. Hull)和齐默尔曼(Aaron Zimmerman)的《实践利益、相关选择项和知识归赋：一个实验的研究》[③]、巴克沃尔特的

———————————————————

① 曹剑波：《知识与语境：当代西方知识论对怀疑主义难题的解答》，上海：上海人民出版社 2009 年。

② Adam Feltz & Chris Zarpentine,"Do You Know More When it Matters Less?" *Philosophical Psychology*,2010(23;5):683-706.

③ Joshua May,Walter Sinnott-Armstrong,Jay G. Hull & Aaron Zimmerman,"Practical Interests, Relevant Alternatives,and Knowledge Attributions:An Empirical Study",*Review of Philosophy and Psychology*,2010(1;2):265-273.

《周六知识没有关闭：日常语言的研究》①和费兰(Mark Phelan)的《风险对证据不重要的证据》②等对知识归赋无风险效应和凸显效应指出了质疑。通过调查普通大众对改写的银行案例③或类似案例，有几个独立的实验没有发现知识归赋存在风险效应和出错可能性凸显效应。下面对这几个实验分别加以介绍。

一、费尔茨和查澎庭的实验

在《当事情不太重要时，你知道更多吗？》④一文中，费尔茨和查澎庭做了一组实验，想要用来测试知识归赋是否受风险的影响。

在第一个实验中，费尔茨和查澎庭采用了斯坦利改编的 4 个德娄斯的银行案例随机发放给 152 位佛罗里达州立大学上哲学导论课的本科生。这 4 个案例为低风险案例、高风险案例、无知的高风险案例和归赋者低风险-主体高风险案例。提示语都是"假定银行明天真的会营业。请标明你在多大程度上同意下列主张"。前 3 个案例所问的问题是："当汉娜说'我知道银行明天会营业'时，她说的是真的。"归赋者低风险-主体高风险问的问题是："当吉尔说'汉娜知道银行明天会营业'时，吉尔说的是真的。"实验采用的是 7 分制李克特量表(a seven-point Likert scale)。⑤

实验结果是：在高风险案例中，同意的平均得分为 4.26；低风险案例平均得分为 3.68；无知的高风险案例平均得分为 3.59；归赋者低风险-主体高风险案例平均得分为 4.75。⑥实验结果表明：低风险案例和高风险案例之间没有统计学上显著的差异，低风险案例和无

---

① Wesley Buckwalter,"Knowledge Isn't Closed on Saturday：A Study in Ordinary Language",*Review of Philosophy and Psychology*,2010(1)：395-406.

② Mark Phelan, "Evidence That Stakes Don't Matter for Evidence",*Philosophical Psychology*,2014(27：4)：488-512.

③ 在设计实验时，要确保因变量不是由于隐含的、不为设计者所察觉的自变量引起。德娄斯的 2 个银行案例，因为有许多不为他所重视的自变量，其思想实验为实验知识论者所诟病。在德娄斯的这 2 个银行案例中，有许多处不同：(1)语句的不同，如"我知道"与"我不知道"的对立；是否有代词指称"银行"(它)；省略了什么("我知道它[明天]会营业"和"我不知道[银行明天会营业]")；是否有语气词"嗯"。(2)标为斜体的句子是用来证明银行明天会营业的。然而这些句子的不同有：在表达上；出现在场景中的位置；是否为直接引语。与案例 B 相比，案例 A 中的这些证据更突显。(3)案例 A 和 B 难以把风险与出错的可能性区分开。(4)由于第一人称代词"我"既是主体，又是归赋者，不能把风险效应对主体敏感，还是对归赋者敏感区分开来。

④ Adam Feltz & Chris Zarpentine,"Do You Know More When it Matters Less?"*Philosophical Psychology*,2010(23：5)：683-706.

⑤ Adam Feltz & Chris Zarpentine,"Do You Know More When it Matters Less?"*Philosophical Psychology*,2010(23：5)：703-704.《当事情不太重要时，你知道更多吗？》全文都采用 7 分制李克特量表(其中，"1"表示"非常同意"，"4"表示"中立"，"7"表示"非常反对")。斯温等人认为，李克特量表是"命题态度的一种标准测量"[Stacey Swain,Joshua Alexander & Jonathan M. Weinberg,"The Instability of Philosophical Intuitions：Running Hot and Cold on Truetemp",*Philosophy and Phenomenological Research*,2008(76)：142.]

⑥ Adam Feltz & Chris Zarpentine,"Do You Know More When it Matters Less?"*Philosophical Psychology*,2010(23：5)：688.

知的高风险案例之间也没有统计学上显著的差异①。费尔茨和查澎庭认为,高风险案例与低风险案例中受试者直觉的差异,是斯坦利描述它们时人为造成的,因为"正如萨拉所指出那样,银行确实会改变营业时间"这个多余信息只出现在高风险案例中而没有出现在低风险案例中。这个陈述凸显了一个可能的击败者,它可以解释,与高风险案例相比,为什么在低风险案例中更多的人认为汉娜有知识。②

实验结果没有证明斯坦利所预测的我们日常知识归赋的那些直觉。斯坦利曾预测说,大多数人会同意,在低风险案例中,汉娜知道,在其他 3 个案例中,大多数人都会不同意案例中的那个人知道。然而,实验结果表明,在高风险案例中,只有 43.5% 的人不同意汉娜知道;在无知的高风险案例中,只有 39% 的人不同意。③

虽然在归赋者低风险-主体高风险案例与低风险案例,以及与无知的高风险案例中发现了统计学上的显著差异④,然而,对这两组案例之间的显著性的直觉反应差异,费尔茨和查澎庭认为可以用归赋者效应(attributer effect)来解释。归赋者效应认为:"与第一人称归赋相比,人们更不愿同意第三人称知识归赋。"⑤归赋者效应与心理学研究揭示的许多自我与他人心理归赋之间的不对称性吻合。琼斯(Edward Ellsworth Jones)和尼斯贝特(Richard E. Nisbett)发现,人们通常认为他人的行为是由他人内部的、稳定的性情引起,与此同时,人们则认为他们自己的行为是受情境因素影响。⑥ 类似的不对称广泛存在。例如,与他人相比,人们倾向于认为:(1)对他们自己的未来更乐观⑦;(2)自己的行动

① 所有的分析都使用了独立样本的 t 检验,其中,高风险(M=4.26,SD=2.14)与低风险(M=3.68,SD=1.91,t(71)=1.213,p=0.23);低风险案例与无知的高风险案例(M=3.59,SD=1.90,t(71)=0.19,p=0.85)。[Adam Feltz & Chris Zarpentine,"Do You Know More When it Matters Less?"*Philosophical Psychology*,2010(23:5):698,note,6-7.]

② Adam Feltz & Chris Zarpentine,"Do You Know More When it Matters Less?"*Philosophical Psychology*,2010(23:5):689.

③ Adam Feltz & Chris Zarpentine,"Do You Know More When it Matters Less?"*Philosophical Psychology*,2010(23:5):688.

④ 所有的分析都使用了独立样本的 t 检验,其中,归赋者低风险-主体高风险案例(M=4.75,SD=1.89)与低风险案例[t(72)=2.42,p=0.02];在无知的高风险案例与归赋者低风险-主体高风险案例[t(77)=2.72,p=0.01]。[Adam Feltz & Chris Zarpentine,"Do You Know More When it Matters Less?"*Philosophical Psychology*,2010(23:5):698,note,8-9.]

⑤ Adam Feltz & Chris Zarpentine,"Do You Know More When it Matters Less?"*Philosophical Psychology*,2010(23:5):689.

⑥ Edward Ellsworth Jones & Richard E. Nisbett,"The Actor and the Observer:Divergent Perceptions of the Cause of Behavior",in Edward E.Jones,David E.Kanouse,Harold H.Kelley,Richard E.Nisbett,Stuart Valins & Bernard Weiner(eds.),*Attribution:Perceiving the Causes of Behavior*,Morristown,NJ:General Learning Press,1972,pp. 79-74.

⑦ Neil D. Weinstein,"Unrealistic Optimism about Future Life Events",*Journal of Personality and Social Psychology*,1980(39):806-820.

更慷慨或无私[1];(3)自己知道他人比其他人更知道他人[2];(4)自己较少受社会整合(social conformity)的压力影响[3];(5)自己比别人更少受一系列认知的和动机的偏见影响,这一现象被称为偏见盲点(the bias blind spot)[4];等等。

费尔茨和查澎庭认为,归赋者效应至少有三个方面的证据支持。一是,实验发现的显著差异只存在于第三人称与第一人称案例中,即在归赋者低风险-主体高风险案例与低风险案例和无知的高风险案例中。二是,归赋者低风险-主体高风险案例与无知的高风险案例中的主体的实际风险是相同的。如果只有主体的实际风险与传统的认知因素影响人们对这些案例的直觉,那么按斯坦利的观点,这两个案例中应该没有差异,实际上却有显著的差异。三是,低风险案例与归赋者低风险-主体高风险案例之间有显著的差异,在低风险案例与高风险案例之间却没有。[5]

费尔茨和查澎庭认为,尽管大多数人在低风险案例与无知的高风险案例中有斯坦利预测到的那种直觉,却没有发现利益相关的不变主义所预测到的所有直觉反应。

我们反对这些实验证伪了利益相关的不变主义,更反对证伪了日常知识归赋的风险效应。理由有:(1)虽然低风险案例与高风险案例之间没有统计学上的显著差异,然而它们之间确实存在有与风险效应预测方向上一致的数值改变;非但如此,它们之间还具有质的差异:在低风险案例中,受试者认为汉娜知道,其得分为 3.68,低于"中立"值;在高风险案例中,受试者认为汉娜不知道,其得分为 4.26,高于"中立"值。没有发现统计学上的显著性,可以从问卷的设计、样本的大小、问卷的操作等方面找原因。(2)无知的高风险案例的得分是 3.59,高风险案例得分为 4.26,两者存在质的差异,这证明主体是否意识到风险对知识归赋有影响。(3)不能因为利益相关的不变主义的预测没有全面得到证明而否认风险效应的正确性。

在第二个实验中,为了验证他们的猜想,排除斯坦利的银行案例中潜在的混淆因素,

① Nicholas Epley & David Dunning, "Feeling 'Holier Than Thou': Are Self-serving Assessments Produced by Errors in Self or Social Prediction?" *Journal of Personality and Social Psychology*, 2000 (79;6):861-875.

② Emily Pronin, Justin Kruger, Kenneth Savitsky & Lee Ross, "You Don't Know Me, But I Know You: The Illusion of Asymmetric Insight", *Journal of Personality and Social Psychology*, 2001(81;4): 639-656. Jisun Park, Incheol Choi & Gukhyun Cho, "The Actor-observer Bias in Beliefs of Interpersonal Insight", *Journal of Cross-Cultural Psychology*, 2006(37):630-642.

③ Emily Pronin, Jonah Berger & Sarah Molouki, "Alone in a Crowd of Sheep: Asymmetric Perceptions of Conformity and Their Roots in an Introspection Illusion", *Journal of Personality and Social Psychology*, 2007(92;4):585-595.

④ Emily Pronin, "Perception and Misperception of Bias in Human Judgment", *Trends in Cognitive Sciences*, 2006(11;1):37-43. Emily Pronin, Thomas Gilovich & Lee Ross, "Objectivity in the Eye of the Beholder: Divergent Perceptions of Bias in Self Versus Others", *Psychological Review*, 2004(111):781-799. Emily Pronin & Matthew B. Kugler, "Valuing Thoughts, Ignoring Behavior: The Introspection Illusion as a Source of the Bias Blind Spot", *Journal of Experimental Social Psychology*, 2006(43;4):565-578.

⑤ Adam Feltz & Chris Zarpentine, "Do You Know More When it Matters Less?" *Philosophical Psychology*, 2010(23;5):689.

费尔茨和查澎庭设计了 2 个案例。这 2 个案例之间的唯一不同只有风险。在他们看来，如果日常知识的归赋对主体的风险敏感，那么就应该可以观察人们对这些案例的直觉差异。另外，为了测试归赋者效应假说，他们还提出了一个包含第三人称知识归赋的 3 个过桥案例。它们是[①]：

> **最小低风险案例**：比尔、吉姆和萨拉正在徒步旅行，他们来到一个峡谷。峡谷上有一座 5 英尺高的桥。比尔目睹吉姆和萨拉过了桥。比尔对吉姆说："我知道这座桥足够牢固地支撑我的重量。"
>
> **最小高风险案例**：比尔、吉姆和萨拉正在徒步旅行，他们来到一个峡谷。峡谷上有一座 100 英尺高的桥。比尔目睹吉姆和萨拉过了桥。比尔对吉姆说："我知道这座桥足够牢固地支撑我的重量。"
>
> **归赋者案例**：比尔、吉姆和萨拉正在徒步旅行，他们来到一个峡谷。峡谷上有一座 5 英尺高的桥。比尔目睹吉姆和萨拉过了桥。吉姆对萨拉说："比尔知道这座桥足够牢固地支撑他的重量。"

最小低风险案例与最小高风险案例的唯一不同在于桥的高度。119 名志愿者分别随机拿到了 3 个案例中的 1 个。前 2 个案例的问题是：

假定这座桥足够牢固地支撑比尔的重量。请标明你在多大程度上同意下列主张：

> 当比尔说"我知道这座桥足够牢固地支撑我的重量"时，他说的是真的。

第 3 个案例的问题是：

假定这座桥足够牢固地支撑比尔的重量。请标明你在多大程度上同意下列主张：

> 当吉姆说"比尔知道这座桥足够牢固地支撑他的重量"时，吉姆说的是真的。

实验结果是：最小低风险案例的平均同意得分为 3.29，最小高风险案例为 3.23，归赋者案例为 3.87。[②] 最小低风险案例与最小高风险案例之间没有统计学上的显著差异[③]。费尔茨和查澎庭认为，实验结果表明，主体的实际风险在日常知识的归赋中不起作用，并认为这些结果也支持了归赋者效应假说。在归赋者案例中，较少的人（33%）同意吉姆知

---

① Adam Feltz & Chris Zarpentine,"Do You Know More When it Matters Less?"*Philosophical Psychology*,2010(23:5):689-690.

② Adam Feltz & Chris Zarpentine,"Do You Know More When it Matters Less?"*Philosophical Psychology*,2010(23:5):690.

③ 最小高风险案例（M＝3.23,SD＝1.58）和最小低风险案例（M＝3.29,SD＝1.76,t(78)＝0.17,p＝0.87）。[Adam Feltz & Chris Zarpentine,"Do You Know More When it Matters Less?"*Philosophical Psychology*,2010(23:5):698,note,10.]

道;在最小低风险案例中有 54% 的人同意;在最小高风险案例中有 56% 的人同意。[①] 费尔茨和查澎庭认为:"事实上,我们怀疑归赋效应是一个普遍的现象——人们认为第三人称知识归赋没有第一人称知识归赋那么真。这可能是因为在第三人称知识归赋中,人们不能确定被认为有知识的这个人所相信的东西。如果相信 p 是知道 p 的一个必要条件,而且我们确信在第一人称案例中 S 至少相信 p 而在第三人称案例中却不相信,那么我们应该期望第三人称知识归赋被认为没有第一人称知识归赋真。"[②]

对于上面的实验设计,费尔茨和查澎庭考虑到了人们可能的担心,即这些案例没有为主体的实际风险起作用留下余地。因为桥梁通常是用铸铁、钢材、混凝土或实木建造,它们足以支撑一个正常人的体重。如果受试者在头脑中先入为主地认为桥梁是牢固的,那么无论桥有多高,2 个最小案例中的风险差异不会影响日常知识的归赋。为了排除这个异议,费尔茨和查澎庭作了第三次实验。他们改造了斯坦利的低风险案例和高风险案例:

> **简化的低风险案例:**一个周五的下午,汉娜和她妹妹萨拉开车回家。她们打算把车停在银行前去存钱。由于她们没有什么要到期的账单,因此她们是不是这样做并不重要。汉娜说两周前的那个周六的早上,她在银行时,银行营业。汉娜对萨拉说:"我知道银行明天会营业。"
>
> **简化的高风险案例:**一个周五的下午,汉娜和她妹妹萨拉开车回家。她们打算把车停在银行前去存钱。由于她们的账单即将到期,因此她们在周六前把钱存了很重要。汉娜说两周前的那个周六的早上,她在银行时,银行营业。汉娜对萨拉说:"我知道银行明天会营业。"[③]

这 2 个案例之间的唯一区别是出错对主体的代价。如果知识归赋存在主体风险效应,那么可以预测,与简化的高风险案例相比,在简化的低风险案例中,受试者会更多地认为汉娜知道银行周六会营业。83 名哲学导论课的学生自愿参与了问卷调查,他们分别被随机分发了 2 个案例中的一个。实验结果是:简化的高风险案例的平均得分为 3.83,简化

---

① 在最小的高风险案例与归赋者案例($M=3.87$,$SD=1.13$)中,有统计学上的显著差异$[t(76)=2.06,p=0.04]$。在最小低风险案例与归赋者案例中有较显著统计学差异$[t(78)=1.74,p=0.09]$。在归赋者案例与最小的非归赋者案例中,有统计学上显著的差异$[t(117)=2.06,p=0.04]$。[Adam Feltz & Chris Zarpentine,"Do You Know More When it Matters Less?"*Philosophical Psychology*,2010(23:5):698,note,11.]

② Adam Feltz & Chris Zarpentine,"Do You Know More When it Matters Less?"*Philosophical Psychology*,2010(23:5):698-699,note,12.

③ Adam Feltz & Chris Zarpentine,"Do You Know More When it Matters Less?"*Philosophical Psychology*,2010(23:5):691.

的低风险案例为 3.85[①],不存在统计学上显著的差异[②]。实验研究证明,在所用的简化的低/高风险银行案例里,主体的风险并不影响日常知识的归赋。

对于上面的实验,费尔茨和查澎庭考虑到反对者可能会说:如果简化案例没有使主体的风险凸显出来,那么简化的高风险案例会很容易错过汉娜信念出错的代价;如果主体的风险没有对受试者凸显,那么就不能发现受试者回应中的显著差异。为了使主体的风险更加凸显,费尔茨和查澎庭采用了斯坦利提出的卡车过桥案例[③]:

高风险过桥案例:约翰正驾驶一辆卡车跟着车队行驶在一条泥路上。他遇到一座看起来摇摇晃晃的、横跨数千英尺悬崖(a yawning thousand foot drop)的木桥。他用无线电询问是否其他卡车已经安全通过了这座桥。他被告知车队前面的 15 辆卡车都安全通过了。约翰推测道,如果他们能安全通过,那么他也能安全通过。所以,他心想:"我知道我的卡车能安全通过这座木桥。"

低风险过桥案例:约翰正驾驶一辆卡车跟着车队行驶在一条泥路上。他遇到一座看起来摇摇晃晃的、横跨 3 英尺水沟的木桥。他用无线电询问是否其他卡车已经安全通过了这座桥。他被告知车队前面的 15 辆卡车都安全通过了。约翰推测道,如果他们能安全通过,那么他也能安全通过。所以,他心想:"我知道我的卡车能安全通过这座木桥。"

高/低风险过桥案例之间的唯一不同是:前座桥横跨数千英尺的悬崖,后座桥只横跨 3 英尺的水沟。显然,在高风险过桥案例中,如果约翰错误地认为他的卡车能安全通过,那么其代价就是必死无疑;在低风险过桥案例中,出错的代价至多是些轻伤或其他苦恼。费尔茨和查澎庭认为,如果主体的风险在日常知识的归赋中起作用,那么在出错的代价如此高的案例中,期望风险应该会起作用。

140 名低年级地理课、刑事司法课和政治科学课的大学生自愿参加了问卷调查。每个受试者都随机分发了其中的一个案例。他们要求评估以下陈述的同意程度:

当约翰心想"我知道我的卡车能安全通过这座木桥"时,他所想是真的。

在低风险过桥案例中,27% 的受试者说约翰不知道。在高风险过桥案例中,有 36%

---

① Adam Feltz & Chris Zarpentine,"Do You Know More When it Matters Less?"*Philosophical Psychology*,2010(23:5):691-692.

② 简化的低风险案例(M=3.85,SD=1.73)和简化的高风险案例[M=3.83,SD=1.92,t(80)=0.04,p=0.97]。而且简化的高风险案例和最小的高风险案例也没有显著性差异[t(79)=1.53,p=0.13];简化的低风险案例和最小的低风险案例也没有显著性差异[t(80)=1.33,p=0.19]。[Adam Feltz & Chris Zarpentine,"Do You Know More When it Matters Less?"*Philosophical Psychology*,2010(23:5):699,note,14.]

③ Adam Feltz & Chris Zarpentine,"Do You Know More When it Matters Less?"*Philosophical Psychology*,2010(23:5):692-693.

的受试者说约翰不知道，虽然有 9% 的差异，然而却没有统计学上显著的差异。[1]

以上结果似乎都证明了在日常知识归赋中不存在风险效应。然而，反对者仍会以凸显度不够为由对实验数据进行怀疑。为此，费尔茨和查澎庭把归赋者案例排除在外，统计所有数据，在高风险条件下有 454 名受试者，在低风险条件下有 185 名受试者。把所有的高风险和低风险的案例都统计出来，确实发现有显著的差异。[2] 虽然如此，费尔茨和查澎庭认为，这些数据并没有为知识归赋的风险效应提供支持。理由是：(1)虽然高风险案例平均值为 3.91，低风险案例为 3.52，与知识归赋的风险效应预测的方向符合，但它们都在中立值的同一边。换句话说，风险在知识归赋中的作用没有定性的差异。(2)效应大小只能以 0.1 的数量级计算。这样小的效应虽然可用风险效应来解释，然而这种变化实在太小。他们因此下结论说："因此，这种分析的结果证明，在这些案例中的实践事实(指主体风险——引者注)没有定性地改变知识的归赋，而且它们也不可能是我们的日常知识归赋的一个基本的或重要的特征。"[3]

二、梅等人的实验

在《实践利益、相关选择项和知识归赋：一个实验的研究》[4]一文中，梅、辛诺特-阿姆斯特朗、赫尔和齐默尔曼把斯坦利的银行案例中的风险变量(风险的高低即"是否要尽快存钱")与选择变量(是否提及出错的可能性即"银行是否会改变营业时间")分离开来，设计了 4 个案例，用以检验风险变量和选择变量是否会影响知识归赋。这 4 个案例分别是[5]：

① 高风险过桥案例($M=3.83$，$SD=1.96$)，低风险过桥案例($M=3.4$，$SD=1.74$)，$t(138)=1.37$，$p=0.17$。值得注意的是，高风险过桥案例与最小高风险案例没有显著的差异，$t(107)=1.63$，$p=0.11$，与简化的高风险案例也没有显著的差异，$t(110)=0.01$，$p=0.99$。类似的，低风险过桥案例与最小低风险案例没有显著的差异，$t(109)=0.31$，$p=0.76$，与简化的低风险案例也没有显著的差异，$t(108)=1.30$，$p=0.19$。[Adam Feltz & Chris Zarpentine，"Do You Know More When it Matters Less?" *Philosophical Psychology*，2010(23:5)：699，note，16.]

② 单向方差分析表明，在高风险案例中，$M=3.91$，$SD=1.94$；在低风险案例中，$M=3.52$，$SD=1.78$，$F(1,452)=4.2$，$p=0.04$，$\eta_p^2=0.01$。[Adam Feltz & Chris Zarpentine，"Do You Know More When it Matters Less?" *Philosophical Psychology*，2010(23:5)：699，note，20.]在最小高风险案例与最小低风险案例之间，在简化的高风险案例与简化的低风险案例之间，在高风险过桥案例与低风险过桥案例之间，都没有发现统计学上的显著差异。然而，把这些案例的所有调查数据统计出来，在高风险案例与低风险案例之间却出现了一个显著的差异。我们认为，这表明，要揭示影响知识归赋的语境因素，样本量必须足够大。

③ Adam Feltz & Chris Zarpentine，"Do You Know More When it Matters Less?" *Philosophical Psychology*，2010(23:5)：694.

④ Joshua May，Walter Sinnott-Armstrong，Jay G. Hull & Aaron Zimmerman，"Practical Interests，Relevant Alternatives，and Knowledge Attributions：An Empirical Study"，*Review of Philosophy and Psychology*，2010(1:2)：265-273.

⑤ Joshua May，Walter Sinnott-Armstrong，Jay G. Hull & Aaron Zimmerman，"Practical Interests，Relevant Alternatives，and Knowledge Attributions：An Empirical Study"，*Review of Philosophy and Psychology*，2010(1:2)：268-269.

　　低风险-无选择变量案例（Low Stakes-No Alternative，简称 LS-NA）：一个周五的下午，汉娜和她的妻子萨拉下班后开车回家。她们打算把车停在银行前去存钱。由于她们没有什么要到期的账单，因此她们是不是这样做并不重要。当她们开车路过银行时，她们发现，里面排的队很长，周五下午的队伍总是很长。汉娜说两周前的那个周六的早上，她在银行时，银行营业。意识到她们是否立即把钱存掉并不很重要，汉娜说："我知道银行明天会营业。我们明早可来存钱。"

　　高风险-无选择变量案例（High Stakes-No Alternative，简称 HS-NA）：一个周五的下午，汉娜和她的妻子萨拉下班后开车回家。她们打算把车停在银行前去存钱。由于她们的账单即将到期，而户头里又没有什么钱，因此周六前把钱存了很重要。当她们开车路过银行时，她们发现，里面排的队很长，周五下午的队伍总是很长。汉娜说两周前的那个周六的早上，她在银行时，银行营业。汉娜说："我知道银行明天会营业。我们明早可来存钱。"

　　低风险-有选择变量案例（Low Stakes-Alternative，简称 LS-A）：一个周五的下午，汉娜和她的妻子萨拉下班后开车回家。她们打算把车停在银行前去存钱。由于她们没有什么要到期的账单，因此她们是不是这样做并不重要。当她们开车路过银行时，她们发现，里面排的队很长，周五下午的队伍总是很长。汉娜说两周前的那个周六的早上，她在银行时，银行营业。萨拉指出，银行确实会改变营业时间。意识到她们是否立即把钱存掉并不很重要，汉娜说："我知道银行明天会营业。我们明早可来存钱。"

　　高风险-有选择变量案例（High Stakes-Alternative，简称 HS-A）：一个周五的下午，汉娜和她的妻子萨拉下班后开车回家。她们打算把车停在银行前去存钱。由于她们的账单即将到期，而户头里又没有什么钱，因此周六前把钱存了很重要。当她们开车路过银行时，她们发现，里面排的队很长，周五下午的队伍总是很长。汉娜说两周前的那个周六的早上，她在银行时，银行营业。萨拉指出，银行确实会改变营业时间。汉娜说："我知道银行明天会营业。我们明早可来存钱。"

　　问题是对"汉娜知道银行明天会营业"的同意程度。采取 7 分量表："7"表示"非常同意"；"6"表示"比较同意"；"5"表示"有点同意"；"4"表示"既不同意也不反对"；"3"表示"有点反对"；"2"表示"比较反对"；"1"表示"非常反对"。

　　受试者是加州大学课堂上和校园里的 241 名 18～24 岁的大学生。每个受试者只接受 4 个案例中的一个，而且受试者不知道自己的问卷是否与他人的问卷相同。

　　实验结果为：低风险-无选择变量案例的平均分是 5.33；低风险-有选择变量案例是 5.30；高风险-无选择变量案例是 5.07；高风险-有选择变量案例是 4.60。见表 2-1：[①]

---

　　① Joshua May，Walter Sinnott-Armstrong，Jay G. Hull & Aaron Zimmerman，"Practical Interests，Relevant Alternatives，and Knowledge Attributions：An Empirical Study"，*Review of Philosophy and Psychology*，2010(1：2)：270.

表 2-1　梅等人的实验结果之一

	无选择	有选择
低风险	5.33	5.30
高风险	5.07	4.60

梅等人认为，由于平均分都在 4 分以上，都在中值的"同意"一侧，受试者大都把知识归于汉娜，这证明：(1)错误的可能性和风险的大小都不会改变知识归赋的性质，因为大多数受试者认为，无论风险的高低，汉娜都知道银行明天会营业；而且即使当出错的可能明显提出来时，大多数受试者仍然认为汉娜知道；(2)证伪了知识归赋有出错可能性效应的语境主义，质疑了知识归赋有风险效应的利益相关的不变主义。

梅等人认为，说实验数据证伪了语境主义[①]，是因为：按语境主义者的观点，出错的可能性越被明确提出，选择越明显，汉娜越不知道。因此，与无选择变量案例相比，在有选择变量案例中汉娜更不知道。然而，实验数据虽然符合这个预测，但却没有选择变量的显著主效应[②]，而且，无论出错的可能性是否被提及，是否凸显，受试者同样倾向于说某人知道，这表明出错的凸显度在知识归赋中并不重要。这些研究似乎表明语境主义是错的。

梅等人认为，说实验数据质疑了利益相关的不变主义，是因为：按利益相关的不变主义的观点，风险越大，汉娜越不知道。因此，与低风险案例相比，在高风险案例中汉娜更不知道。实验数据虽然符合这个预测，且风险变量有显著的主效应[③]，然而，这种差异却没有质的不同，因为无论风险的高低，大多数受试者都认为汉娜有知识，而且在高风险-有选择变量案例中，60 名受试者中只有 17 名即 28% 否认汉娜有知识[④]。与低风险案例相比，在高风险中受试者不愿进行知识归赋的原因是认为汉娜在高风险中不太自信[⑤]。这个实验通过受试者间设计(即只呈现给受试者同一个案例中的一个场景的实验设计)表明：风险的增大和出错可能性的凸显都没有影响受试者的知识归赋，这与斯坦利的风险敏感性

---

①　我们认为，虽然实验结果没有语境主义者所预言的那么显著，其趋势却与语境主义者的预言相同，并没有出现完全的逆转，这在某种程度上证明语境主义是正确的。

②　方差分析揭示，提及选择项"银行确实会改变营业时间"对受试者是否归赋知识没有显著的影响($F_{(1,237)}=1.16$,$p>0.25$)，而且选择变量和风险变量相互作用对受试者是否归赋知识没有显著影响($F_{(1,237)}=0.87$,$p>0.25$)。[Joshua May, Walter Sinnott-Armstrong, Jay G. Hull & Aaron Zimmerman,"Practical Interests, Relevant Alternatives, and Knowledge Attributions: An Empirical Study", *Review of Philosophy and Psychology*, 2010(1;2):270.]

③　对受试者关于"汉娜知道银行明天会营业"的同意度的方差分析揭示风险变量的显著主效应 $F_{(1,237)}=4.36$,$p=0.04$。[Joshua May, Walter Sinnott-Armstrong, Jay G. Hull & Aaron Zimmerman, "Practical Interests, Relevant Alternatives, and Knowledge Attributions: An Empirical Study", *Review of Philosophy and Psychology*, 2010(1;2):270.]

④　Joshua May, Walter Sinnott-Armstrong, Jay G. Hull & Aaron Zimmerman,"Practical Interests, Relevant Alternatives, and Knowledge Attributions: An Empirical Study", *Review of Philosophy and Psychology*, 2010(1;2):270.

⑤　Joshua May, Walter Sinnott-Armstrong, Jay G. Hull & Aaron Zimmerman,"Practical Interests, Relevant Alternatives, and Knowledge Attributions: An Empirical Study", *Review of Philosophy and Psychology*, 2010(1;2):267-268.

的利益相关的不变主义和肖弗的聚焦错误凸显敏感性的对比主义相矛盾。

在第二次实验中,梅等人通过受试者内设计(即同时呈现给受试者同一个案例中的多个场景的实验设计)想确定,在给定的案例中,场景呈现的顺序是否影响受试者关于"汉娜是否知道银行周六会营业"的判断。第二次实验的 298 名受试者是 18～24 岁的大学生,同样采用 7 分量表。由于在第一次实验中认为"选择项"不是知识归赋的重要参量,因此在第二个实验中,他们决定使用"低风险-无选择"和"高风险-有选择"。一半受试者所给的问卷是先低风险-无选择变量案例,后高风险-有选择变量案例,另一半则相反。下表受试者的回答表明,尽管大多数受试者认为在这两个案例中,汉娜都有知识,但与先呈现高风险语境相比,当先呈现低风险语境的案例时,受试者进行知识归赋的一致性更高。[1]

表 2-2 梅等人的实验结果之二

	低风险-无选择	高风险-有选择
低风险高风险顺序	5.61	4.59
高风险低风险顺序	4.60	4.21
两种顺序	5.13	4.42

298 名受试者中,只有 93 人即 31％否认汉娜在高风险-有选择中有知识;只有 47 人即 16％同意斯坦利的关于汉娜在低风险-无选择中有知识,在高风险-有选择中无知识。风险变量的显著主效应再次得到了证实。[2]

顺序确实有效应[3],先提供低风险案例比先提供高风险案例的同意程度要更大。风险与顺序有显著的相互作用,当低风险语境被先提供时,高风险和低风险语境之间的不同是最大的。[4] 这表明,场景呈现的顺序是影响知识归赋的重要因素。

对于这些研究,德娄斯提出了几点质疑:(1)质疑在这些研究中,问受试者"汉娜知道银行明天会营业"的同意程度。要求受试者为他们知识归赋的意愿进行评分,与要求受试者对知识归赋进行评价是不同的,这种不同就是归赋者与评价者的不同。以往的实验只直接问受试者在给定的场景中主角是否知道,研究结果可能发现知识归赋不受非真理导向因素的影响。这只能证明反理智主义观点是错误的,而不能证明标准的语境主义是错误的。要用实验研究语境主义,必须要问受试者在给定的高标准/低标准场景下知识主张的真值,只有在这两种场景下出现显著的差异后,再去调查才能发现归赋者语境主义的正

---

① Joshua May, Walter Sinnott-Armstrong, Jay G. Hull & Aaron Zimmerman, "Practical Interests, Relevant Alternatives, and Knowledge Attributions: An Empirical Study", *Review of Philosophy and Psychology*, 2010(1:2):271.

② $F_{(1,296)} = 57.20$, $p < 0.001$. Joshua May, Walter Sinnott-Armstrong, Jay G. Hull & Aaron Zimmerman, "Practical Interests, Relevant Alternatives, and Knowledge Attributions: An Empirical Study", *Review of Philosophy and Psychology*, 2010(1:2):271.

③ $F_{(1,296)} = 13.51$, $p < 0.001$。

④ $F_{(1,296)} = 11.50$, $p < 0.001$. Joshua May, Walter Sinnott-Armstrong, Jay G. Hull & Aaron Zimmerman, "Practical Interests, Relevant Alternatives, and Knowledge Attributions: An Empirical Study", *Review of Philosophy and Psychology*, 2010(1:2):272.

确性。因此，在实验调查中必须区分"在给定的场景下知识主张的真值"与"在给定的场景中主角是否知道"。(2)质疑受试者作为评价者对归赋者知识归赋中的"肯定"与"否定"进行评价时会相同。在梅等人给的不同案例中，有的归赋者给出肯定的知识归赋更合理，有的则相反。由于"什么样的谈话语境是相关的"(至少部分地)取决于受试者是去进行知识归赋还是去评价知识归赋，同时，由于在否定知识更合理的情况下去评价知识归赋这一做法会带来一些语用的后果，它们可能对受试者的判断产生影响。再者，在问卷调查中受试者回答问题时采用的是自己的知识标准，还是当事人的知识标准是难以确定的。因此，德娄斯认为这些研究实际上没有检验认知语境主义是否为真或是否合理。①

三、巴克沃尔特的实验

在《周六知识没有关闭：日常语言的研究》②一文中，巴克沃尔特用改写的银行案例来验证知识归赋的出错可能性效应和风险效应。他用的案例③是：

银行案例：一个周五的下午，西尔维和布鲁诺下班后开车回家。他们打算把车停在银行前去存他们的钱。当他们开车经过银行时，他们发现，里面排的队很长。虽然他们通常希望尽早把钱存了，但在这种情况下，马上存钱并不特别重要。布鲁诺对西尔维说："上周六我就在这里，我知道这家银行周六也营业。"因此，布鲁诺建议，他们直接开车回家，周六再来存他们的钱。当周六他们回来时，银行确实营业。

高风险银行案例：一个周五的下午，西尔维和布鲁诺下班后开车回家。他们打算把车停在银行前去存他们的钱。布鲁诺已经签了一张很大的存单，如果周一前他要支付的钱没有存入，它将被退回，并使他的债权人处境很糟。当他们开车经过银行时，他们发现，里面排的队很长。布鲁诺对西尔维说："上周六我就在这里，我知道这家银行周六也营业。"因此，布鲁诺建议，他们直接开车回家，周六再来存他们的钱。当周六他们回来时，银行确实营业。

高标准银行案例：一个周五的下午，西尔维和布鲁诺下班后开车回家。他们打算把车停在银行前去存他们的钱。当他们开车经过银行时，他们发现，里面排的队很长。虽然他们通常希望尽早把钱存了，但在这种情况下，马上存钱并不特别重要。布鲁诺对西尔维说："上周六我就在这里，我知道这家银行周六也营业。"因此，布鲁诺建议，他们直接开车回家，周六再来存他们的钱。西尔维说："银行一般周六都关门。也许这家银行明天也不会营业。银行经常改变它们的营业时间；我记得这家银行过去常常有不同的营业时间。"当他们周六早上回来时，银行确实营业。

①　Keith DeRose，"Contextualism，Contrastivism，and X-Phi Surveys"，*Philosophical Studies*，2011(156；1)：84-85.

②　Wesley Buckwalter，"Knowledge Isn't Closed on Saturday：A Study in Ordinary Language"，*Review of Philosophy and Psychology*，2010(1)：395-406.

③　Wesley Buckwalter，"Knowledge Isn't Closed on Saturday：A Study in Ordinary Language"，*Review of Philosophy and Psychology*，2010(1)：400-401.

544 名受试者是纽约州立大学上通识课的本科生,55％是男生,大约 75％是 18～20 岁的学生,70％以上来自纽约州。受试者被随机分发了 3 个案例中的一个。受试者被问: 你在多大的程度上同意或反对布鲁诺说"我知道银行周六营业"是真的。实验使用 5 分制 李克特量表(其中,"1"表示"非常反对","2"表示"反对","3"表示"中立","4"表示"同意", "5"表示"非常同意")。

与低风险银行案例(即银行案例)中的"在这种情况下,马上存钱并不特别重要"不同, 在高风险银行案例中,受试者被告知"布鲁诺已经签了一张很大的存单,如果周一前他要 支付的钱没有存入,它将被退回,并使他的债权人处境很糟"。因此,在高风险银行案例 中,布鲁诺的风险提高并凸显了。按语境主义的预测,与高风险案例相比,在低风险案例 中,受试者更可能认为布鲁诺知道。然而,实验结果发现,这两个案例的直觉判断没有什 么显著的差异。在银行案例中,136 人即 74.3％的参加者同意,布鲁诺的说法即"我知道银 行在周六营业"是真的(其中 27 人即 14.8％不同意,20 人即 10.9％保持中立);在高风险案例 中,124 人即 68.5％的受试者同意(其中 30 人即 16.6％不同意,27 人即 14.9％保持中立)。[①]

与低标准银行案例(即银行案例)不同,在高标准银行准案例中,多给了受试者这条信 息:"西尔维说:'银行一般周六都关门。也许这家银行明天也不会营业。银行经常改变它 们的营业时间;我记得这家银行过去常常有不同的营业时间。'"因此,在高标准银行案例 中,布鲁诺出错的可能性被明确地提了出来。按语境主义的预测,与高标准案例相比,在 低标准案例中,受试者更可能认为布鲁诺知道银行周六会营业。然而,实验结果发现,这 两个案例的直觉判断没有什么显著的差异。在高标准案例中,119 人即 66％的受试者认为, 布鲁诺的说法是真的(其中 34 人即 18.9％不同意,27 人即 15％保持中立)。那些考虑低标 准案例的受试者的平均分数是 3.83,那些考虑高标准案例的受试者的平均分数是 3.64。[②]

统计分析表明,在每个案例中,平均的得分显著地高于中点"3",即大多数人都同意, 在这 3 个案例中布鲁诺的知识归赋都是真的,而且在 3 组平均值之间没有显著的差异。3 个案例的样本大小、平均值和标准差见表 2-3[③]:

表 2-3　巴克沃尔特的实验结果

调查类型	样本	平均值	标准差
银行案例	183	3.83	1.065
高风险案例	181	3.71	1.108
高标准案例	180	3.64	1.102
总　计	544	3.73	1.093

① 统计学分析表明这两组群体的平均值之间没有显著的差异[t(362)＝0.987,p＝0.243],而且两 个平均值都明显高于中点(midpoint)3,p＜0.01。[Wesley Buckwalter,"Knowledge Isn't Closed on Saturday:A Study in Ordinary Language",*Review of Philosophy and Psychology*,2010(1):402.]

② 统计学分析表明这两组群体的平均值之间没有显著的差异[t(361)＝1.637,p＝0.140],而且两 个平均值都明显高于中点(midpoint)3,p＜0.01。[Wesley Buckwalter,"Knowledge Isn't Closed on Saturday:A Study in Ordinary Language",*Review of Philosophy and Psychology*,2010(1):403-404.]

③ Wesley Buckwalter,"Knowledge Isn't Closed on Saturday:A Study in Ordinary Language",*Review of Philosophy and Psychology*,2010(1):404.

这似乎表明,至少在巴克沃尔特研究的这些案例中,错误可能性的凸显和风险的大小,对受试者归赋知识的意愿没有明显的影响。巴克沃尔特因此认为,知识归赋的真值,既不受归赋者的语境影响,也不对主体的实践利益敏感①,并下结论说:"大众知识归赋的形式,是非常不同于这些理论(即语境主义和主体敏感的不变主义——引者注)所假定或预测的。"②虽然如此,他却认为:"这些结果不应该被看作是对任何特定的可变主义的驳斥。因为简单地测试几个来自这些文献的孤立案例并不会产生确定的反对这些观点的论证,而只能产生一个重要的支持它们的证据来源。而且这篇论文没有为一种日常的语言捍卫(或其他策略),是否构成了接受或捍卫语境主义和主体敏感的不变主义的最好基础提供例证。"③

巴克沃尔特认为,在知识归赋中,存在有由刘易斯最先发现的迁就(accommodation)效应。迁就效应认为,在知识归赋中,归赋者往往会调整自己的知识归赋来迁就主体。巴克沃尔特用肖弗和诺布使用过的银行案例来验证他的主张。在实验中,所有与真理相关的因素都相同地保留在每个案例中,唯一的不同是场景的结尾主体的宣称不同。

> 一个周五的下午,汉娜和萨拉开车回家。她们打算把车停在银行前去存钱。当她们开车路过银行时,她们发现,里面排的队很长,周五下午的队伍总是很长。汉娜说:"两周前的周六早上,我来银行时,银行营业。因此这个银行周六营业。我们可以现在回家,明早再来存钱。"④

有些结尾是:

> 汉娜说:"我正在这里,我知道银行周六将营业。"

其他的结尾是:

> 汉娜说:"也许你是对的,我不知道银行周六会营业。"

读了前一个场景的受试者被问他们是否认为汉娜说她知道是真的;读了后一个场景的受试者被问他们是否认为汉娜说她不知道是真的。由于案例中的所有其他细节保持不

---

① Wesley Buckwalter,"Knowledge Isn't Closed on Saturday:A Study in Ordinary Language",*Review of Philosophy and Psychology*,2010(1):403-405.

② Wesley Buckwalter,"Knowledge Isn't Closed on Saturday:A Study in Ordinary Language",*Review of Philosophy and Psychology*,2010(1):404.

③ Wesley Buckwalter,"Knowledge Isn't Closed on Saturday:A Study in Ordinary Language",*Review of Philosophy and Psychology*,2010(1):403-404.

④ Jonathan Schaffer & Joshua Knobe,"Contrastive Knowledge Surveyed",*Noûs*,2012(46:4):694-695.

变,因此,如果刘易斯的迁就原则在归赋者的判断中不起任何作用,那么我们可以预测:由于汉娜说知道和说不知道不能同时为真的,受试者的答案会与汉娜的自己看法有较大的差异。另一方面,如果归赋者迁就主体的看法,那么我们可以预测当汉娜说她知道时,会有更多的人认为她知道;相反,则会有更多的人认为她不知道。结果发现,人们普遍认为汉娜的说法是真的。这证明,在对说话者进行知识归赋时,迁就效应起重要作用。① 巴克沃尔特用迁就效应来批判知识归赋的语境敏感性的合理性。

主体敏感的不变主义主张,知识归赋的真值条件不受风险的大小或者出错的可能性是否向阅读者或评论者凸显影响。因此受试者对"主角是否知道"的回答,与受试者对"归赋者对主角的知识归赋是否正确"的回答之间,没有重要的差别。归赋者语境主义主张,知识归赋的真值条件受到风险的大小或者出错的可能性是否向阅读者或评论者凸显影响。因此受试者对"主角是否知道"的回答,与受试者对"归赋者对主角的知识归赋是否正确"的回答之间,有重要的差别。

问卷设计中所问的问题对实验能否成功会有重要的影响。巴克沃尔特的实验设计是问"场景中的主角作出的知识主张是否为真",如"你在多大程度上同意,布鲁诺说'我知道银行周六会营业'是真的",这是要受试者评估由场景中的主角作出的知识归赋的正确性。② 与巴克沃尔特设计的问题不同,梅等人则是问"场景中的主角是否知道某事",如"汉娜是否知道银行周六会营业?"他们是问受试者,是否认为这个主角有知识。③ "要受试者评价某个判断"与"要受试者参与某种情境,提出自己的看法"不同。在前者,受试者与归赋者是不同的人,受试者是要求评价归赋者主张的人,归赋者则是场景里的报告者。在后者,受试者与归赋者是同一的,受试者要求评价场景中的主张。由于梅等人的问卷设计可能把主角的标准与归赋者的标准混在一起,因此受到了德娄斯的批评。④

第二节 肯定阶段:知识归赋存在风险效应或凸显效应

以上实验似乎证明知识归赋不受风险效应或凸显效应的影响,这似乎挑战了归赋者语境主义和主体敏感的不变主义,证明了经典不变主义。然而,这个结论太轻率了。肖弗和诺布指出,在已有研究银行案例的知识归赋的实验中,归赋者的错误凸显性对知识归赋

---

① Wesley Buckwalter, "Non-Traditional Factors in Judgments about Knowledge", *Philosophy Compass*, 2012(7:4):280.

② Wesley Buckwalter, "Knowledge Isn't Closed on Saturday: A Study in Ordinary Language", *Review of Philosophy and Psychology*, 2010(1):400-401.

③ Joshua May, Walter Sinnott-Armstrong, Jay G. Hull & Aaron Zimmerman, "Practical Interests, Relevant Alternatives, and Knowledge Attributions: An Empirical Study", *Review of Philosophy and Psychology*, 2010(1:2):271.

④ Keith DeRose, "Contextualism, Contrastivism, and X-Phi Surveys", *Philosophical Studies*, 2011(156:1):83-85.

没有影响,原因在于已有的实验研究没有成功地控制对话语境,使银行改变营业时间这种可能性成为相关对比项。已有的实验只提到改变时间的可能性,而仅仅提到这种可能并不必然使它凸显,尤其是当银行突然改变营业时间这种可能看上去相当奇怪或不大可能时更是如此。因此,仅仅在场景中提到银行改变营业时间的可能性就让人们认为它是相关的,这是不太可能的。要使某种可能性凸显出来并在知识归赋中起作用必须以一种十分具体和生动的方式呈现出来。① 皮尼洛斯(Nestor Ángel Pinillos)也指出,那些关注风险在知识归赋中扮演的角色的研究并未确保受试者准确地把握了细节。具体地说,就是没有确保受试者准确地把握了知道某物所需要证据的多少与出错的代价之间的关系。② 有几个独立的实验发现知识归赋具有风险效应和凸显效应,它们是：

一、皮尼洛斯和辛普森的实验支持风险效应反对凸显效应

皮尼洛斯和辛普森(Shawn Simpson)用实验支持了风险效应,反对了凸显效应,下文介绍他们 2 篇论文的成果。

1.《知识、实验和实践利益》中的证据支持风险效应

在《知识、实验和实践利益》③一文中,皮尼洛斯认为,先前的实验没有发现知识归赋的风险效应,是因为提问的方式和实验材料的呈现方式都不能使受试者获得相同的证据。为此,他设计了新的提问方式即"寻找证据设计",不再问受试者主体是否有知识,而是问受试者需要收集多少证据。实验假设,与低风险语境相比,在高风险语境中进行知识归赋需要更多的证据。

调查的对象是 2008－2011 年亚利桑那州立大学坦佩校区上哲学导论课程的本科生(这些学生很少接触哲学)。实验证实了知识归赋的风险敏感性。他提出的两个小场景是④：

　　　　低风险拼写错误案例：彼得是一个优秀的大学生,他刚刚为英语课写了一篇两页纸的文章。文章明天要交。即使彼得的拼写很好,他也随身带有一本字典,可以用来检查拼写,并确保没有拼写错误。出错的风险很小。老师只要一个粗略的初稿,有几个拼写错误无关紧要。即便如此,彼得也希望没有任何错误。

　　　　高风险拼写错误案例：约翰是一个优秀的大学生,他刚刚为英语课写了一篇两页纸的文章。文章明天要交。即使约翰的拼写很好,他也随身带有一本字典,可以用来

①　Jonathan Schaffer & Joshua Knobe,"Contrastive Knowledge Surveyed",*Noûs*,2012(46:4):694.

②　Nestor Ángel Pinillos,"Knowledge,Experiments and Practical Interests",in Jessica Brown & Mikkel Gerken(eds.),*Knowledge Ascriptions*,Oxford:Oxford University Press,2012,pp.192-219.

③　Nestor Ángel Pinillos,"Knowledge,Experiments and Practical Interests",in Jessica Brown & Mikkel Gerken(eds.),*New Essays on Knowledge Ascriptions*,Oxford:Oxford University Press,2012,pp.192-219.

④　Nestor Ángel Pinillos,"Knowledge,Experiments and Practical Interests",in Jessica Brown & Mikkel Gerken(eds.),*New Essays on Knowledge Ascriptions*,Oxford:Oxford University Press,2012,p.200.

检查拼写,并确保没有拼写错误。出错的风险很大。老师是一个较真的人,并保证如果文章有一个拼写错误,就不可得 A。老师要求完美。然而,约翰发现他自己处在一个不同寻常的环境中。为了在班上得到 A,他的这篇文章必须得到 A。为了保住他的奖学金,他需要在班上得到 A。没有奖学金,他就不能上学了。离开大学将会让约翰和他的家人精神崩溃。为了让约翰上学,他的家人已经做出了很大的牺牲。因此,对约翰来说,文章中没有拼写错误是极其重要的。他很明白这一点。

皮尼洛斯把两个案例单独随机分配给受试者,并问:

你认为彼得/约翰需要校对这篇文章多少次,才能知道没有拼写错误? ____ 次。

如果没有风险效应,那么可以预测:约翰知道文章中没有拼写错误之前要校对文章的次数,与彼得知道文章中没有拼写错误之前要校对文章的次数之间应该没有显著的差别。77 人完成低风险的拼写错误案例,67 人完成高风险的拼写错误案例。实验结果发现,受试者认为,为了知道文章中已经没有拼写错误,约翰校对文章的次数要比彼得多出 3 次。受试者认为,约翰需要的平均次数是 5 次,彼得是 2 次。[①] 实验结果似乎证明风险在知识归赋中的重要作用。

用寻找证据的实验设计,皮尼洛斯做了另一些实验系统地回答了其他可能的解释。第一种其他可能的解释是强调信念的风险敏感性的"信念异议(belief objection)"。有人可能说,在高/低风险的拼写错误案例中还有另一种不同,在高风险拼写错误案例中,约翰可能更不愿意形成他的文章中没有拼写错误的信念。由于知识要求信念,因此这也可能解释为什么高风险的约翰比低风险的彼得要检查更多的次数才被人们认为他知道没有拼写错误。皮尼洛斯认为,用信念的风险敏感性来解释高/低风险拼写错误案例中数据的差异有两个困难:(1)信念的风险敏感性无法充分解释数据的差异,因为所问的问题是关于知识的,而不是信念的;而且没有证据的信念很难解释在高/低风险拼写错误案例中所需要的检查次数的不同。(2)无知的高风险拼写错误实验和附加信息实验证明信念的风险敏感性解释是错误的。

无知的高风险拼写错误案例:约翰是一个优秀的大学生,他刚刚为英语课写了一篇两页纸的文章。文章明天要交。即使约翰的拼写很好,他也随身带有一本字典,可以用来检查拼写,并确保没有拼写错误。出错的风险很大。老师是一个较真的人,并保证如果文章有一个拼写错误,就不可得 A。老师要求完美。然而,约翰发现他自己处在一个不同寻常的环境中。为了在班上得到 A,他的这篇文章必须得到 A。为了

① 曼恩-惠特尼检验(Mann-Whitney test,是用得最广泛的两独立样本秩和检验方法。简单地说,该检验是与独立样本 t 检验相对应的方法,当正态分布、方差齐性等不能达到 t 检验的要求时,可以使用该检验。其假设基础是:若两个样本有差异,则它们的中心位置将不同,属于非参数检验)这 2 个组间存在统计学上的显著差异,N=144,U=920.500,z=-6.786,r=-0.56,p<0.001。

保住他的奖学金,他需要在班上得到 A。没有奖学金,他就不能上学了。离开大学将会让约翰和他的家人精神崩溃。为了让约翰上学,他的家人已经做出了很大的牺牲。因此,对约翰来说,文章中没有拼写错误是极其重要的。然而,约翰没有意识到真正的风险是什么。他认为老师根本不关心文章中是否有一些甚至很多拼写错误。虽然约翰想要没有拼写错误,然而他没有意识到哪怕文章中只有一个拼写错误,这对他来说也是非常糟糕的。[①]

对 69 人进行无知的高风险拼写错误案例调查,发现平均次数为 3 次,与低风险拼写错误案例的平均次数为 2 次有统计学上的显著差异,并揭示了中等程度的风险效应[②]。这个数据不能用信念的风险敏感性来解释,因为约翰对场景中的风险完全没有意识到,因此他不会因为知道风险不愿意形成关于文章中不包含任何拼写错误这个信念。

附加信息实验是在高/低风险拼写错误案例后面都附加如下段落:

> 结果是,就在彼得/约翰完成他的文章后,他形成了他的文章中没有拼写错误这个信念,而且事实上也没有拼写错误。然而,他知道这一点吗? 你认为彼得/约翰需要校对这篇文章多少次,才能知道没有拼写错误? ＿＿＿次。

结果再一次证明,在高/低风险中知识归赋存在不对称性,这证明信念异议是不相关的。低风险拼写错误案例的平均次数为 2 次,高风险拼写错误案例的平均次数为 3 次。[③]

第二种其他可能的解释是受试者可能因操作错误或对话中的言外之意触发,而把知识问题误解成规范问题。为了检测这种解释是否可能,皮尼洛斯用低风险拼写错误案例和无知高风险拼写错误案例进行调查,与原案例的不同之处是:(1)增加了一个规范问题,即:约翰/彼得在上交这篇文章前,他应该校对＿＿＿次。(2)有一个补充说明:"注意这个问题与前一个问题之间的不同。只有前一个问题中才有'知道'这个词。"这种改进使受试者不太可能出现操作错误或受到言外之意的触发。结果证明,受试者不受操作错误或言外之意触发的影响。[④]

---

① Nestor Ángel Pinillos,"Knowledge,Experiments and Practical Interests",in Jessica Brown & Mikkel Gerken(eds.),*New Essays on Knowledge Ascriptions*,Oxford:Oxford University Press,2012, pp.217-218.

② 曼恩-惠特尼检验发现存在统计学上的显著差异,$N=146$,$U=1497.000$,$z=-4.693$,$r=-0.39$, $p<0.001$。

③ 曼恩-惠特尼检验发现存在统计学上的显著差异,$N=78$,$z=-2.98$,$r=0.34$,$U=472.500$,$p=0.003$。我们认为,无知高风险拼写错误案例的平均次数为 3 次,而高风险拼写错误案例为 5 次,其不同只是主角有无意识到风险。这种不同可能影响受试者认为主角所拥有的信心水平。也许受试者同意主角的信心在知识归赋中起一定的作用。

④ 曼恩-惠特尼检验没有发现低风险拼写错误案例存在统计学上的显著差异,$N=75$,$U=545.500$, $Z=-0.926$,$p=0.34$,$r=-0.11$;曼恩-惠特尼检验也没有发现无知高风险拼写错误案例存在统计学上的显著差异,$N=99$,$U=1058.500$,$Z=-1.16$,$p=0.26$,$r=-0.12$。

为了进一步验证风险效应,皮尼洛斯进行了并列实验(juxtaposed experiment)[1],有95位受试者,其设计是把低风险拼写错误案例和高风险拼写错误案例同时打乱顺序随机呈现给受试者,并要他们在读完2个案例后回答:在彼得知道没有拼写错误前,他需要校对这篇文章____次;在约翰知道没有拼写错误前,他需要校对这篇文章____次。

结果是:低风险拼写错误案例平均为2次,高风险拼写错误案例平均为3次,并有较高的统计学上的显著差异。[2]

在另一个实验中,皮尼洛斯设计了计数案例,其目的是检验风险对理由与知识的关系,其案例是[3]:

计数低风险案例:彼得是一位幸运的大学生。他刚刚获得一次参与由银行赞助的比赛机会,奖励是一些电影票。为了赢得这些电影票,并做一次作秀,彼得有一整天时间去数他所在支行的一个罐子的所有硬币。罐子里大约有一百个便士。假如彼得得不到正确的答案,他想赢是根本不可能的。

计数高风险案例:彼得是一位幸运的大学生。他刚刚获得一次参与由银行赞助的比赛机会,奖励是非常大的一笔钱。为了赢得这些钱,并做一次作秀,彼得有一整天去数他所在支行的一个罐子的所有硬币。罐子里大约有一百个便士。这对彼得来说有很大的风险。彼得充分地意识到,如果他回答正确,他将赢得这些钱,从而能够支付他母亲的救命手术费(否则他们担负不起)。由于他母亲的生命岌岌可危,因此,彼得正确地数清硬币是很重要的。

受试者要求回答的问题是:

"知识"问题:在彼得知道正确答案之前,他必须数罐子里的硬币至少____次。
"规范"问题:在彼得向裁判宣布他的最后答案之前,他应该数罐子里的硬币至少____次。

---

① 德娄斯反对并列实验,理由是:"如果我同时面对高/低标准案例,那么在这两个案例里,对讨论中的主体是否知道给出相同意见的压力将会很大,这种压力大于在这些案例(主体在低风险中'知道',在高风险中'不知道')中对这个或那个主张必定错误作出裁决的压力。"[Keith DeRose, *The Case for Contextualism: Knowledge, Skepticism and Context*(vol. 1), Oxford: Oxford University Press, 2009, p. 49, n.2.]正因如此,德娄斯本人极力主张这些案例应该分开考虑。[Keith DeRose, *The Case for Contextualism: Knowledge, Skepticism and Context*(vol. 1), Oxford: Oxford University Press, 2009, p. 49.]然而,有讽刺意味的是,他提供的银行案例则是用的并列方法。

② 威尔科克森符号秩检验(Wilcoxon signed-rank test,即把观测值和零假设的中心位置之差的绝对值的秩分别按照不同的符号相加作为其检验统计量),$N=95$,$p<0.001$。

③ Nestor Ángel Pinillos, "Knowledge, Experiments and Practical Interests", in Jessica Brown & Mikkel Gerken(eds.), *New Essays on Knowledge Ascriptions*, Oxford: Oxford University Press, 2012, p. 218.

128 位受试者分成 4 组,随机分配了其中的一个案例。实验结果发现,受试者认为,与计数低风险知识案例(平均为 2 次)相比,在计数高风险知识案例中,主体需要收集更多的证据(平均为 3.5 次),并且有统计学上的显著差异[①]。计数低风险规范案例平均为 2 次,计数高风险规范案例平均为 5 次,并且有统计学上的显著差异[②]。而且在"风险"与"知识/规范"因素之间,没有交互效应(interaction effect)。在计数高风险知识案例与计数高风险规范案例之间,没有统计学上的显著差异[③];在计数低风险知识案例与计数低风险规范案例之间,也没有统计学上的显著差异[④]。后续类似的实验证明了风险的高低会影响对证据要求的多少。实验因此证明,风险会影响知识归赋。

2(高/低风险)×2(知识/规范态度)受试者之间的方差分析发现有一个显著的风险(高与低)主效应[⑤];而态度(知识与规范)却没有显著的主效应[⑥];风险与态度之间没有交互效应[⑦]。结果表明人们以相似的方式对待知识问题和规范的问题。

皮尼洛斯认为,并列实验支持了利益相关的不变主义而非语境主义。其理由是:"在彼得知道没有拼写错误前,他需要校对这篇文章 X 次;在约翰知道没有拼写错误前,他需要校对这篇文章 Y 次"这句话,在实验的背景下,应被看作是实验者与受试者之间的对话。它不是场景中主角说的话。如果受试者给出的 X 和 Y 不同,这两个"知道"的事件将表达不同的关系,这种关系反映了发挥作用的不同认知标准。在语境主义看来,在一个单一的句子话语中,将出现不同的知识标准。虽然语境敏感词在对话中改变内容并不是一个严重的问题,但在这种情况下发生这个现象是语境主义难以解释的,原因有三:

首先,语境主义认为,提升知识标准的原因是由于凸显了出错的可能性。如果这是正确的,那么受试者在给出 X 和 Y 不同答案时,在第一个句子中凸显了出错的可能性,在第二个句子中却没有。这是难以令人相信的。不清楚的是在这个行为中错误的可能性为何可以突然停止凸显。此外,如果在第一个句子中提到了高风险提高了认知标准,那么我们应该期望认知标准提高了,因此在回答第二个句子中仍提高了。但事实并非如此。比较并列实验中的低风险回答(第二个句子中的 Y)与非并列实验中的低风险回答,没有统计学上的显著差异[⑧]。这说明提到高风险并没有提高认知标准。

其次,在语境主义看来,受试者可以在说话的过程中中途改变知识的标准。他们可以这样做而不必收回前面所说。语境主义者需要解释,为什么在说"在彼得知道没有拼写错误前,他需要校对这篇文章 X 次;在约翰知道没有拼写错误前,他需要校对这篇文章 Y

---

① 曼恩-惠特尼检验发现存在统计学上的显著差异,$N=128$,$U=1124.500$,$p<0.001$,$r=-0.4$。

② 曼恩-惠特尼检验发现存在统计学上的显著差异,$N=125$,$U=798.500$,$p<0.01$。

③ 曼恩-惠特尼检验发现不存在统计学上的显著差异,$N=128$,$U=1853.500$,$Z=-0.938$,$p=0.348$,$r=-0.08$。

④ 曼恩-惠特尼检验发现不存在统计学上的显著差异,$N=125$,$U=1928.500$,$Z=-0.12$,$p=0.904$,$r=-0.01$。

⑤ $F(1,249)=41.39$,$p<0.001$,偏 $\eta^2=0.142$。

⑥ $F(1,249)=0.01$,$p=0.92$,偏 $\eta^2>0.001$。

⑦ $F(1249)=0.276$,$p=0.6$,偏 $\eta^2=0.001$。

⑧ 曼恩-惠特尼检验发现不存在统计学上的显著差异,$N=122$,$U=1533.000$,$z=-1.11$,$p=0.266$,$r=-0.1$。

次"中,知识的标准会改变。利益相关的不变主义则很好地解释这种改变。

最后,受试者解释在并列实验中为什么写下不同的答案时,大多数人是因为风险不同。利益相关的不变主义可以直接解释风险效应,而语境主义者想要解释风险效应需要把它作为一种"前语义的(presemantic)"现象。语境主义难以解释规范和知识反应是相同的。

皮尼洛斯因此认为,他的实验支持了利益相关的不变主义而非语境主义。对此,我们持保留意见。不可否认,无知高风险拼写错误案例的平均次数为3次,而高风险拼写错误案例为5次,这可证明知识归赋受主体影响。然而,无知高风险拼写错误案例的平均次数为3次,低风险拼写错误案例的平均次数为2次,这只能用归赋者效应来解释,这可证明归赋者语境主义的正确性。此外,皮尼洛斯反对的是归赋者语境主义,并没有反对广义语境主义。

2.《支持知识反理智主义的实验证据》中的证据支持风险效应

在《支持知识反理智主义的实验证据》①一文中,皮尼洛斯和辛普森(Shawn Simpson)用净水器(water purifier)案例检测了风险效应。问卷每份付15美分,141份问卷中有47份无效(理解题做错、不按要求答题)。问卷分高/低风险两份,每位受试者只答一份。在低风险中,主角布莱恩因为不喜欢自来水的味道要在家里装一个净水器。在高风险中,自来水有毒,如果布莱恩不正确地安装净水器,他和他家人会被毒死。然而,布莱恩并不知道自来水有毒。在这两个场景中,受试者被告知布莱恩到另一间房子从网上查找净水器的操作指南,他把它们抄在一张纸上,就去安装净水器了。

低风险净水器案例:布莱恩刚给他家买了个净水器。净水器很先进,与水龙头连接,可以在几分钟内装好。他买净水器的唯一原因是:他不喜欢自来水的味道。事实上,他认为喝他想要净化的自来水很安全。的确,喝自来水很安全。现在,如果安装正确,喝从净水器出来的水也是很安全的,而且味道更好。如果由于某种原因或其他原因,布莱恩没有正确安装净水器,或者没有遵循使用说明,喝从净水器出来的水也不会影响他的健康。在打开净水器的包装盒后,他发现制造商忘了放操作说明。为了得到一份操作说明,布莱恩到大厅上网从制造商网站上找到了操作说明。他把操作说明记在一张纸上(他没有打印机)。他很自信地认为他正确地记下来了,并返回到水龙头旁。事实上,他正确地记下了操作说明。

高风险净水器案例:布莱恩刚给他家买了个净水器。净水器很先进,与水龙头连接,可以在几分钟内装好。布莱恩想净化的自来水已经被致命的毒素污染了。不幸的是,布莱恩完全不知道这些严重的情况——他认为喝他想要净化的自来水很安全。他买净水器的唯一原因是:他不喜欢自来水的味道。对布莱恩来说,幸运的是,如果安装正确,喝从净水器出来的水将是非常安全的,而且味道更好。然而,如果没有正

---

① Nestor Ángel Pinillos & Shawn Simpson,"Experimental Evidence in Support of Anti-Intellectualism About Knowledge",in James R. Beebe (ed.),*Advances in Experimental Epistemology*,Bloomsbury Academic,2014,pp.18-19.

确安装净水器,喝从净水器出来的水将给他和他的家人带来致命的影响。在打开净水器的包装盒后,他发现制造商忘了放操作说明。为了得到一份操作说明,布莱恩到大厅上网从制造商网站上找到了操作说明。他把操作说明记在一张纸上(他没有打印机)。他很自信地认为他正确地记下来了,并返回到水龙头旁。事实上,他正确地记下了操作说明。

所有的受试者都被问下面的这个问题,并要求作答:

假定布莱恩返回去用他所记下的内容与在线操作指南作对比,而且他想对比多少次都行。在对比了多少次后,布莱恩知道他抄写正确?请在下面空格中填上你的答案。这个答案应该是整数。(注意:如果你认为布莱恩已经知道了,写上"0"。如果你认为不管他检查多少次他都不会知道,写上"永不")＿＿＿＿＿＿

受试者有 10 分钟作答。在 141 份问卷中有 94 份有效问卷。结果如下:在低风险案例中,平均次数为 0.72 次;在高风险案例中,平均次数为 1.29 次。这种差异有统计学上的显著差异。[①] 实验结果证明了风险效应。与以往他人的实验不同之处有:(1)问受试者主角需要多少证据才能知道,采用了寻找证据(evidence seeking)的方法,避免了在受试者判断主角是否有知识时对主角拥有什么证据的多样化理解[②],从而避免了证据可能不同的问题。(2)在高风险中,主角不知道他所处的风险,这样受试者就不会陷入主角的风险意识不同的问题。受试者对高风险案例中主角可能产生的担忧或不自信的程度的不同评估,会影响受试者对主角是否有知识的判断。

　　与净水器案例相比,在第 2 个实验即客机案例[③]中,皮尼洛斯和辛普森设计了 4 个客机场景,让主角知道风险的高低。实验不只考虑当出错的代价变化时会发生什么,而且测试当我们改变实现了这种可能性时会发生什么。

　　高风险低可能客机案例:杰西是一名国际客机公司的乘务员。在飞机起飞前,有时他需要检查某些人名是否在打印的客机花名册上。在过去,这样做的目的一直是为了随机选择乘客升舱到头等舱。今天,他需要从 200 个名单的花名册中寻找某个人名。在找了一遍后,杰西认为这个名字没有在花名册上。事实上,它没有在花名册上。杰西认为,这个人名是否在名单上根本就无关紧要,因为杰西认为这个乘客并不希望升舱到头等舱。也就是说,杰西认为风险很低。事实上,与杰西的想法相反,风

---

①　在低风险中,N＝46,m＝0.72,sd＝0.72;在高风险中,N＝48,m＝1.29,sd＝1.254。这种差异具有统计学上的显著差异,t(75.54)＝－2.70,p＜0.01,科恩 d＝0.54。

②　例如,在银行案例中,对银行上班时间了解的途径可能:(1)询问银行职员;(2)询问顾客;(3)仔细看或匆忙一瞥银行上班时间安排;等等。

③　Nestor Ángel Pinillos & Shawn Simpson,"Experimental Evidence in Support of Anti-Intellectualism About Knowledge",in James R. Beebe (ed.),*Advances in Experimental Epistemology*,Bloomsbury Academic,2014,pp.20-23.

险是很高的。他需要查找的这个人是一个非常危险的被联邦调查局通缉的人。如果这个家伙在飞机上,虽然飞机被劫持的概率较小,但仍存在这样一种可能性。不过,他没有在这个航班上。

高风险高可能客机案例:杰西是一名国际客机公司的乘务员。在飞机起飞前,有时他需要检查某些人名是否在打印的客机花名册上。在过去,这样做的目的一直是为了随机选择乘客升舱到头等舱。今天,他需要从200个名单的花名册中寻找某个人名。在找了一遍后,杰西认为这个名字没有在花名册上。事实上,它没有在花名册上。杰西认为,这个人名是否在名单上根本就无关紧要,因为杰西认为这个乘客并不希望升舱到头等舱。也就是说,杰西认为风险很低。事实上,与杰西的想法相反,风险是很高的。他需要查找的这个人是一个非常危险的被联邦调查局通缉的人。如果这个家伙在飞机上,飞机被劫持的概率很高。不过,他没有在这个航班上。

低风险高可能客机案例:杰西是一名国际客机公司的乘务员。在飞机起飞前,有时他需要检查某些人名是否在打印的客机花名册上。在过去,这样做的目的一直是为了随机选择乘客升舱到头等舱。今天,他需要从200个名单的花名册中寻找某个人名。在找了一遍后,杰西认为这个名字没有在花名册上。事实上,它没有在花名册上。杰西认为,这个人名是否在名单上根本就无关紧要,因为杰西认为这个乘客并不希望升舱到头等舱。也就是说,杰西认为风险很低。事实上,风险很低。尽管杰西并不知道他需要查找的这个人是一个友好人士。如果这个人在飞机上,他会到头等舱并享受头等舱的概率很高。因为他经常坐头等舱,他并不真的认为这很重要。不过,他没有在这个航班上。

低风险低可能客机案例:杰西是一名国际客机公司的乘务员。在飞机起飞前,有时他需要检查某些人名是否在打印的客机花名册上。在过去,这样做的目的一直是为了随机选择乘客升舱到头等舱。今天,他需要从200个名单的花名册中寻找某个人名。在找了一遍后,杰西认为这个名字没有在花名册上。事实上,它没有在花名册上。杰西认为,这个人名是否在名单上根本就无关紧要,因为杰西认为这个乘客并不希望升舱到头等舱。也就是说,杰西认为风险很低。事实上,风险很低。尽管杰西并不知道他需要查找的这个人是一个友好人士。如果这个人在飞机上,他会到头等舱并享受头等舱的概率很低。因为他经常坐头等舱,他并不真的认为这很重要。不过,他没有在这个航班上。

客机案例是关于客机乘务员杰西的。他被分配了在飞机起飞前从200名旅客的花名册中找一个人名。在每个案例中,杰西认为要他找这个人是为了让这人升舱到头等舱,如果他没有找到这个人名也无关紧要。在每个案例中,杰西只找了一次,并认为这个名字没有在花名册上。4个案例的不同在于:(1)杰西的实际利益在出错的风险上,而不在这些场景中杰西的智力特征上;(2)发生这种情况的可能性大小。4个场景的风险大小由被找的这个人是劫机犯还是友好人士确定。

表 2-4　客机案例风险和出错的可能性分析

场　景	出错的风险	出错的可能
高风险高可能	劫机犯	高
高风险低可能	劫机犯	低
低风险高可能	友好人士	高
低风险低可能	友好人士	低

在高风险高可能的场景中,如果杰西出错,那么这个名字在名单上的可能性很大,而且这个人是一个可能要劫机的恐怖分子;在高风险低可能的场景中,如果杰西出错,那么这个可能要劫机的恐怖分子的名字在名单上的可能性很小;在低风险高可能性场景中,如果杰西出错,那么这个名字在名单上出现的可能性很大,而且这个人是一位友好人士,将接受邀请坐到头等舱;在低风险低可能性场景中,如果杰西出错,那么这个将接受邀请坐到头等舱的友好人士的名字在名单上的可能性很小。此外,杰西不知道有这个名字的人是友好人士还是劫机犯,也不知道这个人升头等舱或劫机的可能性大小。4 张问卷随机发给亚利桑那州立大学哲学导论课的 305 名志愿者。要求回答的问题是:

> 我们现在感兴趣的是你对杰西知道这个名字(这个友好人士/劫持者的名字)不在花名册上的看法是什么。记住,根据这个故事,杰西已经查过一遍整个名单。你认为在杰西知道这个名字不在花名册上之前,他需要检查整个名单多少次? (答案填整数:0、1、2、3……如果认为杰西永远不知道就填"永不")

除去 75 份无效问卷(包括写"永不"的,因为这说明答题者可能是知识的怀疑主义者),结果为:在低风险低可能案例中,平均次数为 1.6 次;在低风险高可能案例中,平均次数为 1.76 次;在高风险低可能案例中,平均次数为 1.93 次;在高风险高可能中,平均次数为 2.15 次。存在统计学上的显著差异。这表明实际利益在知识归赋中起作用。[①]

由于前面的实验使用了寻找证据探针(evidence-seeking probes)的方法,反对者可能会因此质疑其结果是因为探针的不同产生的。为此,皮尼洛斯和辛普森设计了几对案例,每对的不同在主角的风险上。受试者要求回答在什么程度上同意或不同意"主角知道 p"这种说法。为了与前面实验中的主角有相同的信念,主角的条件总是被设计为误解了风

---

① 在低风险低可能案例中,N=50,m=1.6,sd=0.969;在低风险高可能案例中,N=58,m=1.76,sd=0.823;在高风险低可能案例中,N=61,m=1.93,sd=0.944;在高风险高可能中,N=61,m=2.15,sd=1.152。单向 ANOVA 揭示这些回答存在统计学上的显著差异,$F(3,224)=3.211$,$p<0.05$。图基事后检验法揭示只在低风险低可能案例与高风险高可能案例中有统计学上的显著差异,$p<0.05$,科恩 $d=0.52$。用双向 ANOVA 来作因子分析。对比所有低风险案例和高风险案例揭示出风险因素有统计学的显著的主效应,$F(1,224)=7.639$,$p<0.01$,科恩 $d=0.38$。没有发现可能性存在统计学的主效应。交互效应也没有发现。虽然可能性的主效应没有发现,但可能性越高,次数的平均数越大,以及图基事后检验法揭示的在低风险低可能案例与高风险高可能案例中有统计学上的显著差异,表明可能性在知识归赋中还是有作用的。

险。他们另设计了 2 对高低风险的场景(硬币和桥梁),受试者为在美国亚马孙的土耳其工人。硬币案例如下:

硬币低风险案例:彼得是一位大学生,他参加了一场由当地银行赞助的比赛。他的任务是数一个罐子里的硬币。罐子里装了 134 个硬币。彼得错误地认为这次比赛的奖金是 100 美元。事实上,奖金只是 2 张这周末的电影票。由于彼得这周末要离开,因此彼得不会要它们。如果彼得没有赢得这场比赛,对彼得来说也没有什么不好。在只数了一次后,彼得说这个罐子里有 134 个硬币。一位也已认为奖励是 100 美元的彼得的朋友对他说:"即使罐子里硬币事实上是 134 个,但由于你只数了一次,因此你不知道罐子里的硬币是 134 个。你应该再数一次。"

硬币高风险案例:彼得是一位大学生,他参加了一场由当地银行赞助的比赛。他的任务是数一个罐子里的硬币。罐子里装了 134 个硬币。彼得错误地认为这次比赛的奖金是 100 美元。事实上,奖金是 10 000 美元,而且彼得真的需要这笔钱。彼得母亲病了,而且负担不起手术费,他可以用这笔钱支付救他母亲的命的手术费。如果他不能赢得这场比赛,他的母亲将会死掉,因此风险对彼得来说很高。在只数了一次后,彼得说这个罐子里有 134 个硬币。一位也认为奖励是 100 美元的彼得的朋友对他说:"即使罐子里硬币事实上是 134 个,但由于你只数了一次,因此你不知道罐子里的硬币是 134 个。你应该再数一次。"

做了几道理解题后,受试者要回答一个 7 分制李克特量表(0—6,其中"6"表示"强烈同意","3"表示"中性"):

除了给彼得建议他应该做什么外,彼得的朋友还说,彼得不知道什么。他说,因为彼得只数了一次硬币,因此彼得不知道罐里有 134 个硬币(即使最后证明罐子里确实是有 134 个硬币)。我们对你的看法感兴趣。在多大程度上,你同意这个主张:
"彼得知道这个罐里有 134 硬币。"

桥梁案例如下:

桥梁低风险案例:约翰正驾驶一辆卡车跟着车队行驶在路上。他遇到一座看起来摇摇晃晃的、横跨 3 英尺水沟的木桥。他用无线电询问其他卡车是否已经通过了这座桥。他被告知车队的其他 2 辆卡车都安全地通过了。约翰想,如果他们能通过,他也能通过。约翰认为,即使桥不牢固也没有什么:卡车只不过陷在泥里几分钟而已。然而,约翰根本没有意识到,在他的货物中有一打小心放置的鸡蛋。因此,如果这座桥不能支撑住卡车,这一打鸡蛋就会打碎。约翰就必须停在附近的商店去替换它们,这对约翰来说非常容易。而且,没有人会介意鸡蛋是否被换了。因此,约翰决定过桥几乎没有风险。

桥梁高风险案例:约翰正驾驶一辆卡车跟着车队行驶在路上。他遇到一座看起来摇摇晃晃的、横跨 3 英尺水沟的木桥。他用无线电询问其他卡车是否已经通过了这座桥。他被告知车队的其他 2 辆卡车都安全地通过了。约翰想,如果他们能通过,他也能通过。约翰认为,即使桥不牢固也没有什么:卡车只不过陷在泥里几分钟而已。然而,约翰根本没有意识到,在他的货物中有小心放置的危险爆炸物。因此,如果这座桥不能支撑住卡车,爆炸物就会掉下来并发生爆炸。这将会立即炸死约翰,而且也会炸死附近许多无辜的人。因此,约翰决定过桥有很大的风险。

假设通过这座桥足够安全。我们希望得到你关于这个问题的真实意见:在多大程度上,你同意或不同意以下这个句子:"约翰知道他的卡车将能过桥。"

在桥梁案例中,他们采用的是 5 分制李克特量表(0—4,其中"4"表示"强烈同意","2"表示"中性")。结果如下:

表 2-5 硬币、桥梁案例的风险实验结果

案例(量表)	低风险	高风险
硬币(李克特 0—6)	N=87,m=3.68,sd=1.80	N=78,m=3.06,sd=1.76
桥梁(李克特 0—4)	N=28,m=2.32,sd=1.16	N=31,m=1.71,sd=1.13

在硬币案例中,高低风险的知识归赋有统计学上的显著差异;在桥梁案例中,高低风险的知识归赋也有统计学上的显著差异。这些实验结果支持了知识归赋的风险效应。由于这些实验与"寻找证据"的实验不同,反对者认为"寻找证据"实验有人为因素,在这些实验中则不能再质疑了。

皮尼洛斯和辛普森通过检查在高风险中主体认识到这个风险的重要性程度,扩展他们早期的工作。在重复先前的结论后,他们证明,受试者认为,没有意识到自己处于高风险中的主体将比处于低风险中的主体检查他们信念的基础的次数更多。他们还报道说:(1)在主体间(between-subject)实验[①]中(即每个受试者只看一个版本的思想实验),受试者对风险的升降并不敏感;然而,(2)在主体内(within-subject)实验中(如,当每位受试者同时看到高低风险的场景),受试者确实出现了风险敏感效应。

皮尼洛斯和辛普森进一步为反理智主义提供了证据。他们的实验发现,为了知道,与低风险相比,高风险的受试者需要更有力的证据(需要检查他们的信念的基础更多次)。此外,实验为知识和行动之间的标准联系提供了初步的支持,即人们倾向于含蓄地认为命题 p 的知识是在他们的行动中适当地依赖 p 的充分必要条件。

3.对寻找证据实验的质疑与辩护

人们对皮尼洛斯和辛普森设计的寻找证据的实验的担心是:在这个实验中,高低风险不同的场景中所检测到的收集证据量的不同,可能不是因为第三人称归赋知识的精神状态是否内在地对风险敏感,而是因为与低风险的主体相比,高风险的主体被期望去收集更多的证据以获得在这个问题上的正确信念。为了检测风险是否特定地影响知识归赋的精神状态,或者是否这些不同是诸如信念这类其他的精神状态所产生的,汉森(Nat Hansen)

---

① 其目的是研究来自相同人群的受试者是如何在不同的条件下给出不同的答案的。

做了一个实验①。

　　给 100 名受试者的场景与皮尼洛斯的相同,只是要归赋主体的精神状态不同。实验采用了 2×2 的主体间设计,分别在主体的风险(高低)和精神状态(信念或知识)上变化。在给予了其中一个场景后,问受试者:"在彼得相信/知道没有拼写错误之前,你认为他必须校对他的文章多少遍?"和"请把你认为适当的数字填写在下面的空格中"。

　　结果发现,风险对归赋者的直觉有巨大的影响。然而,尽管实验揭示风险的高低在人们的判断中有显著的差异,拼写错误低风险信念案例平均为 2.71 次,拼写错误低风险知识案例平均为 2.61 次,拼写错误高风险信念案例平均为 6.59 次,拼写错误高风险知识案例平均为 5.12 次。在这些语境中,特定的精神状态却没有显著的差异。② 换句话说,在问受试者"认知主体应该收集多少证据才能有知识"与"这个主体获得一种确定的结果这个信念之前,应该收集多少证据"两个问题上,受试者给出的答案大致相同。基于这个实验,汉森认为,与低风险案例相比,在高风险中,不是主体先在的信念转变成知识需要更多的证据,而是认知主体要形成这种必要的信念时需要不同的证据。

　　巴克沃尔特和肖弗在《知识、风险和错误》③一文中,也对用寻找证据的实验④来探究知识归赋提出了担忧。他们认为,研究受试者寻求证据的回应并不能揭示出大众对"知识"的使用情况,寻找证据的实验不能告诉我们知识的日常使用是否对实践利益敏感,其数据不能支持反理智主义。他们发现,当重复这些寻找证据的实验,用"相信""希望"或"猜测"这些词来代替"知道"时,产生的结果仍然相同。他们的提问是:"你认为彼得在相信/猜测/希望没有打字错误前,他必须校对他的文章多少次?"实验结果有两个发现:一是每一种结构都有风险效应。二是这些结构与最初的"知道"问题之间没有统计学上的显著差异。这表明,在证据收集的实验中发现的差异不是知识概念所特有的。他们指出:"由于在替换'知道'而保留情态动词的情况下皮尼洛斯的风险效应依然存在,而在保留'知道'、删去情态动词时风险效应就消失了,借用标准的因果推理,我们可以知道这是情态动词的风险效应,而非知识归赋的风险效应。"他们因此说,风险效应与知识归赋无关,并认为所发现的风险是由于情态动词。根据这种解释,发现的风险效应只表明受试者认为在风险

---

①　Nat Hansen,"Contrasting Cases",in James R. Beebe (ed.),*Advances in Experimental Epistemology*,Bloomsbury Academic,2014,pp.71-96.

②　风险与精神状态(知道和相信)之间有显著的主效应,$F(1,86)=23.1$,$p<0.01$。然而知识与相信之间没有显著的主效应,$F(1,86)=1.40$,$p=0.24$;也没有交互作用,$F(1,86)=1.05$,$p=0.31$。

③　Wesley Buckwalter & Jonathan Schaffer,"Knowledge,Stakes,and Mistakes",*Noûs*,2015(49:2):201-234.Wesley Buckwalter,"The Mystery of Stakes and Error in Ascriber Intuitions",in James R. Beebe (ed.),*Advances in Experimental Epistemology*,Bloomsbury Academic,2014,pp.145-174.

④　有这些文章:Nestor Ángel Pinillos,"Knowledge,Experiments and Practical Interests",in Jessica Brown & Mikkel Gerken (eds.),*Knowledge Ascriptions*,Oxford:Oxford University Press,2012,pp.192-219.Chandra Sekhar Sripada & Jason Stanley,"Empirical Tests of Interest-relative Invariantism",*Episteme*,2012(9:1):3-26.Nestor Ángel Pinillos & Shawn Simpson,"Experimental Evidence in Support of Anti-Intellectualism About Knowledge",in James R. Beebe (ed.),*Advances in Experimental Epistemology*,Bloomsbury Academic,2014,pp.9-44.

很高时,形成任何关于打字稿的信念前,彼得校对的次数应该更多。巴克沃尔特[1]认为,大众知识归赋中所观察到的差异的主要原因是,错误的可能性对归赋知识的人来说是怎样凸显的,而不是风险的高低。他还认为,研究者之所以没有发现错误凸显效应,只是因为没有足够具体、生动地把这种可能性表现出来罢了。

概括地说,皮尼洛斯和辛普森设计的实验证明存在知识归赋的风险敏感性,对此有以下几点质疑:(1)寻找证据的这种实验设计作为检测知识归赋的大小的效度。因为"知识"显然不等同于"获得证据";(2)风险效应并不为知识归赋所独有,因为无论是皮尼洛斯本人用与"知道"相关的行为动词代替"知道"进行实验,还是巴克沃尔特和肖弗[2]用"相信""猜测"等心理词汇代替"知道"时,都发现了类似的研究结果。

为了测试巴克沃尔特和肖弗的假设,在《支持知识反理智主义的实验证据》[3]一文中,皮尼洛斯和辛普森设计了一个实验,提供给一组受试者高风险打印错误场景(typo vignette),另一组受试者低风险场景。然后,同时问所有的受试者"知道"和"希望"的问题。设计这个实验的想法是,如果回答不同,那么巴克沃尔特和肖弗的假设是错误的。

数据揭示,受试者对这些问题给出了不同的答案。当先提出希望问题时,希望问题(包括高和低风险)回答的平均次数是1.5次,知道问题的平均次数是3.7次,存在统计学上的显著差异。[4] 当先提出知道问题时,结果基本相同,希望问题回答的平均次数为1.97次,知道问题的平均次数为3.93次,存在统计学上的显著差异。风险效应在知道问题上仍然存在,在希望问题上却没有。[5] 低风险知道问题的平均次数为3.31次,高风险知道问题的平均次数为4.42次,有统计学上的显著性。[6] 低风险希望问题回答的平均次数是1.54次,高风险希望问题的平均次数是1.9次,没有统计学上的显著性。[7] 知道问题上没有顺序效应。先提出知道问题时,平均次数是3.93次,后提出知道问题时,平均次数是3.73次。希望问题也没有顺序效应。先提出希望问题时,平均次数是1.5次,后提出知道

① Wesley Buckwalter,"The Mystery of Stakes and Error in Ascriber Intuitions",in James R. Beebe (ed.),*Advances in Experimental Epistemology*,Bloomsbury Academic,2014,pp.145-174.

② Wesley Buckwalter & Jonathan Schaffer,"Knowledge,Stakes,and Mistakes",*Noûs*,2015(49:2):201-234.

③ Nestor Ángel Pinillos & Shawn Simpson,"Experimental Evidence in Support of Anti-Intellectualism About Knowledge",in James R. Beebe (ed.),*Advances in Experimental Epistemology*,Bloomsbury Academic,2014,pp.9-44.

④ 当先提出希望问题时(N=40),希望问题(包括高和低风险)平均回答是1.5(SD=1.038),知道问题的平均回答是3.7(SD=1.09)。配对样本t检验表明这种回答之间存在有统计学上的显著差异,t(39)=12,p<0.01(排除了回答在9以上的5个异常值)。

⑤ 当先提出知道问题时(N=29),希望问题的平均值为1.97(SD=0.9),知道问题的平均值为3.93(SD=1.4)。配对样本t检验:t(28)=10.06,p<0.01。

⑥ 低风险知道问题的平均值为3.31(N=39,SD=0.86);高风险知道问题的平均值为4.42(N=31,SD=1.36)。在统计学上有显著性:t(48.35)=3.95,p<0.01。

⑦ 低风险希望问题回答的平均值是1.54(N=39,SD=0.96);高风险希望问题的均值是1.9(N=39,SD=1.0)。没有统计学上的显著性:t(68)=1.53,p=0.153。

问题时,平均次数是 1.97 次。[1]

对于巴克沃尔特和肖弗发现的"希望"之类与"知道"具有相同的风险效应,皮尼洛斯和辛普森[2]认为,可用"锚定与调整效应(anchoring and adjustment effect)"[3]来解释。锚点可能是自我产生的(self-generated anchors),也可能是被给予的(provided anchors),而前者受制于后者。锚定与调整效应非常普遍,其表现是,在诸如寻求证据实验的这类不确定性中,当人们试图作出评估时,他们的回答会朝向一个锚点。例如,当受试者估计乔治·华盛顿当选美国总统(1789 年)是哪一年时,如果他们首先被锚定在已知的年份上,比如 1776 年的独立年。他们估计更倾向于这个锚点。研究表明,尽管受试者的答案范围是 1777—1784 年,但他们对这个问题的平均值是 1779.67。这种回答偏向锚点。类似的结果在许多不同的问题上有重复出现。[4]

皮尼洛斯和辛普森认为,可用锚定与调整效应解释寻找证据的实验应用于"希望"问题时为什么会出现风险效应。当给予受试者打印错误的场景以及寻求证据的问题后,他们自然地锚向彼得在提交他的论文前应该校对他文章的次数。这样,回答自然对风险敏感。这是因为,依据古典决策论,一个理性的决定是对犯错的成本(即风险)敏感的。当受试者仅被给予了希望问题时,他们会提出一个锚点,并很快满足于和终止于达到或接近这个锚点。巴克沃尔特和肖弗的数据因此就可以得到解释。当同时提供给受试者希望问题和知道问题时,由于主体的智力努力,锚定的偏见就会得到适当的调适。正如爱普雷和吉洛维奇所证明的那样,动机或意愿付出的精神努力可以纠正锚定偏见。[5]

那么,只问知道问题是否也有锚定偏见呢?如果单纯地知道问题会出现锚定偏见,那么受试者更少的反思与更多反思的回答中就会出现差异性,然而,皮尼洛斯[6]的研究却没有发现反思对知道问题回答的影响。因此,可以说认为锚定与调整偏差对知道问题不起作用。

巴克沃尔特和肖弗对寻找证据实验的另一个批评是基于他们的"两读(two reads)"实验。这个实验是对打字错误实验的修改,但彼得已经检查拼写错误 2 次。受试者被问及在多大的程度上同意:"彼得知道他的文章上没有拼写错误。"皮尼洛斯和辛普森的实验表明,在高风险寻找证据的实验中,受试者的平均回答为 5 次;在低风险中为 2 次。有鉴于此,人们希望在"两读"实验中,结果会不同。然而,在主体间的研究中,这种预期并没有被

① 知道问题上没有顺序效应。先提出知道问题时,均值是 3.93(SD=1.43),后提出知道问题时,均值是 3.73(SD=1.09),N=69,t(67)=0.75,p=0.45。希望问题也没有顺序效应。先提出希望问题时,均值是 1.5(SD=1.03),后提出问题时,均值为 1.97(SD=0.9),N=69,t(67)=1.9,p=0.057。

② Nestor Ángel Pinillos & Shawn Simpson,"Experimental Evidence in Support of Anti-Intellectualism About Knowledge",in James R. Beebe (ed.),*Advances in Experimental Epistemology*,Bloomsbury Academic,2014,pp.9-44.

③ 锚定与调整效应可用聚焦效应来解释,聚焦效应可用双过程理论来解释。

④ Nicholas Epley & Thomas Gilovich,"The Anchoring and Adjustment Heuristic:Why Adjustments Are Insufficient",*Psychological Science*,2006(17):311-318.

⑤ Nicholas Epley & Thomas Gilovich,"The Anchoring and Adjustment Heuristic:Why Adjustments Are Insufficient",*Psychological Science*,2006(17):311-318.

⑥ Nestor Ángel Pinillos,"Knowledge, Experiments and Practical Interests",in Jessica Brown & Mikkel Gerken (eds.),*Knowledge Ascriptions*,Oxford:Oxford University Press,2012,pp.192-219.

发现。① 巴克沃尔特和肖弗因此认为寻求证据的调查并没有告诉我们人们如何使用"知识"。

对这个批评的回应有二。首先,巴克沃尔特和肖弗设计的场景有问题,他们的措辞是:"彼得天生是一个很好的拼写者,此外,他带了一本字典,并用它认真检查了文章 2次。"根据格赖斯的数量准则(Grice's maxim of quantity),谈话中的受试者应该提供相同的信息。在这个场景中,如果彼得实际上数了 3 次,而场景中说只数了 2 次,那么这将会违反数量准则。出于这个原因,受试者在读这个故事时暗示彼得只数了 2 次。如果受试者认为数 2 次对彼得来说足够了,那么他们可能认为 2 次对彼得知道没有拼写错误也是足够的。毕竟,彼得意识到了风险是什么,而且他所处的最好判断正是他非常仔细地校对的处境。在高风险场景中,受试者也会认为 2 次仔细的校对足以让彼得知道没有拼写错误。因此,巴克沃尔特和肖弗的实验不能抹黑证据调查的方法。

其次,可用锚定效应来反驳。数 2 次的实验与寻找证据的实验之间的关键区别在于,前者的锚点(2 次)是由实验者提供的。这是很重要的。研究表明,产生满意的调整过程最好是自己产生锚点。当锚点被给定时,这个满意过程可能只是一种被动地选择可获得信息的过程。② 依据这个处理模型,受试者会把被给定的锚点当作假设进行测试。这个测试假设的过程将使主体选择可获得的、与假设一致的目标信息,并因而更可能同意这个假设。例如,有报道③说,在一个实验中,受试者要去判断非洲国家的联合国成员的比例是高于还是低于 65%。当他们这样做时,"他们有选择地从记忆中检索与这个假设相符合的知识(如"非洲是一个大洲","非洲有很多国家我没有记住",等等)"④。因此,他们估计相关的比例将接近 65%,而不是其他,因为他们可获得的关于非洲的信息与给定的锚定数量一致。在"两读"实验中,存在着相同的偏见。受试者将思考"只校对 2 次,彼得就知道没有拼写错误"这个假设。这样做时,使他们把这个场景解释为只校对 2 次就足够使彼得知道没有拼写错误。

二、施瑞帕德和斯坦利的实验支持风险效应

在《利益相关的不变主义的经验测试》⑤一文中,施瑞帕德和斯坦利认为,没有检测出知识归赋的风险效应的实验存在有 4 个方面的设计错误:(1)嵌入式语境困境(complica-

---

① Wesley Buckwalter & Jonathan Schaffer,"Knowledge,Stakes,and Mistakes",*Noûs*,2015(49:2):201-234.

② Thomas Mussweiler & Fritz Strack,"Hypothesis-consistent Testing and Semantic Priming in the Anchoring Paradigm:A Selective Accessibility Model",*Journal of Experimental Social Psychology*,1999(35):136-164.

③ Thomas Mussweiler,Birte Englich & Fritz Strack,"Anchoring Effect",in Rüdiger F. Pohl (ed.),*Cognitive Illusions:A Handbook of Fallacies and Biases in Thinking,Judgement,and Memory*,London,UK:Psychology Press,2004,pp. 183-200.

④ Thomas Mussweiler,Birte Englich & Fritz Strack,"Anchoring Effect",in Rüdiger F. Pohl (ed.),*Cognitive Illusions:A Handbook of Fallacies and Biases in Thinking,Judgement,and Memory*,London,UK:Psychology Press,2004,p.192.

⑤ Chandra Sekhar Sripada & Jason Stanley,"Empirical Tests of Interest-relative Invariantism",*Episteme*,2012(9:1):3-26.

tion from embedded contexts)或错误的第三方提问方式;(2)没有测试正确的变量;(3)有叙述者暗示的问题;(4)存在抑制效应。①

施瑞帕德和斯坦利反对问卷中的第三方提问方式即"当S说'汉娜知道银行明天会营业'时,S所说是真的。"在他们看来,实验研究中的受试者倾向于不直接与他人的断言矛盾。② 这可能是由于非认知的因素,如社交礼仪和对冒犯或愤怒的谨慎。也可能反映了认知因素,如经验测试发现,主体对p的诚实,为断言主体知道p提供了强有力的证据。这些因素会削弱知识归赋中的风险效应。这是因为假定受试者在高风险中否认知识主张的倾向,受试者将会倾向于以避免与场景中的角色作出的相矛盾的知识主张来抵消。③ 施瑞帕德和斯坦利认为:"语境主义是关于认知词汇语境敏感性的一种语言学理论。"④他们认为:"利益相关的不变主义是关于认知属性和关系的一种形而上学的理论。换言之,利益相关的不变主义是关于认知事实的一种理论。在评估利益相关的不变主义是否有直觉的或违反直觉的后果时,我们应该只问受试者关于认知事实的判断是否只在风险不同的环境之间变化。问受试者对表达这些事实的肯定语句的判断只会把问题弄糊涂。"⑤因此,他们认为应该要求受试者直接评估场景中的相关角色正在谈论中的认知属性。在银行案例中,应该问"汉娜知道银行明天会营业"。⑥

施瑞帕德和斯坦利认为:在日常生活中,普通大众对知识的关注主要集中在真与相信两个因素上,而非确证的因素上。以往关于利益相关不变主义的实验研究,没有尽力确保受试者专注于知识的认知方面,而主要专注于真信念上。由于风险的高低对真理或纯粹的真信念没有多大的影响,因此以往的研究很难检测出知识归赋的风险效应。为了克服这种困难,他们建议用与知识相连的其他认知属性(如证据的质量和保证的自信)来检测受试者。⑦

在理解与利益相关的不变主义相关的思想实验的核心特征时,哲学读者与实验的受试者相比有 2 个重要的优势:(1)哲学的读者是个人的,这有助于他们挑选出这些案例的

① Chandra Sekhar Sripada & Jason Stanley,"Empirical Tests of Interest-relative Invariantism",*Episteme*,2012(9;1):4.

② 心理学家把受试者倾向(subjects' tendency)称为非矛盾的默许偏见(non-contradiction acquiescence bias)[Philip M.Podsakoff,Scott B.MacKenzie,Jeong-Yeon Lee & Nathan P. Podsakoff,"Common Method Biases in Behavioral Research:A Critical Review of the Literature and Recommended Remedies",*Journal of Applied Psychology*,2003(88:5):897-903.]

③ Chandra Sekhar Sripada & Jason Stanley,"Empirical Tests of Interest-relative Invariantism",*Episteme*,2012(9;1):5-6.

④ Chandra Sekhar Sripada & Jason Stanley,"Empirical Tests of Interest-relative Invariantism",*Episteme*,2012(9;1):6.

⑤ Chandra Sekhar Sripada & Jason Stanley,"Empirical Tests of Interest-relative Invariantism",*Episteme*,2012(9;1):6.

⑥ Chandra Sekhar Sripada & Jason Stanley,"Empirical Tests of Interest-relative Invariantism",*Episteme*,2012(9;1):6.

⑦ Chandra Sekhar Sripada & Jason Stanley,"Empirical Tests of Interest-relative Invariantism",*Episteme*,2012(9;1):7.

凸显特征,而避免纠结于无关的细节。(2)哲学读者被提供了目标案例和匹配的对比案例,这有利于他们通过对比获得不同的直觉判断。正因为实验受试者没有这些优势,使得即使风险得到了清楚的陈述,受试者也不一定能够充分地理解。① 施瑞帕德和斯坦利认为,在斯坦利的低风险银行案例中,尽管案例中提到"马上存钱不是很重要",然而这并不意味着受试者因此必然推出对汉娜来说风险低。想去存钱的人错误地认为银行明天会营业,花时花力来到银行却发现银行不营业而不得不再来,这似乎是一个很坏的结果。此外,汉娜她们仔细考虑这个事实反而会增强受试者对于"多去一趟银行的代价"的压力。最后,受试者没有看到风险明显更高的匹配对比案例,从而不能借高风险银行案例帮助她们推断出低风险银行案例的风险应该会非常低。这表明,在哲学读者看来是低风险的银行案例,在受试者那里可能不会这样看。②

施瑞帕德和斯坦利还以费尔茨和查澎庭设计的过桥案例为例,认为受试者对风险大小的理解可能不同于案例设计者最初的设想。首先,在最小低风险案例中,受试者也许并不一定认为是低风险,从5英尺上掉下来纵使不会受伤严重或致命,至少也会很痛。其次,在归赋者案例中,除非场景中的风险确实很高,否则吉姆困扰于反思比尔是否知道桥是牢固的,还要把这个信息告诉萨拉,这些做法是非常奇怪的。再次,叙述者花时间对这个低风险作如此多的描述,会使受试者认为这个风险很重要。这是任何低风险案例设计中都会遇到的"叙述者暗示困境(the problem of narrator cues)"。③

施瑞帕德和斯坦利还认为,利益相关的不变主义主张,在其他条件相同的情况下,风险越高会减少知识的归赋。然而,在其他条件都相同的情况下,S是正确的风险大小与S的真实调查有积极的联系,这预测了一个相反的效应。因为处于高风险的个人通常被认为从事一个更真实的调查,因而受试者更可能会把知识归于这个人。④

风险对认知事实产生了两种不同的影响。如果我们支持利益相关的不变主义,那么研究应该证明更高的风险会减少我们对主体有相关的认知属性的判断(路径a)。然而,更高的风险将增加我们对场景中的主角已经收集了更多的证据的信心。通过间接的途径(路径b和c),更高的风险会导致以下看法:即场景中的主角采用了一个更详尽的路径,因而更有利于调查真相(路径b),进而使我们认为他们更可能有可靠的知识(路径c)。如图2-1所示。

有利真相的调查会减轻风险效应,是风险效应的抵制物。因此,在进行实验研究时,这类抑制物必须消除或者衡量并控制它们的影响。先前的实验研究基本没有注意到抑制效应(suppressor effect)的潜在重要性,更没有试图消除或控制它(皮尼洛斯的研究是唯

---

① Chandra Sekhar Sripada & Jason Stanley,"Empirical Tests of Interest-relative Invariantism", *Episteme*,2012(9:1):8.

② Chandra Sekhar Sripada & Jason Stanley,"Empirical Tests of Interest-relative Invariantism", *Episteme*,2012(9:1):8.

③ Chandra Sekhar Sripada & Jason Stanley,"Empirical Tests of Interest-relative Invariantism", *Episteme*,2012(9:1):9.

④ Chandra Sekhar Sripada & Jason Stanley,"Empirical Tests of Interest-relative Invariantism", *Episteme*,2012(9:1):10-11.

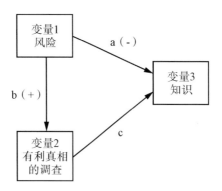

图 2-1　风险导致两种知识归赋的效果

一的例外)①。这可能部分解释为什么许多这类研究在高低风险案例中,只发现了很小差异的原因。

施瑞帕德和斯坦利用 3 组包含高/低风险的案例进行问卷调查,使用了受试者间设计(between-subject design,受试者只分配到 6 个案例中的一个)。每个案例 50 位受试者,共 300 名受试者。

第一组场景为"基本的",其他是由它们修改而成。基本场景为②:

　　基本低风险案例:汉娜有一个基因使她在吃松子时会有点口干。汉娜十分清楚这一点,而且已经知道很久了。

　　一天晚上,汉娜和她的妹妹萨拉来到一家刚开张的新餐馆。汉娜点了一碗面条。当她的面条送来时,汉娜发现面条上撒了些像松子的东西,她想知道是什么。萨拉说:"面条上可能撒了松子。"汉娜注意到菜单上写着她的面条里没有松子。基于此,汉娜得出面条上没有加松子的结论。

　　如果事实证明面条上加了松子,那么当汉娜吃了这碗面条时,她的嘴会有点干。由于汉娜在用餐时喝了很多水,因此,面条上是否加了松子就不是很重要的了。

　　基本高风险案例:汉娜有一个基因使她对松子严重过敏,只要吃一粒松子就会使她晕倒并死亡。汉娜十分清楚这一点,而且已经知道很久了。

　　一天晚上,汉娜和她的妹妹萨拉来到一家刚开张的新餐馆。汉娜点了一碗面条。当她的面条被送来时,汉娜发现面条上撒了些像松子的东西,她想知道是什么。萨拉说:"面条上可能撒了松子。"汉娜注意到菜单上写着她的面条里没有松子。基于此,汉娜得出面条上没有加松子的结论。

　　如果事实证明面条上加了松子,那么当汉娜吃了这碗面条时,她会晕倒并死亡。由于即使只吃一粒松子也会使她死亡,因此面条上是否加了松子是十分重要的。

---

　　① Nestor Ángel Pinillos,"Knowledge,Experiments and Practical Interests",in Jessica Brown & Mikkel Gerken(eds.),*New Essays on Knowledge Ascriptions*,Oxford:Oxford University Press,2012, pp.192-219.

　　② Chandra Sekhar Sripada & Jason Stanley,"Empirical Tests of Interest-relative Invariantism", *Episteme*,2012(9:1):11-12.

在阅读了其中一个案例后,受试者要回答下表 2-6 中的两个问题。

表 2-6　用于基本案例和不言明/言明场景的问题

问题	提问的措辞	7 分量表
1	汉娜关于她的面条上没有加松子的证据有多强?	很弱的证据,很强的证据
2	假设事实证明她的面条上没有加松子。请你估计在多大的程度上同意或不同意以下的句子: "汉娜知道她的面条上没有加松子。"	非常同意,非常反对

在设计基本的场景时,施瑞帕德和斯坦利用心避免了其他人实验设计中的困境。例如,为了避免在嵌入式语境中出现的调查知识主张的困境,他们要受试者直接评估场景中的主角是否知道 p(问题 2)。为了避免受试者过多关注知识中的事实性方面,他们除了问受试者当事人是否知道 p(问题 2)外,还要求受试者评估当事人关于 p 的证据的质量(问题 1)。基本的低风险案例详细地描述了汉娜弄错了她的面条上是否加了松子的后果,因此存在"叙述者暗示问题"。要解决这个问题,他们进行了额外的研究。与言明场景不同,在不言明场景中,风险很低这个事实没有言明。不言明低风险案例和言明高风险案例见下。

不言明低风险案例[①]:汉娜喜欢很多食物,她不是很挑食。

一天晚上,汉娜和她的妹妹萨拉来到一家刚开张的新餐馆。汉娜点了一碗面条。当她的面条被送来时,汉娜发现面条上撒了些像松子的东西,她想知道是什么。萨拉说:"面条上可能撒了松子。"汉娜注意到菜单上写着她的面条里没有松子。基于此,汉娜得出面条上没有加松子的结论。

与之匹配的高风险案例明确地描述了高风险。

言明高风险案例[②]:汉娜对松子严重过敏,只要吃一粒松子就会使她晕倒并死亡。汉娜十分清楚这一点,而且已经知道很久了。

一天晚上,汉娜和她的妹妹萨拉来到一家刚开张的新餐馆。汉娜点了一碗面条。当她的面条送来时,汉娜发现面条上撒了些像松子的东西,她想知道是什么。萨拉说:"面条上可能撒了松子。"汉娜注意到菜单上写着她的面条里没有松子。基于此,汉娜得出面条上没有加松子的结论。

在阅读了其中一个案例后,受试者要求回答表 1 中的两个问题。

为了避免抑制效应,他们还测试了一对案例,在其中汉娜不知道她对某些食物过敏。由于松子在日常生活中很常见,因此他们设计了一个新案例,在其中汉娜对蒙古松子过

---

① Chandra Sekhar Sripada & Jason Stanley,"Empirical Tests of Interest-relative Invariantism", *Episteme*,2012(9:1):12.

② Chandra Sekhar Sripada & Jason Stanley,"Empirical Tests of Interest-relative Invariantism", *Episteme*,2012(9:1):13.

敏。蒙古松子是一种虚构的松子,受试者会认为它们是相当奇异的,很少能遇到。

无知低风险案例[1]:汉娜有一个基因使她在吃蒙古松子时会有点口干。汉娜一点也不知道她有这个基因,而且也没有任何方法使她知道她有这个基因。

一天晚上,汉娜和她的妹妹萨拉来到一家刚开张的新的蒙古餐馆。汉娜点了一碗面条。当她的面条送来时,汉娜发现面条上撒了些像松子的东西,她想知道是什么。萨拉说:"我听说蒙古面条上经常撒一些蒙古松子。"汉娜注意到菜单上写着她的面条里没有蒙古松子。基于此,汉娜得出面条上没有加蒙古松子的结论。

如果事实证明面条上加了蒙古松子,那么当汉娜吃这碗面条时,她的嘴会有点干。由于汉娜在用餐时喝了很多水,因此面条上是否加了蒙古松子就不是很重要的了。

无知高风险案例[2]:汉娜有一个基因使她对蒙古松子严重过敏,只要吃一粒蒙古松子就会使她晕倒并死亡。汉娜一点也不知道她有这个基因,而且也没有任何方法使她知道她有这个基因。

一天晚上,汉娜和她的妹妹萨拉来到一家刚开张的新的蒙古餐馆。汉娜点了一碗面条。当她的面条送来时,汉娜发现面条上撒了些像松子的东西,她想知道是什么。萨拉说:"我听说蒙古面条上经常撒一些蒙古松子。"汉娜注意到菜单上写着她的面条里没有蒙古松子。基于此,汉娜得出面条上没有加蒙古松子的结论。

如果事实证明面条上加了蒙古松子,那么当汉娜吃这碗面条时,她会晕倒并死亡。由于即使只吃一粒蒙古松子也会使她死亡,因此面条上是否加了蒙古松子是十分重要的。

在阅读了其中一个案例后,受试者要回答下表 2-7 中的两个问题。

表 2-7　用于基本案例和不言明/言明场景的问题

问题	提问的措辞	7 分量表
1	汉娜关于她的面条上没有加蒙古松子的证据有多强?	很弱的证据,很强的证据
2	假设事实证明她的面条上没有加蒙古松子。请你估计在多大的程度上同意或不同意以下的句子: "汉娜知道她的面条上没有加蒙古松子。"	非常同意,非常反对

三组案例中的所有结果见图 2-2[3]。问题 1 与汉娜的证据质量相关,在所有场景中都有显著的风险效应,与低风险案例相比,在高风险案例中受试者都说汉娜的证据较弱。[4]

[1]　Chandra Sekhar Sripada & Jason Stanley,"Empirical Tests of Interest-relative Invariantism", *Episteme*,2012(9:1):13.

[2]　Chandra Sekhar Sripada & Jason Stanley,"Empirical Tests of Interest-relative Invariantism", *Episteme*,2012(9:1):14.

[3]　Chandra Sekhar Sripada & Jason Stanley,"Empirical Tests of Interest-relative Invariantism", *Episteme*,2012(9:1):15.

[4]　基本场景:$t(98)=1.98$,$p=0.05$;不言明/言明场景:$t(98)=2.29$,$p=0.02$;无知场景:$t(98)=4.15$,$p<0.001$。

问题 2 关注知识判断,在场景 2 和 3 中风险效应有很高的统计学显著差异。[①]　然而,在基本场景中没有发现统计学上显著的风险效应[②]。[③]　结果表明,在证据把握程度上,三组案例中的风险都呈现出显著的负相关;在知识归赋上,后两组案例中的风险都呈现出显著的负相关,实验数据支持了利益相关的不变主义。

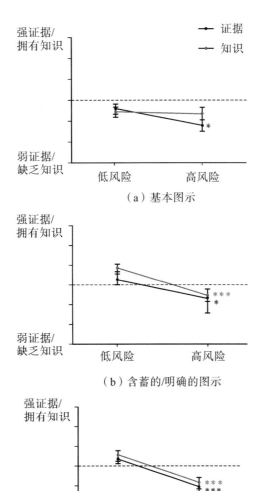

图 2-2　高/低风险三个场景的证据(蓝色)和知识(红色)质量问题的结果

* = p<0.05,　** = p<0.01,　*** = p<0.001。

①　不言明/言明场景:t(98)=3.43,p=0.001;无知场景:t(98)=3.61,p<0.001。

②　t(98)=0.25,p=n.s.

③　Chandra Sekhar Sripada & Jason Stanley,"Empirical Tests of Interest-relative Invariantism", *Episteme*,2012(9:1):14.

在施瑞帕德和斯坦利看来[1],在认知属性上,所有场景都发现了统计学上显著的风险效应。在基本场景中,发现了影响证据的质量判断的风险效应,却没有发现影响知识判断的风险效应。这表明在检验风险效应时,问证据的质量比问是否有知识更能作为较好的检测指标。

正如预测的那样,与基本场景相比,在不言明/言明场景中的证据质量和知识具有更强的风险效应。此外,在不言明低风险案例中,对证据的质量和知识评估越高,风险效应就越大。也就是说,虽然在言明高风险案例中的评估不同于在基本高风险情况下的评估[2],然而在不言明低风险案例中的评估与基本低风险案例中评估相比显著性更高[3]。这个结果支持了叙述者暗示问题确实存在这样的观点。当低风险被明确和详细地描述时(即正如在基本低风险案例中那样),人们对证据的质量和知识的评估非常类似于他们在高风险案例中的评估。然而,当低风险没有言明且没有得到详细的描述时,对证据的质量和知识的评估的显著性就更高。

施瑞帕德和斯坦利还预测,与基本场景相比,在无知场景中将观察到更大的风险效应。结果尽管不是他们所预测的那样,却证实了如下预测:在无知场景中更大的风险效应将由在无知高风险与高风险基本案例中对质量证据和知识的较低评价所推动。这个预测根植于抑制效应。他们假设受试者会认为一个非无知的高风险主角会更好地执行真实的调查。这个假设会因主角对高风险的无知而被阻止,因此减少了对证据的质量和知识的评估。他们在无知高风险与基本高风险案例中没有发现预测中的差异[4],因而没有提供证据反对抑制效应假设。

相反,他们发现,与基本低风险案例相比,在无知低风险中,受试者评估证据的质量和知识明显要高[5]。一种解释是借用叙述者暗示效应的。叙述者明确而又详细地讨论低风险,会让人认为这个风险实际上很重要。当然,可能还有第二种产生混淆的来源。在基本低风险案例中,写有“汉娜有一个基因使她在吃松子时会有点口干。汉娜十分清楚这一点,而且已经知道很久了”。也许正是这个事实即主角是“十分清楚”而且“已经知道很久”的某个事实,给人暗示谈论到的这个事实在某种程度上是重要的。毕竟,为什么汉娜会十分清楚如此不重要的事情呢?果真如此,那么利益相关的不变主义预测,消除了这个不必要的暗示的无知低风险案例,对证据的质量和知识的评估将会明显地提高,而这正是他们所发现的。总之,基本低风险案例可能产生两种混杂的暗示。在不言明低风险案例中消除叙述者暗示,在无知低风险案例中消除主角暗示(character cues),这可以解释与基本低风险案例相比,为什么在不言明低风险案例和无知低风险案例中对证据的质量和知识的评估明显地会提高。

---

[1] Chandra Sekhar Sripada & Jason Stanley,"Empirical Tests of Interest-relative Invariantism", *Episteme*,2012(9;1):15-16.

[2] $t(98)=0.23$,$p=$n.s.

[3] $t(98)=3.87$,$p<0.001$。

[4] $t(98)=0.43$,$p=$n.s.

[5] $t(98)=3.04$,$p<0.01$。

巴克沃尔特和肖弗在《知识、风险和错误》①中质疑施瑞帕德和斯坦利的实验让受试者将风险与出错凸显混为一谈，认为他们的研究结果实际证明了出错凸显的敏感性，而不是风险敏感性。

三、费兰的实验间接证明风险效应

在《风险对证据不重要的证据》②一文中，费兰用 4 个实验证明实践的利益在证据归赋中不起作用，从而间接证明风险在知识归赋中并不重要。其案例③是：

不重要的(过路人)案例：凯特在街上散步，毫无理由，也毫无目标，只是散步而已。她来到一个十字路口，问一个过路人这条街的名字。过路人回答说："中央大街。"凯特看了看她的表，是上午 11：45。凯特的视力很正常，她看清楚了她的手表。凯特的听力也很正常，她听清楚了过路人的话。她没有特殊的理由不相信过路人的准确性。她也没有特殊的理由不相信她的表的准确性。凯特可以搜集她在中央大街的更多的证据(例如，她可以去找一张地图)，但是她没有这样做，基于过路人所说，她认为她已经在中央大街上了。

重要的(过路人)案例：在中午前，凯特要赶到中央大街：这关系到她的生计。她来到一个十字路口，问一个过路人这条街的名字。过路人回答说："中央大街。"凯特看了看她的表，是上午 11：45。凯特的视力很正常，她看清楚了她的手表。凯特的听力也很正常，她听清楚了过路人的话。她没有特殊的理由不相信过路人的准确性。她也没有特殊的理由不相信她的表的准确性。凯特可以搜集她在中央大街的更多的证据(例如，她可以去找一张地图)，但是她没有这样做，基于过路人所说，她认为她已经在中央大街上了。

不重要的(醉汉)案例：凯特在街上散步，毫无理由，也毫无目标，只是散步而已。她来到一个十字路口。两个醉汉正站在一个角落进行热烈的谈论。凯特问醉汉这条街的名字。醉汉回答说："中央大街。"凯特看了看她的表，是上午 11：45。凯特的视力很正常，她看清楚了她的手表。凯特的听力也很正常，她听清楚了醉汉的话。她没有特殊的理由不相信醉汉的准确性。她也没有特殊的理由不相信她的表的准确性。凯特可以搜集她在中央大街的更多的证据(例如，她可以去找一张地图)，但是她没有这样做，基于醉汉所说，她认为她已经在中央大街上了。

重要的(醉汉)案例：在中午前，凯特要赶到中央大街：这关系到她的生计。她来到一个十字路口。两个醉汉正站在一个角落进行热烈的谈论。凯特问醉汉这条街的

---

①　Wesley Buckwalter & Jonathan Schaffer,"Knowledge, Stakes, and Mistakes", *Noûs*,2015(49：2)：201-234.Wesley Buckwalter,"The Mystery of Stakes and Error in Ascriber Intuitions", in James R. Beebe (ed.),*Advances in Experimental Epistemology*,Bloomsbury Academic,2014,pp.145-174.

②　Mark Phelan,"Evidence That Stakes Don't Matter for Evidence",*Philosophical Psychology*, 2014(27：4)：488-512.

③　Mark Phelan,"Evidence That Stakes Don't Matter for Evidence",*Philosophical Psychology*, 2014(27：4)：510-512.

实验知识论研究

名字。醉汉回答说:"中央大街。"凯特看了看她的表,是上午 11:45。凯特的视力很正常,她看清楚了她的手表。凯特的听力也很正常,她听清楚了醉汉的话。她没有特殊的理由不相信醉汉的准确性。她也没有特殊的理由不相信她的表的准确性。凯特可以搜集她在中央大街的更多的证据(例如,她可以去找一张地图),但是她没有这样做,基于醉汉所说,她认为她已经在中央大街上了。

不重要的(街标)案例:凯特在街上散步,毫无理由,也毫无目标,只是散步而已。上午 11:45,她来到一个十字路口,抬头看到街标上写着"中央大街"。凯特看了看她的表,是上午 11:45。四周的光线很好,凯特的视力很正常,她看清楚了街标和她的手表。她没有特殊的理由不相信街标的准确性。她也没有特殊的理由不相信她的表的准确性。凯特可以搜集她在中央大街的更多的证据(例如,她可以去找一张地图),但是她没有这样做,基于街标,她认为她已经在中央大街上了。

重要的(街标)案例:在中午前,凯特要赶到中央大街:这关系到她的生计。上午 11:45,她来到一个十字路口,抬头看到街标上写着"中央大街。"凯特看了看她的表,是上午 11:45。四周的光线很好,凯特的视力很正常,她看清楚了街标和她的手表。她没有特殊的理由不相信街标的准确性。她也没有特殊的理由不相信她的表的准确性。凯特可以搜集她在中央大街的更多的证据(例如,她可以去找一张地图),但是她没有这样做,基于街标,她认为她已经在中央大街上了。

实验采用 7 分制李克特量表("1"表示"不自信","7"表示"非常自信"),问:凯特对她在中央大街应该有多大的自信?(这里有一个预设:证据越好,越自信。)

第一个实验是每位受试者随机分配不重要的(过路人)案例和重要的(过路人)案例中的一个。结果表明,在不重要案例中平均得分为 5.29,在重要案例中得分为 5.00,且没有统计学上的显著差异。[1] 然而,当受试者同时拿到这两个案例(次序有打乱)时,则出现了统计学上的显著差异,并且不重要案例的平均得分为 5.39,重要案例的得分为 3.1。[2]

第二个实验把第一个实验的"过路人"改为"醉汉",其他相同。实验结果表明,在不重要案例中平均得分为 4.72,在重要案例中得分为 4.39,且没有统计学上的显著差异[3]。然而,当受试者同时拿到这两个案例(次序有打乱)时,则出现了统计学上的显著差异,并且不重要案例的平均得分为 4.53,重要案例的得分为 3.69。[4] 有 42% 的受试者得出了与反理智主义一致的结论。

第三个实验把"过路人"改为"街标"。结果表明,在不重要案例中平均得分为 5.61,在重要案例中得分为 5.79(这与常识相反),没有统计学上的显著差异。[5] 然而,当受试者同时拿到这两个案例(次序有打乱)时,则出现了统计学上的显著差异,并且不重要案例的平均得

---

① t(46)=0.802,p=0.292,双尾。
② t(22)=4.56,p<0.001,双尾。
③ t(34)=0.622,p=0.538,双尾。
④ t(35)=4.14,p<0.001,双尾。
⑤ t(73)=0.675,p=0.502,双尾。

分为 5.76,重要案例的得分为 5.26。① 有 36％ 的受试者得出了与反理智主义一致的结论。

三个实验中每对案例分开调查的总得分是:重要案例为 5.31,不重要案例为 5.23(这与常识相反),没有统计学上的显著差异。② 三个实验中,受试者同时提供 2 个案例的实验中,有 44％ 的受试者得出了与反理智主义一致的结论,认为重要性会影响主体的自信。

街标是高度可靠的,过路人的可靠性中等,醉汉的可靠性最差,在案例的单一调查时,它们的平均得分依次递减:5.7→5.15→4.56。分析表明,有显著的可靠性效应。③ 可靠性与重要性之间没有显著的交互效应(interaction effect)。

单一案例调查的实验结果由于没有发现具有统计学差异的重要性对信心的影响,因此对"个人的证据力量受他所面临的风险影响"这种反理智主义的证据观提出了质疑。这个结果可能被反语境主义者认为是对语境主义的反驳,因为它证明风险对知识归赋基础的证据并不起作用。语境主义者可能辩护说,单一案例调查实验不能反驳语境主义,因为:(1)所问的问题是理性的自信度,而非知识;(2)只检验了风险,没有检验凸显性;(3)并列实验证明了风险的作用,因为并列案例调查在重要性对信心的影响上有统计学上的显著差异。这似乎说明,只要方法得当,自信度的风险效应就会显示出来。为了确证这个猜想,费兰做了另一个实验:

> 在中午前,凯特要赶到中央大街。她来到一个十字路口,问一个过路人这条街的名字。过路人回答说:"中央大街。"凯特看了看她的表,是上午 11:45。凯特很想知道对她在中央大街上她应该有多大的自信。
>
> 问:"什么因素会影响凯特对她在中央大街的信心?"
>
> 受试者可选项目有:(1)凯特的听力怎么样;(2)街道路面的质量;(3)凯特的情绪状态;(4)过路人的情绪状态;(5)凯特中午在中央大街的重要性有多大;(6)过路人的种族;(7)凯特是否说英语;(8)在过去人们给凯特的可靠信息的比例;(9)凯特生活在哪个国家。

实验结果发现:有 43％ 的人选(5)作为影响凯特信心的最重要因素。在前面三个实验中,同时提供 2 个案例的实验,有 44％ 的受试者得出了与反理智主义一致的结论,与这个发现接近。这表明,并列重要和不重要案例,可以凸显重要性,从而使重要性变得敏感。费兰由此认为,风险的作用在实践上并不以纯粹的隐性机制出现在人们对日常证据的判断中,而是出现在人们用更抽象的、更哲学的方式反思这些问题中,在更抽象的、更哲学的方式中,证据确实会随风险而变化。

费兰的实验间接地证明了风险对证据的重要性,然而,由于他主张单一实验(non-juxtaposed)比并列实验更合理、更好,因此他否认他的实验间接证明了知识归赋的风险效应,更不赞同反理智主义。④

---

① t(65)＝2.92,p＝0.005,双尾。

② F(1,158)＝0.47,p＝0.495。

③ F(2,157)＝9.69,p＜0.001。

④ Mark Phelan,"Evidence That Stakes Don't Matter for Evidence",*Philosophical Psychology*,2014(27:4):505-506.

四、肖弗和诺布的实验支持凸显效应

当代知识论讨论最激烈的另一个问题是,知识归赋的标准是否依赖对话语境中出错的凸显程度。语境主义者给出了肯定的答案,并认为某人知道某事是否正确至少一定的程度上取决于我们的对话语境是否提及此人出错的可能性。当对话语境提及主体出错的可能性时,知识归赋的标准将会提升,或至少有提升的倾向,动词"知道"因而指一种更严格的关系,曾经被真实地认为有知识的主体可能不再有知识。不变主义者则给出了否定的答案,认为在给定的对话语境中提到的可能性不影响某人是否知道某事。在他们看来,动词"知道"总是表示同一种关系。使这场争论特别有趣的是,双方都同意,我们归赋知识的愿望似乎至少在一定的程度上取决于对话语境中出错凸显的可能性。

在《对比知识的调查》①一文中,肖弗和诺布认为,以往实验没有检测出知识归赋的语境敏感性是因为案例的描述没有成功地把出错的可能性加以凸显。事实上,有独立的心理学证据表明,用一种抽象的、干巴巴的方法提到一种可能性,实际上会压制凸显性。奥本海默(Daniel Oppenheimer)证明,当人们认为对某种认识有另外的可能解释时,人们会自动地对这种认识的可能性打折扣。② 谢尔曼(Stephen Sherman)等证明,要人们去想象一种抽象的场景,会使他们认为这种场景可能性更少。③ 内格尔总结相关的数据后说:"当面对详细的描述时,类似的自动打折扣会发生在许多类型的判断中。"④肖弗和诺布因此认为,已有的银行案例实验没有发现银行改变营业时间的可能性会影响知识归赋,是因为这种可能性太抽象和干巴巴,没有使其凸显。为了验证这个假设,他们设计了一系列实验,把出错的可能性描述得具体而又生动,实验结果揭示的知识归赋的凸显效应不仅支持了一般意义的语境主义,而且还支持了特殊意义的语境主义即对比主义。对比主义主张,在某时主体知道某个命题,实际上是说在那时主体知道那个命题而非其他命题。因此,"如此设想的知识不是主体与命题之间的二元关系,而是主体、命题(事实)与对比命题(陪衬物)之间的三元关系。所有的知识都采取这种形式:S 知道 p 而非 q。"⑤

肖弗和诺布以他们自己设计的珠宝盗贼(jewel-thief)场景做了 3 个实验。珠宝盗贼场景为⑥:

> 昨晚,彼得抢劫了珠宝店。他砸碎了窗户,撬开了保险柜,盗走里面的红宝石。

① Jonathan Schaffer & Joshua Knobe,"Contrastive Knowledge Surveyed",*Noûs*,2012(46:4):675-708.

② Daniel Oppenheimer,"Spontaneous Discounting of Availability in Frequency Judgment Tasks",*Psychological Science*,2004(15):100-105.

③ Stephen Sherman,Robert Cialdini,Donna Schwartzmann & Kim Reynolds,"Imagining can Heighten Or Lower the Perceived Likelihood of Contracting a Disease",*Personality and Social Psychology Bulletin*,1985(11):118-127.

④ Jennifer Nagel,"Knowledge Ascriptions and the Psychological Consequences of Thinking About Error",*Philosophical Quarterly*,2010(60):297.

⑤ Jonathan Schaffer & Joshua Knobe,"Contrastive Knowledge Surveyed",*Noûs*,2012(46:4):687.

⑥ Jonathan Schaffer & Joshua Knobe,"Contrastive Knowledge Surveyed",*Noûs*,2012(46:4):689.

但是,彼得忘了戴手套,也忘了有监视器。

今天,侦探玛丽到现场调查。到目前为止,她有以下的证据。她被告知,有一个盗贼;她已经发现并鉴定在保险柜上有彼得的指纹;在监视器中,她已经看了并确认彼得撬开保险柜的录像。她没有进一步的信息了。[①]

在这个场景中,玛丽的证据允许她消除某种可能性即(a)他人而非彼得是盗贼,而不允许她消除这种可能性即(b)彼得偷了某种东西而非红宝石。为了进行正确的归赋,人们必须把其相关对比项具体化。

在第一个实验中,问的是"而非(rather than)"形式的问题。在盗贼对比条件中问受试者同意的程度,问的问题是:"玛丽现在知道是彼得而非他人偷了红宝石。"在珠宝对比案例中问的是:"玛丽现在知道是彼得偷了红宝石而非其他东西。"实验采用 7 分制李克特量表。[②] 实验结果发现:在盗贼对比条件下,平均值为 4.6;在珠宝对比条件下,平均值为 3.1[③],且有统计学上的显著差异。[④]

在第二个实验中,问的是"谁/什么—知识"形式的问题。在盗贼对比条件下问的问题是受试者在多大程度上同意"玛丽知道谁偷了红宝石";在珠宝对比条件下则问"玛丽知道彼得偷了什么"。实验结果发现:在盗贼对比条件下,平均值为 4.91;在珠宝对比条件下,平均值为 2.62[⑤],且有统计学上的显著差异。[⑥]

在第三个实验中,则对珠宝盗贼场景补充了两种不同的信息。第一种受试者读到的信息是记者报道的关于盗贼对比者的,即如下信息[⑦]:

现在,每个人都在问一个大问题:谁偷了红宝石?记者打算写一篇关于玛丽的报道。他想知道玛丽现是否知道谁偷了红宝石。他写道:"玛丽现在知道彼得偷了红宝石。"

请告诉我们,你是否同意这位记者的说法"玛丽现在知道彼得偷了红宝石"。

第二种受试者读到的信息是记者报道的关于珠宝对比者的,即如下信息[⑧]:

现在,每个人都在问一个大问题:彼得偷了什么?记者打算写一篇关于玛丽的报道。

---

① "她没有进一步的信息了"这句话很让人误解,会误导人,在现实生活中侦探不可能只有这些信息,因此这句话会让人感觉不真实,从而影响受试者。不同的人对它的理解也会出现不同。

② 其中,"1"表示"不同意","7"表示"同意"(下面几个实验相同)。

③ Jonathan Schaffer & Joshua Knobe,"Contrastive Knowledge Surveyed",*Noûs*,2012(46:4):690.

④ N=100,t(98)= 3.4,p=0 .001。[Jonathan Schaffer & Joshua Knobe,"Contrastive Knowledge Surveyed",*Noûs*,2012(46:4):705,note 16.]

⑤ Jonathan Schaffer & Joshua Knobe,"Contrastive Knowledge Surveyed",*Noûs*,2012(46:4):691-692.

⑥ N=200,t(198)= 7.2,p<0 .001[Jonathan Schaffer & Joshua Knobe,"Contrastive Knowledge Surveyed",*Noûs*,2012(46:4):705,note 19.]。

⑦ Jonathan Schaffer & Joshua Knobe,"Contrastive Knowledge Surveyed",*Noûs*,2012(46:4):692.

⑧ Jonathan Schaffer & Joshua Knobe,"Contrastive Knowledge Surveyed",*Noûs*,2012(46:4):693.

他想知道玛丽现在是否知道彼得偷了什么。他写道:"玛丽现在知道彼得偷了红宝石。"

请告诉我们,你是否同意这位记者的说法"玛丽现在知道彼得偷了红宝石"。

在盗贼对比条件下,平均得分为 5.24;在珠宝对比条件下,平均得分为 2.97[1],且有统计学上的显著性。[2]

三个实验的总结果概括为表 2-8:

表 2-8　三个实验的总结果

	"而非"实验	"谁/什么—知识"实验	第三者报道实验
盗贼对比条件	4.6	4.91	5.24
珠宝对比条件	3.1	2.62	2.97

在这三个实验中,盗贼对比条件的受试者倾向于同意所问的问题中的知识断言,而珠宝对比条件的受试者则倾向于不同意。其中的直觉差异主要是对比者的不同而不是认知标准的不同。因此,这三个实验似乎更支持了对比主义而非传统的语境主义。肖弗和诺布认为,影响知识归赋的因素有归赋者的对比物、对归赋者来说的凸显,而对主体来说的风险则不会影响,并认为对比效应与凸显效果是相互独立的。[3]

对珠宝盗贼场景的设计,我们认为可以提出一些质疑:(1)在这个场景中,玛丽有"谁偷了珠宝"的充分证据,而玛丽却没有"彼得偷了什么"的充分证据。因此,受试者对玛丽知道什么有不同的看法这是理所当然的。(2)场景中的"玛丽没有进一步的信息了"含义模糊。我们可以设想这样一个语境,在其中,"玛丽没有进一步的信息了"是真的,然而,玛丽却有大量的、与谈话目的无关的"进一步的信息"。在盗贼对比者条件下,受试者被问"玛丽现在知道是彼得而非他人偷了红宝石",虽然我们之前被告知"玛丽没有进一步的信息了",但所问的问题却暗含"红宝石被偷了"这个众所周知的事实。因此,当我们仅仅被告知"玛丽没有进一步的信息了"时,我们应该根据问题把这个陈述补充解释为"玛丽有进一步的信息即红宝石被偷了"。与此不同,在珠宝对比者条件下,却没有暗含玛丽有"红宝石被偷了"这个信息。因此,在盗贼对比者条件下,受试者认为玛丽知道彼得偷了红宝石,而在珠宝对比者条件下,受试者也必然会认为玛丽知道彼得偷了红宝石。格肯也认为:"在盗贼案例中,知识归赋的对比条件预设被偷的东西是红宝石。因此,参与者把小场景解释为当玛丽被叫来调查时,玛丽被告知什么被偷了,这可能是合理的。毕竟,在小场景中'她没有进一步的信息'这个短语需要解释。"[4](3)在第三个实验的盗贼对比者条件下,我们被告知:"每个人都在问一个大问题:谁偷了红宝石?"如果每个人都在问"谁偷了红宝石",那么"红宝石被偷了"必须被广泛地承认。这样我们也应该假定玛丽有"红宝石被偷了"的信息。然而,在第三个实验的珠宝对比者条件下,玛丽没有"红宝石被偷了"的提示。

① Jonathan Schaffer & Joshua Knobe,"Contrastive Knowledge Surveyed",*Noûs*,2012(46:4):693.

② N=200,t(198)= 11.0,p<0.001[Jonathan Schaffer & Joshua Knobe,"Contrastive Knowledge Surveyed",*Noûs*,2012(46:4):705,note 19.]。

③ Jonathan Schaffer & Joshua Knobe,"Contrastive Knowledge Surveyed",*Noûs*,2012(46:4):688.

④ Mikkel Gerken,"Epistemic Focal Bias",*Australasian Journal of Philosophy*,2013(91:1):45.

在盗贼对比条件中,第三个实验的平均值大于第一个和第二个实验,可以用"每个人都在问一个大问题:谁偷了红宝石?"这条多出来的信息来解释。

肖弗和诺布用实验数据证明知识归赋具有凸显效应而无风险效应,并认为,特殊的语境主义即对比主义可用来解释风险对知识归赋不敏感,而对道德效价(valence)有影响,因此对比主义比语境主义更合理。[①] 我们认为,肖弗和诺布的实验并不能充分地证明对比主义而非语境主义更合理。对比主义主张影响知识归赋的因素是归赋者对比项和针对归赋者的凸显性,德娄斯的语境主义则强调是针对归赋者的标准(standards for the ascriber)。因此,如果要证伪德娄斯的语境主义,也许要问:(1)高标准问句:"即使在最苛刻的可能的知识标准里,玛丽也知道彼得偷了红宝石。"(2)低标准问句:"至少在最不严格的可能的知识标准里,玛丽知道彼得偷了红宝石。"

肖弗和诺布还修改了银行案例,借有情感力量的个人经验具体而又生动地提到了银行改变营业时间的可能性,把出错的可能性以生动而又具体的方式凸显了出来。受试者被随机分配了两个案例中的一个[②]:

> 一个周五的下午,汉娜和萨拉开车回家。她们打算把车停在银行前去存钱。当她们开车路过银行时,她们发现,里面排的队很长,周五下午的队伍总是很长。汉娜说:"两周前的周六早上,我来银行时,银行营业。因此这个银行周六营业。我们可以现在回家,明早再来存钱。"[③]

没有提及出错的可能性的第一个案例接着说:

> 萨拉回答说:"好的,这听起来不错。我们周六再来。"

生动地提及出错的可能性的第二个案例接着说:

> 萨拉回答说:"嗯,银行有时确实会改变营业时间。有一次银行改变营业时间,周六不营业,我弟弟莱昂陷入了麻烦。想象一下明天开车到这里,却发现大门紧锁,这是多么令人沮丧呀!"

这两个案例的不同在于:在第二个案例中,萨拉用一种十分具体而又生动的方式(通过有情感力量的个人轶事)提到银行改变营业时间这种可能性。所有的受试者都被告知要假设"汉娜有银行周六将营业那样的自信"。然后他们需要评价在多大程度上同意"汉娜知道银行周六会营业"这个主张。

结果发现,当错误的可能性以具体而又生动的方式提出来后,正像所有语境主义者所预测的那样,确实出现了凸显效应。与生动地提及出错的可能性案例的平均得分为5.54相比,没有提及出错的可能性案例的得分为3.05。在不凸显出错的后果的案例中,受试者

① Jonathan Schaffer & Joshua Knobe,"Contrastive Knowledge Surveyed",*Noûs*,2012(46:4):685.

② Jonathan Schaffer & Joshua Knobe,"Contrastive Knowledge Surveyed",*Noûs*,2012(46:4):694-695.

③ Jonathan Schaffer & Joshua Knobe,"Contrastive Knowledge Surveyed",*Noûs*,2012(46:4):694-695.

更多地认为汉娜知道银行周六会营业,这种差异有统计学上的显著性①。

基于这些实验,肖弗和诺布认为,出错的可能是否凸显在知识归赋中是十分重要的,并认为实验可以证明知识论者与普通大众在知识归赋直觉中的差异。他们说:"找到凸显效应的一个漂亮的结论是,我们不再需要把知识论者的直觉当作理论驱动的或者是有缺陷的加以摒除。因为确实明显的是,许多有各种理论偏好的知识论者都赞同银行案例。我们猜测,普通说话者与训练有素的知识论者的主要不同是知识论者只需更少的刺激就可把出错的可能性看作是凸显的。"②

对肖弗和诺布的研究,德娄斯认为不足之处有:(1)问受试者的问题是,在多大程度上同意"汉娜知道银行周六会营业",而非在多大程度上同意,汉娜说"我知道银行周六将营业"是真的。(2)凸显对比条件时加了"我弟弟莱昂陷入麻烦。想象一下明天开车到这里,却发现大门紧锁,这是多么令人沮丧呀!"所加的内容并不只是凸显了出错的可能性,而且由于有"陷入麻烦""发现大门紧锁"和"多么令人沮丧",也增大了风险。③

格肯虽然承认肖弗和诺布的研究在某种程度上证明知识归赋具有语境敏感性,然而他们的研究并没有弄清楚到底是对风险敏感还是对出错可能性敏感。他说:"在固定了风险的凸显性时诺布和肖弗的研究是否成功地改变了这种替代的凸显性,对此是不清楚的。毕竟,对挫折和暗指的'陷入麻烦'的强调很难独立于相关的风险和利益。此外,不幸的是,与这种替代的条件相比,控制条件不会更复杂。而且,可能质疑参与者的判断是否可能会依照汉娜的信心水平没有改变这种指令。"④他还说:"这项研究不是没有问题的。一个问题是,在凸显的替代条件和控制条件之间,是否有风险的变化,这是不清楚的。另一个问题是,凸显的替代条件比控制条件更复杂,而且需要更多的工作记忆。"⑤格肯认为:"诺布和肖弗的研究可能会受到'外部'方法论的批评,如非专业人员判断的重要性。他们也可能受到'内部'方法论的批评,诸如:混杂的因素没有控制,场景的设计问题,等等。"⑥

我们虽然不是完全赞同肖弗和诺布的设计,然而却同意并重视他们的结论,知识归赋有凸显效应。他们的结论也为内格尔所证实。内格尔报告了与肖弗和诺布的研究类似的结果。在8个包含了凸显的替代项的"有怀疑主义压力"的案例中,平均39.8%的参与者会把知识归赋给主体。相比之下,在凸显的替代项的8个类似案例中,平均72%的参与者会把知识归赋给主体。⑦

———————————

① N=200,t(198)=11.3,p<0.001.[Jonathan Schaffer & Joshua Knobe,"Contrastive Knowledge Surveyed",*Noûs*,2012(46:4):695.]

② Jonathan Schaffer & Joshua Knobe,"Contrastive Knowledge Surveyed",*Noûs*,2012(46:4):695.

③ Keith DeRose,"Contextualism,Contrastivism,and X-Phi Surveys",*Philosophical Studies*,2011(156:1):96-97.

④ Mikkel Gerken,"Epistemic Focal Bias",*Australasian Journal of Philosophy*,2013(91:1):44.

⑤ Mikkel Gerken," On the cognitive bases of knowledge ascriptions",in Jessica Brown and Mikkel Gerken(eds),*Knowledge Ascriptions*. Oxford:Oxford University Press,2012,p.140.

⑥ Mikkel Gerken,"Epistemic Focal Bias",*Australasian Journal of Philosophy*,2013(91:1):45.

⑦ Jennifer Nagel,"Mindreading in Gettier Cases and Skeptical Pressure Cases",in Jessica Brown & Mikkel Gerken(eds),*Knowledge Ascriptions*. Oxford:Oxford University Press,2012,pp.171-191.

五、亚历山大等人的实验支持凸显效应

在《凸显与认知自我中心主义:一种经验的研究》①中,亚历山大(Joshua Alexander)等人用内格尔的家具案例验证了日常知识归赋的凸显效应。

1.归赋知识的凸显效应的实验

亚历山大等人用到的内格尔提出的两个家具案例②是:

简单的家具案例:

> 普通大众 A(John A. Doe)在一个家具店里。他在正常照明条件下正在看一张鲜红色的桌子。他相信这张桌子是红色的。问:他知道这张桌子是红色的吗?

更详细的家具案例:

> 普通大众 B(John B. Doe)在一个家具店里。他在正常照明条件下正在看一张鲜红色的桌子。他相信这张桌子是红色的。然而,在红色灯光下白色的桌子看起来也会是红色的。他没有检查灯光是否正常,或者是否有一个红色的聚光灯照在桌子上。问:他知道这张桌子是红色的吗?

受试者 40 人,其中女性占 28%,平均年龄 30 岁。受试者各收到一个案例,要求指出在多大程度上同意或不同意"普通大众知道桌子是红色的"。答案使用 6 分制李克特量表("1"表示"非常反对","6"表示"非常同意")评估。结果发现,受试者更愿意在简单案例中进行知识归赋。③ 实验证明,凸显性确实会影响知识归赋。

在语境主义看来,我们更愿意说,与在更详细的案例中普通大众知道桌子是红色的相比,在简单的案例中普通大众更知道桌子是红色的。因为他们认为,在提到任何可能的错误的对话语境中进行知识归赋时,我们都会变得不那么愿意。这是对不变主义的一种挑战。如果不变主义是正确的,知识归赋的标准不取决于给定的对话语境中凸显的可能性,那么不变主义者需要解释,与提及出错可能性的对话语境相比,为什么我们更愿意在没有提及出错可能性的对话语境中进行知识归赋。

内格尔④提出了一个有趣的心理学解释,用来解释我们归赋知识的意愿与给定的对话

---

① Joshua Alexander,Chad Gonnerman & John Waterman,"Salience and Epistemic Egocentrism: An Empirical Study",in James R. Beebe (ed.),*Advances in Experimental Epistemology*,Bloomsbury Academic,2014,pp.97-118.

② Jennifer Nagel,"Knowledge Ascriptions and The Psychological Consequences of Thinking About Error",*Philosophical Quarterly*,2010(60:239):287.

③ 在简单案例中,M=5.50,SD=1.14;在更详细的案例中,M=3.78,SD=1.40。两个案例的统计结果具有统计学上的显著差异,t=4.29,df=38,p<0.001。

④ Jennifer Nagel,"Knowledge Ascriptions and the Psychological Consequences of Thinking about Error",*The Philosophical Quarterly*,2010(60:239):286-306.

语境中凸显错误的可能性之间的关系。① 她认为,在评价他人的判断时,与评价我们自己的判断相比,我们更难正确地进行描述,尤其在我们有特权信息时更是如此。这种心理偏见就是认知的自我中心主义(epistemic egocentrism)或知识的诅咒(curse of knowledge),即把自己的精神状态归赋给他人(有时指自己的未来和过去的自己)时的一种以自我为中心的偏见②,它们与其他著名的心理偏见如事后聪明偏见(hindsight bias)和结果偏见(outcome bias)有关。它们可解释为什么在提及出错可能性的对话语境中我们更不愿进行知识归赋:我们评估他人的判断时,好像他人分享我们的特权信息一样,然后责备他们未能按照我们认为他们应该的方式回应特权信息③。换句话说,在家具案例中,与在更详细的案例里相比,我们都不愿意说,在简单的案例里普通大众更知道桌子是红色的,恰恰是因为在更详细的案例里我们认为他人分享了我们的忧虑,却没有采取相应的行动。在认知自我中心主义看来,当高风险归赋者对低风险主体进行知识否定时,把自己的高风险投射到了主体身上。

语境主义者和不变主义者同意,在提及潜在的出错可能性的对话语境里,我们更不愿意进行知识归赋,然而对于其原因,解释却不相同。也许他们都同意这是一个凸显的问题,在解释为什么时却意见不同。

对"凸显性不影响知识归赋"实验的一种批评是:这些研究没能充分地凸显"银行周六不营业"的可能性:仅仅提及一种可能性并不必然使这种可能性凸显出来,尤其是当这种可能性看起来是奇怪的或不可能的时。在实践上,当银行案例增加个人轶事使出错的可能性凸显出来后,人们更倾向于说,丈夫知道。④ 第二种批评是:这些研究,其中有一些涉及要受试者进行(make)知识归赋而不是评估(evaluate)知识归赋,而且当受试者去评估知识归赋时,他们要在否认知识是自然的情况下这样做⑤。当得到调整后,人们更倾向于认为丈夫知道。⑥ 另外可以通过弱化的方式把"凸显性总是影响知识归赋"弱化为"凸显

① 霍桑和威廉姆森提出了不同的心理学解释,认为我们归赋知识的意愿与给定的对话语境中凸显的可能性之间的关系,可能用著名的心理偏差即可得性启发式法来解释。[John Hawthorne, *Knowledge and Lotteries*, New York and Oxford: Oxford University Press, 2004. Williamson Timothy, "Contextualism, Subject-Sensitive Invariantism and Knowledge of Knowledge", *The Philosophical Quarterly*, 2005 (55):213-235.]可得性启发法(availability heuristic)是指在进行判断时,人们往往会依赖最先想到的经验和信息,并认定这些容易知觉到或回想起的事件更常出现,以此作为判断的依据。

② Joshua Alexander, Chad Gonnerman & John Waterman, "Salience and Epistemic Egocentrism: An Empirical Study", in James R. Beebe (ed.), *Advances in Experimental Epistemology*, Bloomsbury Academic, 2014, p.97.

③ Susan A. J. Birch, "When Knowledge Is a Curse: Children's and Adults' Reasoning about Mental States", *Current Directions in Psychological Science*, 2005(14:1):25-29. Susan A. J. Birch & Paul Bloom, "The Curse of Knowledge in Reasoning about False Beliefs", *Psychological Science*, 2007(18:5):382-386.

④ Jonathan Schaffer & Joshua Knobe, "Contrastive Knowledge Surveyed", *Noûs*, 2012(46:4):675-708. Wesley Buckwalter, "The Mystery of Stakes and Error in Ascriber Intuitions", in James R. Beebe (ed.), *Advances in Experimental Epistemology*, Bloomsbury Academic, 2014, pp.145-174.

⑤ Keith DeRose, "Contextualism, Contrastivism, and X-Phi Surveys", *Philosophical Studies*, 2011 (156:1):81-110.

⑥ Wesley Buckwalter, "The Mystery of Stakes and Error in Ascriber Intuitions", in James R. Beebe (ed.), *Advances in Experimental Epistemology*, Bloomsbury Academic, 2014, pp.145-174.

性有时影响知识归赋",或者"击败者被不恰当地忽视"等来辩护。反对者也可如此。

2.归赋知识的凸显敏感性的认知自我中心主义解释

为了研究为什么日常知识归赋有凸显效应,亚历山大等人做了另外的实验。

认知的自我中心主义涉及对他人心理状态的歪曲。例如,我们可能会错误地把我们的关注当作他人的,并责备他人未能恰当地给予重视。这可能有助于解释为什么我们都不愿意说,与在简单的案例中相比,在更详细的案例中普通大众知道桌子是红色的。在更详细的案例中,我们认为他人共享了我们对异常照明条件这种可能性的关注,并随后责备他没有检查照明是否正常。

认知的自我中心主义包含两个重要的经验预设。第一个预设是,在我们如何评估有相关的特权信息的案例,与我们如何评估没有相关的特权信息的案例时,不应当有显著的差异。换言之,认知的自我中心主义预设,在评估相关的信息与读者共享的叙述者案例(narrator cases),与评估相关的信息为读者和主体共享的主体案例(subject cases)时,应该没有太大的差异。第二个预设是,在我们如何评估娱乐案例(entertain cases)(即主体被娱乐地描述为有出错的可能),与我们如何评估中立案例(neutral cases)(即对主体出错的可能性是否为了娱乐不作说明)时,应该没有太大的差异。为了测试这两个预设,亚历山大等人[1]构建了四个小场景并尽可能地与内格尔的更详细案例相同:

> **叙述者击败者中性案例**:约翰和玛丽在一个家具店里。约翰在正常照明条件下正在看一张鲜红色的桌子。他相信这张桌子是红色的。然而,在红色灯光下白色的桌子看起来也会是红色的。约翰没有检查灯光是否正常,或者是否有一个红色的聚光灯照在桌子上。

> **叙述者击败者娱乐案例**:约翰和玛丽在一个家具店里。约翰在正常照明条件下正在看一张鲜红色的桌子。他相信这张桌子是红色的。然而,在红色灯光下白色的桌子看起来也会是红色的。约翰考虑了这种可能,但没有检查灯光是否正常,或者是否有一个红色的聚光灯照在桌子上。

> **主体击败者中性案例**:约翰和玛丽在一个家具店里。约翰在正常照明条件下正在看一张鲜红色的桌子。他相信这张桌子是红色的。然而,玛丽指出,在红色灯光下白色的桌子看起来也会是红色的。约翰没有检查灯光是否正常,或者是否有一个红色的聚光灯照在桌子上。

> **主体击败者娱乐案例**:约翰和玛丽在一个家具店里。约翰在正常照明条件下正在看一张鲜红色的桌子。他相信这张桌子是红色的。然而,玛丽指出,在红色灯光下白色的桌子看起来也会是红色的。约翰考虑了这种可能,但没有检查灯光是否正常,或者是否有一个红色的聚光灯照在桌子上。

---

① Joshua Alexander, Chad Gonnerman & John Waterman, "Salience and Epistemic Egocentrism: An Empirical Study", in James R. Beebe (ed.), *Advances in Experimental Epistemology*, Bloomsbury Academic, 2014, pp.97-118.

受试者 187 人,女性占 26%,平均年龄 27 岁。受试者分别收到了其中一个场景,要求回答在多大程度上同意或不同意"约翰知道桌子是红色的"这种说法。实验使用 6 分制李克特量表("1"表示"非常反对","6"表示"非常同意",下面实验相同)评估。正如预期的那样,受试者在如何评估叙述者案例和主体案例,以及娱乐案例和中性案例时,都没有发现统计学上的显著差异。这 4 个案例的平均值是:叙述者击败者中性案例为 3.93,叙述者击败者娱乐案例为 3.78,主体击败者中性案例为 3.5,主体击败者娱乐案例为 3.56① 方差分析表明,不同条件之间的实验结果没有交互作用。②。成对对比(pair-wise)分析没有发现主体案例中的娱乐和中性案例之间有统计学上的显著差异③;叙述者案例中的娱乐和中性案例之间也没有发现统计学上的显著差异④。

亚历山大等人认为,这些结果表明,在潜在出错可能性的对话语境中,诸如认知自我中心主义不断推动着我们对他人的判断作出评估。由于我们把我们的关注当作是他人的,因此他人是否被描述为共享这些关注并不重要,甚至是否被描述为意识到它们也不重要。如果认知的自我中心主义在我们评估他人的判断中起作用,那么似乎重要的是他们没有适当地回应这些关注。

如果我们把我们的关注投射给他人,并责备他们没有适当地回应这些关注,那么至少在他们没有适当地回应这些关注时我们这种做法是合理的。果真这样,那么我们将发现在把我们的关注投射给他人与我们愿意进行归赋知识之间,存在一种负相关关系。为了证实这个猜想,亚历山大等人提供给受试者(共 93 人,女性占 32%,平均年龄 28 岁)内格尔的更详细案例,然后要他们指出在何种程度上同意或不同意"约翰知道桌子是红色的"这种说法,以及"约翰正在考虑他正在红色的聚光灯下看一张白色的桌子"这种说法。结果发现了负相关。⑤ 这表明,当受试者越是认为约翰有可能分享了他人的关注时,越不会认为约翰有知识。反之亦然。这表明,在人们归赋知识的愿意中,至少在某些提及潜在出错的可能性的情况下,认知的自我中心主义有一定的作用。

3.增加动机不能降低认知的自我中心主义

以上研究使我们很自然地认为,我们只需要更加努力地避免错误地把我们自己的精神状态投射到他人身上。最近的一些工作证明,某些种类的认知的自我中心主义可以用足够多的实践⑥、努力或动机⑦来减少。而且有理由认为也可能用其他方式。事后聪明偏

---

① 这 4 个案例的平均值和标准偏差分别是:叙述者击败者中性案例(N=58,M=3.93,SD=1.70),叙述者击败者娱乐案例(N=45,M=3.78,SD=1.49),主体击败者中性案例(N=48,M=3.5,SD=1.50),主体击败者娱乐案例(N=36,M=3.56,SD=1.70)。

② F=0.783,p=0.505。

③ t=-0.159,df=82,p=0.874。

④ t=0.479,df=101,p=0.633。

⑤ r=-0.211,p=0.042。

⑥ Shali Wu & Boaz Keysar,"The Effect of Culture on Perspective Taking",*Psychological Science*,2007(18):600-606.Dov Cohen & Alex Gunz,"As Seen By the Other…:Perspectives on the Self in the Memories and Emotional Perceptions of Easterners and Westerners",*Psychological Science*,2002(13):55-59.

⑦ N.Epley,B.Keysar,L.Van Boven & T.Gilovich,"Perspective Taking as Egocentric Anchoring and Adjustment",*Journal of Personality and Social Psychology*,2004(87):327-339.

见和结果偏见有特别强的适应性[1],动机本身并不能保证我们完全排除我们自己的视角[2]。那么,足够的动机有助于减少认知自我中心主义吗?虽然动机通常用经济的诱因来衡量,但也可用认知需要(need for cognition)来衡量[3]。人的认知需要对应于他们的内在动机,对认知任务给予了大量的关心和注意,有强的认知需要的人已经被证明不太可能受到某些认知直观推断和偏见影响[4]。

受试者 126 人,女性占 34%,平均年龄 30 岁。受试者只接受内格尔家具案例中的一个,需要指出在何种程度上同意或不同意"约翰知道桌子是红色的"这种说法。问卷要求完成认知需要调查以及几个额外的人口问题。平均的认知需要得分为 63.3(SD=13.4)。认知需要分数为 18~57 属于低认知需要(n=44),认知需要分数为 58~69 属中等认知需要(n=48),认知需要分数为 70~90 为高认知需要(n=34)。

像以前一样,与更详细案例相比,受试者似乎更愿意归赋知识给简单案例。在详细案例中,受试者似乎愿意责备普通大众没有排除灯光可能异常这种可能性,这种关注只与场景的读者共有。其中简单案例得分 5.19,更详细案例得分 3.69,有统计学上的显著差异。[5] 在

---

① Colin Camerer,George Loewenstein & Martin Weber,"The Curse of Knowledge in Economic Settings:An Experimental Analysis",*Journal of Political Economy*,1989(97:5):1232-1254.Joachim Krueger & Russell W.Clement,"The Truly False Consensus Effect",*Journal of Personality and Social Psychology*,1994(67):596-610.Rudiger F.Pohl & Wolfgang Hell,"No Reduction of Hindsight Bias After Complete Information and Repeated Testing",*Organizational Behavior and Human Decision Processes*,1996(67):49-58.

② N.Epley,B.Keysar,L. Van Boven & T.Gilovich,"Perspective Taking as Egocentric Anchoring and Adjustment",*Journal of Personality and Social Psychology*,2004(87):327-339.

③ John Cacioppo & Richard E.Petty,"The Need for Cognition",*Journal of Personality and Social Psychology*,1982(42):116-131.谈论认知需要与知识归赋的关系参见 Jonathan M. Weinberg,Joshua Alexander,Chad Gonnerman,Shane Reuter,"Restrictionism and reflection:Challenge deflected,or simply redirected?" *The Monist*,2012(95):200-222.认知需要有 18 个自我报告题(J.Cacioppo,R.Petty & C.Kao,"The Efficient Assessment of Need for Cognition",*Journal of Personality Assessment*,1984 (48):306-307.)

④ Joseph R.Priester & Richard Petty,"Source Attributions and Persuasion:Perceived Honesty as a Determinant of Message Scrutiny",*Personality and Social Psychology Bulletin*,1995(21):637-654.John T.Cacioppo,Richard E.Petty,Jeffrey A.Feinstein & W.Blair G.Jarvis,"Dispositional Differences in Cognitive Motivation:the Life and Times of Individuals Varying in Need for Cognition",*Psychological Bulletin*,1996(119):197-253.Steven M.Smith & Richard E.Petty,"Message Framing and Persuasion:A Message Processing Analysis",*Personality and Social Psychology Bulletin*,1996(22):257-268.由于人的认知需要被认为代表他从事需要努力的思考的内在动机,因此即使不提供外部奖励,她也会发现这种活动是有奖励的。事实上,汤普森等发现,与当他们只是要求从事对他们自己有利的认知任务相比,当他们被提供了外部的奖励时,有强认知需要的人实际上对认知任务会给出较少的努力和关心(Erik P. Thompson,Shelly Chaiken & Douglas Hazelwood,"Need for Cognition and Desire for Control as Moderators of Extrinsic Reward Effects:A Person Situation Approach to the Study of Intrinsic Motivation",*Journal of Personality and Social Psychology*,1993(64):987-999.)

⑤ 简单案例(n=68,M=5.19,SD=0.78),更详细案例(n=58,M=3.69,SD=1.54)。有统计学上的显著差异(t=7.073,df=124,p<0.001,d=1.26)。

当前语境下特别有趣的是,增加动机似乎并没有降低我们把自己的精神状态错误地投射到他人身上的倾向:高动机的人与高动机不明的人一样把他们自己的关注投射到普通大众身上。在高认知需要中,简单案例得分 5.18,更详细案例得分 3.91,有统计学上的显著差异[①];在中等认知需要中,简单案例得分 4.96,更详细案例得分 3.29,有统计学上的显著差异[②];在低认知需要中,简单案例得分 5.53,更详细案例得分 3.93,有统计学上的显著差异[③]。双向方差分析表明,在认知需要分组与回应间没有显著的交互作用(p=0.70)。

亚历山大等人的结论是,我们归赋知识的愿望敏感于给定的对话语境中凸显的出错可能性;这种敏感性至少部分可以用认知自我中心主义来解释;增加动机似乎并没有降低我们把自己的精神状态错误地投射到他人身上的倾向。

我们认为,尽管亚历山大等人的这些研究证明知识归赋敏感于对话语境中凸显的可能性,然而,却没有证明这些敏感性为什么是由于自我中心主义偏见产生的。因为其数据并没有排除归赋者语境主义的、实用的说明[④],以及其他的心理学解释[⑤]。此外,在亚历山大等人的设计中,存在有几点设计上的不足:(1)受试者很难看出叙述者与主体、娱乐与中性之间的差异。(2)主体击败者案例中的"玛丽指出"并不代表是"主体",在进一步的改进中可以改为"约翰忽然想到"。(3)"约翰在正常照明条件下正在看一张鲜红色的桌子"已经排除了"在红色灯光下"这种异常的可能。(4)问句中只有"你在多大程度上同意或不同意'约翰知道桌子是红色的'",而案例中则没有涉及"约翰知道桌子是红色的",在内格尔的案例中,是"约翰相信桌子是红色的",而问题则是"约翰知道桌子是红色的"。

除了设计上的瑕疵外,要进一步研究的东西很多,尤其需要补充的研究是:(1)最近社会和认知科学研究证明,在我们不理会(set aside)我们所知的能力上,有个体差异[⑥];社会距离影响我们把自己的精神状态投射到他人身上的倾向[⑦]。(2)研究证明,至少有某些种

---

① 在高认知需要中,简单案例(n=22,M=5.18,SD=0.85),更详细案例(n=22,M=3.91,SD=1.41),有统计学上的显著差异(t=3.621,df=42,p=0.001,d=1.09)。

② 在中等认知需要中,简单案例(n=27,M=4.96,SD=0.71),更详细案例(n=21,M=3.29,SD=1.52),有统计学上的显著差异(t=5.079,df=46,p<0.001,d=1.48)。

③ 在低认知需要中,简单案例(n=19,M=5.53,SD=0.70),更详细案例(n=15,M=3.93,SD=1.71),有统计学上的显著差异(t=3.393,df=17.674,p=0.003,d=1.28)。

④ Patrick Rysiew,*The Context-Sensitivity of Knowledge Attributions*,Noûs,2001(35:4):477-514.

⑤ Mikkel Gerken,"Epistemic Focal Bias",*Australasian Journal of Philosophy*,2013(91):41-61. John Turri,"Skeptical Appeal:The Source-Content Bias",*Cognitive Science*,2015(39):307-324.

⑥ Deanna Kuhn,*The Skills of Argument*. Cambridge:Cambridge University Press,1991.Keith E. Stanovich & Richard F.West,"Individual Differences in Rational Thought",*Journal of Experimental Psychology:General*,1998(127):161-188.Jochen Musch & Thomas Wagner,"Did Everybody Know it All Along? A Review of Individual Differences in Hindsight Bias",*Social Cognition*,2007(25):64-82.

⑦ Robert J.Robinson,Dacher Keltner,Andrew Ward & Lee Ross,"Actual Versus Assumed Differences in Construal:'Naïve Realism' in Intergroup Perception and Conflict",*Journal of Personality and Social Psychology*,1995(68):404-417.N.Epley,B.Keysar,L.Van Boven & T.Gilovich,"Perspective Taking as Egocentric Anchoring and Adjustment",*Journal of Personality and Social Psychology*,2004(87):327-339.Daniel R.Ames,"Inside the Mind Reader's Tool Kit:Projection and Stereotyping in Mental State Inference",*Journal of Personality and Social Psychology*,2004(87:3):340-353.

类的认知自我中心主义（如后见之明偏见）可以用特定类型的干涉去偏见策略（interventional debiasing strategy，如考虑相反的情景）来克服[1]。我们需要更深刻地理解认知自我中心主义在知识归赋中，尤其是在涉及特权信息的对话语境中的作用时，十分重要的是：在易受知识的诅咒影响的案例中，我们要研究知识归赋是否跟踪个体的差异；要去研究社会距离在我们推理他人知道什么的能力上起什么作用；要去研究认知自我中心主义在知识归赋中的影响是否可以通过要求人们考虑为什么他们最初的判断可能是错误的而减少。

六、巴克沃尔特的实验支持凸显效应

巴克沃尔特在《在归赋者直觉中风险和错误之谜》[2]中，依据风险的高低、错误可能性的大小、回答是肯定的还是否定的，设计了 8 个主体间的案例[3]：

一个周五的下午，汉娜和她妹妹萨拉开车回家。她们打算把车停在银行前去存钱。当她们开车路过银行时，她们发现，里面排的队很长，周五下午的队伍总是很长。

风险　低：由于她们没有什么要到期的账单，而且她们账户上钱很多，因此她们在周六前把钱存完并不重要。

高：由于她们的账单即将到期，而且她们账户上钱很少，因此她们在周六前把钱存完很重要。

汉娜说："两周前的那个周六的早上，我在银行时，银行营业到中午。我们先走吧，明天早上再来存钱。"

错误　小：萨拉说："因此，银行明天会营业。"

大：萨拉说："银行有时确实会改变营业时间。想象一下明天开车到这里，却发现大门紧锁，这是多么令人沮丧呀！"

语言行为　肯定：汉娜说："两周前的那个周六的早上我在银行，我知道银行明天会营业。"

否定：汉娜说："也许你是对的，我不知道银行明天会营业。"

通过网上问卷，调查了居住在美国的受试者。在看到其中一个案例，并做了一个理解测试后，问受试者（N＝215，男性 32％）以下问题：

① Charles G.Lord, Mark R. Lepper & Elizabeth Preston, "Considering the Opposite: A Corrective Strategy for Social Judgment", *Journal of Personality and Social Psychology*, 1984(47): 1231-1243. Hal Richard Arkes, David Faust, Thomas J.Guilmette & Kathleen J.Hart, "Eliminating the Hindsight Bias", *Journal of Applied Psychology*, 1988(73): 305-307. Hal Richard Arkes, "Costs and Benefits of Judgment Errors: Implications for Debiasing", *Psychological Bulletin*, 1991(110): 486-498. Richard P. Larrick, "Debiasing", in Derek J. Koehler & Nigel Harvey(eds.), *Blackwell Handbook on Judgment and Decision Making*, Oxford: Blackwell Publishing, 2004, pp. 316-338.
② Wesley Buckwalter, "The Mystery of Stakes and Error in Ascriber Intuitions", in James R. Beebe(ed.), *Advances in Experimental Epistemology*, Bloomsbury Academic, 2014, pp.145-174.
③ Wesley Buckwalter, "The Mystery of Stakes and Error in Ascriber Intuitions", in James R. Beebe(ed.), *Advances in Experimental Epistemology*, Bloomsbury Academic, 2014, p.154.

假定事实证明,银行周六真的营业。当汉娜说:"我(知道/不知道)银行周六营业"时,她所说的是真的还是假的?

答案用5分制来评估("1"表示"真的";"3"表示"在两者之间";"5"表示"假的")。用错误来分组的知识否定的真值判断的均值见下:

表 2-9　知识否定的真值判断的均值

	出错可能性小	出错可能性大
风险低	3.48	4.27
风险高	4.15	3.92

用错误来分组的知识肯定的真值判断的均值见下:

表 2-10　知识肯定的真值判断的均值

	出错可能性小	出错可能性大
风险低	4.70	4.05
风险高	4.48	4.33

实验有3个关键的结果:首先,这些案例中,无论是对出错可能性大小还是风险的高低,受试者认为,与否定的知识句相比,肯定的知识句更可能真,这种言语行为有主效应。[1]

其次,确实有标准的认知语境主义所预测到的出错可能性的影响。当出错的可能性凸显时(用具体和生动的方式),受试者倾向于认为,知识的肯定是假的,知识的否定是真的。在言语行为与出错可能性之间有显著的交互效应。[2] 这种效应见下表,该表是以肯定和否定分组的高低错误条件的真值判断的均值:

表 2-11　高低错误条件的真值判断的均值

	否定	肯定
出错可能性小	3.8	4.5
出错可能性大	4.1	4.2

最后,尽管获得了预测中的归赋者出错可能性凸显效应,然而预测中的主体风险效应却没有发现。而且在言语行为与出错可能性之间没有发现显著的交互效应[3]。在高风险银行案例中,受试者没有一般地倾向于知识的肯定是假的,或者知识的否定是真的。事实上,风险的单一显著效应是一个极其复杂的相互作用。在出错可能性凸显的案例中,受试者不太愿意说,在风险高时,知识的否定是真的(得分为3.92);而在出错可能性没有凸显

---

[1]　$F_{(1,177)}=8.6,p<0.01$。

[2]　$F_{(1,177)}=4.62,p<0.05$。

[3]　$F_{(1,177)}=0.40,p=0.53$。

的案例中,受试者更愿意说,在风险高时,知识的否定是真的(得分为4.15)。换言之,否认高风险对出错的可能性是否凸显有反作用。[①] 即使在纠正先前银行案例的所有担心后,受试者评估这些具体的第三人称的知识归赋语句中的风险效应仍没有出现。

在德娄斯看来,对出错可能的具体的和生动的描述会大大地提高风险。[②] 巴克沃尔特描述出错可能性的研究通过使出错的可能性凸显间接地提高了风险,也直接地凸显了出错的实践后果。[③] 因此,巴克沃尔特的研究结果表明:没有检测到风险的影响是不合理的。在施瑞帕德和斯坦利看来,巴克沃尔特研究中的低风险条件不能表达出低风险,要用高低风险之间的对比来实现。[④]

在以上的实验研究中,皮尼洛斯和辛普森的实验支持风险效应反对凸显效应,施瑞帕德和斯坦利的实验支持风险效应,费兰的实验间接证明风险效应,肖弗和诺布的实验支持凸显效应,亚历山大等人的实验支持凸显效应,巴克沃尔特的实验只支持凸显效应。对知识归赋的语境敏感性的否证证据,捍卫者可以说:(1)语境敏感性是存在命题,只涉及"有时"。皮尼洛斯和辛普森赞成卫泽森(Brian Weatherson)[⑤]的观点,认为知识归赋的语境敏感性只具有存在的意义。也就是说,他并不认为,每次像实践利益这类语境因素的不同,都会导致知识归赋的不同。相反,只是宣称,存在有一些案例,其中像实践利益这类语境因素的不同会导致知识归赋的不同。一些实验没有检测到某些场景中的风险效应,而其他实验在其他场景中检测到了风险效应,这个事实并不能得出"是否存在知识归赋的风险效应是不确定的"的判断。因此,他们主张:大众的知识归赋有时对实践利益敏感。[⑥](2)"说'有'容易,说'无'难",不能因几次实验没有发现知识归赋的敏感现象,就说所有知识归赋都没有语境敏感性。有些实验没有发现知识归赋的语境敏感性的原因,可能是由于没有科学地设计实验问卷,没有恰当地控制实验条件,可能探测的工具不够精细。在任何探究中,都要小心地避免从没有统计显著性的结果中得出否定结论。例如,如果我非常仔细地检查了我的手,却没有看到任何微生物,很显然,我无权下结论说我的手上没有微生物。

当然,这种辩护的力量是很弱的。因为这些反对者所使用的小场景正是认为知识归赋具敏感性的倡导者所使用的,或类似的。这表明,在我们确切地知道日常知识归赋到底是否具有语境敏感性前,需要更多的理论分析和实验数据。

---

① F(1,177)=6.00,p<0.05。

② Keith DeRose,"Contextualism,Contrastivism,and X-Phi Surveys",*Philosophical Studies*,2011 (156:1):97.

③ Mikkel Gerken,"Epistemic Focal Bias",*Australasian Journal of Philosophy*,2013(91):44.

④ Chandra Sekhar Sripada & Jason Stanley,"Empirical Tests of Interest-relative Invariantism", *Episteme*,2012(9:1):3-26.

⑤ Brian Weatherson,"Knowledge,Bets and Interests",in Jessica Brown & Mikkel Gerken(eds.), *Knowledge Ascriptions*,Oxford:Oxford University Press,2012,pp.75-103.

⑥ Nestor Ángel Pinillos & Shawn Simpson,"Experimental Evidence in Support of Anti-Intellectualism About Knowledge",in James R. Beebe (ed.),*Advances in Experimental Epistemology*,Bloomsbury Academic,2014,p.12.

第三章　知识归赋的实验研究(下)：更多的知识归赋效应及解释[①]

前面的实验研究大体可以证明,知识归赋具有语境敏感性,非但如此,还有实验表明,知识归赋不仅受主体或归赋者的风险高低和出错成本大小的影响,具有风险效应,受出错可能性大小的影响,具有凸显效应,而且还具有认知副作用效应、场景呈现效应和人口统计学变量效应。知识归赋的各类归赋效应对传统知识论提出了挑战。

第一节　更多的知识归赋效应

知识归赋除了风险效应和凸显效应外,还有认知副作用效应、场景呈现效应和人口统计学变量效应,下面分别对此进行介评。

一、知识归赋的认知副作用效应[②]

通常,我们认为,如果想要了解某人是否知道某事,要看这事是否真的发生,是否有证据相信这件事情,至于这件事的好与坏,与这人是否知道它无关。更准确地说,在主流知识论看来,归赋者对当事人行为的道德效价的考量,不会影响归赋者对主体的知识归赋。这种主流观点不仅为普通大众所认同,也为以往哲学家所坚信。然而,实验知识论的数据却挑战了这种观点。[③] 介评实验知识论的最新发现,探讨知识归赋的副作用效应带来的挑战,思考知识归赋的本质与道德价值的关系,具有十分重要的理论意义和实践意义。

---

① 这部分内容主要根据《日常知识归赋的语境敏感性》(曹剑波:《日常知识归赋的语境敏感性》,《自然辩证法通讯》2016 年第 4 期)一文的观点改写而成。

② James Beebe & Wesley Buckwalter,"The Epistemic Side-Effect Effect", *Mind & Language*, 2010(25:4):474-498. James R. Beebe & Mark Jensen,"Surprising Connections Between Knowledge and Action:The Robustness of the Epistemic Side-Effect Effect", *Philosophical Psychology*, 2012(25:5): 689-715.Wesley Buckwalter,"Gettier Made ESEE", *Philosophical Psychology*, 2014(27:3):368-383.

③ 非但如此,实验哲学的研究发现,道德考量广泛地影响人们的直觉,这些领域包括意向性行动、原因、做/允许的区分(doing/allowing)和行动的个性化(act individuation)等。

我们都知道,要判断某人是否道德,他应该为他的行为负多大的责任,以及应该受到多大的责备,受此人事先是否知道他的行为后果影响。实验知识论最近的大量实验研究[1]表明,这种先进行知识归赋,后作出道德评价的模式可以逆转。归赋者在归赋前对主体行为的道德判断,会影响对这个主体是否知道的判断。具体地说,在所有其他知识论因素都相同的情况下,人们更可能说当事人知道某个特定的行动会导致一个确定的结果,仅仅因为这个结果在道德上是坏的,而当这个结果在道德上是好的时,人们却较少把知识归给当事人。简言之,道德因素显著地影响知识归赋的结果。这种效应被称为"认知副作用效应(epistemic side-effect effect)",是诺布效应中的一种。诺布效应是耶鲁大学的实验哲学家诺布通过"董事长案例"发现的。他发现:副作用的道德属性影响人们对副作用是否是故意的行为的判断。如果副作用是好的,人们倾向于认为其行为者是无意而为的;如果副作用是坏的,人们则倾向于认为其行为者是有意而为的。[2]诺布效应是实验哲学的经典案例,受到了广泛的关注。

毕比(James Beebe)和詹森(Mark Jensen)的《知识与行动之间的令人震惊的联系:认知副作用效应的坚实性》[3]和毕比和巴克沃尔特《认知副作用效用》[4]中,都发现了知识归赋的道德效应。通过改造的"董事长案例",发现了类似的认知副作用效应。他们请受试者读下面的一个场景(其中括号内的内容是另一个场景中的):

> 某公司的副总裁走到董事长跟前说:"我们正在考虑开始一项新的计划。我们肯定它将帮助我们增加利润,而且它将帮助(或危害)环境。"董事长回答说:"我才不管什么帮助(或危害)环境。我只是想尽可能地获得利润。让我们开始这项计划吧。"他们开始了这项计划。果然,帮助(或危害)了环境。董事长知道新计划会帮助(或危害)环境吗?[5]

采用 7 分制李克特量表,范围从−3(标记为"董事长不知道")到 3(标记为"董事长知

① James Beebe & Wesley Buckwalter,"The Epistemic Side-Effect Effect",*Mind & Language*,2010(25:4):474-498.Mark Alfano,James Beebe & Brian Robinson,"The Centrality of Belief and Reflection in Knobe-Effect Cases:A Unified Account of the Data",*The Monist*,2012(95:2):264-289.James R. Beebe & Mark Jensen,"Surprising Connections Between Knowledge and Action:The Robustness of the Epistemic Side-Effect Effect",*Philosophical Psychology*,2012(25:5):689-715.James Beebe & Joseph Shea,*Gettierized Knobe Effects*,*Episteme*,2013(10:3):219-240.Wesley Buckwalter,"Gettier Made ESEE",*Philosophical Psychology*,2014(27:3):368-383.

② Joshua Knobe,"Intentional Action and Side Effects in Ordinary Language",*Analysis*,2003(63:3):190-193.

③ James R. Beebe & Mark Jensen,"Surprising Connections Between Knowledge and Action:The Robustness of the Epistemic Side-Effect Effect",*Philosophical Psychology*,2012(25:5):689-715.

④ James Beebe & Wesley Buckwalter,"The Epistemic Side-Effect Effect",*Mind & Language*,2010(25:4):474-498.

⑤ James Beebe & Wesley Buckwalter,"The Epistemic Side-Effect Effect",*Mind & Language*,2010(25:4):475-476.

道")。受试者被问:"董事长知道新计划会帮助(或危害)环境吗?"结果证明,道德考量会影响人们对董事长是否知道的判断,知识归赋存在着副作用效应。在这两个案例中,即使人们对董事长的行为会带来某种副作用有相同强度的证据,然而,与副作用是好的(即帮助环境)相比,当副作用是坏的(即危害环境)时,受试者更倾向于认为董事长知道他的行动会带来的副作用。受试者在危害的条件下选择董事长有知识(即回答"3")的最强的肯定人数(67.5%),几乎是在帮助条件下(35.5%)的2倍;在危害条件下选择1、2或3的回答的受试者的百分比(90%)显著高于在帮助条件下受试者选择1、2或3百分比(61%)。[①] 这表明,对董事长是否知道的归赋,受问题的道德性影响,表现出了非对称性。

在《葛梯尔化的认知副作用效应》[②]中,巴克沃尔特还用实验证明,葛梯尔案例也存在有知识归赋的道德效应。他设计了水泵案例(pump cases,其中括号中的是有害案例)。

> **水泵案例:**山姆的工作是将水泵入蓄水池。蓄水池里的水将用来灌溉当地几户农家的农田。有一天,山姆一边泵水,一边在收听无线广播。广播报道说,当地官员怀疑附近的一家工厂排出的化学物质X已经进入了当地的水库,可能对当地的庄稼非常有益(或有害)。山姆心想:"我不关心他们的庄稼;我只是想赚取我的工钱",并继续泵水。果然,庄稼开始旺盛(或死亡)。事实证明,当地官员对水里的这种化学物质的看法完全错了。分析这些水后,他们没有发现化学物质X。后来的科学报告证实,庄稼的旺盛(或死亡)完全是因为一种真菌,这种真菌一直在山姆的水泵里偷偷地生长。

这两个案例描述某人相信他的行为会带来或好或坏的结果。虽然这个信念实际上是真的,然而当事人形成和确证这个信念的方式却只是侥幸。按照当代主流知识论的观点,我们不会认为山姆知道其结果是有益还是有害庄稼。在有偿的在线调查中,86名受试者被随机分配了其中的一个案例,并被问是否同意"山姆知道通过泵水,村民的庄稼会旺盛(或死亡)"。

采用7分制李克特量表(其中,"1"表示"非常反对","4"表示"既不同意也不反对","7"表示"非常同意")。结果发现,在这两个案例中,受试者对山姆的看法有显著的差异。[③] 与结果是好的(得分3.05)相比,当结果是坏的(得分4.86)时,人们更倾向于认为山姆知道。当泵水产生好的结果时,受试者倾向于给出主流知识论的标准答案,即山姆没有知识。然而,当泵水产生坏的结果时,受试者会说山姆确实知道。这两个案例中山姆的认知地位是相同的,他的确证的信念是真的仅仅是因为侥幸。坏结果案例却完全颠倒了标准的葛梯尔型直觉。这表明,在葛梯尔案例中,道德判断对人们归赋知识的直觉有很大的影响。

---

① James Beebe & Wesley Buckwalter,"The Epistemic Side-Effect Effect",*Mind & Language*,2010(25:4):476-477.

② Wesley Buckwalter,"Gettier Made ESEE",*Philosophical Psychology*,2014(27:3):368-383.

③ 独立的t检验揭示了这两组之间的显著差异,t(84)=5.04,p<0.001。

与有害环境相比，化学药品生产工厂不太可能有利环境。有人会因此担心，道德在葛梯尔型案例的知识归赋中的不对称影响，也许只是化学药品生产工厂有害环境的性质所带来的。为了消除这种担心，巴克沃尔特设计了市长案例(mayor cases)。

市长案例：一个小城的市长正在决定是否与当地的一家公司签一份新合同。虽然问题非常复杂，然而他的所有经济战略家都认为，这是一个比较好的机会，其结果将为社区的员工增加(或减少)岗位。市长说："我真正关心的是竞选捐款，而不是人们的工作，如果我签了，我肯定能从这家公司获得数百万元。"因此，他决定签合同。然而，公司没有冒任何风险。在市长签合同前，他们秘密地用一份完全不同的合同替换了它。通过精心地改变所有文字，使其在某些表述上与市长认为是他正在签的相反，公司从而可以确保得到想要的东西。果然，在市长签完合同不久，社区中的一些成员获得(或失去)了工作，而且市长收到了一大笔支持他竞选连任的捐赠。

78位受试者被问对"市长知道通过签合同，他将增加(或减少)岗位"的同意程度。采用7分制李克特量表(其中，"1"表示"非常同意"，"4"表示"既不同意也不反对"，"7"表示"非常反对")。结果表明，尽管市长的信念为真的只不过是运气，与结果是好的(得分4.11)相比，受试者更倾向于认为，当结果是坏的(得分6.05)时，市长知道。[1] 事实上，实验表明，受试者非常同意"坏"的葛梯尔主体确实有知识。

水泵案例和市长案例证明道德判断会影响葛梯尔型案例的知识归赋。然而，这并没有证明，道德必然可以成为日常知识概念的一部分。对这些案例的一个自然的反应是，在水泵案例和市长案例中，人们只把知识归给有害的案例中，原因是他们要发现对这种坏的结果负责的人。当行为者早已预测到坏的结果并导致了坏的结果时，人们就会认为行为者负有责任。相反，人们并没有兴趣因为结果是好的而去嘉奖根本就不在乎这个结果的行为者。因此是追寻责任人的欲望扭曲了知识归赋的直觉，而不是道德在基本的知识概念能力中起重要的作用。

这似乎是一种非常有前途的解释，为了验证这个假设是否正确。巴克沃尔特改造了市长案例。唯一的区别是，增加了一段文字，故事中的认知主体与带来好的或坏的结果的行动主体不是同一个人。这段文字增加在市长不关心社区后，在葛梯尔案例提出之前：

办公室秘书詹姆斯偶然听到了这一切，为市长所说感到震惊。尽管如此，市长仍决定签合同。

把这些第三人称案例给了受试者后，问受试者是否同意"办公室秘书詹姆斯知道当地社区的成员将获得或失去工作"。值得注意的是，与市长相比，詹姆斯对相关事情的了解要少，因此他的认知证据也更少。没有理由因市长的行为后果而责备詹姆斯，相反，事实

---

① 　独立的t检验揭示了这两组间存在显著的差异，$t(76)=5.92$，$p<0.005$。当结果是坏的时，认为镇长知道($M=6.05$，$SD=0.94$)；当结果是好的时，认为镇长不知道($M=4.11$，$SD=1.86$)。

上我们会与詹姆斯有同感。然而,当被问及詹姆斯是否知道,而不是该受责备的当事人是否知道时,知识归赋的不对称性在好与坏的场景中仍然存在。与行为的结果是好的(得分为 3.95)相比,当结果是坏的(得分为 4.98)时,受试者更倾向于认为詹姆斯知道。[①] 这表明道德在葛梯尔型案例的知识归赋中确实起重要的作用。

水泵案例、市长案例和第三者案例中好/坏结果的平均同意得分对比可见下表:

表 3-1　水泵案例、市长案例和第三者案例中好/坏结果的平均同意得分对比

	水泵案例	市长案例	第三者案例
好的结果	3.05	4.11	3.95
坏的结果	4.86	6.05	4.98

在这 3 个案例中,都发现了相同的基本效应:当葛梯尔型案例是由认知副作用效应产生,道德在知识归赋中起重要的作用。对知识归赋的认知副作用效应,人们的一个很自然的反应是,受试者的回答被"要惩罚行为者的欲望"和"行为者要为他可预测到的糟糕结果负责的欲望"这两个欲望歪曲了。当结果坏时,人们会追问谁是责任者并希望能惩罚责任者。相反,由于当事人根本就不在乎好的结果,人们自然没有兴趣因为结果是好的而去嘉奖当事人。对认知副作用效应的解释,人们通常借助对原初的诺布效应的解释来解释,这些解释有扭曲(distortion)解释、语义差异解释和语用解释等。然而,3 个实验已经表明,认知副作用效应在不同的问题(经济和环境)、不同种类的证据(广播、下属的证词和偶然听到)和不同的人称(第一人称和第三人称)的案例中都存在。尤其是第三人称实验中,当问受试者"并不负有责任的第三方是否知道副作用将会发生"时,认知副作用效应仍然存在,这表明欲望歪曲说不成立。

二、知识归赋的场景呈现效应

当试图隔离影响知识归赋的因素时,经常很难把那些影响知识归赋的内在因素,与呈现归赋场景的方式这些外在因素区分开来。有实验研究发现,知识归赋受场景呈现的顺序和呈现的形式等因素的影响。

1.场景呈现的顺序效应

斯温(Stacey Swain)等人发现[②],知识归赋受场景呈现前的对比对象的影响。其案例为雷尔(Keith Lehrer)的特鲁特普案例:

　　有一天,查尔斯突然被一块掉下来的石头砸中了,他的大脑发生了重大变化,以

---

① 独立的 t 检验揭示了 2 组之间的显著差异,t(83)=2.94,p<0.005。当结果是坏的时,参与者认为詹姆斯知道的结果为 M=4.98,SD=1.72;当结果是好的时,认为詹姆斯知道的结果为 M=3.95,SD=1.48。

② Stacey Swain,Joshua Alexander & Jonathan M. Weinberg,"The Instability of Philosophical Intuitions:Running Hot and Cold on Truetemp",*Philosophy and Phenomenological Research*,2008(76):138-155.

至于无论什么时候他估计他的所在地的温度时，他总是绝对正确的。查尔斯完全没有意识到他的大脑已经发生了这样的变化。几周后，这个变化的大脑使他相信他房间的温度是 71 华氏度。事实上，当时他房间的温度是 71 华氏度。查尔斯真的知道他房间的温度是 71 华氏度吗，或者他只是相信这一点？[①]

结果证明，对查尔斯的知识归赋很大程度上依赖在读这个案例前受试者所读的案例。有些受试者评价特鲁特普案例前阅读了一个明显是知识的案例：

凯伦是一位杰出的化学教授。一天早晨，她在一篇发表在主流科学期刊上的文章中读到将两种常见的地板消毒剂——超强清洁剂(Cleano Plus)和洗则净(Washaway)混在一起，就会产生一种致命的毒气。实际上，这篇文章是正确的：把这两种产品混在一起确实会产生出一种有毒的气体。中午时，凯伦看到一个门卫将超强清洁剂和洗则净混在了一起，她朝他喊道："快跑开！把这两种东西混在一起会产生有毒的气体！"

另一些受试者评价特鲁特普案例前阅读了一个明显不是知识的案例：

戴夫喜欢用掷硬币来玩游戏。他有时候会有一种"特殊感觉"：下一次投掷将会是正面朝上。当他有这种"特殊感觉"时，他有一半是对的，有一半是错的。在下一次投掷之前，戴夫有了那种"特殊感觉"，这种感觉使他相信这个硬币将会正面朝上着地。他投出了硬币，而且它正面朝上落地了。

结果发现，与直接评价特鲁特普案例的人相比，先被要求评价明显是知识的案例，然后再去评价特鲁特普案例的人，更不太愿意认为"查尔斯知道他房间的温度是 71 华氏度"，而那些先去评价明显不是知识的案例，然后再去评价特鲁特普案例的人，更愿意认为"查尔斯知道他房间的温度是 71 华氏度"。[②] 这表明，在知识归赋中存在场景呈现效应。

有心理学实验问受试者两个问题："上个月你约会了几次？""你有多快乐？"实验结果发现这两个问题的相关程度取决于呈现的顺序：当先呈现约会问题时，两者的相关度为

① Jonathan M. Weinberg, Shaun Nichols & Stephen P. Stich, "Normativity and Epistemic Intuitions", in Joshua Knobe & Shaun Nichols(eds.), *Experimental Philosophy*, Oxford: Oxford University Press, 2008, p.26.

② 实验对象被要求对他们赞成或不赞成查尔斯知道房间里是华氏 71 度的程度给出评分(用 5 分制李克特量表法，"1"表示"强烈反对"，"5"表示"强烈赞成")。那些被要求在评价任何其他案例之前去评价特鲁特普案例的实验对象给出的平均分是 2.8，而那些被要求先去评价一个明显是非知识案例然后再去评价特鲁特普案例的实验对象给出的平均分是 3.2。这些情况之间的差别在 p 小于 0.05 的层面上具有统计意义。赖特证实、复制并扩展了这些结论，并给出了一个关于直觉受到案例给出的顺序影响的有趣解释[Jennifer Cole Wright, "On Intuitional Stability: The Clear, the Strong, and the Paradigmatic", *Cognition*, 2010(115): 491-503.]。

0.66;当先呈现快乐问题时,两者的相关度为0.12。[1] 这是因为,受试者在先回答约会问题再进行幸福感测量时,他们已经注意到了约会问题,而且人们通常认为约会能增加幸福感,因而约会主导了幸福感的预测。

在《意向性行动:两个半大众概念?》中,库什曼(Fiery Cushman)和麦勒(Alfred Mele)的研究发现,比起那些在测试一开始就对董事长危害环境的例子作出回答的受试者,那些在测试快结束时对董事长危害环境的例子作出回答的受试者判断这个董事长并不有意损害环境的可能性要大五倍。具体说来,面对董事长对环境的损害,在测试快结束时有27％的受试者作出"董事长并非有意损害环境"这种少数判断,而测试一开始时,只有5％的受试者作出了这种判断。卡方分析显示,这种结果模式显然不是偶然的。[2] 相比之下,断言董事长有意改善环境的受试者的比例,几乎与那些在测试刚开始(16％)和测试快结束(19％)认为董事长改善环境的相同,卡方分析揭示这些组之间没有显著差异[3]。[4]

德娄斯也发现,如果假谷仓案例描述为在亨利遇到一个真谷仓前作出了一系列错误的"谷仓"判断,那么人们很容易认为亨利没有知识。[5]

2.场景呈现的并列放大效应

在《风险对证据不重要的证据》[6]一文中,费兰做了一系列对比实验,发现知识归赋受场景提供的方式是单一还是并列影响。并列实验可起到放大敏感性的作用。其中的一对案例是街标案例。它们的不同在于第一句话,后面的描述都相同。

不重要的街标案例的第一句话是:

> 凯特在街上散步,毫无理由,也毫无目标,只是散步而已。

重要的街标案例的第一句话是:

> 在中午前,凯特要赶到中央大街;这关系到她的生计。

两个案例后面的共同描述是:

---

① Christopher K. Hsee, Jiao Zhang and Junsong Chen, "Internal and Substantive Inconsistencies in Decision-Making", in Derek J. Koehler and Nigel Harvey, *Blackwell Handbook of Judgment and Decision Making*, Oxford: Blackwell, 2004, pp.360-378.

② 皮尔森 $\chi^2 = 12.53$, N=142, p<0.001。

③ 皮尔森 $\chi^2 = 0.12$, N=142, p=0.73。

④ Fiery Cushman & Alfred Mele, "Intentional Action: Two-and-a-Half Folk Concepts?", in Joshua Knobe and Shaun Nichols(eds.), *Experimental Philosophy*, Oxford: Oxford University Press, 2008, p. 176.

⑤ Keith DeRose, *The Case for Contextualism: Knowledge, Skepticism and Context* (*vol.* 1), Oxford: Oxford University Press, 2009, p.49.

⑥ Mark Phelan, "Evidence That Stakes Don't Matter for Evidence", *Philosophical Psychology*, 2014(27:4):488-512.

上午11:45,她来到一个十字路口,抬头看到街标上写着"中央大街"。凯特看了看她的表,是上午11:45。四周的光线很好,凯特的视力很正常,而且她清楚地看了街标和她的手表。她没有特殊的理由不相信街标的准确性。她也没有特殊的理由不相信她的表的准确性。凯特可以搜集她在中央大街的更多的证据(例如,她可以去找一张地图),但是她没有这样做,因为基于街标,她已经认为她在中央大街上了。

采用7分制李克特量表("1"表示"不自信","7"表示"非常自信"),问受试者:凯特对她在中央大街应该有多大的自信?

当受试者只拿到这两个案例中的一个时,在不重要案例中平均得分为5.61,在重要案例中得分为5.79,且没有统计学上的显著差异。然而,当受试者同时拿到这两个案例(次序有打乱)时,则出现了统计学上的显著差异,并且不重要案例的平均得分为5.76,重要案例的得分为5.26。这表明,场景呈现是单一的,还是并列的,会影响知识归赋[①]。

3.场景表述的具体抽象差异效应

在《抽象＋具体＝悖论》中,辛诺特-阿姆斯特朗发现,提供的案例是抽象的,还是具体的,也是影响知识归赋不可忽视的因素。用抽象度不同的2个问题来测试受试者。其中抽象的问题是"如果一个人不能对相信一个主张提供任何充分的理由,那么这个人知道这个主张是正确的,这是可能的吗?"具体的问题是"如果你不能给出任何充分的理由相信,你相信是你母亲的这个人真的是你的母亲,那么你知道她是你的母亲是可能的吗?"结果发现,对抽象的问题,有52%的人回答"是";对具体的问题,有88%的比例回答"是"。这些结果证明,场景表述是抽象的还是具体的,会影响知识归赋直觉[②]。

4.场景表述的措辞效应

在《实验哲学:哲学遭遇现实世界》中,拉克曼(Jon Lackman)指出,受试者的反应可能受某些语言选择或场景中无关的细节的干扰。在经典的心理学实验中,人们选择拯救200人的生命,而不会采纳600人中有三分之一被救的冒险。然而,如果要求人们在让400人去死或者采纳一种600人有三分之二会死的冒险,人们会选择后者。在两种情况下提出的备选方案是相同的,只是措辞不同而已。这表明,讲故事的方式会影响人们听到它后的感情,而这反过来又会影响他们的决策[③]。

卡伦(Simon Cullen)发现问卷测量的方式也会对实验结果产生影响,他采用5分制李克特量表法和被迫选择式测量法重复了温伯格等人的实验,结果表明:在李克特条件下,有32%的实验受试者选择"只是相信",而在被迫选择条件下,有71%的参与者选择"只是相信"[④]。这个实验结果在很大的程度上说明了实验方法对实验结果的影响。

---

① 虽然问的是自信,但这里有一个预设:证据越好,越自信。而证据越充分,越有可能进行知识归赋。

② Walter Sinnott-Armstrong,"Abstract＋Concrete＝Paradox",in Joshua Knobe & Shaun Nichols (eds.),*Experimental Philosophy*,Oxford:Oxford University Press,2008,pp.220-221.

③ Jon Lackman,"The X-Philes:Philosophy meets the real world",http://www.slate.com/articles/health_and_science/science/2006/03/the_xphiles.html.

④ Simon Cullen,"Survey Driven Romanticism",Review of Philosophy and Psychology,2010(12:1):291-292.

实验证明,场景呈现的顺序怎样①,场景呈现是单一的还是并列的②,场景描写是抽象的还是具体的,所判断的句子是肯定的还是否定的③,等等,都可能会影响知识归赋。知识归赋也受谈话双方的亲疏关系、所谈的话题、谈话的场合和目的等因素的影响,因为这些语用因素也影响"知道"及其同源词使用的严格程度或标准高低。一般地说,谈话双方关系越疏远,知识归赋越严格;话题和场合越正式,知识归赋越严格。就谈话的目的而言,如果是传递知识而非娱乐,则知识归赋越严格。

三、知识归赋的人口统计学变量效应

S是否知道p,受说出"S知道p"或"S不知道p"的人影响,受归赋者的人口统计学变量影响,这种影响可以称为人口统计学变量效应。这是实验知识论的奠基之作,由温伯格等人发表于2001年的《规范性与认知直觉》④的重大发现。现有大量的实验表明,知识归赋受归赋者的种族、社会经济地位、所受哲学教育程度等因素的影响。

1. 知识归赋受归赋者的种族影响

在《规范性与认知直觉》⑤中,温伯格、尼科尔斯和施蒂希发现,虽然大多数欧裔美国大学生(即"西方人")对葛梯尔案例给出了"正确的"或传统的哲学回答,然而许多东亚(即韩国、日本和中国)和南亚(即印度、巴基斯坦、孟加拉)后裔的美国大学生却没有。他们用来探究葛梯尔案例中文化差异的直觉的案例,是葛梯尔案例之一的如下修订版:

> 鲍博有一个朋友吉尔驾驶一辆别克车多年了。鲍博因此认为,吉尔驾驶一辆美国车。然而,他并不知道的是,她的别克车最近被人偷走了,而且他也不知道的是,吉尔已经用一辆潘迪亚克车取代了它,潘迪亚克车是一种不同类型的美国车。鲍博真的知道,吉尔驾驶一辆美国车,还是他只是相信吉尔驾驶一辆美国车?⑥

---

① Eric Schwitzgebel & Fiery Cushman, "Expertise in Moral Reasoning? Order Effects on Moral Judgment in Professional Philosophers and Non-Philosophers", *Mind and Language*, 2012(27:2):135-153. Stacey Swain, Joshua Alexander & Jonathan M. Weinberg, "The Instability of Philosophical Intuitions: Running Hot and Cold on Truetemp", *Philosophy and Phenomenological Research*, 2008(76):138-155.

② Mark Phelan, "Evidence that Stakes Don't Matter for Evidence", *Philosophical Psychology*, 2014(27:4):488-512.

③ Nat Hansen & Emmanuel Chemla, "Experimenting on Contextualism", *Mind & Language*, 2013(28:3):286-321.

④ Jonathan M. Weinberg, Shaun Nichols & Stephen P. Stich, "Normativity and Epistemic Intuitions", in Joshua Knobe & Shaun Nichols(eds.), *Experimental Philosophy*, Oxford: Oxford University Press, 2008, pp.17-46.

⑤ Jonathan M. Weinberg, Shaun Nichols & Stephen P. Stich, "Normativity and Epistemic Intuitions", in Joshua Knobe & Shaun Nichols(eds.), *Experimental Philosophy*, Oxford: Oxford University Press, 2008, pp.17-46.

⑥ Jonathan M. Weinberg, Shaun Nichols & Stephen P. Stich, "Normativity and Epistemic Intuitions", in Joshua Knobe & Shaun Nichols(eds.), *Experimental Philosophy*, Oxford: Oxford University Press, 2008, p.29.

鲍博的信念是确证的，因为他熟悉吉尔的驾驶习惯；他的信念是真的，因为吉尔确实驾驶一辆美国车。然而，在绝大多数知识论者看来，确证鲍博的信念的事实和使这个信念为真的事实，在知识论上都没有用一种适当的方式相互联系起来，因此"吉尔驾驶一辆美国车"只是鲍博的信念。

实验的结果发现：74％的西方受试者同意，鲍博只相信，而不是真的知道"吉尔驾驶一辆美国车"。这是当代西方知识论的标准答案。然而，亚洲人中的情况完全颠倒，53％的东亚受试者和61％的南亚受试者认为，鲍博真的知道"吉尔驾驶一辆美国车"(参见表3-2)[①]。

表 3-2　归赋者种族对知识归赋的影响

葛梯尔案例	真的知道	只是相信
西方人	26％	74％
东亚人	53％	47％
南亚人	61％	39％

温伯格等人认为，东方人比西方人更倾向于基于相似性来作出分类判断，而在描述世界和归类事物方面，西方人更倾向于关注因果性。[②] 因此，这种差异，导致与西方人相比，东方人可能不太否认葛梯尔案例是知识。他们的结论是"在恒河河岸被看作是知识的东西在密西西比河河岸则不是！"[③]这个实验结果在一定程度上挑战了葛梯尔型直觉的普遍性，并对哲学家依赖自己的直觉来支持哲学主张的这种直觉驱使的浪漫主义(intuition-driven romanticism)构成了威胁。

癌症阴谋案例和动物园斑马案例也揭示了知识归赋的种族效应，案例为：

癌症阴谋案例：很明显，吸烟会增加得癌症的可能性。然而，现在有大量证据表明：直接食用尼古丁而没有吸它(例如，吞下一片尼古丁药丸)，并不会增加得癌症的可能性。吉姆知道这个证据，作为结果，他相信服用尼古丁不会增加得癌症的可能性。食用尼古丁不会增加得癌症的可能性这个证据，可能是烟草公司不诚实制造，并加以宣传的，这个证据实际上是假的而且是误导人的。实际上，烟草公司并没有制造这个证据，但是吉姆并没有意识到这个事实。吉姆真的知道食用尼古丁不会增加得

① Jonathan M. Weinberg, Shaun Nichols & Stephen P. Stich, "Normativity and Epistemic Intuitions", in Joshua Knobe & Shaun Nichols(eds.), *Experimental Philosophy*, Oxford: Oxford University Press, 2008, pp.30-31.

② Jonathan M. Weinberg, Shaun Nichols & Stephen P. Stich, "Normativity and Epistemic Intuitions", in Joshua Knobe & Shaun Nichols(eds.), *Experimental Philosophy*, Oxford: Oxford University Press, 2008, p.28.

③ Jonathan M. Weinberg, Shaun Nichols & Stephen P. Stich, "Normativity and Epistemic Intuitions", in Joshua Knobe & Shaun Nichols(eds.), *Experimental Philosophy*, Oxford: Oxford University Press, 2008, p.31.

癌症的可能性吗,或者他只是相信这一点?[1]

动物园斑马案例:迈克是个年轻人,有天他带着他的儿子去动物园,当他们来到斑马笼旁时,迈克指着一只动物说:"那是一匹斑马。"迈克是对的——它是一匹斑马。然而正如他所在社区的老人都知道的那样,有许多方式诱骗人们相信不是真的东西。的确,社区的老人都知道这个动物园的管理员能够巧妙地把骡子伪装成斑马,而且人们观看那些动物时不能把它们区分开来,这种可能性是存在的。如果迈克称为斑马的那只动物真的就是这样一只巧妙伪装的骡子,那么迈克仍然会认为它是一匹斑马。迈克真的知道那只动物是斑马吗,或者他只是相信这一点?[2]

实验调查发现:在癌症阴谋案例中,有10%的西方人,30%的南亚人认为,主角有知识[3]。在动物园斑马案例中,有31%的西方人,50%的南亚人认为,主角有知识。南亚人与西方人相比,显然较少否认这些主角有知识(参见下表)。[4]

表3-3 癌症阴谋案例和动物园斑马案例对知识归赋种族效应的揭示

	癌症阴谋案例		动物园斑马案例	
	真的知道	只是相信	真的知道	只是相信
西方人	10%	90%	31%	69%
南亚人	30%	70%	50%	50%

温伯格等人的实验还发现:在个人主义的特鲁特普案例中,有32%的西方人,12%的东亚人认为,主角真的知道;在长者特鲁特普案例中,有35%的西方人,25%的东亚人认为,主角真的知道;在社区广泛的特鲁特普案例中,有20%的西方人,32%的东亚人认为,主角真的知道。[5] 这些结果证明,在东方人与西方人之间有显著的知识归赋直觉差异。

在《元怀疑主义:民族方法学的思考》中,尼科尔斯、施蒂希和温伯格发现,东亚人比西

---

[1] Jonathan M. Weinberg, Shaun Nichols & Stephen P. Stich, "Normativity and Epistemic Intuitions", in Joshua Knobe & Shaun Nichols (eds.), *Experimental Philosophy*, Oxford: Oxford University Press, 2008, pp.30-31.

[2] Jonathan M. Weinberg, Shaun Nichols & Stephen P. Stich, "Normativity and Epistemic Intuitions", in Joshua Knobe & Shaun Nichols (eds.), *Experimental Philosophy*, Oxford: Oxford University Press, 2008, p.32.

[3] Jonathan M. Weinberg, Shaun Nichols & Stephen P. Stich, "Normativity and Epistemic Intuitions", in Joshua Knobe & Shaun Nichols (eds.), *Experimental Philosophy*, Oxford: Oxford University Press, 2008, pp.31-32.

[4] Jonathan M. Weinberg, Shaun Nichols & Stephen P. Stich, "Normativity and Epistemic Intuitions", in Joshua Knobe & Shaun Nichols (eds.), *Experimental Philosophy*, Oxford: Oxford University Press, 2008, pp.31-32.

[5] Jonathan M. Weinberg, Shaun Nichols & Stephen P. Stich, "Normativity and Epistemic Intuitions", in Joshua Knobe & Shaun Nichols (eds.), *Experimental Philosophy*, Oxford: Oxford University Press, 2008, pp.27-32.

方人更不太可能赞同怀疑主义的主张和论证。[①]

还有研究表明,知识归赋的直觉受归赋者语言背景的显著影响。维森(Krist Vaesen)等人发现,母语是英语的受试者的知识判断明显不同于母语是荷兰语、德语或瑞典语的受试者的知识判断。[②] 他们使用的一个场景是:

> 鲍里斯问他的妹妹斯蒂菲是否知道水的沸点。斯蒂菲拥有化学博士学位,正确地回答说:"是的,我知道。水的沸点在海平面上是 100 摄氏度,212 华氏度。"[③]

维森等人发现,与说英语的人相比,荷兰人不太同意斯蒂菲提供的信息有知识的资格。尤其值得注意的是,这种效应在受过正式训练的哲学家那里也出现了。这表明即使专家的直觉也容易受到语言背景的影响。

然而,博伊德和内格尔对温伯格等人的结论与理论基础提出了批评,他们认为,不具可重复性是对温伯格等人结论的巨大挑战,而且,尼斯比特为他们提供了主要灵感来源,并对东西方推理的差异(即前者更倾向"整体的"推理,后者更倾向"分析的"推理[④]),和葛梯尔案例的认知直觉的差异性没有提供合理的解释。温伯格等人指出,尼斯比特的研究表明,西方人强调因果关系,而东方人则强调相似关系,但这不能解释东西方人在葛梯尔案例中直觉的差异性。[⑤] 而且尼斯比特的研究假定了这两种不同文化的人员之间有两种不同的思维方式,然而,有研究表明,在相似的诱因条件下,给定相似的产生分析的或整体的思维方式的诱因,每种文化的成员将按照相似的方式进行思考。[⑥] 人们也可以质疑尼斯比特的研究本身的经验的可信赖性。它主张,东亚人容忍矛盾,且在以原则为基础的推理上较弱。这些观点在随后的经验测试中,甚至在分析原初的数据上都站不住脚。[⑦] 有理由相信,尼斯比特的研究高估了(overstated)文化差异性对认知直觉差异性的影响。大量的跨文化相似性给我们理由相信认知直觉更可能是彼此一致的,而非不同。例如,在读

---

① Shaun Nichols, Stephen Stich & Jonathan M. Weinberg, "MetaSkepticism: Meditations in Ethno-Methodology", in Stephen Luper(ed.), *The Skeptics*, Aldershot, England: Ashgate Publishing, 2003, p. 227.

② Krist Vaesen, Martin Peterson & Bart Van Bezooijen, "The Reliability of Armchair Intuitions", *Metaphilosophy*, 2013(44:5):559-578.

③ Krist Vaesen, Martin Peterson and Bart Van Bezooijen, "The Reliability of Armchair Intuitions", *Metaphilosophy*, 2013(44:5):568-569.

④ Richard Nisbett, Keyin Peng, Incheol Choi & Ara Norenzayan, "Culture and systems of thought: Holistic versus analytic cognition", *Psychological Review*, 2001(108):291-310.

⑤ Kenneth Boyd & Jennifer Nagel, "The Reliability of Epistemic Intuitions", in Edouard Machery, Elizabeth O'Neill(eds.), *Current Controversies in Experimental Philosophy*, Oxford: Routledge, 2014, pp.116-117.

⑥ Xinyue Zhou, Lingnan He, Qing Yang, Junpeng Lao & Roy F.Baumeister, "Control Deprivation and Styles of Thinking", *Journal of Personality and Social Psychology*, 2012(102:3):460-478.

⑦ Sara J.Unsworth & Douglas L.Medin, "Cultural Differences in Belief Bias Associated with Deductive Reasoning?" *Cognitive Science*, 2005(29):525-529.

心术(mindreading)(即"用他们基础的精神状态的术语翻译、预测和解释他人行为的能力")的发展上不同文化之间有非常大的相似性。① 西格尔指出,跨文化研究表明,心灵发展理论"在不同种族中是相同的"②。韦尔曼等人论证说,在处理错误信念任务上"纵使在不同的国家里,也表现出一致的发展模式"③。读心术的跨文化差异研究关注表现上的不一致,而非基础能力上的不一致,事实上,基础能力(underlying competence)是相同的④。读心术中跨文化差异的经验数据没有支持不同文化间知识的基本结构特征是不同的这种主张。在结构层面上,强调的是共性:"我们可以推定,在所有文化中的人都按照相同的基本原则操作——我们都是有感情的,我们都有知识、信念、愿望和意图,而这些精神状态在本质上按照相似的方式相互影响。"⑤

金(Minsun Kim)和袁(Yuan Yuan)曾对温柏格等人的实验进行重复。方法与温柏格等人的实验相同,案例是逐字逐句翻译的,受试者中的东亚人人数是温柏格等人实验的3.5倍,在汽车葛梯尔型实验中,没有发现有跨文化差异。⑥

这表明知识归赋是否受种族影响,仍是有争议的。

2.知识归赋受归赋者社会经济地位的影响

温伯格等人还发现,在斑马案例中,社会经济地位的差异,影响知识归赋直觉。他们改版的斑马案例如下:

> 帕特和他的儿子在动物园,当他们来到斑马笼旁时,帕特指着一只动物说:"那是一匹斑马。"帕特是对的——它是一匹斑马。然而,假定参观者与斑马笼之间有一定距离,帕特不能区分一匹真斑马与一只巧妙伪装看上去像是一匹斑马的骡子。如果那只动物真的是一匹巧妙伪装的骡子,帕特也会认为它是一匹斑马。帕特真的知道那只动物是一匹斑马吗,或者他只是相信这一点?⑦

实验结果表明,有33%的低社会经济地位的受试者认为"主角真的知道那只动物

① Brian J. Scholl & Alan M. Leslie, "Modularity, Development and 'Theory of Mind'", *Mind & Language*, 1999(14):132.

② Gabriel Segal, "The Modularity of Theory of Mind", in Peter Carruthers and Peter K. Smith (eds.), *Theories of Theories of Mind*, Oxford: Cambridge University Press, 1996, p.153.

③ Henry M. Wellman, David Cross & Julanne Watson, "Meta-Analysis of Theory-of-Mind Development: The Truth about False Belief", *Child Development*, 2001(72):655.

④ Shali Wu & Boaz Keysar, "The Effect of Culture on Perspective Taking", *Psychological Science*, 2007(18):600-606.

⑤ Ian Apperly, *Mindreaders: The Cognitive Basis of "Theory of Mind"*, Hove and Oxford: Psychology Press, 2011, p.165.

⑥ Minsun Kim & Yuan Yuan, "No Cross-Cultural Differences in the Gettier Car Case Intuition: A Replication Study of Weinberg et al. 2001", *Episteme*, 2015(12:3):355-361.

⑦ Jonathan M. Weinberg, Shaun Nichols & Stephen P. Stich, "Normativity and Epistemic Intuitions", in Joshua Knobe & Shaun Nichols(eds.), Experimental Philosophy, Oxford: Oxford University Press, 2008, p.33.

是一匹斑马",认为"主角只是相信"的人数占 67％;高社会经济地位的受试者认为主角真的知道的比例只有 11％,认为只是相信的比例高达 89％。[1] 对这种差异,有人提出解释说,与低社会经济地位的受试者相比,高社会经济地位的受试者更愿意接受较弱的"知识否决因子(knowledge-defeaters)",因为低社会经济地位的受试者有最低的知识标准。[2]

在癌症阴谋案例中,低社会经济地位的受试者与高社会经济地位的受试者认为"吉姆真的知道食用尼古丁不会增加得癌症的可能性"的比例,分别为 50％与 18％。社会经济地位低的人比社会经济地位高的人,更容易基于证据进行知识归赋,甚至在补充了这些证据可能是烟草公司编造和宣传的情况下也是如此。[3] 这表明,不同社会经济地位的受试者之间也存在有知识归赋的差异。这种差异可以通过"社会经济地位低的受试者有较低的知识标准"这种假设来解释[4],而不是说,社会经济地位高的受试者是阴谋论易受骗的消费者,从而有较低的标准把什么当作相关的反可能性(counterpossibility)。与社会经济地位低的受试者相比,高社会经济地位的受试者坚持较高的知识标准。

3.知识归赋受归赋者所受哲学教育的程度影响

在《元怀疑主义:民族方法学的思考》中,尼科尔斯等人发现,在缸中之脑假设的情境下,对"乔治真的知道他有腿"问题,上过三门或更多哲学课的受试者,与只上过两门或更少哲学课的受试者的回答是不同的,前者只有 20％的人回答"是",后者回答"是"的人有55％。[5] 我们经常发现,受过哲学训练的人所使用的直觉不同于大街上的男男女女所拥有的直觉,他们更能深思熟虑。

迈尔斯-舒尔茨(Blake Myers-Schulz)和斯伟茨格贝尔(Eric Schwitzgebel)最近用实验证明,训练有素的哲学家与没有受过哲学训练的非哲学家对知识的必要条件的直觉有重要的差异。[6] 虽然知识论者历来认为,命题知识蕴涵信念,但是他们的实验却挑战了这个假设。他们使用的一个案例是:

---

[1] Jonathan M. Weinberg, Shaun Nichols & Stephen P. Stich, "Normativity and Epistemic Intuitions", in Joshua Knobe & Shaun Nichols(eds.), Experimental Philosophy, Oxford:Oxford University Press, 2008, p.33.

[2] Jonathan M. Weinberg, Shaun Nichols & Stephen P. Stich, "Normativity and Epistemic Intuitions", in Joshua Knobe & Shaun Nichols(eds.), Experimental Philosophy, Oxford:Oxford University Press, 2008, p.34.

[3] Jonathan M. Weinberg, Shaun Nichols & Stephen P. Stich, "Normativity and Epistemic Intuitions", in Joshua Knobe & Shaun Nichols(eds.), Experimental Philosophy, Oxford:Oxford University Press, 2008, p.34.

[4] Jonathan M. Weinberg, Shaun Nichols & Stephen P. Stich, "Normativity and Epistemic Intuitions", in Joshua Knobe & Shaun Nichols(eds.), *Experimental Philosophy*, Oxford:Oxford University Press, 2008, p.34.

[5] Shaun Nichols, Stephen Stich & Jonathan M. Weinberg, "MetaSkepticism:Meditations in Ethno-Methodology", in Stephen Luper(ed.), *The Skeptics*, Aldershot, England:Ashgate Publishing, 2003, pp.241-242.

[6] Blake Myers-Schulz & Eric Schwitzgebel, "Knowing That P Without Believing That P", *Noûs*, 2013(47:2):371-384.

凯特花了很多时间准备历史考试。她现在正在参加考试。直到她做到最后一道题时,一切都很顺利。这道题是:"伊丽莎白女王死于哪一年?"凯特复习这个日期多次。她甚至在几小时前还把这个日期背诵给一位朋友。因此,当凯特看到这是最后一道题时,她松了一口气。她自信地低下头看着空格处,等着回忆起这个答案。然而,在她记起它之前,老师打断她并宣布说:"好吧,考试就快结束了。再多给一分钟给你最后确定你的答案。"凯特的举止突然改变。她抬头看了一下钟,开始变得慌乱和担心了。"哦,不!在这种压力下我不能表现得好。"她紧握铅笔,尽力回忆答案,却没有记起来。她很快失去了信心。她对自己说:"我想我只能猜这个答案了"。失望地叹了一口气后,她决定把"1603"填进空格。事实上,这是正确的答案。

他们调查的对象都是没有受过哲学训练的普通受试者。他们问一组受试者故事的主角知道什么,问另一组受试者主角相信什么。第一组有 87% 的受试者说,凯特知道伊丽莎白女王在 1603 年去世;在第二组中,只有 37% 的受试者说凯特相信它。通过构建一系列包含隐含的偏见、健忘以及对故事的情绪反应的场景,迈尔斯-舒尔茨等人发现,受试者更多认为主体有知识而非信念。这与主流知识观的知识三元定义不相同,这不仅表明没有受过哲学训练的普通受试者与受过训练的知识论者的知识归赋直觉不同,而且对"知识蕴涵信念"的哲学观点提出了挑战。

辛诺特-阿姆斯特朗认为:"哲学课可能加强他们抽象思考的倾向,但是他们可能一开始就有朝向抽象的某种倾向,要不他们就不会上哲学课或者寻找更多的哲学。"[1]克莱因等人发现,当人们开始更好地了解别人时,他们倾向于从情节的具体描述转换到一般特征的抽象描述。[2]辛诺特-阿姆斯特朗认为,这种趋势可能有助于解释为什么更熟悉哲学的人也倾向于更多地朝向抽象的思想而不是具体的例证。[3]

四、知识归赋不受归赋者生理性别的影响[4]

生理性别因素是人口统计学变量中的重要变量,在前面一节中之所以不加以讨论,不是因为没有实验发现知识归赋中有受生理性别因素影响的现象,而是因为有实验表明知识归赋受生理性别因素影响的结论不太合理。由于知识归赋是否受生理性别的影响关系到男女平等这个重要的现实问题,具有十分重要的理论意义和政治意义,故另立一节加以讨论。

① Walter Sinnott-Armstrong,"Abstract+Concrete=Paradox",in Joshua Knobe & Shaun Nichols (eds.),*Experimental Philosophy*,Oxford:Oxford University Press,2008,p.219.

② Stanley B.Klein,Leda Cosmides,John Tooby & Sarah Chance,"Decisions and the Evolution of Memory:Multiple Systems,Multiple Functions",*Psychological Review* 2002(109):306-329.

③ Walter Sinnott-Armstrong,"Abstract+Concrete=Paradox",in Joshua Knobe & Shaun Nichols (eds.),*Experimental Philosophy*,Oxford:Oxford University Press,2008,p.227,n.15.

④ 这部分内容主要是根据《哲学领域的性别差异与哲学直觉的性别差异研究》(曹剑波:《哲学领域的性别差异与哲学直觉的性别差异研究》,《哲学与文化》2015 年第 493 期)、《"女人不宜搞哲学"之批判》(曹剑波:《"女人不宜搞哲学"之批判》,《妇女性别研究》2016 年第 3 辑)和《哲学领域女性偏少的现象、原因及其应对策略》(曹剑波、左兴玲:《哲学领域女性偏少的现象、原因及其应对策略》,《厦门大学学报(哲学社会科学版)》2017 年第 3 期)中的观点改写而成。

1.知识归赋受归赋者生理性别影响的证据

在 2008 年出版的《规范性与认知直觉》中，温伯格、尼科尔斯和施蒂希认为，"我们确信，在更深入的探讨中，性别差异将是一个重要的领域。"[①]在《社会性别与哲学直觉》[②]一文中，巴克沃尔特和施蒂希研究了哲学直觉的性别差异与哲学领域女性偏少的现象的关系。他们以 13 个思想实验的数据力图证明，在标准的思想实验上，哲学直觉存在性别差异。他们认为，女性在哲学领域偏少源于女性是哲学"选择效应"的受害者，源于女性不适合学习哲学。如果哲学的共识被认为是哲学能力的必要条件，那么有非正统直觉的人将会被淘汰。如果哲学共识是由几乎都是男性的共同体所形成，那么男性的直觉将构成哲学的主流。如果女性的直觉与男性的直觉有系统性的不同，那么与男性的直觉相关，她们的直觉会不太可能得到主流观点的同意，她们也因而更容易被淘汰。女性的哲学直觉偏离主流哲学家的直觉，因此在学习哲学时会感到不安、困惑，甚至产生挫折感，认为自己不擅长哲学，从而放弃哲学[③]。他们用哲学直觉的性别差异来解释哲学领域女性偏少的现象，由于其观点新颖，又有实验数据的支持，再加上他们的大力宣传，引起了很多人的附和，同时也产生了激烈的争论[④]。

巴克沃尔特和施蒂希的 13 个思想实验包括葛梯尔案例、缸中之脑案例和董事长案例在内的 3 个与知识归赋相关的实验，包括与智能判断相关的汉字小屋案例实验，包括苹果案例和机器人案例在内的 2 个与意识判断相关的实验，包括与指称判断相关的孪生地球案例实验，包括因果偏差案例、电车案例、木板案例、小提琴手案例、治安官与暴民案例和大爆炸案例在内的 6 个与道德判断相关的实验。下面仅详细介绍与知识归赋相关的 3 个实验。

1.1 葛梯尔型案例知识归赋的性别差异

在《知识是主观的吗？成人认知直觉的生理性别差异》[⑤]中，斯塔曼斯（Christina Starmans）和弗里德曼（Ori Friedman）提到了 2 个类似葛梯尔案例的实验研究。受试者是加拿大滑铁卢大学的本科生。在第一个实验中，人数共 140 人，其中 84 名男性，56 名女性。受试者阅读了下面手表/书本葛梯尔型的思想实验：

> 彼得在他锁上门的公寓里看书。他想洗个澡，于是把书放在茶几上。接着，他取
> 下手表，也放在茶几上，然后就走进了浴室。当彼得开始洗澡时，一个窃贼偷偷地溜

---

① Jonathan Weinberg, Shaun Nichols & Stephen Stich, "Normativity and Epistemic Intuitions", Joshua Knobe & Shaun Nichols(eds.), *Experimental Philosophy*. Oxford：Oxford University Press, 2008, p.45, footnote 30.

② 此文在 2010 年 9 月就已经写成，但直到 2014 年《实验哲学》第 2 卷才正式出版。Wesley Buckwalter & Stephen Stich, "Gender and philosophical intuition", in Joshua Knobe & Shaun Nichols(eds.), *Experimental Philosophy* (Vol. 2).Oxford：Oxford University Press, 2014, pp.307-346.

③ Wesley Buckwalter & Stephen Stich, "Gender and Philosophical Intuition", in Joshua Knobe & Shaun Nichols (eds.) *Experimental Philosophy*(Vol.2), Oxford：Oxford University Press, 2014, p.331.

④ Louise Antony, "Different Voices or Perfect Storm：Why Are There So Few Women in Philosophy?" *Journal of Social Philosophy*, 2012(43：3)：227.

⑤ Wesley Buckwalter & Stephen Stich, "Gender and Philosophical Intuition", in Joshua Knobe & Shaun Nichols (eds.) *Experimental Philosophy*(Vol.2), Oxford：Oxford University Press, 2014, pp.312-314.

进了彼得的公寓。窃贼取走了彼得的手表,在原来的位置换上了一块廉价的塑料手表,然后离开了。彼得只洗了两分钟,他什么也没有听见。

在第二个实验中,受试者共 112 人,其中 54 名男性,58 名女性。他们阅读了戒指/餐叉葛梯尔型的思想实验:

> 苏想下厨。她取下结婚戒指,放在桌上,靠近一把不洁净的餐叉旁。她发现没有洗碗液了,于是就锁上她的公寓,到楼下商店去买。苏的邻居欧内斯特有点怪癖,喜欢通过窥视孔暗中偷看苏。当苏走后,他撬开锁进到她的公寓,拿走了她的结婚戒指,并换上了从口香糖机(gumball machine)那里取得的廉价塑料戒指。他锁上她公寓的门,返回家。苏只走了 5 分钟,现在她正在回家的路上。

读完后,为确定受试者是否理解了故事的细节,实验者问了受试者三个理解检测题。然后,又问:

> 彼得真的知道茶几上有一块手表,还是只是相信它?
> 苏真的知道桌子上有一个戒指,还是只是相信它?

结果表明:与男性受试者相比,女性受试者说主角真的知道的比例显著高于男性。其中男性认为手表/书本葛梯尔型案例和戒指/餐叉葛梯尔型案例是知识的分别为 41% 和 36%[1],女性分别为 71% 和 75%[2](见下表)。实验结果表明,在这些回答中存在着显著的性别差异。男性比女性更容易否认葛梯尔型案例中的主角拥有知识,这与主流知识论的观点一致。

表 3-4　葛梯尔型案例知识归赋的性别差异

	手表/书本葛梯尔型案例		戒指/餐叉葛梯尔型案例	
	真的知道	只是相信	真的知道	只是相信
男	41%	59%	36%	64%
女	71%	29%	75%	25%

斯塔曼斯和弗里德曼猜想,这种差异的产生并不是因为男性总的来说不愿意进行知识的归赋,或者女性普遍地乐意进行知识的归赋。这种性别差异可能部分是由于女性普遍地更情感化,比男性更容易采纳他人的观点。

斯塔曼斯和弗里德曼后来报道说,在他们的一系列实验中,没有发现生理性别、教育水平或呈现顺序在知识归赋中的显著影响。[3] 毕比和谢(Joseph Shea)引用了他们的说

---

① 费希尔精确测试 p<0.05。
② N=112,其中 54 名男性,58 名女性。费希尔精确测试 p<0.01。
③ Christina Starmans & Ori Friedman,"The Folk Conception of Knowledge",*Cognition*,2012 (124):275.

法,先前发现的葛梯尔案例中知识归赋直觉的性别差异只是侥幸的结果。[①] 后续的重复的实验也没有发现认知直觉的性别差异[②]。在《外行否认知识是确定的真信念》[③]一文中,内格尔等人在一项调查葛梯尔案例的直觉中,没有发现任何基于性别的差异。

1.2 缸中之脑案例知识归赋的性别差异

普特南的缸中之脑案例引发了当代西方知识论对怀疑主义问题的持久论争。巴克沃尔特和施蒂希以缸中之脑案例为场景,对知识归赋直觉作了问卷调查。受试者总人数为63人,其中男性24名,女性39名。他们为受试者提供了尼科尔斯、施蒂希和温伯格改版的缸中之脑案例[④]。

巴克沃尔特和施蒂希在让受试者回答了理解题以确保他们理解这个故事后,再让他们看"乔治知道他不是一个虚拟现实的大脑"这个句子,并要求在7分中作出选择("1"表示"完全不同意","4"表示"在两者之间","7"表示"完全同意")。结果是男性受试者的平均得分为5.62,女性为6.72,女性明显比男性更可能同意乔治知道他不是一个虚拟现实的大脑[⑤]。[⑥]

1.3 董事长案例知识归赋的性别差异

伴随有意行为所产生的没有意识到的间接效果,被称为副作用。对于这种作用,我们通常会认为它们是无意而为,对其判断不会受它的道德性影响。然而,诺布发现,与副作用是好的相比,当副作用是坏的时,人们更容易说,行动者是故意带来这种副作用的。在他的董事长案例中,在危害的情况下,82%的参加者同意董事长故意危害环境,而在帮助的情况下,有77%的受试者否认董事长有意帮助环境。副作用的好坏影响人们对副作用是否是有意而为的这种现象被称为诺布效应,而且这种非对称判断已经被广泛地重复。[⑦]

---

① James Beebe & Joseph Shea,"Gettierized Knobe Effects",*Episteme*,2013(10:3):221.

② Hamid Seyedsayamdost,"On Gender and Philosophical Intuition:Failure of Replication and Other Negative Results",*Philosophical Psychology*,2015(28:5):642-673.

③ Jennifer Nagel,Valerie San Juan & Raymond A. Mar,"Lay Denial of Knowledge for Justified True Beliefs",*Cognition*,2013(129):652-661.

④ Shaun Nichols,Stephen Stich & Jonathan M. Weinberg,"MetaSkepticism:Meditations in Ethno-Methodology",in S.Luper(ed.),*The Skeptics*,Aldershot,England:Ashgate Publishing,2003,pp.241-242. 为了避免重复,具体案例见《怀疑主义直觉的实验研究》中"2.缸中之脑假设直觉的多样性"。

⑤ N=63,其中24名男性,39名女性。男性受试者的平均得分为5.62,SD=1.97;女性受试者的平均得分为6.72,SD=0.76。独立样本t检验揭示这两个群体之间有显著的差异,t(61)=－3.12,p<0.01,d=0.81。Wesley Buckwalter & Stephen Stich,"Gender and philosophical intuition",in Joshua Knobe & Shaun Nichols(eds.),*Experimental Philosophy* (Vol. 2). Oxford:Oxford University Press,2014,p.341,fn.29.

⑥ Wesley Buckwalter & Stephen Stich,"Gender and philosophical intuition",in Joshua Knobe & Shaun Nichols(eds.),*Experimental Philosophy* (Vol. 2). Oxford:Oxford University Press,2014,pp.324-325.

⑦ Joshua Knobe,"Intentional Action and Side Effects in Ordinary Language",*Analysis*,2003(63):190-193.

《知识与行动之间的令人震惊的联系:认知副作用效应的坚实性》[1]和《认知副作用效用》[2]都发现了知识归赋的诺布效应。在《认知副作用效用》中,毕比和巴克沃尔特提供给749名受试者(其中405名男性)的场景是帮助/危害版本的董事长案例。实验结果发现,女性比男性更可能说,当副作用是好的时,行动者不知道行动将带来这种副作用。在帮助情况下,男性的平均得分为1.27,而女性的平均得分为0.65。与副作用是好的相比,当副作用是坏的时,女性比男性更可能说,场景中的核心主角是这个结果产生的原因。[3]

关于意图与知识的直觉并不是诺布的副作用效应唯一的表现。有许多直觉(包括关于因果关系的直觉)都有类似的效果。巴克沃尔特和施蒂希设计了一个实验,来研究这样一些缺乏因果关系案例中的直觉,在其中,行动者未能采取行动促进一个正面价值的或负面价值的结果。

在一个 2×2 的受试者的实验设计中,受试者共415人,251名女性,160名男性,4个未作性别报告。每个参与者接受了四个小场景中的一个,这四个小场景的结构与诺布的董事长案件类似。每对小场景不同:首先,它们中的两个明确宣称主角未能采取行动是故意的,而在其他两个中,主角未能采取行动不是故意的。其次,在两个小场景中,结果是正面价值的,而其他两个的结果是负面价值的。下面两个小场景中的主角未能采取行动是故意的:

有意帮助:宝洁公司刚刚收购了一个小农村社区中的所有公用公司。以前的厂主疏忽发电厂的安全,而且许多管道泄漏某种化学物质到当地村镇的供水系统。这种化学物质富含植物的天然营养素,而且一定会使收成倍增。当宝洁公司总裁发现了泄漏时,他心想:"真好! 如果我不修理泄漏,当地作物会更茂盛。"希望这将有助于作物,他决定什么也不做。果然,庄稼茂盛,收成翻倍了。

故意伤害:宝洁公司刚刚收购了一个小农村社区中的所有公用公司。以前的厂主疏忽发电厂的安全,而且许多管道泄漏某种化学物质到当地村镇的供水系统。这种化学物质对植物有害,而且一定会使收成减半。当宝洁公司总裁发现了泄漏时,他心想:"真好! 如果我不修理泄漏,村民的所有作物都会死去,他们将别无选择只能从我们这里购买他们的所有食品。想想所有这些利润吧。"希望它将损害庄稼,他决定什么也不做。果然,庄稼死亡,村民损失了一半收成。

在另2个小场景即无意帮助和无意危害中,总裁心理状态的信息被忽略了,斜体中的句子由下面的句子取代:宝洁公司的总裁不知道泄漏,而且也没有化学物质可能会影响村

① James R. Beebe & Mark Jensen,"Surprising Connections Between Knowledge and Action:The Robustness of the Epistemic Side-Effect Effect",*Philosophical Psychology*,2012(25:5):689-715.
② James Beebe & Wesley Buckwalter,"The Epistemic Side-Effect Effect",*Mind & Language*,2010(25:4):474-498.
③ Wesley Buckwalter & Stephen Stich,"Gender and philosophical intuition",in Joshua Knobe & Shaun Nichols(eds.),*Experimental Philosophy* (Vol. 2). Oxford:Oxford University Press,2014,pp. 321-322.

民作物的想法。阅读这些小场景后,参与者被问了 2 个问题。第一个问题是:"宝洁公司的总裁应值得多少(赞扬/责备)?"参与者回答 7 点评分("1"表示"根本不应受到责备/称赞","7"表示"应受到非常的责备/称赞")。在第二个问题中,他们被问下面的语句表明自己的同意程度:"因为没有修理管道,宝洁公司的总裁是(提高/减少)收成的原因?"7 点评分中"1"表示"强烈不同意","7"表示"强烈同意"。

结果是:有意帮助的平均得分为 3.89,有意伤害的平均得分为 5.50,无意帮助的平均得分为 3.51,无意伤害的平均得分为 4.50。[①] 参与者断定,总裁在危害条件下应该受到更多的指责,在帮助条件下应该得到较少的赞扬。与无意条件相比,在有意条件下,他们赋予了更多的赞扬或责备。对因果关系问题的回答揭示出一个类似的模式。与结果是好的相比,当结果是坏的时,与结果是无意的相比,当结果是有意的时,参与者更容易视总裁为产生结果的重要原因。这与诺布效应的结果相同。两性在这个调查中的回答,表现出性别差异:女性的平均得分在帮助中为 3.48,在危害中为 5.11;男性的平均得分在帮助中为 4.1,在危害中为 4.83。[②] 结果表明,女性比男性更容易同意,当结果是坏的时,总裁是结果的重要原因,而且女性比男性更容易不同意,当结果是好的时,总裁是结果的重要原因。[③]

2.知识归赋不受归赋者生理性别影响的证据

借用巴克沃尔特和施蒂希的数据,沿用他们的思路,哲学直觉的性别差异不仅可以解释哲学领域女性偏少的现象,而且可以解释中西哲学教师的差距。然而,有证据表明,哲学直觉不存在性别差异。

在《认知直觉的可靠性》中,博伊德(Kenneth Boyd)和内格尔对巴克沃尔特和施蒂希的结论与理论基础提出了批评,并认为他们的结果"只是碰巧的",大多数研究证明,男女的反应是相似的。[④] 在《论性别与哲学直觉:不能重复和其他的否定结果》[⑤]中,赛义德萨亚穆达斯特(Hamid Seyedsayamdost)在教室里、机械玩童(Mechanical Turk)和调查猴子

[①]　有意帮助的平均得分为 3.89(SD=1.88),有意伤害的平均得分为 5.50(SD=1.59),无意帮助的平均得分为 3.51(SD=1.97),无意伤害的平均得分为 4.50(SD=1.71)。有意的主效应有显著性,$F(1,411)=15.17,p<0.001$。效价的主效应也明显,$F(1,411)=54.83,p<0.001$。Wesley Buckwalter & Stephen Stich,"Gender and philosophical intuition",in Joshua Knobe & Shaun Nichols(eds.),*Experimental Philosophy* (Vol. 2). Oxford:Oxford University Press,2014,p.341,fn.23.

[②]　女性在帮助中平均得分 3.48(SD=1.87),在伤害中平均得分 5.11(SD=1.67);男性在帮助中平均得分 4.1(SD=1.98),在伤害中平均得分 4.83(SD=1.79)。这些因素之间存在显著的相互作用,$F(1,407)=6.11,p<0.05$。Wesley Buckwalter & Stephen Stich,"Gender and philosophical intuition",in Joshua Knobe & Shaun Nichols(eds.),*Experimental Philosophy* (Vol. 2). Oxford:Oxford University Press,2014,p.341,fn.24.

[③]　Wesley Buckwalter & Stephen Stich,"Gender and philosophical intuition",in Joshua Knobe & Shaun Nichols(eds.),*Experimental Philosophy* (Vol. 2). Oxford:Oxford University Press,2014,pp.322-324.

[④]　Kenneth Boyd & Jennifer Nagel,"The Reliability of Epistemic Intuitions",in Edouard Machery,Elizabeth O.Neill(eds.),*Current Controversies in Experimental Philosophy*,Oxford:Routledge,2014,pp.117-118.

[⑤]　Hamid Seyedsayamdost,"On Gender and Philosophical Intuition:Failure of Replication and Other Negative Results",*Philosophical Psychology*,2015(28:5):642-673.

(SurveyMonkey)上重做了巴克沃尔特和施蒂希的大多数实验,发现其结果很多都不能重复。他还用了三种方法对其数据进行分析。第一种方法排除这四种条件的受试者:1)回答理解题错误;2)回答人口统计学问题的时间少于 30 秒;3)第一语言不是英语;4)上过哲学课的。第二种方法除排除前面四种条件外,还排除了以前看过相关案例的受试者。赛义德萨亚穆达斯特认为,如果排除以前看过相关案例的受试者,那么调查猴子上的数据就不够大,他虽然有分析,但认为数据不具说服力。因此,我们不对赛义德萨亚穆达斯特第二种方法的分析数据进行介绍。第三种方法分析有哲学背景但没有看过相关案例的五种条件受试者:1)回答理解题正确;2)回答人口统计学问题的时间多于 30 秒;3)第一语言是英语;4)以前没有看过这个场景;5)上过 1~3 门哲学课。

在《男人与女人有不同的哲学直觉吗?另外的数据》[①]中,阿德勒伯格(Toni Adleberg)等人重复了巴克沃尔特和施蒂希的几乎所有实验。受试者为参加佐治亚州立大学 2012 年夏季学期批判性思维课程的本科生。通过 QuestionPro 调查网完成调查的受试者获得了额外的得分。受试者分 2 组。第一组 136 人,其中女性 84 人,男性 52 人。他们按如下顺序被分配了 7 个场景:大爆炸案例、孪生地球案例、小提琴手案例、葛梯尔案例、正面正常案例、负面反常案例、电车案例。第二组 158 人,其中女性 87 人,男性 71 人。他们按如下顺序被分配了 7 个场景:汉字小屋案例、木板案例、治安官与暴行案例、缸中之脑案例、正面反常案例、负面正常案例、机器人案例。每位受试者都要求回答一个基本的检查注意的问题(attention check question),没有回答的受试者在结果的分析中被排除。在第一组中,有 20 人,在第二组中有 8 人,因没有回答检查注意问题被排除;在第一组中有 3 人,第二组中有 1 人,因没有报告其性别也被排除。[②]

下面将依照前面介绍证明知识归赋存在性别差异的顺序,对赛义德萨亚穆达斯特和阿德勒伯格等人的实验结果进行介绍,并说明为什么他们的实验结果更可信。

2.1 葛梯尔型案例的知识归赋不存在性别差异

为了检验葛梯尔型案例的直觉是否具有性别差异,赛义德萨亚穆达斯特在教室和网上对温伯格等人的汽车葛梯尔案例、特鲁特普案例、斑马案例和癌症阴谋案例这 4 个他认为属于葛梯尔型的案例进行了调查。

在教室里对汽车葛梯尔案例进行调查的结果是,男性说真正知道的是 20%,女性为 7%,男女之间存在统计学上的显著差异[③]。[④]然而,调查猴子网的统计结果没有发现男女

---

① Toni Adleberg, Morgan Thompson & Eddy Nahmias, "Do Men and Women Have Different Philosophical Intuitions? Further Data", *Philosophical Psychology*, 2015(28:5):615-641.

② Toni Adleberg, Morgan Thompson & Eddy Nahmias, "Do Men and Women Have Different Philosophical Intuitions? Further Data", *Philosophical Psychology*, 2015(28:5):620-621.

③ N=137,其中 71 名男性,66 名女性。男性说真正知道的是 20%,女性为 7%。卡方测试结果是 $\chi^2(1)=4.222$,p=0.040,p—exact=0.049。

④ Hamid Seyedsayamdost, "On Gender and Philosophical Intuition: Failure of Replication and Other Negative Results", *Philosophical Psychology*, 2015(28:5):664.

之间存在统计学上的显著差异①。② 道德感测试网站(Moral Sense Test website)的调查为,男性说真正知道的是 25%,女性为 18%,也没有发现统计学上的显著差异③。④

调查猴子网上特鲁特普案例的统计结果是,男性说真正知道的是 23%,女性为 29%,没有发现统计学上的显著差异⑤。⑥

癌症阴谋案例是:

> 很明显,吸烟会增加得癌症的可能性。然而,现在有大量证据表明:直接食用尼古丁而没有吸它(例如,吞下一片尼古丁药丸),并不会增加得癌症的可能性。吉姆知道这个证据,作为结果,他相信服用尼古丁不会增加得癌症的可能性。食用尼古丁不会增加得癌症的可能性这个证据,可能是烟草公司不诚实制造的,并加以宣传的,这个证据实际上是假的而且是误导人的。现在,烟草公司实际上并没有制造这个证据,但是吉姆并没有意识到这个事实。吉姆真的知道食用尼古丁不会增加得癌症的可能性吗,或者他只是相信这一点?

在调查猴子网上癌症阴谋案例的统计结果是,男性说真正知道的为 18%,女性为 21%,没有发现男女之间存在统计学上的显著差异⑦。⑧

在调查猴子网上斑马案例的统计结果是,男性说真正知道的是 23%,女性说真正知道的是 17%,没有发现统计学上的显著差异⑨。分析不同教育背景、西方人还是非西方人,都没有发现这 4 个葛梯尔型案例的回答有性别差异(见表 3-5)。⑩

---

① N=105,其中 54 名男性,51 名女性。男性说真正知道的是 22%,女性为 19%。卡方测试结果是 $\chi^2(1)=0.108$,p=0.742。

② Hamid Seyedsayamdost,"On Gender and Philosophical Intuition:Failure of Replication and Other Negative Results",*Philosophical Psychology*,2015(28:5):663-664.

③ N=78,其中 44 名男性,34 名女性。男性说真正知道的是 25%,女性为 18%。卡方测试结果是 $\chi^2(1)=0.608$,p=0.435,p−exact=0.582。

④ Hamid Seyedsayamdost,"On Gender and Philosophical Intuition:Failure of Replication and Other Negative Results",*Philosophical Psychology*,2015(28:5):664-665.

⑤ N=105,其中 54 名男性,51 名女性。男性说真正知道的是 23%,女性为 29%。卡方测试结果是 $\chi^2(1)=0.382$,p=0.536。

⑥ Hamid Seyedsayamdost,"On Gender and Philosophical Intuition:Failure of Replication and Other Negative Results",*Philosophical Psychology*,2015(28:5):663-664.

⑦ N=105,其中 54 名男性,51 名女性。男性说真正知道的为 18%,女性为 21%。卡方测试结果是 $\chi^2(1)=0.153$,p=0.696。

⑧ Hamid Seyedsayamdost,"On Gender and Philosophical Intuition:Failure of Replication and Other Negative Results",*Philosophical Psychology*,2015(28:5):664.

⑨ N=105,其中 54 名男性,51 名女性。男性说真正知道的为 23%,女性为 17%。卡方测试结果是 $\chi^2(1)=0.654$,p=0.419。

⑩ Hamid Seyedsayamdost,"On Gender and Philosophical Intuition:Failure of Replication and Other Negative Results",*Philosophical Psychology*,2015(28:5):663-664.

表 3-5　葛梯尔型案例的知识归赋不存在的性别差异

案　例	男性		女性	
	真的知道	只是相信	真的知道	只是相信
汽车葛梯尔案例	22%	78%	19%	81%
特鲁特普案例	23%	77%	29%	71%
癌症阴谋案例	18%	82%	21%	79%
斑马案例	23%	77%	17%	83%

　　阿德勒伯格(Toni Adleberg)等人重做了手表葛梯尔型案例,57.1%的女性和44.2%的男性认为彼得真的知道桌上有表,没有统计学上的显著差异[1]。[2]

　　2.2　缸中之脑案例的知识归赋不存在性别差异

　　赛义德萨亚穆达斯特在2个不同的问卷调查网上对缸中之脑案例做了调查,排除了第一种方法的受试者,在机械玩童网上调查的结果是男性平均得分为5.25,女性平均得分为5.86,没有统计学上的显著差异[3]。在调查猴子网上调查的结果是男性平均得分为5.78,女性平均得分为5.61,也没有统计学上的显著差异[4]。[5]

　　机械玩童调查排除以前看过缸中之脑案例的受试者后,结果为男性平均得分为5.12,女性平均得分为5.93,男女之间存在统计学上的显著差异[6]。如果调查猴子网调查排除以前看过缸中之脑案例的受试者则数据不够大,而他却没有做排除的分析。[7]

　　赛义德萨亚穆达斯特分析了第三种方法的受试者,机械玩童调查在缸中之脑案例的结果是,男性平均得分为4.95,女性平均得分为5.68,没有统计学上的显著差异[8]。[9]

　　阿德勒伯格等人对缸中之脑案例的研究结果是:女性的平均得分为5.22,男性的平均

---

　　① 57.1%的女性和44.2%的男性认为彼得真的知道桌上有表,p=0.16,费希尔精确测试,双尾。

　　② Toni Adleberg, Morgan Thompson & Eddy Nahmias, "Do Men and Women Have Different Philosophical Intuitions? Further Data", *Philosophical Psychology*,2015(28:5):622.

　　③ N=114,其中56名男性,58名女性。男性平均得分为5.25,SD=2.24;女性平均得分为5.86,SD=1.85。男女回答的独立样本t检验的结果是t(107)=−1.59,p=0.115,没有测出10%以上的差异。

　　④ N=100,其中51名男性,49名女性。男性平均得分为5.78,SD=1.86;女性平均得分为5.61,SD=1.82。男女回答的独立样本t检验的结果是t(98)=0.455,p=0.650。

　　⑤ Hamid Seyedsayamdost,"On Gender and Philosophical Intuition:Failure of Replication and Other Negative Results", *Philosophical Psychology*,2015(28:5):646.

　　⑥ N=108,其中52名男性,56名女性。男性平均得分为5.12,SD=2.27;女性为5.93,SD=1.76。独立样本t检验的结果是t(96)=−2.07,p=0.041。

　　⑦ Hamid Seyedsayamdost,"On Gender and Philosophical Intuition:Failure of Replication and Other Negative Results", *Philosophical Psychology*,2015(28:5):668.

　　⑧ N=126,其中85名男性,41名女性。男性平均得分为4.95,SD=2.37;女性为5.68,SD=1.82。独立样本t检验的结果是t(124)=−1.74,p=0.085。

　　⑨ Hamid Seyedsayamdost,"On Gender and Philosophical Intuition:Failure of Replication and Other Negative Results", *Philosophical Psychology*,2015(28:5):654.

得分为 4.17。[①] 这与巴克沃尔特和施蒂希的结论似乎一致，但用调整过的西达克(Sidak)显著性水平 0.002 分析，却没有统计学上的显著差异。[②]

2.3 董事长案例的知识归赋不存在性别差异

阿德勒伯格等人借用罗伊特(Shane Reuter)以前收集的数据，没有发现董事长案例中男女回答存在显著的性别差异。罗伊特问受试者的问题与毕比和巴克沃尔特的不同，他问的是受试者同意"董事长有意帮助/危害环境"的比例，结果是女性的平均得分为 5.14，男性的平均得分为 5.57，没有发现统计学上的显著差异[③]。[④]

3.知识归赋无性别差异的实验更可信

虽然赛义德萨亚穆达斯特和阿德勒伯格等人的实验没有重复出巴克沃尔特和施蒂希的实验结果，但是并不能仅因此就可以认为知识归赋没有性别差异。反驳者可能借后者实验操作有问题来否认赛义德萨亚穆达斯特和阿德勒伯格等人的重复实验的可靠性。的确，从重复的结果看，赛义德萨亚穆达斯特的实验结果与阿德勒伯格等人的实验结果不太一致。而且，常言道，"说'有'容易，说'无'难。"因此，说知识归赋存在性别差异容易，说知识归赋不存在性别差异难。虽然如此，我们认为，赛义德萨亚穆达斯特和阿德勒伯格等人的实验更可靠，其结论"哲学直觉的性别差异不能合理解释哲学领域女性偏少现象"更有说服力。为什么这样说呢？

这是因为在赛义德萨亚穆达斯特的实验中，他做了大量调查，而且采取了不同的收集数据的方法(不同的网上和课堂上)，他的数据不太可能失真。与他的方法不同，巴克沃尔特和施蒂希的数据有的是自己的，有的是找其他研究者要的。由于他们要研究者去检查他们的数据，很自然的是，碰巧数据中有性别差异的研究者给出了回答，因此他们收集的数据是挑选的，是有问题的。[⑤]

在阿德勒伯格等人的实验中，大学生受试者是上批判性思维课程的本科生，因此与巴克沃尔特和施蒂希使用的机械玩童在线调查的受试者不同，他们的受试者更能代表上过一门哲学课的本科生，更能用来测试"女性不选修哲学课是因为她们的哲学直觉与男性不同"这个假说。[⑥] 此外，由于阿德勒伯格等人的样本较大，如果存在性别差异的话，他们的研究至少有 80% 的机会检测到。如果没有检测到，那么只有低于 9% 的差异在起作用，而

---

① 女性的平均得分为 5.22，SD=1.83；男性的平均得分为 4.17，SD=2.37。t(129.74)=3.06，p=0.003。

② Toni Adleberg，Morgan Thompson & Eddy Nahmias，"Do Men and Women Have Different Philosophical Intuitions? Further Data"，*Philosophical Psychology*，2015(28:5):627.

③ 受试者中女性 79 人，男性 56 人，答题时间少于 500 秒的人被排除。女性的平均得分为 5.14，SD=1.88；男性的平均得分为 5.57，SD=1.70。独立样本 t 检验的结果是 t(125)=-1.39，p=0.17。

④ Toni Adleberg，Morgan Thompson & Eddy Nahmias，"Do Men and Women Have Different Philosophical Intuitions? Further Data"，*Philosophical Psychology*，2015(28:5):615-664，note 5.

⑤ Hamid Seyedsayamdost，"On Gender and Philosophical Intuition:Failure of Replication and Other Negative Results"，*Philosophical Psychology*，2015(28:5):667-668.

⑥ Toni Adleberg，Morgan Thompson & Eddy Nahmias，"Do Men and Women Have Different Philosophical Intuitions? Further Data"，*Philosophical Psychology*，2015(28:5):621.

这个数值,不足以成为导致女性停止选更多哲学课的重要因素。[1]

在《性别相似性假设》一文中,海德(Janet Shibley Hyde)在全面审查了 46 个对性别差异的元分析后,总结了可用来支持"性别相似性假设"的数据,根据这些数据,"在心理变量上,男女虽然不是全部相似,但是大多数都相似"[2]。在海德的研究中,男女最大差异是在开车表现和身体的攻击性上,而非认知任务上。[3] 如果男女在各种不同的认知任务上通常表现相同,我们可能期望他们有类似的认知直觉。事实上,巴纳吉(Konika Banerjee)等认为,道德判断的直觉有跨性别的相似性:他们收集了超过 8000 个受试者的道德判断,发现:虽然在大多数场景中存在有显著的统计学意义的性别差异,然而,整体效应值(overall effect size)"非常小"。[4] 有研究发现,尽管男女在某些认知的和非认知的任务有所不同,然而,这些不同不会从总体上影响认知直觉。四岁后,在非临床的人群中,男性和女性在把知识与无知和错误信念区分开来的方式似乎没有差异。[5] 这些数据证明,男女性别的相似性永大于差异性。

因此,从已有的实验以及证据的收集和分析的角度来看,认为知识归赋不存在性别差异是更合理的。知识归赋是一种判断,是一种智力能力,对正常智力的人来说,只受后天的因素影响,不会受先天的生理性别因素的影响。纵使在实验中发现了知识归赋存在性别差异,我们也可以合理地认为这是由后天的性别歧视导致的,与先天的生理性别没有直接关系。

第二节　知识归赋语境敏感性的挑战及未来研究展望

知识归赋为什么会出现多样性?知识归赋的语境敏感性对传统知识论提出了哪些挑战?未来的研究要如何进行?这些问题是本节所要探讨的。

一、知识归赋多样性的认知聚焦效应解释

认知的聚焦效应(focal effect)认为,认知主体在进行判断时,经常只能将注意集中在

---

① Toni Adleberg, Morgan Thompson & Eddy Nahmias, "Do Men and Women Have Different Philosophical Intuitions? Further Data", *Philosophical Psychology*, 2015(28:5):630.

② Janet Shibley Hyde, "The Gender Similarities Hypothesis", *American Psychologist*, 2005(60): 581.

③ Janet Shibley Hyde, "The Gender Similarities Hypothesis", *American Psychologist*, 2005(60): 586.

④ Konika Banerjee, Bryce Huebner & Marc Hauser, "Intuitive Moral Judgments Are Robust Across Variation in Gender, Education, Politics and Religion: A Large-scale Web-based Study", *Journal of Cognition and Culture*, 2010(10):270.

⑤ Tony Charman, Ted Ruffman & Wendy Clement, "Is There a Gender Difference in False Belief Development?", *Social Development*, 2002(11):1-10.

已有的某些认知信息上,使这些信息获得更高的权重,从而产生放大的认知结果。对于这种高估焦点资源而低估同时存在的其他信息的认知聚焦效应,有人称为认知聚焦偏见(epistemic focal bias)[①],有人称为认知聚焦错觉(epistemic focal illusion)[②]。因为聚焦效应作为一种无意识的过程,可以通过有意识地减少焦点信息带来的影响在一定程度上加以校正,例如,减少对焦点信息的思考;重构信息排序;触发能与焦点信息结果相抵制的情感反应等。[③]

基于以下的理由,我们并不把认知聚焦效应称为认知聚焦错觉或认知聚焦偏见:(1)任何认知主体的认知能力都是有限的,没有神目,不可能全知,因此认知的结果都是有限的;(2)任何认知主体所获得的认识资源都是有限的、片面的,纵使获得了全部证据,由非充分决定性理论可知,这些证据也不能充分地决定其结论;(3)任何认识都是语境的,都是可错的;(4)聚焦效应是人类认知的普遍现象,是调动尽量减少认知成本的认知过程:"聚焦偏见把所有这些趋向结合起来,形成这种基本观念,即信息的处理强烈地倾向于只处理最容易被构建的认知模型"[④]。

知识归赋也是一种认知,因此也有认知聚焦效应。由于认知上相关的选择项并非一定是归赋者所关注的,因此按照知识归赋的聚焦效应,归赋者基于关注的选择项而作出认知判断,而非基于认知相关选择项。[⑤]

对话的凸显并不必然在心理上对归赋者凸显,而且在心理上对归赋者凸显的因素也许在语境上并不凸显。凸显与认知相关选择项并不相同,因为"语境上凸显的选择项(contextually salient alternatives)可能是认知上不相关的,而认知上相关的选择项(epistemically relevant alternatives)可能是不凸显的(non-salient)。"[⑥]只有在心理上凸显的选择项,才能成为认知上相关的选择项。如果归赋者认为主体 S 不能排除相关选择项,则会把主体 S 看作是非知者(non-knower)。

认知聚焦效应可用心理学中的更普遍的双重过程理论(the dual process theory)来解释。格肯提出了两个原则来说明如何用聚焦效应来解释知识归赋的可变性。语境凸显原则(principle of contextual salience)是一个定性原则,表明什么在形成正常的认知判断中有关。它主张:"通常情况下,对主体 A 来说,q 对 S 的知识 p 是一个语境凸显的选择项,当且仅当,对 S 的知识 p 来说,A 把 q 当作一个认知相关的选择项。"[⑦]"根据语境凸显原

①　Mikkel Gerken,"Epistemic Focal Bias",*Australasian Journal of Philosophy*,2013(91:1):41-61.

②　David Schkade and Daniel Kahneman,"Does Living in California Make People Happy? A Focusing Illusion in Judgments of Life Satisfaction",*Psychological Science*,1998(9:5):340-346.

③　David Schkade and Daniel Kahneman,"Does Living in California Make People Happy? A Focusing Illusion in Judgments of Life Satisfaction",*Psychological Science*,1998(9:5):340-346.

④　Keith E.Stanovich,"Distinguishing the Reflective,Algorithmic and Reflective Minds:Time for a Tripartite Theory?" in Jonathan St.B.T. Evans & Keith Frankish(eds),*In Two Minds:Dual Processes and Beyond*,Oxford:Oxford University Press,2009,p. 69.

⑤　Mikkel Gerken,"Epistemic Focal Bias",*Australasian Journal of Philosophy*,2013(91:1):49.

⑥　Mikkel Gerken,"Epistemic Focal Bias",*Australasian Journal of Philosophy*,2013(91:1):52.

⑦　Mikkel Gerken,"Epistemic Focal Bias",*Australasian Journal of Philosophy*,2013(91:1):50.

则,如果选择项 q 在语境上对 A 凸显,那么 A 通常会把它看作是与 S 知道 p 不相容,除非 A 认为 S 有能力排除 q。因此,除非有这是真的,否则 A 通常会要求一种初步的理由认为 S 是非知者。"①

认知满意原则(principle of epistemic satisficing)是一个定量原则,表明在作出一个判断前,需要多少证据。它主张:"通常情况下,主体 A,只基于初步的(prima facie)理由形成认知判断。这里初步的理由是 A 可获得证据中的有限的一部分。"②"根据认知满意原则,一旦获得作出判断的初步理由,认知的过程通常就会停止。即,A 通常不会基于她的背景信念或进一步的证据去批判地评估凸显的选择项而作进一步的认知。"③

认知聚焦效应解释直觉多样性的优势在于:其本身有实验的根据、解释更简单、更少特设、可对怀疑主义持否定立场。知识归赋的心理解释与语用解释并不是竞争者,而是全面解释的合作者。因为"语用的考虑有助于详细说明什么样的会话特性会使选择项在心理上凸显出来"。④

二、知识归赋语境敏感性的挑战⑤

主流的分析知识论者通常认为,知识归赋只受被归赋主体的理智特征影响,而不受被归赋的命题的风险大小、错误凸显、道德性以及归赋的场景和归赋者的人口统计学变量影响,然而,实验知识论的研究却发现,知识归赋具有风险效应、凸显效应、认知副作用效应、场景呈现效应、人口统计学变量效应等,这些发现对分析知识论提出了重大的挑战。这些挑战可概括为方法论挑战、优越心理挑战、诡诈知识论挑战和具体的知识论理论挑战。

1.方法论挑战

诉诸直觉是知识论乃至所有哲学论证中重要的论证方式,是构建理论的基础。什么是直觉呢?直觉是"一种非推理的知识或把握,作为一个命题、概念或实体,它并不以感觉、记忆或反省为基础;而且,凭借这样的认识能力是可能的……通常认为,在所有命题中只有不证自明的命题才是通过直觉可知的,在这里,直觉被认同为某种理智的或理性的洞察。"⑥

诉诸直觉通常是指以常识或前分析的认知数据为基础来评判某种主张。对于直觉在知识论中的作用,不少知识论者都有论述。诉诸直觉是知识论中重要的论证方式,是构建知识论理论的基础。邦久(Laurence BonJour)认为,直觉是确定知识概念必不可少的根据,他说:"我们关于各种知识案例的常识直觉……是我们决定知识概念的真正构成的主

① Mikkel Gerken,"Epistemic Focal Bias",*Australasian Journal of Philosophy*,2013(91:1):54.
② Mikkel Gerken,"Epistemic Focal Bias",*Australasian Journal of Philosophy*,2013(91:1):51.
③ Mikkel Gerken,"Epistemic Focal Bias",*Australasian Journal of Philosophy*,2013(91:1):54.
④ Mikkel Gerken,"Epistemic Focal Bias",*Australasian Journal of Philosophy*,2013(91:1):56-57.
⑤ 这部分内容主要根据《实验知识论对经典思想实验的挑战》(曹剑波、万超前:《实验知识论对经典思想实验的挑战》,《厦门大学学报(哲学社会科学版)》2013 年第 5 期,第 1—8 页)一文的观点改写而成。
⑥ Robert Audi,*The Cambridge Dictionary of Philosophy*,Oxford:Cambridge University Press,1999,p.442.

要的和不可或缺的基础。"①他还认为，直觉是解答知识论难题的重要方法，并说："我对这种……僵局的解决方案，是尽可能地把僵局推向直觉层面。通过考虑一系列的例子，我将……最终清楚地证明在认知合理性上外在主义违反根本的直觉。尽管这种直觉可能不会对外在主义构成决定性反驳，我认为它足以把举证的责任完完全全地推给外在主义。"②戈德曼(Alvin Goldman)在论证可靠主义时以是否符合直觉作为对错的标准，他说："我认为这些答案都是错误的。无论如何，这些答案似乎都没有满足我们关于确证的直觉。""读者们现在能够明白，在恶魔例证中正常世界的可靠性解释是多么自然地符合我们的直觉。"③科恩布里斯(Hilary Kornblith)强调直觉在构建知识论理论中的基础性作用，他说："我们的直觉为我们提供了可以构建知识论理论的材料。"④虽然科恩布里斯的这番话另有他图，却准确概括了直觉在构建知识论理论中所起的基础性作用，也从一个侧面反映了直觉问题在知识论领域中是受到广泛关注的。奥迪(Robert Audi)认为，直觉是真信念的来源，他断言："在任何情况下，我们的理性能力，我们的理性直觉，……是简单的真信念的理由的来源。"⑤他还强调直觉在确证中起重要的作用，他主张："我们拥有重要的认知权利，而且在我们的信念拥有经验基础的前提下以及在我们拥有理由相信它的意义上，我们可以相信由这些直觉所保证的命题。这一点仍然是重要的，而且足以解释起关键作用的直觉。"⑥克里普克认为，直觉是决定性证据，他说："当然，有些哲学家认为，在支持某事上，有直觉的内容是毫无说服力的证据。在我看来，它是支持任何事情的非常重要的证据。事实上，我真的不知道，对任何事情来说，人们最终有什么更具说服力的证据。我认为，不管怎样，那些认为关于偶然属性的概念不是凭直觉获得的人，正好是依凭直觉才这样想的。"⑦

在日常生活中，我们通常假定：他人有与我们一样的思维方式。在诉诸直觉的哲学研究中，哲学家也有类似的预设：当讨论像知识、真理、意图、责任、自由、指称、意识等这类哲学问题时，每个正常人⑧都有相同的直觉。哲学论证诉诸直觉是基于这样一个预设：对于同一个问题，每个正常人都有相同的直觉。假定直觉具有稳定性和普遍性，是诉诸直觉的任何研究得以成立的前提，因为任何解释都是以不变性解释变化性，遵循经济原则；因为任何说服力的成功都以普遍同意和没有异议为标志。

---

① Laurence BonJour, *Epistemology: Classic Problems and Contemporary Responses*, Lanham: Rowman & Lttlefield Publishers, Inc, 2002, p.48.

② Roderick M. Chisholm, *The Foundations of Knowing*, Minnesota: University of Minnesota Press, 1982, p.37.

③ Alvin Goldman, *Epistemology and Cognition*, Cambridge: Harvard University Press, 1986, p.107.

④ Hilary Kornblith, "Appeals to Intuition and the Ambition of Epistemology", in Stephen Hetherington(ed.), *Epistemology Futures*, Oxford: Oxford University Press, 2006, p.10.

⑤ Robert Audi, *Epistemology: A Contemporary Introduction to the Theory of Knowledge*, Oxford: Routledge Press, 2003, p.116.

⑥ Robert Audi, "Causalist Internalist", *American Philosophical Quarterly*, 1989(26:4):318.

⑦ Saul Kripke, *Naming and Necessity*, Cambridge: Harvard University, 1980, p.42.

⑧ 正常人是指具有最基本的反思能力，能够正确使用诸如"真理""信念""知识""确证"等这些概念的人。正常人既包括未受哲学思维训练的普通大众，也包括受过哲学思维训练的学生和哲学家。

最近 10 多年出现的实验知识论对这个假设做了一些调查研究,调查对象是非哲学家的普通大众。调查数据令人震惊:知识归赋直觉是多样的、不稳定的,没有共有的知识归赋直觉。实验知识论这一成果对分析哲学的扶手椅方法提出了全面的挑战。最强形式的挑战被称为"限制主义的观点(restrictionist view)"。在这种观点看来,"实验哲学的成果应该看作是强烈地限制把直觉当作证据的应用"①。限制主义者主张"与标准的哲学实践相关的问题是,实验的证据似乎表明直觉充当证据完全不合适"②。施蒂希认为实验知识论的证据表明"在整个二十世纪以及之前的哲学家们使用的'依赖扶手椅上的人的直觉'的核心方法出现了问题"③。有些实验知识论者甚至认为,直觉根本就不应该用来作为哲学理论的证据。纳罕姆斯等人主张"抛弃一种标准的哲学方法,按照这种方法,哲学家们坐在扶手椅上咨询他们自己的直觉,并且假设他们代表的是日常的直觉"④。斯温等人认为,知识归赋直觉是不稳定的,在哲学论证中,直觉是不适合的证据。⑤ 温伯格等人宣称:"如果关于认知直觉的一个或多个经验假设被证明是真的,那么许多知识论的计划……将被严重地削弱。"⑥这些实验知识论者认为,直觉根本就不应该用来作为哲学理论的证据。虽然基于操作错误或干扰,可以较小规模地消除令人震惊的大众直觉反应的多样性和不稳定性,然而,随着实验的范围的进一步扩大,实验的操作越来越精细,收集来的数据越来越多地证明,普通民众的知识归赋受诸如文化、教育、社会经济地位和行动的道德属性等众多非认知因素的影响,借操作错误或干扰来消除不一致的数据的做法将越来越不可行。面对这些经由合法手段获得的越来越多的反面数据,面对有些实验知识论者咄咄逼人的架势,任何负责任的传统知识论必须给出令人信服的回应,而非不负责任地简单否认,也不应该采取视而不见的方法进行逃避。知识归赋的语境敏感性向主流知识论的直觉方法提出了挑战。

2.对优越心理的挑战

人们都以"任何智力正常人都有共同的直觉"为常识、为公理,并以本己代表了大众的

---

① Joshua Alexander & Jonathan M. Weinberg,"Analytic Epistemology and Experimental Philosophy",*Philosophy Compass*,2007(2):61.

② Joshua Alexander & Jonathan M. Weinberg,"Analytic Epistemology and Experimental Philosophy",*Philosophy Compass*,2007(2):63.

③ Christopher Shea,"Against Intuition:Experimental Philosophers Emerge from the Shadows,but Skeptics Still Ask:Is This Philosophy?" *The Chronicle Review*,*October 3,2008.http://www.sel.eesc.usp.br/informatica/graduacao/material/etica/private/against_intuition.pdf*.

④ Eddy Nahmias,Stephen G. Morris,Thomas Nadelhoffer & Jason Turner,"Is Incompatibilism Intuitive?" in in Joshua Knobe and Shaun Nichols(eds.),*Experimental Philosophy*,Oxford:Oxford University Press,2008,p.85.

⑤ Stacey Swain,Joshua Alexander & Jonathan M. Weinberg,"The Instability of Philosophical Intuitions:Running Hot and Cold on Truetemp",*Philosophy and Phenomenological Research*,2008(76):138-155.

⑥ Jonathan M.Weinberg,Shaun Nichols & Stephen P. Stich,"Normativity and Epistemic Intuitions",in Joshua Knobe & Shaun Nichols(eds.),*Experimental Philosophy*,Oxford:Oxford University Press,2008,p.17.

标准直觉,以专家代表了大众的标准直觉,从而提出本己优势论、专家特权论,产生优越心理感。当人们发现知识归赋直觉是多样的、不稳定的,知识归赋直觉受种族、社会经济地位、所受的教育等因素影响,不同种族、不同社会经济地位、不同教育程度等的人,都有各自类别的知识归赋直觉,自己类别的直觉不为他人所共有,自己类别的直觉只是众多直觉中的一种时,会让不同类别的人产生文化震撼,失去本己文化的优越感,甚至出现相对主义或文化虚无主义。对此,可以借宗教多样性的发现来说明。

希克(John Hick)用出生解释了宗教皈依的根源问题,他说:"几乎百分之九十九的案例证明,一个人的宗教选择,以及他或她的宗教信仰,是由他或她的出生决定的。有的人出生于泰国的佛教家庭,就非常可能成为一个佛教徒;有的人出生于沙特阿拉伯的穆斯林家庭,就非常可能成为一个穆斯林教徒;有的人出生于墨西哥的基督徒家庭,就非常可能成为一个基督徒;如此类推。"[1]不同文化的人们对基本问题有不同的看法,认识到这一点可能带来信念的根本改变。当基督教徒得知很多人有非常不同的宗教信念时,这可能激起一场深层次的、令人迷失的生存危机。因为宗教多样性的发现会产生这样一种合理的推论,即一个人碰巧在基督教家庭而不是印度教家庭长大,在某种意义上这是偶然的。这种偶然性可能使这个人疑惑:有什么理由认为他的宗教信念比印度教徒孩子的宗教信念更正确呢?

在发现了知识归赋直觉的多样性后,尼科尔斯、施蒂希和温伯格的结论是:

> 我们的困境在某些方面类似于某个人的困境。这个人在一个同质的和强烈的宗教文化中长大,并发现某些宗教主张的真理是显而易见的或不可抗拒的。当这个人发现,其他人不共有他的直觉时,他很可能对为什么他的直觉比其他人的直觉更可能真感到疑惑。[2]

信念多样性遍布不同的文化。在 20 世纪初,人类学家提出了道德观上令人震撼的文化多样性现象:某些文化认为,吃掉父母的部分尸体是一种道德义务;另有文化认为,强奸敌方部落的妇女是允许的。[3] 道德规范上的这种多样性是对我们道德规范的地位进行哲学反思的重要推动力,而且在今天的元伦理学和规范伦理学中,这引起了深层次的讨论。

实验知识论的研究表明:在哲学中,人们使用的最基本概念也有多样性。例如,在不同文化之间,对"知识""确证""证据"等基本概念有明显的差异。这种差异性,也能够产生类似面对宗教多样性的人出现的危机。如果我们发现我们的哲学直觉是我们的文化教育、种族、社会经济地位等的产物,那么,由于我们所受到的文化教育、我们的种族、社会经济地位在某种意义上是偶然的,因此我们不得不去思考在追寻世界、心灵和善的本质上,

---

[1]　John Hick, *An Interpretation of Religion*, New Haven: Yale University Press, 1989, p.2.

[2]　Shaun Nichols, Stephen Stich & Jonathan M. Weinberg, "Metaskepticism: Meditations in Ethno-Epistemology", in Stephen Luper (ed.), *The Skeptics*, Aldershot: Ashgate Press, p. 243.

[3]　Joshua Knobe & Shaun Nichols, "An Experimental Philosophy Manifesto", in Joshua Knobe and Shaun Nichols(eds.), *Experimental Philosophy*, Oxford: Oxford University Press, 2008, p.11.

我们的直觉是否具有优越性。为了回答这些问题,我们需要获得更多关于我们自身的直觉和其他文化的直觉的信息。调查发现,哲学直觉的多样性确实存在较大的普遍性。诺布和尼科尔斯因此认为:"正如一些基督徒的孩子突然认为选择基督教而不是印度教不存在合理的基础一样,我们也可能突然认为,选择西方哲学概念而不是东方哲学概念,不存在合理的基础。"① 更进一步,由于所受的教育不同,在哲学问题上,哲学家的直觉对普通大众的直觉来说,具有优越性吗? 推而广之,各类专家的直觉对普通大众的直觉来说,具有特权性吗?

知识归赋直觉的多样性表明,当知识论者试图描述认知概念或者得到规范性结论时,当知识论者谈到"我们的"直觉时,他们在文化上从事一种局部的文化种群知识论(ethno-epistemology)的努力。② 这在某种程度上证明,认知相对主义是对的,不同的认知规范适用于不同的群体,适用于富人的认知规范可能不同于适用于穷人的认知规范,适用于白人的认知规范可能不同于适用于有色人种的认知规范。

3.诡诈知识论的挑战

诡诈知识论(shifty epistemologism)主张,知识归赋不仅受证据等传统因素的影响,而且受错误可能性的凸显(salience of error possibilities)和实践的风险(practical stakes)等非传统因素的影响。标准的语境主义、对比主义和主体敏感的不变主义都是诡诈的知识论。知识归赋的语境敏感性可用来论证知识论是诡诈的:

前提1:在低(低风险或低出错可能性或低知识归赋标准)案例中,"A 说:'S 知道 p'"是真的;

前提2:在高(高风险或高出错可能性或高知识归赋标准)案例中,"A 说:'S 不知道 p'"是真的,因此"A 说:'S 知道 p'"是假的;

前提3:在高低两个案例中,所有的传统因素都是不变的;

前提4:如果在这两个案例中所有的传统因素都是不变的,那么在 A 说"S 不知道 p"的真值上的任何变化都是出于非传统因素;

前提5:知识归赋受非传统因素影响。

结论:因此,诡诈知识论是真的。

前提 1 和 2 是知识归赋的语境敏感性实验所证明的。前提 4 和 5 的正确是不容置疑的。通常可质疑的只有前提 3。知识归赋的传统因素是真、信念和确证。"真"是高低 2 个案例中都预设的,是不会变化的。信念和确证都有可能发生变化。由于语境的变化,低案例和高案例会导致归赋者和主体知识归赋的信心变化,从而引起知识归赋的变化。对

① Joshua Knobe & Shaun Nichols,"An Experimental Philosophy Manifesto",in Joshua Knobe & Shaun Nichols(eds.),*Experimental Philosophy*,Oxford:Oxford University Press,2008,p.11.

② Jonathan M. Weinberg,Shaun Nichols & Stephen P. Stich,"Normativity and Epistemic Intuitions",in Joshua Knobe & Shaun Nichols(eds.),*Experimental Philosophy*,Oxford:Oxford University Press,2008,pp.39-40.

于归赋者的信心，我们可以通过测量自信度来保持一致。对于主体的信心，虽然在案例设计中我们可以补充"主体在两个案例中的信心是相同的、稳定的"，然而这种预设是难以成立的。我们无法保证主体在 2 个案例中的信心会相同，纵使预设了，我们也无法解释在这 2 个案例中为什么主体的结论会发生变化。因为信心与掌握证据的质和量密切相关。诡诈知识论的出现，表明传统知识论静止地看待证据的做法，以及忽视因语境影响信心、影响知识标准等的做法是有问题的。

4.具体的知识论理论挑战

传统主流知识论即分析知识论是一种理智主义(intellectualism)①，它主张，"知识"是一个理智的概念，S 是否知道 p，只取决于 S 所拥有的证据的多少、证据的可靠性或者 S 的理智特征，只与这些导向真理(truth-conducive)的因素有关。换言之，传统主流知识论认为，影响 A 对 S 是否知道 p 的因素，主要是与 S 相关的实证因素，尤其是 S 所拥有的关于 p 的证据，因为这些因素会影响知识归赋语句的真假，因此被认为是相关的导向知识归赋真理的正确因素。而其他与 S、A 或 p 相关的风险、道德性、实际利益的大小、出错的代价、出错的可能性是否凸显、是否迁就他人的知识标准、场景如何提供、归赋者的背景等因素，则被认为是与知识归赋无关的、应该排除的、错误的非认知(non-epistemic)因素。因此，在理智主义者看来，实践的风险和仅仅提及错误的可能性等，都不能自动地剥夺我们对知识的拥有。然而，当把问卷调查的方法运用于日常知识归赋时，结果发现：日常知识的归赋具有风险效应、凸显效应、认知副作用效应、场景呈现效应、人口统计学变量效应等。这种主张知识归赋不仅受 S 所拥有的证据或者 S 的理智特征影响，而且受其他语境因素影响的观点，就是反理智主义(anti-intellectualism)②。概言之，反理智主义主张，知识归赋不仅对导向真理的因素敏感，而且对不导向真理的主体和说话者的语境因素敏感。

德娄斯坚持理智主义，认为他的归赋者语境主义不是反理智主义。他说："语境主义不是反理智主义。事实上，尽管反理智主义版本的语境主义是连贯的选择，然而大多数语境主义者是理智主义者，而且，事实上，对理智主义的直接的或含蓄的承诺可能是为什么他们是语境主义者的一个很重要的原因。"③的确，过滤掉知识归赋敏感性中的非认知因

---

① 理智主义又可称为知识论的纯粹主义(epistemological purism)，它主张，任何两个可能的主体如果他们的"关于一个真命题 p 的认知处境"相同，那么他们"处于知道 p 的处境"也相同[Jeremy Fantl & Matt McGrath,"On Pragmatic Encroachment in Epistemology",Philosophy and Phenomenological Research,2007(75;3):558.]。

② 反理智主义可分为知识的、确证的和证据的。下面仅以错误凸显的反理智主义来描述这三类反理智主义。关于知识的反理智主义(anti-intellectualism about knowledge)认为：S 在特定的 t 时是否知道 p，在本质上依赖于 S 在 t 时关于 p 出错的代价。代价越高，S 知道 p 所需要的条件就越严。关于确证的反智主义(anti-intellectualism about justification)：S 在特定的 t 时是否确证地相信 p，在本质上依赖于 S 在 t 时关于 p 出错的代价。代价越高，S 确证地相信 p 所需要的条件就越严。关于证据的反理智主义(anti-intellectualism about evidence)：在特定的 t 时，p 是否是 X 证据组的一员，在本质上依赖于 X 在 t 时关于 p 出错的代价。代价越高，p 在 t 时成为 X 证据组的一员所需要的条件就越严。

③ Keith DeRose,"Contextualism,Contrastivism,and X-Phi Surveys",Philosophical Studies,2011(156;1):84.语境主义与理智主义的关系,可参见 Keith DeRose,The Case for Contextualism:Knowledge,Skepticism and Context(vol. 1),Oxford:Oxford University Press,2009,pp.185-190.

素,只留下诸如证据的质量和保证的自信这些认知因素,可以坚持理智主义。例如,在场景排列的顺序上,可以做对照实验和平衡处理来避免知识归赋的顺序效应。然而,在现实生活中,风险、出错的可能性、问题的道德因素等影响知识归赋的这些因素是难以过滤掉的。我们提出的广义语境主义是一种非理智主义,既主张证据、确定性、信心等认知因素会影响知识归赋,也主张风险、出错的可能性、问题的道德性等非认知因素也可能影响知识归赋。

实验知识论发现知识归赋直觉的多样性,可能通过两种方式对传统分析知识论产生影响:一种方式是用经验数据来破坏争论一方的直觉,而支持另一方。例如,尼科尔斯、施蒂希和温伯格用经验数据支持反对怀疑主义论证的一方①。另一种方式是用经验数据破坏争论双方的直觉,从来达到否认正反双方的效果。例如,温伯格、尼科尔斯和施蒂希用证据表明,"20世纪知识论的一些最有影响力的思想实验在不同文化下引出了不同的直觉"②,这些证据破坏了"分析传统的知识论中作出的许多结论"③。每一个具体的实验知识论研究,都有可能对具体的知识论理论提出挑战。例如,认知副作用效应研究中发现的知识归赋直觉受问题的道德性影响的现象,就是对传统知识论关于知识和行动之间关系的挑战。传统的观点认为:主体是否知道一个命题,完全独立于主体在相信这个命题的情况下可能进行的任何行动。

又如,在葛梯尔案例中,温伯格等人的实验结果证明,几乎30%的西方受试者没有符合大部分哲学家的拥有必然意义的直觉。因为接近30%的受试者宣称,在标准的葛梯尔场景中,鲍勃真的知道吉尔驾驶一辆美国车。在东亚受试者中,超过50%的受试者有鲍勃真的知道这种直觉,在南亚受试者中,这个数字超过60%!他们对此的解释是:在分析哲学方面,中上阶层有几年研究生训练的西方人,对葛梯尔案例,的确都有必然意义的直觉。但是,他们反对必然意义的直觉是普遍的,他们说:"由于世界上大部分人明显没有这些直觉,很难看出我们为什么应该认为,这些直觉告诉了我们某些东西,即关于实在的模态结构或者认知规范,或者关于哲学感兴趣的其他东西。"④普通大众没有分析知识论者所期望的对葛梯尔案例的直觉反应,这表明葛梯尔案例的论证力量面临挑战。的确,如果每个有"知识"概念的人都同意,在葛梯尔案例中主角没有知识,那么葛梯尔案例可以令人信服地用来非难"知识是确证的真实信念"的定义。然而,由于葛梯尔案例直觉反应的多

① Shaun Nichols, Stephen Stich & Jonathan M. Weinberg, "MetaSkepticism: Meditations in Ethno-Methodology", in Stephen Luper (ed.), *The Skeptics*, Aldershot, England: Ashgate Publishing, 2003, pp. 227-247.

② Jonathan M. Weinberg, Shaun Nichols & Stephen P. Stich, "Normativity and Epistemic Intuitions", in Joshua Knobe & Shaun Nichols (eds.), *Experimental Philosophy*, Oxford: Oxford University Press, 2008, p.40.

③ Jonathan M. Weinberg, Shaun Nichols & Stephen P. Stich, "Normativity and Epistemic Intuitions", in Joshua Knobe & Shaun Nichols (eds.), *Experimental Philosophy*, Oxford: Oxford University Press, 2008, p.17.

④ Jonathan M. Weinberg, Shaun Nichols & Stephen P. Stich, "Normativity and Epistemic Intuitions", in Joshua Knobe & Shaun Nichols (eds.), *Experimental Philosophy*, Oxford: Oxford University Press, 2008, p.38.

样的、不稳定的,甚至是反"标准"直觉的,因此葛梯尔案例是没有说服力的。

与此类似,直觉的多样性也表明缸中之脑案例和特鲁特普案例没有说服力。在缸中之脑案例中,尼科尔斯等人还用大众的教育背景和性别影响怀疑主义直觉这些经验数据来挑战主流知识论关于"怀疑主义直觉是普遍的"观点,并认为,由于多样的"怀疑主义直觉"支持逻辑上不一致的命题,因此,怀疑主义直觉是"不值得信任的"[①],是应该被忽略的。他们断言:

> 从我们跨文化研究中得出的教训是,无论怀疑主义直觉看上去多么明显,这些直觉根本是不值得信任的。如果不同群体的认知直觉不一致,那么它们就不会全部是真的。认知直觉系统地随着文化和社会经济地位而变化的事实表明,这些直觉是(部分地)由文化上地方性的现象引起的。没有任何理由认为:文化上地方性所引起的我们直觉的现象追踪真理,比文化上地方性的不同于我们直觉的现象更好。[②]

并认为,这"对依赖这些直觉的怀疑主义的论证来说是个坏消息"[③]。

除了质疑怀疑主义直觉的可靠性外,尼科尔斯等人还认为,如果怀疑主义论证中使用的许多前提或明或暗地诉诸怀疑主义直觉,那么可以下结论说,诉诸这些怀疑主义论证的直觉将是地方性的,而非哲学家所假设的普遍的。基于此,他们质疑怀疑主义问题在西方哲学中的核心地位:

> 如果不同的文化和社会经济地位的受试者群体,以及很少有或者没有受过哲学训练的群体,不共享"我们的"直觉(即白种人的、西方人的、高社会经济地位的和受过大量哲学训练的典型分析哲学家的直觉),那么通过这些论证(即只有在我们很小的文化和知识的部落中,人们才有共同的直觉,这些论证的前提看上去似乎才是真的),他们是不太可能与"我们"一样确信或苦恼的。仿照麦克全"人类学的猜想"的看法,怀疑主义既不是自然的,也不是不可避免的。仿照斯特劳德的看法,没有理由认为,怀疑主义"诉诸我们本性深处的某种东西"。相反,似乎是,它的吸引力正是我们文化的、我们的社会状况的和我们教育的产物![④]

---

① Shaun Nichols, Stephen Stich & Jonathan M.Weinberg, "MetaSkepticism: Meditations in Ethno-Methodology", in Stephen Luper(ed.), *The Skeptics*, Aldershot, England: Ashgate Publishing, 2003, p. 228.

② Shaun Nichols, Stephen Stich & Jonathan M.Weinberg, "MetaSkepticism: Meditations in Ethno-Methodology", in Stephen Luper(ed.), *The Skeptics*, Aldershot, England: Ashgate Publishing, 2003, p. 243.

③ Shaun Nichols, Stephen Stich & Jonathan M.Weinberg, "MetaSkepticism: Meditations in Ethno-Methodology", in Stephen Luper(ed.), *The Skeptics*, Aldershot, England: Ashgate Publishing, 2003, p. 227.

④ Shaun Nichols, Stephen Stich & Jonathan M.Weinberg, "Metaskepticism: Meditations in Ethno-Epistemology", in Stephen Luper (ed.), *The Skeptics*, Aldershot: Ashgate Press, 2003, p.243.

三、知识归赋的实验结论及未来研究展望

实验知识论在日常知识归赋问题上的最新研究成果证明,知识归赋对风险、道德性、出错的可能性是否凸显、场景如何提供、归赋者的背景等语境因素敏感,具有风险效应、凸显效应、认知副作用效应、场景呈现效应、归赋者人口统计学变量效应等。实验知识论的最新成果不仅为知识归赋的语境主义提供了经验证据,而且为知识论的研究提出了一系列重要的实验问题和理论问题。

1.知识归赋的广义语境主义[①]

我们认为,被归赋者、被归赋者的语境、主体的语境和归赋者的语境共同影响归赋的结果,知识归赋的结果是这 4 类因素共同作用的产物。

影响知识归赋的归赋者语境因素种类繁多,每一类因素又有多种可能的变化。如果用 a_{ij} 表示归赋者的某类语境因素中的某一种(其中 i 表示归赋者第 i 类语境因素,j 表示第 i 类语境因素中的第 j 种可能情况),那么所有归赋者的可能语境因素 AC 可以用行列式表示为:

$$AC = \begin{vmatrix} a_{11} & \cdots & a_{1j} & \cdots & a_{1g} \\ \cdots & \cdots & \cdots & \cdots & \cdots \\ a_{i1} & \cdots & a_{ij} & \cdots & a_{ig} \\ \cdots & \cdots & \cdots & \cdots & \cdots \\ a_{n1} & \cdots & a_{nj} & \cdots & a_{ng} \end{vmatrix} \tag{1}$$

其中 i、j、n 和 g 为大于或等于 1 的自然数,$g>j$。a_i 可表示归赋标准、归赋者视角、注意力、归赋者的风险、背景知识、理性能力等。

所有归赋者的第 i 类语境因素的可能变化集合体 A_i 可表示为:

$$A_i = a_{i1} + a_{i2} + \cdots + a_{ij} + \cdots + a_{ig} = \sum_{j=1}^{g} a_{ij} \tag{2}$$

例如,就归赋标准而言,所有可能的归赋标准有日常的归赋标准、科学的归赋标准和怀疑主义的归赋标准。

A_i 还可以用集合表示,即:

$$A_i = (a_{i1}, a_{i2}, \cdots, a_{ij}, \cdots, a_{ig}) \tag{3}$$

某个特定的归赋者的语境因素集 A_j 是唯一的,可表示为:

$$AC = A_j = \begin{vmatrix} a_{1j} \\ \cdots \\ a_{ij} \\ \cdots \\ a_{nj} \end{vmatrix} \tag{4}$$

或用集合表示为：

$$Ac = (a_{1j}, a_{2j}, \cdots, a_{ij}, \cdots, a_{nj}) \tag{5}$$

例如，某个归赋者的特定语境因素是：归赋标准为日常的，视角为可错主义的，注意力不集中，风险低，出错的可能性小，背景知识为不熟悉知识论，理性能力弱等。

主体可能的语境因素 SC 也可以用类似(1)的式子表示为：

$$SC = \begin{vmatrix} s_{11} & \cdots & s_{1j} & \cdots & s_{1k} \\ \cdots & \cdots & \cdots & \cdots & \cdots \\ s_{i1} & \cdots & s_{ij} & \cdots & s_{ik} \\ \cdots & \cdots & \cdots & \cdots & \cdots \\ s_{m1} & \cdots & a_{mj} & \cdots & s_{mk} \end{vmatrix} \tag{6}$$

某个特定的主体的语境因素集合也是唯一的，Sc 可表示为：

$$Sc = \begin{vmatrix} s_{1j} \\ \cdots \\ s_{ij} \\ \cdots \\ s_{mj} \end{vmatrix} \tag{7}$$

或用集合表示为：

$$Sc = (s_{1j}, s_{2j}, \cdots, s_{ij}, \cdots, s_{nj}) \tag{8}$$

例如，被归赋的主体的特定语境是：归赋标准为怀疑主义的，视角为不可错主义的，注意力集中，风险高，出错的可能性大，背景知识为熟悉知识论，理性能力强等。

同理，特定的被归赋者 P 的语境因素的集合也是唯一的，Pc 可表示为：

$$Pc = \begin{vmatrix} p_{1j} \\ \cdots \\ p_{ij} \\ \cdots \\ p_{lj} \end{vmatrix} \tag{9}$$

或用集合表示为：

$$Pc = (p_{1j}, p_{2j}, \cdots, p_{ij}, \cdots, p_{nj}) \tag{10}$$

例如，特定的被归赋者 P 的特定语境为：风险高，出错的可能性小，中文，主体间，表述具体生动等。

如果用 ARc 表示某次知识归赋结果，Ac 表示某一归赋者语境因素，Sc 表示主体语境因素，P 表示被归赋的语句即被归赋者，Pc 表示被归赋者 P 的语境因素，f 为函数式表达符号，那么某个归赋者对 P 进行知识归赋的结果可以用函数式表示为：

$$ARc = f(Ac, Sc, Pc, P) \tag{11}$$

$ARc = f(Ac, Sc, Pc, P)$ 表明,知识归赋的结果 ARc 是 Ac、Sc、Pc 和 P 的四元函数。柯亨和肖弗有类似的观点,柯亨认为:"我们可以把知识看作人、命题和标准三者之间的一种关系。"[①]肖弗说:"对比主义是这样一种观点,即知识是一种具有 Kapq 形式的三元关系。"[②]表达式(11)说明,语境因素是知识归赋中不可或缺的、内在的因素,而非外在的、可有可无的因素。柯亨在其归赋者的语境主义中指出了归赋者语境的内因性,他说:"严格地说,不应该说 S 在一种语境中知道,而在另一种语境中不知道,人们应该正确地说在一种语境里'S 知道 p'是真的,在另一种语境里则是假的。"[③]戈特沙林也有类似柯亨的观点,他说:"因此,语境主义应该理解为主张真值能够变化,仅仅是因为归赋语句的知识内容能变化,而非在不同语境里作出的同样的知识归赋的真值能变化。"[④]肖弗和诺布认为:"被观察到的语言行为不只是由术语的语义学或我们概念能力所产生,而且受到对话的语用学的影响以及受到操作错误(performance errors)的扭曲。"[⑤]他们对语言行为受多种因素的影响也与语境主义知识归赋观相似。

以往的不变主义知识归赋观有两种,一种是完全否认 Ac、Sc 和 Pc 的作用,把 $AR = f(Ac, Sc, Pc, P)$ 变成 $AR = f(P)$,由于 P 的真值不受 Ac、Sc 和 Pc 的影响,因此知识归赋结果只有一种,这是绝对主义的知识归赋观。另一种是理想主义的知识归赋观,主张存在一种客观的、标准的 Ac_0、Sc_0 和 Pc_0(之所以用"0"来下标,是为了表示有第 0 种语境因素即客观的、标准的语境因素),它们可分别表示为:

$$Ac_0 = \begin{vmatrix} a_{10} \\ \cdots \\ a_{i0} \\ \cdots \\ a_{n0} \end{vmatrix} \qquad Sc_0 = \begin{vmatrix} s_{10} \\ \cdots \\ s_{i0} \\ \cdots \\ s_{m0} \end{vmatrix} \qquad Pc_0 = \begin{vmatrix} p_{10} \\ \cdots \\ p_{i0} \\ \cdots \\ p_{l0} \end{vmatrix}$$

由于 Ac_0、Sc_0 和 Pc_0 中的各类语境因素都没有变化,都只有一种,它们的语境因素的组合只有一种,因此知识归赋的结果也只有一种。

归赋者语境主义主要只看到了归赋者的语境因素,尤其是只看到归赋者的知识标准、风险和出错的可能性大小的作用,把 $ARc = f(Ac, Sc, Pc, P)$ 变成 $ARc = f(Ac, P)$,因而是片面的。

主体敏感的不变主义主要只看到了主体的语境因素,尤其是只看到主体的风险和出错的可能性大小的作用,把 $ARc = f(Ac, Sc, Pc, P)$ 变成 $ARc = f(Sc, P)$,因而也是片面的。

---

① Stewart Cohen,"Contextualism,Skepticism,and the Structure of Reasons",*Philosophical Perspectives*,1999(13):61.

② Jonathan Schaffer,"From Contextualism to Contrastivism",*Philosophical Studies*,2004(119):77.

③ Stewart Cohen,"Contextualism,Skepticism,and the Structure of Reasons",*Philosophical Perspectives*,1999(13):65.

④ Verena Gottschling,"Keeping the Conversational Score:Constraints for an Optimal Contextualist Answer?" *Erkenntnis*,2004(61):309.

⑤ Jonathan Schaffer & Joshua Knobe,"Contrastive Knowledge Surveyed",*Noûs*,2012(46:4):696.

广义语境主义认为知识归赋受归赋者语境、主体语境、被归赋者语境和被归赋者的影响，是 Ac、Sc、Pc 和 P 的四元函数。每一次特定的知识归赋都是特定的归赋者在特定的被归赋者语境下，对特定主体是否知道 P 的判断，即：

$$ARc = f(Ac, Sc, Pc, P)$$

在某个知识归赋过程中，由于归赋者是某个特定的人，主体、被归赋者语境和被归赋者都是唯一的，因此某次特定的知识归赋的结果是唯一的。对比归赋者语境主义，广义语境主义的基本观点可以概括为：(1)知识语句之真值条件或命题内容随语境因素的变化而变化(语境因素是包括归赋者和主体的意向、兴趣、利益，会话参与者的共有假设、预设、会话目的、错误成本等非真值相关的因素，它们在不同程度上决定了命题或言者的视角)。(2)"知道"及其同源词具有语境敏感性，甚至"知道"是一个索引词。(3)语境转变最终可以追溯到知识标准的转变，而知识标准的转变通常会引发知识语句真值条件的转变。(4)"知道"在不同的会话语境中表达不同的多元关系。

在进行实验知识论研究时，由于评价者作为受试者参加，其完整的、肯定的语言表达结构是"评价者 E 同意：'归赋者 A 说："主体 S 知道 p"'"。因此，知识归赋的评价结果用函数式可表示为：$ERc = f(Ec, Ac, Sc, Pc, P)$。其中 ERc 表示某个特定知识归赋的评价结果，Ec 表示知识归赋的评价者语境因素，可用集合表示为：$Ec = E_j = e_j = (e_{1j}, e_{2j}, \cdots, e_{ij}, \cdots, e_{nj})$，$Ac$ 表示归赋者语境因素，Sc 表示主体语境因素，Pc 表示归赋条件语境因素，f 为函数式表达符号。$ERc = f(Ec, Ac, Sc, Pc, P)$ 表明，知识归赋的评价结果 ERc 是 Ec、Ac、Sc、Pc 和 P 的五元函数。

知识归赋的多元语境敏感性，可用实验知识论发现的影响知识归赋的多种因素来证明：(1)知识归赋的风险效应中的风险，既可以是主体的，也可以是归赋者的，还可以是评价者的，证明了 Ec、Ac 和 Sc 对知识归赋的评价结果的影响。正因为知识归赋的评价结果受评价者语境因素、归赋者语境因素和主体语境因素的影响，因此，在我们看来，只强调主体风险的利益相关的不变主义是片面的。从主体的角度看，由于风险的提高会导致认知焦虑，认知焦虑会导致自信心的下降，从而需要收集更多和更强的证据，证据力量的提升与认知标准的升高一致，因此风险的大小通常与认知标准的高低是一致的。从归赋者和评价者的角度看，当主体有较大的风险时，归赋者和评价者通常会期望主体在得到确定的信念前寻求更多的证据，他们对主体的知识归赋判断就有较少的信心。这些都证明，作为主流的归赋者语境主义由于只强调知识归赋对归赋者的认知标准敏感，因而也是片面的。(2)知识归赋的认知副作用效应是由评价者或归赋者对命题 P 所涉及内容的道德性引起，属于评价者或归赋者语境因素。(3)知识归赋评价结果中发现的出错可能的凸显效应，其凸显来自案例中出错可能性的凸显，属于被归赋者语境因素。凸显效应证明被归赋者语境因素在知识归赋中的作用。由于凸显效应在知识归赋的评价结果中要能体现出来，评价者必须聚焦出错的可能性，而评价者能否聚焦，也与归赋者或主体是否注意到出错的可能性有关，因此在实验中没有发现凸显效应是很正常的。由于有时没有凸显效应，且不能很好地解释这些实验现象，因而归赋者语境主义和主体敏感的不变主义片面地各执一端。(4)知识归赋的场景呈现效应属于被归赋者语境因素和评价者语境因素。(5)影响知识归赋的评价者的人口统计学因素属于评价者语境因素。我们预测,随着实验知识论的发展,越来越多的影响知识归赋的因素将会发现,知识归赋的语境敏感性将会为越来越多的实验所证实。总之,事件的风险、主体或归赋者利益的大小、出错的代价和出错的可能性等语境因素的改变,会导致认知焦虑的改变,认知焦虑的大小会影响形成信念的自信水平。要提升信念的自信水平,就需要收集更多和更强的证据,而证据力量的提升与认知标准的升高通常一致。因此,风险和利益的大小,出错的代价和出错的可能性,通常与认知标准的高低是一致的。当然,这一切都必须以意识到这些语境为前提。在问卷调查中,受试者是否意识到这些语境因素也与聚焦效应相关。

"知识归赋结果 ARc 是 Ac、Sc、Pc 和 P 的四元函数"以及"知识归赋的评价结果 ERc 是 Ec、Ac、Sc、Pc 和 P 的五元函数"表明:知识归赋的各种语境因素在知识归赋中是必然的、不可或缺的、内在的因素,而非偶然的、可有可无的、外在的因素。柯亨对归赋者语境的内因性说明可帮助我们理解知识归赋语境的内在性,他说:"严格地说,不应该说 S 在一种语境中知道,而在另一种语境中不知道,人们应该正确地说在一种语境里'S 知道 p'是真的,在另一种语境里则是假的。"[①]戈特沙林(Verena Gottschling)也有类似的观点,他说:"语境主义应该被理解为主张它的真值能够变化,仅仅是因为归赋语句的知识内容能变化,而非在不同语境里作出同样的知识归赋的真值能变化。"[②]知识归赋的语境因素是内在于"A 说:'S 知道 p'"中的,是内在于"评价者 E 同意:'归赋者 A 说:"主体 S 知道 p"'"中的,是不可或缺的、必然的因素。

由于 AC 的所有语境因素的组合数为 g×n,SC 所有语境因素的组合数为 h×m,PC 所有语境因素的组合数为 l×k,因此,知识归赋结果的可能有 gnhmlk 个。如果我们设定 EC 的所有语境因素的组合数为 x×y,那么知识归赋的评价结果的可能有 gnhmlkxy 个。对于知识归赋的结果和知识归赋的评价结果的多样性,有人可能会担忧,如此多的知识归赋结果和知识归赋的评价结果会使我们的知识体系成为"一种松散的、或多或少的、无关的案例的集合体"[③]。对于这种担心,可以用笔者提出的知识归赋的语境分析法[④]来消除。

对于我们的这种语境主义,反对者可能会说它太泛,不够精细,不利于正确描述知识归赋的现象。我们反对这种批判,因为我们的这种语境主义,把更多的影响因素都包含在内,再结合我们提出的知识归赋的语境分析法,更能细致地描述各类知识归赋中的敏感性,而且还可以避免建构不必要的繁多理论,避免各种烦琐的理论之争。

2.知识归赋的新问题

实验知识论的最新发现表明,知识归赋具有语境敏感性。这些重要的发现为实验知

---

① Stewart Cohen,"Contextualism,Skepticism,and the Structure of Reasons",*Philosophical Perspectives*,1999(13):65.

② Verena Gottschling,"Keeping the Conversational Score:Constraints for an Optimal Contextualist Answer?" *Erkenntnis*,2004(61):309.

③ Michael Williams,*Unnatural Doubts:Epistemological Realism and the Basis of Scepticism*,Princeton:Princeton University Press,1996,p.102.

④ 曹剑波:《知识与语境:当代西方知识论对怀疑主义难题的解答》,上海:上海人民出版社 2009年,第 314-321 页。

识论进一步发展提出了一系列重要的实证问题和理论问题。

在实证方面,对这些语境因素的进一步研究,无疑将继续推进我们对这些因素在知识归赋中的作用的理解。在知识归赋问题上,未来实验知识论的工作可扩展到对影响知识归赋的其他因素的探索上,并深入细致地研究主体、归赋者和评价者的利益关系如何设计才能导致风险效应,凸显效应应该如何设计才会出现,以及研究认知副作用效应的定量问题,人口学变量的广泛性和坚实性问题,哲学家和非哲学家在知识归赋直觉上共同受框架效应、顺序效应、聚集效应等影响的程度问题,等等。

在理论方面,一方面需要细致探讨这些发现的哲学意义;另一方面要深入地研究相关的理论问题。不同的知识论者对"知道"的解释不同,语言学家和心理学家对知识归赋的解释也不同。哪些认知心理学理论和语言学理论可以用来解释影响日常知识归赋的因素,哪一种最有说服力? 如何论证各种语境因素是知识归赋因素中内在的,而非偶然的,甚至错误的? 各种影响知识归赋的语境因素中有某些显然会影响训练有素的哲学家的判断,这个事实会威胁使用知识归赋直觉作为知识论证据的方法论假设吗? 如果会,会威胁哪些? 随着实验哲学的工具渐渐成为一种必须的和广泛接受的知识论研究的一部分,通过解答这些实证的和理论问题可能导致知识论研究的新的、重大的发展。

第四章　经典案例的实验研究

最近 50 年来,当代西方知识论的重要争论与理论创新大都是由若干关键的思想实验产生的。例如,葛梯尔用两个简单的思想实验成功地破坏了"知识是确证的真信念"的三元定义;缸中之脑案例引发了当代西方知识论对怀疑主义难题的持久论争;认知确证的内/外在主义之争源于知识论者在特鲁特普案例和千里眼案例上的直觉冲突;等等。

在当代分析的知识论中,这些思想实验的使用都基于一个共同的假设:对这些思想实验的直觉是任何正常人共有的、稳定的。然而,实验知识论对这些经典案例的直觉稳定性提出了质疑。本章仅介绍葛梯尔案例和特鲁特普案例的实验研究成果。

第一节　葛梯尔案例的实验研究

有一种历史悠久的观点认为,知识是"好东西",把某个信念称为是知识,是对这个信念的最高赞赏。例如,在柏拉图的《普罗泰戈拉篇》中,苏格拉底说:"知识是一个尊贵和威严的东西";普罗泰戈拉也说:"智慧和知识是人类所拥有的最高事物"。[①] 自古希腊以来,拥有一个确证的真信念通常意味着拥有知识。然而,在 1963 年《分析》杂志上发表的《确证的真信念是不是知识?》一文中,葛梯尔(Edmund L.Gettier)提出了 2 个著名的思想实验,成功地破坏了"知识是确证的真信念"的三元定义。在这两个案例中,主角有确证的真信念,却不能被看作拥有知识。[②] 葛梯尔案例的出现在知识论领域引起了强烈的反响,葛梯尔这篇短短的论文也前所未有地成为了引用率最高的论文;标志着当代西方知识论的诞生,开创了当代西方知识论的议题:"什么是知识的充分必要条件?""确证是内在的还是外在的?""知识是否要规避认知运气?"等等。

在当代知识论的研究中,不少知识论者期望通过把确证与真理结合起来从而排除偶然为真的信念,另有知识论者以"葛梯尔案例对传统知识的三元定义形成了挑战"为出发

---

① Plato,*The Dialogues of Plato*,trans. B.Jowett,Oxford:Random House,1937,p.352.

② Edmund L.Gettier, "Is Justified True Belief Knowledge?", in Michael D. Roth & Leon Galis (eds.):*Knowing:Essays in the Analysis of Knowledge*,Oxford:Routledge,1970,pp.36-37.详细解说参见曹剑波:《葛梯尔反例意义的诘难》,《复旦学报(社科版)》2004 年第 5 期。

点,殚精竭虑地创建完善的知识定义或确证理论。"葛梯尔案例不是知识"①为知识论学者普遍赞同,并把它作为标准答案写在知识论教材中,传授给学生。每个智力正常的人都共享葛梯尔型直觉②,这是当代分析知识论的基本预设。然而,最近10年来,伴随实验哲学运动而来的实验知识论对这个"标准答案"做了一系列的实验研究,收集到的普通大众对葛梯尔案例的直觉反应的数据令人震惊。

在2001年发表的实验哲学的开山之作《规范性与认知直觉》③中,温伯格、尼科尔斯和施蒂希发现,虽然大多数西方人对葛梯尔案例给出了传统的哲学回答,然而许多东亚人却没有。温伯格等人的实验表明,葛梯尔案例的直觉与受试者的不同种族相关,葛梯尔型直觉不具有普遍性。④

在《调查驱动的浪漫主义》中,卡伦(Simon Cullen)从实验设计的角度批评了温伯格等人做的葛梯尔案例实验。他重复了温伯格等人对葛梯尔案例的实验研究,然而他的问题不是要受试者在"真的知道"和"只是相信"中作出选择,而是在"鲍博知道还是不知道吉尔驾驶一辆美国车"中作选择。当西方受试者要求在"知道"和"不知道"之间作选择时,有42%的人选择"知道",这个结果明显高于温伯格等人研究中的选择"真的知道"的比例。⑤卡伦指出,"真的知道"似乎表达一个与"知道"不同的概念,也许更类似于"确定地知道"。因此,卡伦的重复实验表明,从受试者的"知识"概念中得出的结论,不应该是从受试者对"真的知道"的问题作出的回答中得出的。⑥虽然卡伦的这个实验并没有破坏人们对受试者"真的知道"还是"只是相信"的结论,然而,却表明温伯格等人对葛梯尔案例的实验研究的设计可能存在错误。

温伯格等人把东西方人对葛梯尔案例的分歧解释为东亚人倾向于"在这种相似性的基础上作出范畴的判断",而西方人"在描述世界和归类事物方面更愿意关注因果性"。⑦对此,莱文提出了质疑,她认为,如果没有解释为什么这些结果反映了相似性而不是因果分类的不同,很难说是这种解释是正确的。此外,如果没有确保受试者完全知道被问的是什么,以及没有设定主角买汽车的习惯之类的各种假设,很难说这种解释是正确的。没有后续研究为这种解释提供保证,这些差异看起来更像种族成见,而不是关于知识和确证的标准的直觉存在有深厚的文化差异。⑧

---

① 也可称为葛梯尔直觉(Gettier intuition),即处于葛梯尔案例中的主体没有知识的直觉。

② 葛梯尔案例不是知识的直觉。

③ Jonathan M. Weinberg, Shaun Nichols & Stephen P. Stich, "Normativity and Epistemic Intuitions", in Joshua Knobe & Shaun Nichols(eds.), *Experimental Philosophy*, Oxford: Oxford University Press, 2008, pp.17-46.

④ 为避免重复,请参见第三章第一节第三小节。

⑤ Simon Cullen, "Survey Driven Romanticism", *Review of philosophy and psychology*, 2010(1:2):288.

⑥ Simon Cullen, "Survey Driven Romanticism", *Review of Philosophy and Psychology*, 2010(1:2):275-296.

⑦ Jonathan M. Weinberg, Shaun Nichols & Stephen P. Stich, "Normativity and Epistemic Intuitions", in Joshua Knobe & Shaun Nichols(eds.), *Experimental Philosophy*, Oxford: Oxford University Press, 2008, p.28.

⑧ Janet Levin, "Critical Notices: Experimental Philosophy", *Analysis*, 2009(69:4):762.

受温伯格等人的实证研究的影响,出现了一系列关于葛梯尔型直觉的实证研究。这些实验研究的目的在于了解:外行是否普遍地分享哲学家关于葛梯尔案例的直觉;外行的直觉是否依赖诸如种族之类的人口因素;葛梯尔型直觉是否与特定类型的葛梯尔案例相关。其中斯塔曼斯和弗里德曼的实验研究证明外行没有葛梯尔型直觉;内格尔等人的实验研究证明外行与哲学家的直觉没有差别;图瑞的实验研究也证明外行与哲学家共享葛梯尔型直觉。

一、斯塔曼斯和弗里德曼的实验支持外行没有葛梯尔型直觉

在《知识的大众概念》①中,斯塔曼斯(Christina Starmans)和弗里德曼(Ori Friedman)对 7 个不同的葛梯尔型案例进行测试,结果发现,只有其中两个场景得出当事人没有知识这个标准的回答。这两个葛梯尔案例都是哲学家称为有"假论据(false lemma)"的案例,也即他们所说的"貌似真实的(apparent)证据"案例。斯塔曼斯和弗里德曼认为,外行对"貌似真实的证据"案例和"真实的证据"案例有不同的看法,只有"貌似真实的证据"案例否认有知识。

1.小偷案例 A:外行没有葛梯尔型直觉②

葛梯尔条件小偷案例如下(其中,中括号中左边为控制条件的,右边为假信念条件的):

> 彼得在他锁上门的公寓里看书。他想洗个澡,于是把书放在茶几上。接着,他取下手表,也放在茶几上,然后就走进了浴室。当彼得开始淋浴时,一个小偷偷偷地溜进了彼得的公寓。小偷拿走了彼得的黑色塑料手表,用一块相同的黑色塑料手表[一美元/一美元]取代了它,然后离开了。彼得仍在淋浴,什么也没有听到。
>
> 彼得真的知道茶几上有一块手表[书/手表],还是只是相信它?

故事之后,参与者要回答用来确保他们注意到了这个故事相关因素的几个理解题,以及一个知识题和一个信心题。在控制条件或假信念条件下,这些问题提到手表被换成了书;在葛梯尔条件下,这些问题提到手表被换成了塑料手表。这些问题放在故事的结尾,选项在括号中:

> 1.有一块手表[一本书]在茶几上吗?(是/否)
> 2.这块表[这本书]是如何到茶几上的?(彼得把它放在那儿/小偷把它放在那里)
> 3.彼得能说茶几上有一块手表[一本书]吗?(是/否)
> 4.为什么彼得能说茶几上有一块手表[一本书]?(因为彼得把一块手表[一本书]放在茶几上了/因为小偷把一块手表[一本书]放在茶几上了)

---

① Christina Starmans & Ori Friedman,"The Folk Conception of Knowledge",*Cognition*,2012(124):272-283.

② Christina Starmans & Ori Friedman,"The Folk Conception of Knowledge",*Cognition*,2012(124):274-275.

5.彼得_____茶几上有一块手表。(真的知道/只是相信)

6.对于以上5个问题的回答,你有多大的信心?(用"1"表示"一点也不自信",以后依次增加到10,"10"表示"完全自信")

在后面的实验中,总是按相同的顺序提问,除了问题5和6是一起出现外,每个问题单独出现在一个屏幕上。参与者不能回去修改答案,这个故事总是保持在屏幕的顶端。在下面的测试中,参与者填写了一份简短的人口问卷。

在葛梯尔条件下,彼得对茶几上有一块手表有一个确证的真信念,因为他放了一块手表在茶几上,而且确实有一块手表在茶几上。然而,他被葛梯尔化了,因为他留在茶几上的手表不是现在在茶几上的手表。因此,如果参与者分享了哲学家的直觉,那么他们应该认为在这种情况下彼得没有知识。如果参与者认为知识是确证的真信念,那么在这种情况下他们应该归赋知识。

在控制条件下,彼得有一个确证的真信念,而且没有被葛梯尔化。他把一本书放在茶几上,而且同一本书仍在茶几上。因此可以预测大多数参与者会进行知识归赋。

可以预测,在假信念条件下,参与者将拒绝归赋知识,因为彼得的信念尽管是确证的,然而却不是真的(虽然他相信有一块手表在茶几上,但被一美元取代了)。这个条件是很重要的,因为我们可以确定参与者没有把"知道"解释为某个自信地拥有的信念(confidently-held belief),并能因此认为知识不仅取决于个人的精神状态,而且也取决于外部世界的状态。

如果参与者分享哲学家的直觉,那么与葛梯尔条件和假信念条件相比,在控制条件下,参与者应该更多地归赋知识。如果参与者把知识看作是确证的真信念,那么在葛梯尔条件和控制条件下,人们应该有相似比率的知识归赋,而且在假信念条件下会有较少比率的知识归赋。为了测试这些观点,斯塔曼斯和弗里德曼用两个指标来评估知识判断(即"知道"与"只是相信",以及从1到10的信心度)。参与者有知识归赋时乘以自信等级,参与者没有知识归赋时乘以-1,再乘以自信等级。因而参与者的分数在20分范围内,从-10(最小知识归赋)到+10(最大知识归赋)。

144名参与者[①]随机分配葛梯尔条件或控制条件。结果表明:与葛梯尔条件相比,在控制条件下,参与者更多地认为彼得有知识;与葛梯尔条件相比,在假信念条件下,参与者较少进行知识归赋,而且都有显著的统计学差异。[②] 用表可表示为:

表 4-1　不同条件下知识归赋的统计学差异

	葛梯尔条件	控制条件	假信念条件
知识归赋平均得分	4.53	7.27	-7.13
参与者知识归赋的比率	72%	88%	11%

---

① 参与者中有72名女性,年龄18~81岁,平均31岁,标准差12岁;只有19%上过1门以上的哲学课;每1~2分钟支付0.20美元,网上调查。实验排除了38名回答理解题错误和答案没有明显差异的人。

② 平均值分别为:葛梯尔条件下 $M=4.53$,$SD=7.78$,$t(96)=-1.97$,$p=0.05$;控制条件下 $M=7.27$,$SD=5.94$;假信念条件下 $M=-7.13$,$SD=5.97$。

在控制条件下,参与者归赋知识比率为88%,葛梯尔条件为72%,假信念条件为11%。信心水平并没有因条件不同而不同[①]。

参与者把知识归于有确证的真信念的主体和葛梯尔化的主体,却不归于有假信念的主体。这符合"人们通常认为知识是确证的真信念"这个预期,却与"外行分享了哲学家的直觉"相冲突。

2.小偷案例B:有无因果联系不会影响知识归赋[②]

无论是威廉姆斯的"跷跷板上的蜡烛(candles on seesaw)"案例[③],斯特金的"小偷"案例[④],温伯格等人的"美国车"案例[⑤],范特尔和麦格拉斯的"人的全息图(hologram of man)"案例[⑥],图瑞的"蹒跚者(hobbled)"案例[⑦]和"特殊的狗"案例[⑧],巴克沃尔特的"合同"案例[⑨],斯塔曼斯和弗里德曼的"小偷"案例[⑩],等等,这些葛梯尔型案例都属于典型的葛梯尔案例,其共同点有:一是确证的信念为真是基于双重运气,二是确证的因果不连贯性(即确证信念的事实不同于使信念为真的事实)。[⑪]

斯塔曼斯和弗里德曼猜想,也许葛梯尔场景中的"好运"和"坏运"没有联系时,或者确证信念的事实与使信念为真的事实没有联系时,参与者可能会拒绝归赋知识。他们设计了下面的实验来探索这种猜想。

133名参与者(排除了35人)随机分配4个条件中的1个。参与者在每个条件中读到葛梯尔条件小偷案例A中的改写版,并回答其中的6个问题。在有一个小偷的葛梯尔条件下,小偷偷了一支钢笔并用另一支铅笔取代了它。在后面3个条件下,有两个小偷。在葛梯尔条件中,一个小偷偷走了钢笔,另一个小偷偶然在相同地方留下了一支相同的钢

---

① 葛梯尔条件为72%(p<0.003)。信心水平并没有因不同条件而不同,M=9.1/10,F(6,120)=1.18,p=0.32。

② Christina Starmans & Ori Friedman,"The Folk Conception of Knowledge",*Cognition*,2012(124):275-276.

③ Michael Williams,"Inference,Justification,and the Analysis of Knowledge",*The Journal of Philosophy*,1978(75:5):249-263.

④ Scott Sturgeon,"The Gettier Problem",*Analysis*,1993(53:3):156-164.

⑤ Jonathan M.Weinberg,Shaun Nichols & Stephen P. Stich,"Normativity and Epistemic Intuitions",in Joshua Knobe & Shaun Nichols(eds.),*Experimental Philosophy*,Oxford:Oxford University Press,2008,pp.17-46.

⑥ Jeremy Fantl & Matthew McGrath,*Knowledge in an Uncertain World*,Oxford:Oxford University Press,2009.

⑦ John Turri,"Manifest Failure:The Gettier Problem Solved",*Philosophers' Imprint*,2011(11):1-11.

⑧ John Turri,"Gettier's Wake",in Stephen Hetherington (ed.),*Epistemology:The Key Thinkers*,Oxford:Continuum,2012.

⑨ Wesley Buckwalter,"Non-Traditional Factors in Judgments about Knowledge",*Philosophy Compass*,2012(7:4):278-289.

⑩ Christina Starmans & Ori Friedman,"The Folk Conception of Knowledge",*Cognition*,2012(124):272-283.

⑪ Christina Starmans & Ori Friedman,"The Folk Conception of Knowledge",*Cognition*,2012(124):275-276.

笔。在这个故事里,干扰当事人信念为真的坏运气,完全与使信念为真的好运气没有联系,而且确证这一信念的事实与使这个信念为真的事实没有因果联系。小偷案例 B(假信念条件的文本在中括号中)为:

> 凯蒂在她锁上门的公寓里写信。她把信和蓝色比克笔放在茶几上。接着,她去浴室淋浴。当凯蒂开始淋浴时,两个小偷偷偷溜进了她的公寓。一个小偷从茶几上拿走了凯蒂的蓝色比克笔,另一个小偷心不在焉地把他自己的相同的蓝色比克笔[他自己的手帕]放在茶几上,然后他们离开了。凯蒂仍在淋浴,什么也没有听到。

在一个小偷葛梯尔条件中,知识归赋的平均得分为 3.77[1];在两个小偷葛梯尔条件中,知识归赋的平均得分为 3.92[2]。另外的 3 个两个小偷条件是:在控制条件下,参与者把知识归于凯蒂的平均值为 5.41,在葛梯尔条件下平均值为 3.92,假信念条件下平均值为 6.69,较少归赋知识。[3] 一个小偷葛梯尔条件下知识归赋为 72%,两个小偷葛梯尔条件为 69%,两个小偷控制条件为 79%,两个小偷假信念条件为 14%,信心水平没有因条件不同而不同。[4]

表 4-2 不同小偷案例知识归赋的得分情况

	一个小偷葛梯尔条件	两个小偷葛梯尔条件	两个小偷控制条件	两个小偷假信念条件
知识归赋平均得分	3.77	3.92	5.41	−6.69
参与者知识归赋的比率	72%	69%	79%	14%

小偷案例 B 实验重现了小偷案例 A 的主要发现,而且还发现,参与者没有区分葛梯尔场景中"双重运气"有无因果联系。同样,确证信念的事实与使信念为真的事实之间有没有因果联系,都不会对参与者判断葛梯尔化主体是否拥有知识产生影响。

3.收银机案例:确证的高低会影响知识归赋[5]

为了检测确证的高低是否会影响知识归赋,斯塔曼斯和弗里德曼设计了收银机案例。51 位参与者随机分配了高低确证条件:在高确证条件下,主角用一种安全的方式在一段很短的时间里把钱放在收银机里;在低确证条件下,主角用一种不安全的方式在一段较长的时间里把钱放在收银机里。案例如下(中括号中的文本为低确证条件):

> 简有一家小书店。一天早上,当几个顾客进来时,简把一张 20 美元的钞票放到空的收银机里。她把收银机锁了起来[让收银机敞开着],并到后面的房间泡咖啡。

---

① M=3.77,SD=8.42,t(38)=2.79,p=0.008。

② M=3.92,SD=8.21,t(25)=2.44,p=0.02。

③ 在控制条件下,参与者把知识归于凯蒂(M=5.41,SD=7.68);在葛梯尔条件下为 M=3.9,SD=8.21,t(63)=−0.74,p=0.46;假信念条件下较少归赋知识,M=−6.69,SD=6.62。

④ M=9.1/10,F(3,129)=0.46,p=0.71。

⑤ Christina Starmans & Ori Friedman,"The Folk Conception of Knowledge",*Cognition*,2012(124):277-278.

当简在后面的房间里时,她的员工比尔来了。他打开[看了一眼]收银机,看到这张20美元钞票有点破损。他把它从收银机里拿出来,并换上一张新的20美元钞票,之后离开做其他事去了。简在后面的房间里只待了几分钟[在后面的房间一直待了半个小时],没有听到什么。

参与者回答了一个理解的问题,一个知识的问题和一个信心的问题。单向方差分析证明有条件主效应。① 低确证条件下知识归赋的平均值为3.29,低于高确证条件知识归赋的4.00的平均值;在这两个条件下,参与者对他们的答案有同样的信心。② 在高确证条件下,把知识归于简的比率为70%(p=0.05),在低确证条件下则为25%(p=0.02)。这些条件之间的差别(p=0.002)表明参与者认为要把一个信念当作知识,它必须是确证的。

表 4-3 收银机案例知识归赋的得分情况

	高确证条件	低确证条件
知识归赋平均得分	4.00	−3.29
参与者知识归赋的比率	70%	25%

小偷案例和收银机案例的实验结果证明,即使在葛梯尔化条件下,人们也把确证的真信念当作知识。

4.酸奶/硬币案例:证据的性质会影响知识归赋③

有很多葛梯尔案例人们不对它们进行知识归赋,不是因为主角没有被葛梯尔化,而是因为主角形成的信念是基于"貌似真实的(apparent)"证据。貌似真实的证据虽然反映了客观世界的信息,却不是真实的,只是碰巧导致了真信念。例如,在田野里的奶牛案例中,有一幅像奶牛的画。在这类案例中,如果参与者知道他看到的是一幅画,他就不会持有原来的信念。相比之下,在葛梯尔条件的小偷案例中,证据都是基于真实的(authentic)证据:彼得形成茶几上有一块表的信念的证据,是因为他把一块手表放在了茶几上;简认为有一张20美元的钞票在收银机里,是因为她放了一张20美元的钞票在收银机里。为了检验在葛梯尔条件下,人们是否会因为葛梯尔案例的主角基于真实的证据而认为他有知识,而因为葛梯尔案例的主体基于貌似真实的证据而认为他只有纯粹的信念,斯塔曼斯和弗里德曼设计了下面的实验。

43个参与者阅读两个故事④,每人读两个条件(真实的证据或貌似真实的证据)中的一个,每人使用两个故事情节(硬币或酸奶)中的一个。在所有的故事中,主角将一个对象放在一个地方,并形成关于这个对象性质的信念。例如,在"硬币"故事中,科里把一个日期为1936年的25分硬币放在他的储蓄罐里,因此相信他的小猪储蓄罐里有一个1936年

---

① F(1,49)=11.75,p=0.001。

② 平均值分别为:低确证条件M=−3.29,SD=7.54;高确证条件,M=4.00,SD=7.62。在这两个条件下的信心相同,M=8.1/10,t(49)=0.91,p=0.37。

③ Christina Starmans & Ori Friedman,"The Folk Conception of Knowledge",*Cognition*,2012(124):279.

④ Christina Starmans & Ori Friedman,"The Folk Conception of Knowledge",*Cognition*,2012(124):282-283.

的 25 分硬币。尽管这枚硬币后来被他的室友拿走,然而科里的信念仍然是真的,因为他的小猪储蓄罐里有一枚不同的、先前没有注意到的 1936 年的 25 分硬币。条件间的不同是科里的初始信念是否基于真实的证据(即存放的硬币真的是 1936 年的 25 分硬币)或貌似真实的证据(存放的硬币只是看着像是 1936 年,实际上却是一枚 1938 年的 25 分硬币)。参与者要回答一个理解题,一个知识的问题和一个信心的问题。如果参与者对产生主角信念的证据的真实性敏感,那么知识归赋在这两个葛梯尔案例中应该不同。实验对呈现的顺序和条件做了平衡处理。

酸奶案例 1:真实的证据

朱莉在当地的食品店买了一罐酸奶。虽然朱莉没有意识到它,然而罐装的酸奶非常甜——厂家的一个装奶器把三倍剂量的甜味剂加到了这罐酸奶里。朱莉回到家,把它放在她的冰箱里,然后去了她的卧室。朱莉的邻居萨姆一直在暗中监视她。当她在她的卧室里时,他撬开她公寓的锁进去了。他从冰箱里拿出这罐酸奶,并换成从他自己的冰箱里拿出来的一罐酸奶。然后带着朱莉的那罐酸奶回到了他自己的公寓。朱莉在卧室里只待了几分钟,并没有听到什么。

在故事的结尾,问:

　　1.朱莉的冰箱里有一罐酸奶吗?（是/否）
　　2.朱莉_____在她的冰箱里有一罐酸奶。（真的知道/只是相信）

酸奶案例 2:貌似真实的证据

朱莉在当地的食品店买了一罐酸奶。虽然朱莉没有意识到它,然而罐子里没有酸奶——厂家的一个装奶器把奶油加到了这个罐子里。朱莉回到家,把它放在她的冰箱里,然后去了她的卧室。朱莉的邻居萨姆一直在暗中监视她。当她在她的卧室里时,他撬开她公寓的锁进去了。他从冰箱里拿出这个酸奶罐,并换成从他自己的冰箱里拿出来的一罐酸奶。然后带着朱莉的那个酸奶罐回到了他自己的公寓。朱莉在卧室里只待了几分钟,并没有听到什么。

在故事的结尾:

　　1.朱莉的冰箱里有一罐酸奶吗?（是/否）
　　2.朱莉_____在她的冰箱里有一罐酸奶。（真的知道/只是相信）

硬币案例 1:真实的证据

科里已经为他的小猪储蓄罐收集了多年的硬币。有一天,他正打算把一枚 25 分的硬币放进他的小猪储蓄罐里时,他注意到这枚硬币看起来很旧。尽管他以前从未注意过日期,他仍看了一下日期,是 1936 年的。然而,他不知道 1936 年是他祖母出生的时间。科里有一枚 1936 年的 25 分硬币深埋在储蓄罐里,但他不知道。他把这枚 25 分硬币放进储蓄罐里后,就去睡午觉了。科里的室友斯科特要回家,需要一些零钱坐公交车。他摇动这个小猪储蓄罐,科里刚放进去的这枚硬币掉了出来。斯科特捡起它,就离开了。10 分钟小睡后,科里醒来了,不知道斯科特来过。

在故事的结尾:

  1.有一枚 1936 年的硬币在科里的储蓄罐里吗?(是/否)
  2.科里_____他的储蓄罐里有一枚 1936 年的硬币。(真的知道/只是相信)

硬币案例 2:貌似真实的证据

  科里已经为他的小猪储蓄罐收集了多年的硬币。有一天,他正打算把一枚 25 分的硬币放进他的小猪储蓄罐里时,他注意到这枚硬币看起来很旧。尽管他以前从未注意过日期,他仍看了一下日期,是 1936 年的。然而,他不知道日期已经部分磨损,实际上它是 1938 年的。科里有一枚 1936 年的 25 分硬币深埋在储蓄罐里,但他不知道。他把这枚 25 分硬币放进储蓄罐里后,就去睡午觉了。科里的室友斯科特要回家,需要一些零钱坐公交车。他摇动这个小猪储蓄罐,科里刚放进去的这枚硬币掉了出来。斯科特捡起它,就离开了。10 分钟小睡后,科里醒来了,不知道斯科特来过。

在故事的结尾:

  1.有一枚 1936 年的硬币在科里的储蓄罐里吗?(是/否)
  2.科里_____他的储蓄罐里有一枚 1936 年的硬币。(真的知道/只是相信)

方差分析证明证据的性质条件存在有主效应,与貌似真实的证据条件相比,参与者更愿将知识归于真实证据条件。在真实的证据条件下的知识归赋超过了随机的知识归赋;在貌似真实的证据条件下的知识归赋低于随机的知识归赋知识。只考虑酸奶案例时,参与者更容易把知识归于真实证据条件,而不愿归于貌似真实的证据条件。信心水平并没有因条件不同而不同。[1]

---

  [1] 主效应 $F(1,42)=17.51,p<0.001$。平均值分别为:貌似真实的证据条件 $M=-3.35,SD=8.13,t(42)=-4.18,p<0.001$;真实证据条件 $M=3.70,SD=8.03,t(42)=3.02,p=0.004$。在真实的证据条件下的知识归赋,超过随机的知识归赋[$t(42)=3.02,p=0.004$];在貌似真实的证据条件下的知识归赋,低于随机的知识归赋[$t(42)=-2.70,p=0.01$]。只考虑第一个案例,参与者更容易把知识归于真实证据条件($M=4.90,SD=7.17$),而不愿归于貌似真实的证据条件[$M=-6.88,SD=6.13,t(41)=-5.71,p<0.001$]。信心水平并没有因条件不同而不同[$M=8.6/10,t(42)=-0.25,p=0.81$]。

参与者在真实证据条件归赋知识的比率为 67％,而貌似真实的证据条件为 30％。在酸奶案例中参与者有 76％归赋知识给真实证据条件,而只有 14％归于貌似真实的证据条件。这些发现揭示了这两种葛梯尔案例的不同:当葛梯尔化的个人形成的信念是基于真实证据时,参与者更容易把知识归于他;而当个人的信念是基于貌似真实的证据时,参与者认为他只有信念。

5.讨论与结论①

研究结果是令人惊异的,与分析知识论长期以来主张的葛梯尔案例不构成知识相矛盾。斯塔曼斯和弗里德曼认为,这些令人惊讶的结果不太可能由于参与者不清楚故事或问题,也不太可能是特定的故事或方法所带来的。他们回应了几种可能的反对意见②:一种可能的反对意见认为,参与者误解了测试的问题,因为测试的问题是问场景中的当事人是否"真的知道"还是"只是相信"某个特定的命题。参与者可能会把"真的知道"解释为"非常肯定"或"认为她知道"。斯塔曼斯和弗里德曼认为,如果有这种误解,即如果参与者按照这种方式进行解释,那么他们也应该把知识归于有假信念的当事人(因为这些当事人与其他条件的当事人一样有相同的确定性)。参与者没有以这种方式来回答,相反,他们一致地否认有假信念的当事人是有知识的。这说明参与者没有这种误解。

第二种可能的反对意见是,故事中所描述的不寻常事件是令人困惑的或不为参与者所熟悉的。斯塔曼斯和弗里德曼否认这种看法,认为:虽然这些故事中描述的事件似乎不同寻常,但是人们很容易找到现实生活中的葛梯尔条件。即使参与者发现故事不同寻常,这些故事与不同条件也紧密相配;如果不寻常的故事可能会导致参与者在葛梯尔场景中归赋知识,那么高比率的知识归赋同样在所有的条件下都应该看到。然而,结果却不是这样。同样,如果参与者在葛梯尔案例中被弄糊涂了,那么他们应该对他们的回答给出较低的自信评价,然而,他们却没有。在这些条件中,自信评价没有差异,而且很少有参与者评价自己的自信度低。

斯塔曼斯和弗里德曼的实验结论有如下:

结论一:貌似真实的证据不是真实的证据

貌似真实的证据不是真实的证据。例如,科里相信他的小猪储蓄罐中有一枚 1936 年的硬币(实际上,只是一枚磨损的 1938 年硬币)。尽管科里的信念是真的(小猪储蓄罐中真的有一枚 1936 年的硬币),而且是确证的(看硬币上的日期通常是相信这枚硬币是哪一年的适当理由),然而,与真实的证据场景相比,参与者在貌似真实的证据场景中不太愿意归赋知识,这一发现表明,人们把信念看作知识仅当这个信念所依赖的证据是真实的而不只是貌似真实的。因此,知识的条件不是三元条件(信念、确证和真),而应该有第四个"证据真实(authenticity of evidence)"的条件。当然,没有确证或基于貌似真实的证据都可以用不基于运气(noluck)来概括。

结论二:外行不与哲学家共享葛梯尔型直觉

① Christina Starmans & Ori Friedman,"The Folk Conception of Knowledge",*Cognition*,2012(124):280-282.

② Christina Starmans & Ori Friedman,"The Folk Conception of Knowledge",*Cognition*,2012(124):279-280.

外行与哲学家在葛梯尔案例上的直觉不同。斯塔曼斯和弗里德曼的实验证明,"外行更乐意将知识归于葛梯尔案例"[①]。换言之,外行倾向于认为葛梯尔案例中的主体有知识。同时,"外行的直觉与哲学家们不同,后者显然几乎一致地认为葛梯尔式的主体没有知识。"[②]在知识的概念上,外行与哲学家的差异表现在:外行的知识概念与传统的知识三元定义是一致的,并要求信念必须有真正的证据,而非貌似真实的证据;哲学家则认为,知识的三元条件是不充分的。

为什么外行与哲学家在他们判断把什么当作知识上会不同呢?从心理上有四种解释来说明归赋知识的差异。[③] 一种解释是,外行与哲学家之间的不同类似于新手与专家的不同。外行与哲学家之间的区别只是在表现(performance,即归赋知识给葛梯尔化的当事人)上,而不是在能力(competence,即坚持非幸运原则)上,外行在发现认知运气上是新手,而哲学家则是专家。第二种解释是,外行与哲学家有不同概念的知识。然而,这种解释必须说明为什么哲学家会有不同于外行的知识概念。第三种(相关)的解释是,外行和哲学家之间的差异是选择的效果。这种观点假设外行的认知直觉之间有个体差异,有些人共享标准哲学直觉而其他人没有。那些有"正确"直觉的人更容易成为哲学家,外行所共享的知识概念不为哲学家所有。第四种解释为什么外行没有共享哲学家关于葛梯尔案例直觉的原因是,知识的哲学概念来源于认知的理论化。要确定实际的原因需要进一步的研究。

总之,斯塔曼斯和弗里德曼的实验证明:(1)只有当某人的信念是真的且确证的,人们才把知识归于他;当他的信念是假的时,人们会否认他有知识;(2)不同于当代分析知识论者,在葛梯尔案例中,外行通常会认为葛梯尔案例的主角有知识;(3)然而,在某类葛梯尔案例中,人们认为主角没有知识,是因为主角的信念是基于"貌似真实的"证据而非真实的证据。这些发现表明,外行的知识概念大致与传统的知识定义一致。[④]

二、内格尔等人的实验支持外行与哲学家共享葛梯尔型直觉

在《认知直觉》一文中,内格尔质疑温伯格等人的实验结果,并预言,进一步的实证研究将推翻"葛梯尔案例在认知直觉上随着人口统计学的群体差异在哲学上有显著的变化"这种主张。[⑤] 在《外行否认知识是确定的真信念》[⑥]一文中,内格尔等人在研究了葛梯尔型案例中知识归赋与确证归赋之间的关系后发现,外行与哲学家相似,都不会把确证的真信

① Christina Starmans & Ori Friedman,"The Folk Conception of Knowledge",*Cognition*,2012(124):280.

② Christina Starmans & Ori Friedman,"The Folk Conception of Knowledge",*Cognition*,2012(124):280.

③ Christina Starmans & Ori Friedman,"The Folk Conception of Knowledge",*Cognition*,2012(124):281-282.

④ Christina Starmans & Ori Friedman,"The Folk Conception of Knowledge",*Cognition*,2012(124):272.

⑤ Jennifer Nagel,"Epistemic Intuitions",*Philosophy Compass*,2007(2:6):792-819.

⑥ Jennifer Nagel,Valerie San Juan & Raymond A. Mar,"Lay Denial of Knowledge for Justified True Beliefs",*Cognition*,2013(129):652-661.

念当作是知识;葛梯尔型直觉是非常坚实的,不受年龄、性别、种族因素的影响。他们的实验方法、材料和过程如下。

参与者为加拿大 208 位本科生[①],其中男性 37 人,平均年龄 21.8 岁。种族背景:70人为白人(33.7%),53 人为南亚人(25.5%),24 人为东亚人(中国、韩国、越南等 11.5%),15 人为拉丁美洲人(7.2%),14 人为黑人(6.7%),32 人为其他(15.4%)。大约四分之一(48 人,23.1%)的参与者说至少上过一门大学哲学课,其中大部分(33 人)只上过一门。所有的问卷都是在线调查。参与者先回答了信念和知识问卷后,再做移情和人口问卷。问卷最后请参与者给出他们的经验反馈。[②]

在信念和知识的调查中,参与者阅读并回答了随机分配的 16 个场景中的问题,其中有一半场景是实验的填充场景(filler vignettes)。所有参与者的填充场景都相同。8 个实验场景是由四类故事组成:(1)葛梯尔案例(当事人真实地处于出错的危险中);(2)怀疑主义压力案例[③];(3)标准的真信念;(4)确证的假信念。参与者对每类故事中的 2 个版本(真实的证据和貌似真实的证据)作出回答。参与者被随机分配到四个调查的一个。这 8个实验场景分别为 4 个珠宝案例和 4 个度假案例[④]。

4 个珠宝案例为:

A(葛梯尔案例——真实的证据):艾玛正在买珠宝。她走进一家装饰华丽的珠宝店,从一个标有"钻石耳环和吊坠"的托盘中挑选了一串钻石项链。当她试戴时,她说:"多好看的钻石!"仅仅通过看或摸,艾玛不能区分真钻石与立方锆假货。事实上,这家珠宝店有一位很不诚实的雇员,他常常偷走真钻石并换上假货。艾玛挑选的那个托盘中的几乎所有吊坠都是立方锆石而不是钻石(但她这次碰巧选中了真钻石)。

B(怀疑主义压力案例):艾玛正在买珠宝。她走进一家装饰华丽的珠宝店,花了些时间看了一些不同的陈列品。她告诉售货员,她正在找一串有经典设计的钻石项链。在她下定决心买之前,她总喜欢试戴一下,售货员展示给她几串项链。艾玛从一个标有"钻石耳环和吊坠"的托盘中挑选了一串钻石项链。当她试戴时,她说:"多好看的钻石!"仅仅通过看或摸,艾玛不能区分真钻石与立方锆假货。

C(标准的真信念案例):艾玛正在买珠宝。她走进一家装饰华丽的珠宝店,花了些时间看了一些不同的陈列品。她告诉售货员,她正在找一串有经典设计的纯钻石

---

① 已经去掉没有完成调查的 16 人,没有认真阅读所有题目的 14 人(判断是否认真阅读所有题的依据以做题的时间少于 13 分钟为标准,因为总共有 70 题)。

② Jennifer Nagel,Valerie San Juan & Raymond A. Mar,"Lay Denial of Knowledge for Justified True Beliefs",*Cognition*,2013(129):655.

③ 怀疑主义压力案例(Skeptical Pressure cases)只提及出错的可能而不必真的出错。例如,在钟表案例中,只要提到出错的可能(钟表有时会坏),如果当事人没有排除这种可能,就不会有知识。当提出钟表有时会坏,而当事人没有检查钟表是否正常工作时,那么,直观上,人们可以说,当事人仅仅看一眼钟表而碰巧时间是对的,并不真的知道时间,只是幸运而已。

④ Jennifer Nagel,Valerie San Juan & Raymond A. Mar,"Lay Denial of Knowledge for Justified True Beliefs",*Cognition*,2013(129):659-660.

项链。在她下定决心买之前,她总喜欢试戴一下,她要售货员展示给她很多串不同的项链。售货员立即用一个托盘给她带来。艾玛从一个标有"钻石耳环和吊坠"的托盘中挑选了一串钻石项链。当她试戴时,她说:"多好看的钻石!"

D(确证的假信念案例): 艾玛正在买珠宝。她走进一家装饰华丽的珠宝店,从一个标有"钻石耳环和吊坠"的托盘中挑选了一串钻石项链。当她试戴时,她说:"多好看的钻石!"仅仅通过看或摸,艾玛不能区分真钻石与立方锆假货。事实上,这家珠宝店有一位很不诚实的雇员,他常常偷走真钻石并换上假货。艾玛挑选的那个托盘所有的项链,包括她正在试戴的那串,都是立方锆石而不是真钻石。

4个珠宝案例所问的问题是:艾玛知道这块石头是一块钻石吗?

4个度假案例为:

A(葛梯尔案例——貌似真实的证据): 卢克与他的两位同事维克多和莫妮卡在一个办公室工作。整个冬天维克多一直在描述假期他去拉斯维加斯的计划,甚至给卢克看他已经预订酒店的网站。当维克多去度假时,卢克看到维克多自己与拉斯维加斯地标的脸书(Facebook)照片,以及他是多么享受他的旅行的更新材料。当他回来上班时,维克多向卢克大谈特谈他在拉斯维加斯度假是多么有趣。然而,维克多没有真的去旅行,他一直在假装。因为他的信用卡被刷爆了,他的机票和预订酒店都被取消了,他偷偷地待在万锦市(Markham)的家里,用 Photoshop 非常巧妙地伪造脸书照片。与此同时,莫妮卡恰好在拉斯维加斯度了一个周末的假,但她对她所有的同事保守了这个秘密。

B(怀疑主义压力案例): 卢克与他的两位同事维克多和莫妮卡在一个办公室工作。他们相处很好,在工作之余他们一起聊天。整个冬天维克多一直在告诉卢克假期他将去拉斯维加斯的计划,甚至给卢克看他已经预订酒店的网站。当维克多去度假时,卢克看到维克多自己与拉斯维加斯地标的脸书照片,以及他是多么享受他的旅行的更新材料。维克多真的在拉斯维加斯过了一段好时光,最后依依不舍地回到万锦市的家里。当他回来上班时,维克多向卢克大谈特谈他在拉斯维加斯度假是多么有趣。然而,脸书上的照片分辨率很低,卢克不能区分拉斯维加斯拍的真的度假照片与用 Photoshop 伪造的照片。

C(标准的真信念案例): 卢克与他的两位同事维克多和莫妮卡在一个办公室工作。他们的工作有时很乏味——他们三人都在一个大机关的会计处,但工资和福利都很好,而且他们相处很好。整个冬天维克多一直在告诉卢克假期他将去拉斯维加斯的计划,甚至给卢克看他已经预订酒店的网站。当维克多去度假时,卢克看到维克多自己与拉斯维加斯地标的脸书照片,以及他是多么享受他的旅行的更新材料。维克多真的在拉斯维加斯过了一段好时光,最后依依不舍地回到万锦市的家里。当他回来上班时,维克多向卢克大谈特谈他在拉斯维加斯度假是多么有趣。

D(确证的假信念案例): 卢克与他的两位同事维克多和莫妮卡在一个办公室工作。他们相处很好,在工作之余他们一起聊天。整个冬天维克多一直在告诉卢克假期他将去拉斯维加斯的计划,甚至给卢克看他已经预订酒店的网站。当维克多去度假时,卢克看到维克多自己与拉斯维加斯地标的脸书照片,以及他是多么享受他的旅行的更新材料。当他回来上班时,维克多向卢克大谈特谈他在拉斯维加斯度假是多么有趣。然而,维克多没有真的去旅行,他一直在假装。因为他的信用卡被刷爆了,他的机票和预订酒店都被取消了,他偷偷地待在万锦市的家里,用 Photoshop 非常巧妙地伪造脸书照片。顺便说一句,莫妮卡从不度假,而且她的所有同事知道她这一点。

4 个度假案例所问的问题是:卢克知道他的一个同事最近在拉斯维加斯度假吗?

在读完故事后,参与者要求回答理解题,如果理解题做错,参与者就被排除了。例如理解题有,"根据这个故事,艾玛试戴的项链是什么的?"如果答错,参与者就不要做其他题了。又如,在信念归赋中,"艾玛认为项链是钻石吗?"如果回答"不是",参与者就不要再答题了。如果参与者回答"是的",则要回答另两个问题:(1)"在形成她的信念上,当事人有多大的确证?"(2)"是否要归赋知识给当事人?"

在信念确证上,参与者需要评估当事人对他/她的信念的确证如何(例如,"在认为这块石头是一块钻石上,艾玛的确证有多大?"),使用 7 分制李克特量表,从 1(完全不确证的)到 7(完全确证的)。

在知识归赋上,参与者被问当事人是否对关键命题有知识(如"艾玛知道这块石头是一块钻石吗?")。三个选项:(1)是的,她知道;(2)不,她不知道;(3)不清楚——故事没有提供足够的信息。对于回答"不"即(2)或者回答"不清楚"即(3)的参与者,就不再问进一步的问题了。对于回答"是的"即(1)的参与者,会问进一步测量知识归赋度的问题,即"在你看来,下列哪个句子较好地描述了艾玛的处境?(a)艾玛知道这块石头是一块钻石;(b)艾玛看起来好像(feels like)知道这块石头是一块钻石,实际上她并不知道。"两组知识归赋问题的答案随后需要转化为知识归赋的得分。对第一个问题回答"不"的参与者被划归为"直接的(immediate)"否认有知识,得分为 0。对第一个问题回答"是的",对第二个问题选(b)的参与者,被划归为"延迟的(delayed)"否认有知识,得分为 1。参与者对第一个问题回答"是的",对第二个问题选(a)的,被划归为有最强的知识归赋,得分为 2。

每个测试的最后一个问题是记忆问题,要求参与者回忆故事中的一个特定的细节(如"在你刚读到的这个故事中,在艾玛试戴项链时她说了什么?")。参与者可把答案填写在空白处,或选择"回忆不起来"。自愿多回答一个问题的参与者要求评价他们在答题时的信心,用 5 分制李克特量表("1"为"一点也不","5"为"完全确定")。在这个实验中,假设更愿意参与这个故事的参与者更可能给出哲学上的标准答案。

此外,参与者用多伦多移情问卷(TEQ)[①]完成了一个自我报告的移情测量。所有的参与者还需要完成一项问卷调查,其中包括年龄、性别、种族和之前的哲学训练。

---

① R.Nathan Spreng,Margaret C. McKinnon,Raymond A. Mar & Brian Levine,"The Toronto Empathy Questionnaire:Scale Development and Initial Validation of a Factor-analytic Solution to Multiple Empathy Measures",*Journal of Personality Assessment*,2009(91:1):62-71.

单独分析参与者对(a)信念归赋,(b)知识归赋和(c)信念确证的回答,结果如下:

1.信念归赋的得分

信念的否定(用"0"标识),信念的归赋(用"1"标识)。分析信念归赋问题(如"艾玛认为项链上的这块石头是一块钻石吗?")是否在不同类故事中有变化时,发现有故事类型的显著效应。[①] 在对比故事的类型时,发现有信念归赋的可能性更大:(1)标准的真信念案例 vs 怀疑主义压力案例[②];(2)标准的真信念案例 vs 葛梯尔案例[③];(3)标准的真信念案例 vs 假信念案例[④]。回答频率见表 4-4。[⑤]

表 4-4　信念归赋的频率

	回答频率	
	信念否定	信念归赋
标准的真信念案例	24(6.4%)	351(93.6%)
怀疑主义压力案例	58(17.2%)	279(82.8%)
葛梯尔案例	60(18.0%)	273(82.0%)
假信念案例	66(20.4%)	258(79.6%)

2.知识归赋的得分

用"0"标识"直接的知识否认","1"标识"延迟的知识否认","2"标识"坚定的知识归赋",分析故事类型对知识归赋的影响时(如"艾玛知道这块石头是一块钻石吗?"),发现有故事类型的显著效应。[⑥] 在下面的对比中,也发现归赋知识的可能性更大:(1)标准的真信念案例 vs 怀疑主义压力案例[⑦];(2)标准的真信念案例 vs 葛梯尔案例[⑧];(3)标准的真信念案例 vs 假信念案例[⑨];(4)怀疑主义压力案例 vs 假信念案例[⑩];(5)葛梯尔案例 vs 假信念案例[⑪]。回答频率见表 4-5[⑫]。

---

① $\chi^2 = 32.36, df = 3, N = 208, p < 0.001$。

② $\chi^2 = 25.66, df = 1, N = 208, p < 0.001, B = 1.11, Exp(B) = 3.04$。

③ $\chi^2 = 23.31, df = 1, N = 208, p < 0.001, B = 1.17, Exp(B) = 3.21$。

④ $\chi^2 = 27.42, df = 1, N = 207, p < 0.001, B = 1.32, Exp(B) = 3.74$。

⑤ Jennifer Nagel, Valerie San Juan & Raymond A. Mar, "Lay Denial of Knowledge for Justified True Beliefs", *Cognition*, 2013(129):657.

⑥ $\chi^2 = 247.97, df = 3, N = 207, p < 0.001$。

⑦ $\chi^2 = 81.52, df = 1, N = 204, p < 0.001, B = 1.35, Exp(B) = 3.87$。

⑧ $\chi^2 = 107.81, df = 1, N = 202, p < 0.001, B = 1.62, Exp(B) = 5.07$。

⑨ $\chi^2 = 231.60, df = 1, N = 204, p < 0.001, B = 2.71, Exp(B) = 14.99$。

⑩ $\chi^2 = 59.48, df = 1, N = 197, p < 0.001, B = 1.45, Exp(B) = 4.27$。

⑪ $\chi^2 = 49.08, df = 1, N = 196, p < .001, B = 1.13, Exp(B) = 3.09$。

⑫ Jennifer Nagel, Valerie San Juan & Raymond A. Mar, "Lay Denial of Knowledge for Justified True Beliefs", *Cognition*, 2013(129):657.

表 4-5 不同时间的知识归赋回答的频率

	回答频率		
	直接的知识否认	延迟的知识否认	坚定的知识归赋
标准的真信念案例	49(14.4%)	35(10.3%)	256(75.3%)
怀疑主义压力案例	89(33.0%)	69(25.6%)	112(41.5%)
葛梯尔案例	108(41.1%)	62(23.6%)	93(35.4%)
假信念案例	166(67.8%)	44(18.0%)	35(14.3%)

由于直接的知识否认和延迟的知识否认都是对当事人有知识的否认,怀疑主义压力案例的知识否认率为58.6%,葛梯尔案例的知识否认率为64.7%,假信念案例的知识否认率为85.8%,普通大众与哲学家一样对这些案例都倾向于不进行知识归赋。

3.信念确证的得分

实验通过单向重复测量的方差分析,分析故事类型在参与者的信念确证评估中的作用,结果发现有故事类型的显著效应。[1] 用 t 检验比较($\alpha=0.008$)表明,标准的真信念案例中的信念的确证度为6.45,错误的信念案例为5.65,怀疑主义压力案例为5.97,葛梯尔案例为6.08。[2] 葛梯尔案例和怀疑主义压力案例的确证评估介于普通的真信念案例和假信念案例之间,但没有显著差异($p>0.05$)。

4.葛梯尔案例中真实证据案例与貌似真实证据案例的关系

分析参与者对真实的证据与貌似真实的证据的葛梯尔案例的回答是否有差异,结果表明:在信念归赋中,参与者在真实证据案例中的归赋4.44倍于貌似真实证据案例。[3] 在知识归赋中,参与者在真实证据案例中的归赋2.28倍于貌似真实证据案例。[4] 在信念确证中,两者间却没有显著的差异。[5]

5.个体差异

实验结果没有发现年龄、性别、种族和有没有上过哲学课之间存在显著的差异。重复温伯格等人的实验,大多数参与者(59%)否认当事人有知识,与标准的哲学看法一致。在温伯格等人的研究中,少数的东亚人(43%)和南亚人(39%)表示,当事人仅仅有信念而不

---

[1] Wilks's $\Lambda=0.66$, $F(3,135)=22.99$, $p<0.001$, $\eta^2=0.34$.

[2] Jennifer Nagel, Valerie San Juan & Raymond A. Mar, "Lay Denial of Knowledge for Justified True Beliefs", *Cognition*, 2013(129) :657.

[3] $\chi^2=20.28$,用 t 检验比较($\alpha=0.008$)表明,确证度分别为:标准的真信念案例,$M=6.45$,$SD=0.60$;错误的信念案例 $M=5.65$,$SD=1.27$,$t(160)=7.07$,$p<0.001$,$d=0.56$;怀疑主义的压力案例,$M=5.97$,$SD=0.92$,$t(179)=6.17$,$p<0.001$,$d=0.46$),葛梯尔案例,$M=6.08$,$SD=1.01$,$t(180)=5.36$,$p<0.001$,$d=0.40$,$df=1$,$N=201$,$p<0.001$,$B=1.49$。

[4] $\chi^2=14.62$,$df=1$,$N=179$,$p<0.001$,$B=1.10$。

[5] Jennifer Nagel, Valerie San Juan & Raymond A. Mar, "Lay Denial of Knowledge for Justified True Beliefs", *Cognition*, 2013(129) :657.

是知识,而 74% 的西方人则相反。实验结果见表 4-6[1]。

表 4-6　个体差异的知识归赋回答的频率

种　群	回答频率			
	直接的知识否认	延迟的知识否认	坚定的知识归赋	总计
白　人	27(42.9%)	16(25.4%)	20(31.7%)	63
东亚人	10(47.6%)	5(23.8%)	6(28.6%)	21
南亚人	17(40.5%)	7(16.7%)	18(42.9%)	42
拉丁人	3(25.0%)	2(16.7%)	7(58.3%)	12
黑　人	3(27.3%)	5(45.5%)	3(27.3%)	11
其他人	7(25.0%)	3(10.7%)	18(64.3%)	28
总　计	67	38	72	177

对于内格尔等人的实验,我们认为,由于调查的内容太多(70 个问题),受试者人数太少(208 人),调查的方式是在线调查,问卷设计中增设了"延迟的否认知识"类[2],实验的结论是"无……"的否定回答,这些可能会导致实验结果的不可靠。

三、图瑞的三分结构实验支持外行与哲学家共享葛梯尔型直觉

在《一种引人注目的艺术:葛梯尔案例的测试》[3]一文中,图瑞提出了一种葛梯尔案例的三分结构(the tripartite structure of Gettier cases)设计,帮助参与者注意到证据、事实和不同运气,并强调坏运气的来源明显不同于好运气的来源。他认为这种方法能有效地指导参与者胜任对葛梯尔案例的评估,外行和非西方人都共有葛梯尔型直觉,都明确同意葛梯尔主体没有知识。

结合以往的研究,图瑞就葛梯尔案例给出了一个推论[4]:

(1)当哲学家和外行说"知识"时,他们正在谈论同一个东西;

(2)两个群体都胜任评估葛梯尔案例;

---

[1]　Jennifer Nagel,Valerie San Juan & Raymond A. Mar,"Lay Denial of Knowledge for Justified True Beliefs",*Cognition*,2013(129):658.

[2]　内格尔等人认为,在知识归赋的调查中,应该把"知道"设想为事实性的,因此"知道的东西必须是真的",而且不能是字面上的"看起来是知道的"。他们主张通过增设问题排除这些错误的理解。这些做法,似乎更精致,实际上却是把知识归赋的比例人为地降低的。我们相信,如果在直接的知识否认中也增加"坚定的知识否认"和"延迟的知识否认(即艾玛看起来好像不知道这块石头是一块钻石,实际上她知道)",甚至在"不清楚"中分出"坚定的不清楚"和"延迟的不清楚"则会把知识归赋的比例人为提高。

[3]　John Turri,"A Conspicuous Art:Putting Gettier to the Test",*Philosophers' Imprint*,2013(13:10):1-16.

[4]　John Turri,"A Conspicuous Art:Putting Gettier to the Test",*Philosophers' Imprint*,2013(13:10):1.

（3）两个群体都坦率地报告了他们的判断；

因此，当被问到葛梯尔主体是否知道时，两组群体的回答将是相同的。

在图瑞看来，如果两组群体有不同的回答，那么（1）（2）或（3）是错误的。实验哲学家已经提供证据表明这两组群体的回答的确不同。因此，（1）（2）或（3）中至少有一个可能是错误的。

以索萨为代表的哲学家①反对（1），认为哲学家和外行谈论的东西不同。哲学家和外行对葛梯尔主体是否有知识的分歧仅仅是口头上的。威廉姆森和路德维格②反对（2），主张两个群体中有一个群体不胜任评估葛梯尔案例。他们认为，由于哲学家在评估思想实验上是受过训练的专家，而外行只是业余爱好者，因此外行很可能出错。哲学训练使人更好地注意到重要而又微妙的细节，因此哲学家与外行对葛梯尔主体是否有知识的看法不同。以图瑞为代表的学者③反对（3），认为有一个群体没有坦率地报告他们对葛梯尔案例的判断。他主张，为了获得葛梯尔案例的真理，哲学家把纯粹的实践问题搁置一旁，而外行在口头上仍保留着对更广泛的实践问题的敏感，因此，外行可能没有坦率地报告他们的判断。为此，图瑞设计了一系列实验。

1. 硬币葛梯尔案例

52 位参与者被随机分配了控制条件案例和真实条件的葛梯尔案例。所有参与者阅读一个三阶段的故事。在这 2 个条件中阶段一和阶段三是相同的，阶段二则不同：

　　阶段一：罗伯特最近买到了一枚罕见的 1804 年的美国银币。他把硬币摆放在他藏书室的壁炉上方的陈列柜里。当天晚上罗伯特想要邀请他的邻居一起吃饭。他把硬币放在壁炉上的陈列柜里后，随手关上藏书室的门，匆忙去迎接刚刚抵达的客人。他问候他们，并说："你猜怎么着，我的藏书室里有一枚 1804 年的美国银币。"

　　阶段二（真实葛梯尔条件）：当罗伯特关上藏书室的大门时，一个硬币小偷悄悄地从藏书室的窗口溜进去，偷走了罗伯特的 1804 年的美国银币，并很快逃离了。罗伯特离开藏书室才几秒钟，他没有听见任何声响。在罗伯特问候他的客人并告诉他们"我的藏书室里有一枚 1804 年的美国银币"时，这枚硬币已经被偷走了。

　　阶段二（控制案例）：当罗伯特关上藏书室的大门时，关门的振动导致银币从陈列柜上掉下来，并落在壁炉旁的地毯上。罗伯特离开藏书室才几秒钟，他没有听见任何声响。在罗伯特问候他的客人并告诉他们"我的藏书室里有一枚 1804 年的美国银币"时，这枚硬币已经掉到了藏书室的地毯上了。

---

①　Ernest Sosa，"Experimental Philosophy and Philosophical Intuitions"，*Philosophical Studies*，2007（132）：99-107.Ernest Sosa，"A Defense of the Use of Intuitions in Philosophy"，in Dominic Murphy and Michael Bishop（eds.），*Stich and His Critics*，Oxford：Blackwell，2009，pp.101-112.

②　Kirk Ludwig，"The Epistemology of Thought Experiments：First Person Versus Third Person Approaches"，*Midwest Studies in Philosophy*，2007（31）：128-159.Timothy Williamson，"Philosophical Expertise and the Burden of Proof"，*Metaphilosophy*，2011（42：3）：215-229.

③　John Turri，"A Conspicuous Art：Putting Gettier to the Test"，*Philosophers' Imprint*，2013（13：10）：1-16.

阶段三：罗伯特的房子是一个非常古老的宅子。建于 19 世纪早期，在房子最初被建时，一位木匠不小心，而且也没有注意到，把一枚 1804 年的美国银币掉进了用来建壁炉的砂浆中。这枚丢失的银币仍在藏书室的壁炉里。然而，没有人发现它已有近 2 百年，而且也没有人会再次看到它。它将仍然隐藏在罗伯特的藏书室里。[①]

每个阶段出现在不同的屏幕上。每个条件中的参与者在每个阶段都被问了一个相同的理解题（选项在括号中）：

当罗伯特问候他的客人时，有一枚 1804 年的美国银币在藏书室吗？（有/无）

当这个故事结束后，参与者被问了这个测试题：

当罗伯特问候他的客人时，他_____有一枚 1804 年的美国银币在藏书室。（真的知道/只是以为他知道）

参与者随后要报告他们在回答测试题时有多自信（1—10，从低到高）。

图瑞做了四个预测：(1)有条件效应；(2)在控制条件下，参与者说罗伯特"真的知道"的比率会超过随机的比率；(3)在真实葛梯尔条件下，参与者会倾向于说，罗伯特"只是以为他知道"；(4)在信心大小的报告中，没有条件效应。

结果表明四个预测都正确：有显著的条件效应；在控制条件下，绝大多数参与者(84％)说，罗伯特"真的知道"；在真实葛梯尔条件下，绝大多数参与者(89％)说，罗伯特"只是以为他知道"；在信心大小的报告中，没有条件效应。加权知识归赋均值[②]的结果也得到了类似的结论。单向的方差分析证明有显著的条件效应；在控制条件下，加权知识归赋均值远远超过随机的结果；在真实葛梯尔条件下，加权知识的否认远远超过随机的结果。[③]

图瑞认为实验结果证明，三分结构设计能有效地指导参与者评估葛梯尔案例。三分结构本身并没有导致参与者否认知识，否则它们在控制条件下也会否认知识。而且，与正在谈论的信念的真理性相联的意外事件的发生(如硬币由于关门的振动而掉落，或者硬币是长久遗失的)也不会否认知识，否则它们在控制条件下就会否认知识。此外，反复地询问

---

① John Turri，"A Conspicuous Art：Putting Gettier to the Test"，*Philosophers' Imprint*，2013(13：10)：5.

② 加权知识归赋均值(mean weighted knowledge ascription)，即参与者报告的信心度乘以知识归赋的比率。

③ 有显著的条件效应(费希尔精确检验，$p < 0.001$，单尾)；在控制条件下，绝大多数参与者说，罗伯特"真的知道"(84％，$p = 0.002$，二项，单尾)；在真实葛梯尔条件下，绝大多数参与者说，罗伯特"只是以为他知道"(89％，二项，$p < 0.001$，单尾)；在信心大小的报告中，没有条件效应[$M = 8.92/8.44$，$SD = 2.16/1.67$，$\chi^2(6) = 7.181$，$p = 0.304$]。单向的方差分析(ANOVA)证明有显著的条件效应[$M = 6.76/-6.44$，$F(1,50) = 61.66$，$p < 0.001$]；在控制条件下，加权知识归赋均值远远超过随机的结果[$t(24) = 5.348$，$p < 0.001$]；在真实葛梯尔下，加权知识的否认远远超过随机的结果[$t(26) = -5.767$，$p < 0.001$]。John Turri，"A Conspicuous Art：Putting Gettier to the Test"，*Philosophers' Imprint*，2013(13：10)：6.

相关命题的真值也不会导致参与者否认知识,否则它们在控制条件下也会否认知识。最后,把"只是以为"或"只是相信"改变为"只是以为他知道",对结果也没有显著的影响。[①]

2.葛梯尔型斑马案例

为了验证三分结构设计对不同内容的案例有效,图瑞用葛梯尔型斑马案例来验证[②]:

阶段一:扎克与他的律师约定在纽约的一间办公大楼见面。当他进入一楼大厅时,他遇到一件非常意外的事:在一面旗子下有一只黑白条纹的大型动物,旗子上写着:"为了儿童慈善,请摸斑马。"只要捐10美元给当地一家儿童慈善机构,你就可以摸这只著名的动物。扎克快步走上楼,他律师的办公室在二楼。他问候接待员后,说:"你猜怎么着?这座大楼的第一层有一匹斑马。"

阶段二:为了这次慈善活动,经营这家慈善机构的人想租一匹真斑马,但却付不起钱。所以,他们雇了一位艺术家在一头骡子身上画了黑白相间的条纹。扎克在一楼大厅看到的动物实际上是一头巧妙伪装的骡子。它看起来像一匹斑马,但它不是。它是一头骡子。

阶段三:扎克所在的办公楼非常大。一家公司租用大楼的空间正在做进口奇异动物的生意。虽然把这些动物放在一栋办公大楼是非法的,但他们还是这样做了。他们最近走私了一匹斑马,并把它关在这栋楼的第一层的一间难以被发现的、上了锁的、隔音的房间里。

在每个阶段结束时,参与者被要求回答一个理解题:

当扎克问候接待员时,有一匹斑马在这栋楼的第一层吗?(有/无)

然后他们被问了这个测试题:

当扎克问候接待员时,他_____有一匹斑马在这栋楼的第一层。(真的知道/只是以为他知道)

参与者在回答测试题时,要报告对他们的答案有多自信(1—10,从低到高)。像以前一样,每个阶段呈现在不同的屏幕上,参与者不能回去修改答案。

有24个参与者,结果证明,在斑马案例中,100%的参与者说,扎克"只是以为他知道"。这表明,三分结构设计有效地指导了参与者。

3.比克笔案例

---

① John Turri,"A Conspicuous Art:Putting Gettier to the Test",*Philosophers' Imprint*,2013(13:10):6.

② John Turri,"A Conspicuous Art:Putting Gettier to the Test",*Philosophers' Imprint*,2013(13:10):7-8.

在《知识的大众概念》一文中,斯塔曼斯和弗里德曼用实验证明葛梯尔型直觉是错误的,图瑞在对他们的小偷案例进行改写后,作了三分结构设计,进一步验证了他的设计在研究葛梯尔案例中的适切性。设计中阶段一和二相同,阶段三不同[①]:

阶段一:凯蒂在她锁上门的公寓里写信。她把信和蓝色比克笔放在茶几上。接着,她去浴室淋浴。沐浴用了 15 分钟。

阶段二:当凯蒂在淋浴时,有两个小偷,一个师傅一个徒弟,溜入了她的公寓。当他们在公寓里找东西时,师傅小偷从茶几上偷走了凯蒂的蓝色比克笔。在凯蒂淋浴完前 5 分钟,小偷离开了。凯蒂什么也没有听到。

阶段三(小偷条件):就在小偷离开凯蒂公寓前,学徒小偷感到有点头晕,坐在沙发上休息了一会儿。当学徒小偷坐了下来时,他心不在焉地把自己的蓝色比克笔放在了茶几上,并忘了把它放在了那儿。这正好发生在凯蒂淋浴完的前 5 分钟。

阶段三(丈夫条件):就在小偷离开凯蒂公寓后,凯蒂的丈夫回了家。他把他的钱包、钥匙和他自己的蓝色比克笔放在客厅的茶几上。长途旅行的劳累让他立即躺在客厅的沙发上睡着了。这正好发生在凯蒂淋浴完的前 5 分钟。凯蒂没有注意到她的丈夫回家了。

在每个阶段,被问的理解题是:

当凯蒂在浴室沐浴时,她的茶几上有一支蓝色的比克笔吗?(有/无)

最后测试的问题是:

当凯蒂在浴室沐浴时,她_____茶几上有一支蓝色的比克笔。(真的知道/只是认为她知道)

46 位参与者被随机分配了两个条件中的一个,参与者在回答测试题时,要求报告他们对自己的答案有多自信(1~10,从低到高)。像以前一样,每个阶段呈现在不同的屏幕上,参与者不能回去修改答案。

按照三分结构设计,图瑞作了 4 个预测:(1)在控制条件中,有最高比率的知识归赋,其次是小偷条件,在丈夫条件下知识归赋的比率最低。(2)丈夫条件的回答与控制条件的回答有显著的差异,小偷条件的回答与控制条件的回答是不是有显著的差异没有给出肯定的预测。(3)在丈夫条件下,参与者选择"只是认为她知道"的比率大于随机的比率。(4)在丈夫条件下,知识归赋的比率不会明显地不同于在真实的葛梯尔案例中的比率。

---

① John Turri,"A Conspicuous Art:Putting Gettier to the Test",*Philosophers' Imprint*,2013(13:10):8-9.

结果证明,所有预测都是真的。首先,在控制案例下,知识归赋的比率是 57%,小偷条件下是 44%,丈夫条件下是 24%。其次,在丈夫条件下,知识归赋的比率显著不同于控制条件的比率(费舍尔 p=0.04)。第三,在丈夫条件下,参与者选择"只是认为她知道"的比率大于随机(76%,二项,p=0.028)。最后,在丈夫条件下,知识归赋的比率没有显著地不同于真实的葛梯尔案例,不论是二分的或加权归赋都是如此。[①] 这些结果进一步对三分结构设计提供了支持。

4.次大陆硬币葛梯尔案例

27 位次大陆的参与者读了一个类似于硬币葛梯尔案例的故事,只有阶段二不同[②]:

阶段二——次大陆硬币葛梯尔案例:罗伯特并不知道的是,这枚硬币经销商骗了他。罗伯特从硬币店带回家的这枚硬币,目前正陈列在他的藏书室里,是一枚伪造得很真的假币。它不是一枚真的 1804 年的美国银币。当罗伯特问候他的客人并告诉他们"我的藏书室里有一枚 1804 年的美国银币"时,他并不知道这一点。

其他与真实的葛梯尔案例相同。图瑞作了两个预测:(1)参与者归赋知识的比率明显低于温伯格等人最初观察到的比率。(2)这里的回答率不会明显不同于真实葛梯尔案例。

实验证明,这两个预测都是真的。首先,只有 15% 的人说,罗伯特"真的知道",完全不同于温伯格等人的 61%。其次,回答率与真实葛梯尔案例没有显著差异,无论二分或加权知识归赋均值都是如此。[③]

可以看到,在 5 个葛梯尔条件的知识归赋中,硬币控制案例(84%)、比克笔丈夫条件(24%)、次大陆硬币葛梯尔案例(15%)、硬币真实葛梯尔条件(11%)和斑马案例(0),它们的三分结构实验都出现了一个持续的模式:回答率无论在二分还是在加权知识归赋均值中都没有显著的差异。[④] 在所有的 5 个葛梯尔条件中,性别没有影响二分,也没有影响加权知识归赋均值的比率。[⑤] 年龄没有影响二分,也没有影响加权知识归赋均值的比率。[⑥]

5.比克笔葛梯尔案例对比研究[⑦]

149 名参与者被随机分配到 5 个条件:无运气条件、坏运气条件、好运气条件、一阶段葛梯尔条件和三阶段葛梯尔条件。表 4-7 表明了它们是如何建造和使用的。

---

①　二分(费舍尔,p=0.272),加权归赋(F(1,46)=0.983,p=0.327)。

②　John Turri,"A Conspicuous Art:Putting Gettier to the Test",*Philosophers' Imprint*,2013(13:10):10.

③　二分(15% 的人归赋知识,费舍尔,p=1),加权知识归赋均值(M=−5.89,SD=6.14,F(1,52)=0.117,p=0.734)。

④　二分(χ^2(4)=6.447,p=0.168),加权知识归赋均值(F(4,115)=1.48,p=0.231)。

⑤　二分(13.5/13%,费舍尔,p=1),加权知识归赋均值(M=−6.46/6,SD=6.05/5.74,F(1,118)=0.17,p=0.681)。

⑥　二分(χ^2(1)=0.288,p=0.789),加权知识归赋均值(F(1,118)=0.693,p=0.407)。

⑦　John Turri,"A Conspicuous Art:Putting Gettier to the Test",*Philosophers' Imprint*,2013(13:10):12-15.

表 4-7　模块列表由五个条件的故事情节和问题构成。虚线标记换页

无运气	好运气	坏运气	一阶段葛梯尔	三阶段葛梯尔
无运气 车辆 CQ1—3 KQ 信心	无运气 车辆 好运气 CQ1—3 KQ 信心	无运气 车辆 坏运气 CQ1—3 KQ 信心	无运气 车辆 坏运气 好运气 CQ1—3 KQ 信心	无运气 CQ1—3 ---- 车辆 坏运气 CQ3 ----好运气 CQ3 KQ 信心

具体的故事是(其中参与者看不到标签):

(无运气)格蕾丝独自在她锁上门的公寓的客厅里,正在用蓝色比克笔写信。她把信和蓝色比克笔放在茶几上,到浴室冲了个澡。在她洗澡时,公寓仍锁上门,没有人进来。

(车辆)在格蕾丝淋浴时,几辆施工车经过她公寓的大楼。因为格蕾丝在洗澡,所以她没有听到有车辆经过。

(坏运气)施工车的振动产生了影响[导致两件事发生了]:[一]振动使她的蓝色比克笔移动了位置,从茶几上掉下来,落在了地板上。因为格蕾丝还在洗澡,她没有注意到这件事的发生。

(好运气)[[然而]施工车的振动产生了[其他]影响]:[二]在很长一段时间里,一直有一支蓝色的比克笔藏在格蕾丝客厅的灯具里,灯具在茶几的正上方。包括格蕾丝在内,没有人曾注意到这支笔。振动使这只隐藏的蓝色比克笔掉了下来并落在茶几上。因为格蕾丝还在洗澡,所以她没有注意到这件事的发生。

理解问题有:

(CQ1)在格蕾丝淋浴完前,她认为有一支蓝色的比克笔在茶几上,因为_____。(她把一支放在那里/一支从天花板上落下来)

(CQ2)在格蕾丝淋浴完前,她认为有一支蓝色的比克笔在茶几上,这是_____。(合理的/不合理的)

(CQ3)在格蕾丝淋浴完前,有一支蓝色的比克笔在茶几上吗?(有/无)

测试题是一个二分的选择题,接着有一个信心测量题(1~10,从低到高):

_____

① 标示段落在参与者的屏幕上中止了。

（KQ）在格蕾丝淋浴完前，她＿＿＿＿＿＿有一支蓝色的比克笔在茶几上。（真的知道／只是认为她知道）

与其他条件相比，在三阶段葛梯尔条件下，参与者被多问了两个问题，这是三分化处理的一部分。

比克笔案例中的凯蒂与格蕾丝相比，不同有：(1)格蕾丝运气的好坏不是来自人，且没有恶意；凯蒂的运气则来自人，且有恶意；(2)格蕾丝的运气来自单一对象；凯蒂的运气来自两个人；(3)凯蒂的故事引入了复杂的无关紧要的葛梯尔化：受害、当事人、恶意和两种运气；格蕾丝的故事是一个更小化的葛梯尔案例。

图瑞作了 8 个预测：(1)知识归赋在无运气案例中会很高，因为它只关涉平凡事实的间接知识。(2)知识归赋在坏运气上将最低，因为意想不到的坏运气导致了一个错误的信念，而知识需要真理。(3)知识归赋在好运气条件下会很高，可能与无运气没有什么不同。一点点的好运气对真理制造者(truthmaker)的支持，不会阻碍知识归赋。(4)知识归赋在一阶段葛梯尔条件下不会与随机选择有很大的差别。(5)知识归赋在一阶段葛梯尔条件下将会与无运气条件显著不同。(6)知识归赋在三阶段葛梯尔条件下将显著地不低于随机选择。(7)在三阶段葛梯尔条件下，知识归赋不会显著地不同于坏运气条件，即三分结构的葛梯尔案例设计将阻止知识归赋的比率与错误相同。(8)所有条件从低到高的知识归赋的比率的相对顺序为：坏运气条件＜三阶段葛梯尔条件＜一阶段葛梯尔条件＜好运气条件＜无运气条件。

实验结果证明，所有的预测都是真的。第一，知识归赋在无运气条件下非常高（81％），超出预期的随机可能（二项式，$p=0.001$）。第二，知识归赋在坏运气条件下很低（16％），低于预期的随机可能（二项式，$p<0.001$）。第三，知识归赋在好运气条件下很高（76％），大于随机可能（二项式，$p=0.016$），它没有显著地不同于无运气条件（费希尔，$p=0.758$）。第四，知识归赋在一阶段葛梯尔条件下没有显著不同于随机（48％，二项，$p=1$）。第五，知识归赋在一阶段葛梯尔条件下显著不同于无运气条件（费希尔，$p=0.018$）。第六，知识归赋在三阶段葛梯尔条件下明显低于随机（29％，二项，$p=0.018$）。第七，在三阶段葛梯尔条件下，知识归赋与坏运气条件没有显著差别（费希尔，$p=0.347$）。最后，知识归赋的相对顺序的预测是正确的，其知识归赋的比率分别为：坏运气条件为 16％，三阶段葛梯尔条件为 29％，一阶段葛梯尔条件为 48％，好运气条件为 76％，无运气条件为 81％。

加权知识归赋均值证明了相似的结论。平均加权知识归赋均值在无运气条件下很高，为 5.55，超出预期的随机可能性；在坏运气条件下则很低，为 -6.03，低于预期的随机可能性；在好运条件下则较高，为 5，超出预期的随机可能性，并且与无运气条件没有显著的差异；一阶段葛梯尔条件的均值为 0.31，与随机没有显著的差别，但与无运气条件有显著差异；三阶段葛梯尔条件很低，为 -3.72，低于随机预测，而且它与坏运气条件没有显著差别。① 最后,各种条件的平均加权知识归赋均值的相对排序与二分的知识归赋相同。此外,在三阶段葛梯尔条件与一阶段葛梯尔条件中,二分归赋没有显著差异,加权知识归赋均值则有。②

三分化葛梯尔条件与非三分化葛梯尔条件(nontripartitioned conditions)的差异可以用双重过程心理学(dual process psychology)③来解释。当自动地、非反思地应用我们的知识概念时("系统1处理"),参与者倾向于把葛梯尔案例归为知识;当清晰的、反思的心理能力被触发时("系统2处理"),参与者倾向于否认葛梯尔案例是知识。因此,即使葛梯尔直觉被人们所共有,由于表述的不同会激发不同的处理系统,会导致葛梯尔直觉不能直接被人们所共有。

四、鲍威尔等人的语义整合法支持外行没有葛梯尔型直觉

在《语义整合作为一种调查概念的方法》一文中,鲍威尔等人④提出了一种名为语义整合(semantic integration)用以调查大众知识论概念的新方法。他们希望,通过这种方法能克服实验哲学中通常使用的基于场景的方法的一些局限性,并对诸如葛梯尔型案例的大众认知判断有更好的理解。这种方法依赖一个记忆任务,研究要求受试者去读一个故事,并在过一段时间后进行回忆。

语义整合方法可用来调查哲学概念是因为:(1)不少哲学概念都是复合概念(complex concept)。例如,知识=确证的+真的+信念。复合概念的谓词是由次谓词(subpredicates)构成。如果在一个段落中包含这些次谓词,会导致受试者挑选出"知识"这个词的回忆,那么这可证明,这些次谓词整合在一起会产生"知识"这个概念。当这种整合发生时,就可以推断出,确证的真信念这些概念构成了"知识"。(2)简单的哲学概念可能有重要的哲学上的必要条件。(3)某些哲学概念对某些参量(如实践利益)敏感,这些敏感性可为外行获得。(4)某些词虽然不表达单一的概念,但它们可能是语境敏感的,在不同的对话语境表达不同的意思。语义整合方法可以探测它们的语义轮廓(semantic contours)。由于语义整合方法不依赖对概念的任何特定的理解,因此,它在研究概念上有很

---

① 平均加权知识归赋均值在无运气条件下很高,超出预期的随机可能性[M=5.55,SD=7.05,t(30)=4.38,p<0.001]。在坏运气条件下,则很低,低于预期的随机可能性[M=-6.03,SD=6.84,t(31)=-4.99,p<0.001]。在好运气条件下则较高,超出预期的随机可能性[M=5,SD=7.5,t(28)=3.6,p<0.001],并且与无运气条件没有显著的差异[t(28)=-0.39,p=0.697]。一阶段葛梯尔条件与随机没有显著的差别[M=0.31,SD=8.6,t(28)=0.195,p=0.847],但与无运气条件有显著差异[t(28)=-3.3,p=0.003]。三阶段葛梯尔条件很低,低于随机预测[M=-3.72,SD=7.6,t(27)=-2.583,p<0.008],而且它与坏运气条件没有显著差别[t(27)=1.6,p=0.119]。

② 二分归赋没有显著差异(费希尔,p=0.104,单尾),加权知识归赋均值[t(27)=2.8,p=0.018,单尾]。

③ Keith Stanovich & Richard West,"Individual Differences in Reasoning:Implications for the Rationality Debate",*Behavior and Brain Sciences*,2000(23):645-665.

④ Derek Powell,Zachary Horne,& Nestor Ángel Pinillos,"Semantic Integration as a Method for Investigating Concepts",in James R. Beebe (ed.),*Advances in Experimental Epistemology*,Bloomsbury Academic,2014,pp.119-144.

大的发展空间。下面介绍语义整合方法在"知识"概念上的运用。

语义整合研究分三步:第一步是包含假设的语境信息的这个段落在语义上要激活目标概念(target concept)。为了构造出产生错误的知识回忆的段落,要在不同版本的主要故事中改变语境信息,并控制字数,控制句子的长度和总体结构。在一项研究中,他们构造了一个侦探故事的两种版本。这位侦探名叫杰克·邓普西,他形成了一位名叫威尔的少年嫌犯是有罪的信念。在实验条件下,这位侦探的信念得到了合法证据的确证,而且这个信念是真的(嫌犯实际上有罪)。在控制条件下,这位侦探找不到任何证据,而且受试者也没有被告知嫌犯是否有罪,而这位侦探却形成了嫌犯有罪的信念。

在每个故事中,实验者把包含一个关键动词的关键句子放在其中。当足够的语境信息许可使用一个更具体的动词,那么人们将会错误地回忆起这个更具体的动词,就像它出现在这个段落中一样。这个关键的动词必须与正在接受调查的概念一致,但必须不蕴涵它。在鲍威尔等人的知识实验中,他们选择了"认为(thought)"作为关键动词:认为 P 与知道 P 一致,但却并不蕴涵知道 P。[①] 他们预测,在适当的语境下,在受试者阅读时,包含"认为"这个词的句子将会导致受试者错误地回忆起"知道"这个词。与控制条件相比,在适当语境的实验条件下,这种现象会更频繁地出现。他们选择的关键语句是:"无论最终的判决怎样,邓普西都认为威尔有罪。"

第二步关涉到错误选项(distractor,或干扰物)的任务。原则上,这个错误选项的任务几乎可以由任何事情构成。错误选项的目的就是在回忆的任务中减少情景记忆(episodic memory)的效果。而且,重要的是,错误选项不包含关键动词或目标词。

在读了错误选项后,受试者进入实验的第三步:回忆任务。在这时,展现给受试者这个故事的几个句子,每个句子去掉了一个词。受试者的任务就是回忆起空白处的这个词。在鲍威尔等人的实验中,他们的兴趣集中在对关键句子的回忆情况上。在回忆任务的过程中,呈现给受试者的这个句子是用空白代替了"认为"这个词。如下所示:

回忆任务:"无论最终的判决怎样,邓普西都_____威尔有罪。"

要求受试者输入他们回忆起来的这个词,就像它在最初故事中出现的那样。与鲍威尔等人的预测一样,受试者更容易回忆起"知道",好像侦探的信念是确证的而且是真的已经出现在句子中那样。由于在语义整合方法中,受试者的概念激活(conceptual activation)是通过记忆任务不言明地测量的,因此有两大重要优点:一是避免了语用暗示(pragmatic cues)的干扰。二是很大程度地排除了所需要的参量(demand characteristics)。鲍威尔等人因此认为,与通常使用的言明的方法(只直接问受试者,主体是否知道或真的知道某些命题)相比,在语义整合任务中,这种不言明的(implicit)测量方法更具优势。

鲍威尔等人用此方法调查了葛梯尔案例。他们改编了侦探故事,并添加了一个名叫贝丝的角色。贝丝不久前是威尔的前女友,干扰邓普西的调查。鲍威尔等人创建了这个故事的三个版本,一个是错误的信念版本,一个是葛梯尔的版本,一个是确证的真信念版本。在错误的信念版本中,威尔是无辜的,但贝丝通过犯这罪和捏造证据陷害威尔。在

---

① 在英语中"认为(thought)"与"知道(knew)"分别为第 179 个和第 300 个最常用的英语单词。

葛梯尔版本中,威尔犯了此罪,并消灭了所有罪证,但贝丝为了让威尔被抓,捏造证据让邓普西找到。在确证的真信念版本中,威尔犯了此罪,并留下了罪证。看到威尔的罪证,贝丝什么也没有做,只等着邓普西逮捕他。

实验结果发现,与错误信念条件相比,在葛梯尔条件下和确证的真信念条件下,受试者更容易错误地回忆起"知道",就好像它曾经出现在关键句子里一样。然而,在葛梯尔条件和确证的真信念条件中,却没有发现回忆的差异。换言之,葛梯尔化的确证的真信念案例激活了受试者的知识概念的程度,与非葛梯尔化的确证的真信念的案例一样。这表明,受试者并没有区分葛梯尔化和非葛梯尔化的确证的真信念。这个研究结果与主流哲学家的观点不同,但与斯塔曼斯和弗里德曼[1]的结果一致,即外行的知识概念与传统的"确证的真信念"知识定义非常相似。

在解答葛梯尔问题的方式上,不同于主流分析知识论者对葛梯尔问题的正面回答,实验知识论者对葛梯尔问题提出了挑战,但没有直接提供一套解决方案;相反,实验知识论则是基于实验数据,通过描述普通大众对葛梯尔案例直觉的差异,揭示非认知因素对葛梯尔案例的知识归赋的影响,从而质疑葛梯尔直觉的普遍性,消解葛梯尔案例对传统知识的三元定义的挑战。这是一种尝试性的消解方式(attempted dissolution)[2]。

虽然如此,葛梯尔案例的实验研究提出了一系列新问题:葛梯尔直觉是否真的具有多样性?如果是,如何解释葛梯尔直觉的多样性?如何理解普通大众的知识概念?除认识因素外,哪些因素会影响知识归赋?在知识归赋中,哪些因素是主要的?此外,普通大众不具有主流知识论者所设想的葛梯尔直觉,哲学家的葛梯尔直觉没有被普通大众所共有,哲学家的直觉不能代表普通大众的直觉,这对传统哲学把直觉作为哲学论证的基础的做法带来了巨大的挑战,同时也引出了一系列的争议:直觉在哲学论证中到底应当起什么作用?哲学家要严格限制对直觉的依赖吗?如果直觉在哲学论证中具有重要的作用,那么在哲学论证中,是坚持精英主义,还是民粹主义呢?在哲学论证中,谁的直觉能够作为哲学理论的基础,是哲学家精英,还是普通大众?

在众多对葛梯尔案例的实验研究的批判中,方法论的批评是最关键的。对这个批判,实验知识论者简单的回应是:只要哲学家作出关于我们日常概念或日常判断的主张,就要确保这些主张是普通大众的判断,而不只是哲学家的看法。虽然在古生物学和物理学这类学科上,相关专家有特权,然而,在哲学问题上,是否有人有相应的可以媲美的专业知识呢?亚历山大和温伯格注意到,反思可能只能加强在进行反思前哲学家已经作出的直觉判断,哲学的反思根本不可能是产生哲学家直觉的东西。[3]纵使在某些哲学问题上,某些哲学家有专门的知识,具有特权,然而,许多哲学问题都只是对日常生活中问题的提升,并非是普通大众遥不可及的。许多哲学研究直接与普通大众相关,普通大众的直觉不可回

① Christina Starmans and Ori Friedman,"The folk conception of knowledge",*Cognition*,2012(124):272-283.

② Stephen Hetherington,"The Gettier Problem",in Sven Bernecker and Duncan Pritchard (eds),*The Routledge Companion to Epistemology*,Oxford:Routledge,2011,p.125.

③ Joshua Alexander & Jonathan M. Weinberg,"Analytic Epistemology and Experimental Philosophy",*Philosophy Compass*,2007(2):56-80.

避。当知识分析的对象是普通大众的知识概念时,其分析必须能够解释"普通大众将对各种知识论的思想实验说什么"的数据。如果关于知识问题的哲学研究不能符合日常直觉,那么它就不是一个能够真正理解的哲学问题。理解来源于日常直觉的问题,仅仅考察哲学家的反应是狭隘的,相反,应该观察不同的群体。对于这些与普通大众相关的问题,对这些普通大众可以说得上话的问题,哲学家特权的支持者基于什么正当的理由赋予哲学家的直觉而不是普通大众的直觉以特权呢?这些专家特权的支持者能够提出非窃取论题的理由吗?人们普遍认为,这类理由还没有获得。正因如此,纳德霍夫尔和纳罕姆斯断言:"要确立前哲学的人直觉不应该被信任,以及要确立在哲学上有根据的直觉应该被信任,都需要更多的而不是更少的实验研究"[1],因为只有通过严格的经验调查,我们才能证明哪些人的直觉是不可靠的。

第二节　特鲁特普案例的实验研究[2]

认知确证的内在主义与外在主义之争,是当代知识论中最重要的争论之一。内在主义者借特鲁特普案例(Truetemp Cases)的思想实验来反驳作为外在主义主流的可靠主义,被普遍看作是对外在主义的一个深刻而又重大的挑战。实验知识论的奠基之作《规范性与认知直觉》通过问卷调查而对特鲁特普案例的思想实验提出了质疑,认为普遍大众对特鲁特普案例的直觉是不稳定的,并进而质疑认知直觉在哲学论证中的适当性。我们以中国大学生为受试者,对特鲁特普案例进行问卷调查,通过分析,我们主张:普遍大众对特鲁特普案例的直觉是稳定的;内在主义的确证理论比外在主义的确证理论更合理。

一、主流的外在主义确证理论与思想实验中的特鲁特普案例

出现于 20 世纪 70—80 年代的认知确证的内在主义与外在主义之争,是当代知识论中最重要的争论之一。对认知确证的内在主义和外在主义之间的区分,邦久(Laurence BonJour)写道:

> 对这种区分最普遍的说明是:一种确证的理论是内在主义的,当且仅当它要求,对某个特定的人来说,如果要使一个信念成为在知识论上是确证的,那么所需的全部因素在认知上都是可以获得的,都内在于他的认知视野中;一种确证的理论是外在主义的,如果它允许,至少某些确证的因素不需要这样获得,以致它们可以外在于相信

---

① Thomas Nadelhoffer & Eddy Nahmias,"The Past and Future of Experimental Philosophy", *Philosophical Explorations*,2007(10):129.
② 这部分内容主要根据《确证理论的实验研究:特鲁特普案例》(曹剑波:《确证理论的实验研究:特鲁特普案例》,《世界哲学》2014 年第 2 期,第 108-115 页)一文的观点改写而成。

者的认知视野,超出了他的视野。①

换言之,确证的因素是否全部内在于相信者的视野,是区分内在主义与外在主义确证理论的关键。认知外在主义最常见的形式是可靠主义。可靠主义大都认为,某个信念是确证的,仅当它是通过高度可靠的或导向真理的认知过程所产生的。② 如果一个真信念是由可靠的认知机制产生,那么这个信念就有资格成为知识。可靠主义并不要求主体知道或者能够知道他们自己的认知过程是可靠的,只要求认知过程实际上是可靠的。可靠主义的这个特征使它成为认知外在主义的一种形式。由于可靠主义是外在主义的主流,因此它一直是反对外在主义理论的人所攻击的目标,它也是有最多反对意见的外在主义理论。

内在主义者试图用思想实验来反驳可靠主义以及更广泛的外在主义,这些思想实验包括感知者非常准确地感知温度的特鲁特普案例③、千里眼案例④和被恶魔欺骗的受害者案例⑤,等等。在这些思想实验中,虽然认知主体满足了可靠主义的确证条件,但是在普

---

① Laurence BonJour, "Externalism/Internalism", in Jonathan Dancy & Ernest Sosa (eds.), *A Companion to Epistemology*, Oxford: Blackwell Publishers, 1992, p. 132.

② Alvin Goldman, *Epistemology and Cognition*, Cambridge: Harvard University Press, 1986.

③ 此案例最初由雷尔提出,其表述为:假设有一个人,我们称他为特鲁特普先生[Mr. Truetemp, "Mr. Truetemp"还可以意译成"真温先生"。"tempucomp"是将温度(temperature)和电脑(computer)结合在一起构造出来的]。一名实验外科医生给他做了一个大脑手术。这位外科医生发明了一个由非常灵敏的温度计和能产生思想的计算设备构成的小装置。我们称它为"温度电脑(tempucomp)"。这个装置被植入了特鲁特普的头部,其末端(不比针头大)露在他的头皮上难以被发现,它起到把关于温度的信息传递到大脑计算系统中的感应器的作用。这个装置不断地向他的大脑发送信息,使他想到外在感应器记录下来的温度。假设这个温度电脑很可靠,因此他关于温度的看法是正确的。总之,这是一个可靠的信念形成过程。最后,设想他并不知道温度电脑已经被植入他的大脑里了,他只是有点奇怪为什么他总是不由自主地想到温度,而且他从未用温度计来确定这些关于温度的想法是否正确。他不假思索地接受了这些想法,这是温度电脑的另一个作用。现在他认为并且接受温度是 104 华氏度。温度真的是 104 华氏度。他知道温度是 104 华氏度吗?(Keith Lehrer, Theory of Knowledge, Boulder and London: Westview Press, 1990, pp.163-164.)

④ Laurence BonJour, "Externalist Theories of Empirical Knowledge", *Midwest Studies in Philosophy*, 2010(5:1):53-74.

⑤ Stewart Cohen, "Justification and Truth", *Philosophical Studies* 1984(46):279-296.

通大众的直觉看来,仍然没有确证,更没有知识。几乎所有知识论者①都一致同意"特鲁特普案例的主角没有知识"显然是正确的,而且这个直觉是人们普遍共有的。即使戈德曼(Alvin I.Goldman)②和阿尔斯顿(William P.Alston)③这两位最重要的可靠主义的捍卫者也赞同这个观点,并承认,特鲁特普案例的思想实验对他们的理论构成了一个深刻而又重大的挑战。

如果大众普遍同意"特鲁特普案例的主角没有知识",那么外在主义显然是错误的。然而,产生于 21 世纪的实验知识论对这类思想实验所假设的大众的普遍同意性提出了挑战。

---

① 索萨等极少数知识论者除外,索萨认为,存在一种"知道如何"的技能知识,把它称为"动物的"或"伺服机制的(servo-mechanical)"知识(Ernest Sosa,*Knowledge in Perspective*,Cambridge:Cambridge University Press,1991,p.953.)。在索萨看来,狗知道自己将被饲养,或者自动调温器知道房间的温度,都是这类知识。

在《知识论:古典和当代读物》里,普杰曼(Louis P. Pojman)认为知识有三种不同的类型(Louis P. Pojman,*The Theory of Knowledge:Classical and Contemporary Readings*,Belmont:Wadsworth Publishing Company,1999,pp.2-3.):

第一种是亲知的知识(knowledge by acquaintance)。它是关于人、物、地点、感觉或信念等的知识,是主体通过与实在对象进行直接的经验接触而形成的知识。例如,"我非常了解我的朋友","我熟悉北京","我感觉有点痛"等。其英文表达式是:S knows X。其中,X 是直接宾语。意思是说,主体 S 知道(了解、熟习等)某事或某人 X。

第二种是命题的知识(propositional knowledge),又称为描述的知识(descriptive knowledge)。这是一种知道什么的知识。例如,"你知道太阳明天将会升起","我知道 1+2=3","他知道哥伦布于 1492 年发现了美洲"等。其英文表达式是:S knows that p。其中,p 是某一陈述或命题。意思是说,主体 S 知道某一陈述或命题 p。命题知识又可分为两种:一是推论性知识(inferential knowledge)又称论证性知识(demonstrative knowledge),二是非推论性知识(non-inferential knowledge)又称基本的或直接的知识。按照命题的知识与经验事实的关系,命题知识还可分为关于数学、逻辑等的形式知识或先天知识和关于世界存在状况的经验知识两种。

第三种是能力的知识(competence knowledge),又称为技能的知识(skill knowledge)或过程性知识(procedural knowledge)。这是一种知道如何(know how)的知识。例如,"你知道如何讲英语","我知道如何去邮局","他知道如何开车"等。其英文表达式是:S knows how to D。其中,D 代表动词不定式。意思是说,主体 S 知道如何做什么。由于能力既可来源于学习,也可来源于本能和设计者的智慧,因此,动物和机器都有能力的知识,例如,"蜘蛛知道如何捕捉苍蝇","电脑知道如何查到文件"。

虽然三种不同类型的知识之间有联系的一面:熟悉某人(某物或某事)无疑与知道关于这个人的一些事实有关,并拥有把这个人从其他人或物区分开来的能力;知道某一事实则依赖于对特定对象的亲知。然而,它们之间却有显著的不同,表现在:我可能有关于北京的很多命题知识,却不足以说"我熟悉北京",就是说,亲知的知识主体必须与所亲知的对象直接接触才能获得。同样,如果我们不会骑车,纵使我们可能有很多关于骑车的命题知识如"手应怎样放,脚应怎样踩踏板,身体应该如何"等,却不能说我们知道如何骑车,只有我们会骑车,我们才能有如何骑车的知识。所以,不可把这三种不同类型的知识混为一谈。

② Alvin I.Goldman,"Naturalistic Epistemology and Reliabilism",*Midwest Studies in Philosophy*,1994(19:1):301-320.

③ William P.Alston,"An Internalist Externalism",in *Epistemic Justification:Essays in the Theory of Knowledge*,Ithaca:Cornell University Press,1989,pp.227-245.

二、实验哲学对特鲁特普思想实验的挑战

在 2001 年发表的实验哲学的奠基之作《规范性与认知直觉》①一文中,温伯格、尼科尔斯和施蒂希对确证理论中的特鲁特普案例做了实验研究。他们以罗格斯大学的本科生作为受试者,来研究认知直觉的外在主义,他们的实验用到了如下改写版的特鲁特普案例:

> 有一天,陆克突然被一块掉下来的石头砸中了,他的大脑随之发生了重大变化,以至于无论什么时候估计他所在地的温度时,他总是绝对正确的。陆克完全没有意识到他的大脑已经发生了这样的变化。几周后,这个变化的大脑使他认为他房间的温度是 32 ℃。事实上,当时他的房间温度就是 32 ℃。
>
> 陆克真的知道他房间的温度是 32 ℃吗? 或者他只是相信这一点?②

虽然陆克的信念是通过一个可靠的机制产生的,但是由于他完全没有意识到这种可靠性,所以他的可靠性在知识论上是外在的。因此,如果受试者不愿把知识归于陆克,那么,就可以表明受试者偏爱内在主义。思想实验表明,几乎所有的知识论者都主张,像陆克这样的特鲁特普式的主体并没有确证他们的信念。由于确证是知识的必要条件,因此大多数知识论者都认为特鲁特普式的主体没有知识。然而,温伯格等人的调查却发现,虽然两组不同的受试者都倾向于否认特鲁特普式的主体有知识,但是,与西方受试者相比,东亚受试者的比例更大。在西方受试者中,有 68% 的受试者否认陆克有知识;在东亚受试者中,否认的比例更大,为 88%(参见表 4-8③)。而且,东亚人与西方人的认知直觉反应有显著的统计学差异。

表 4-8　西方人和东亚人对陆克是"真的知道"还是"只是相信"的人数与比例对比

个人主义的特鲁特普案例	真的知道		只是相信	
	人数	百分比	人数	百分比
西方人	61	32%	128	68%
东亚人	3	12%	22	88%

陆克认知状况的一个主要特点是,他的信念形成过程没有被他所在社区中的其他人所共有。社会心理学的研究发现,与西方人相比,东亚人的文化往往强调集体主义,较少

---

① Jonathan M. Weinberg, Shaun Nichols & Stephen P. Stich, "Normativity and Epistemic Intuitions", in Joshua Knobe & Shaun Nichols(eds.), *Experimental Philosophy*, Oxford: Oxford University Press, 2008, pp.17-46.

② Jonathan M. Weinberg, Shaun Nichols & Stephen P. Stich, "Normativity and Epistemic Intuitions", in Joshua Knobe & Shaun Nichols(eds.), *Experimental Philosophy*, Oxford: Oxford University Press, 2008, p.26. 为了与我们设计的场景一致,我们对人名与温度作了修改,另 2 个场景也作了如此修改。

③ Jonathan M. Weinberg, Shaun Nichols & Stephen P. Stich, "Normativity and Epistemic Intuitions", in Joshua Knobe & Shaun Nichols(eds.), *Experimental Philosophy*, Oxford: Oxford University Press, 2008, p.27, p.40.

离开他们的整体语境来认识对象。为此,温伯格等人设计了一个不太个人主义的特鲁特普式案例(即长者案例),以此来验证社会心理学的发现在知识论上是否正确。在个人主义的特鲁特普案例中,给陆克新的感知能力的石头,在较集体主义的特鲁特普案例里,给朱勇新的感知能力的是一群善意的科学家,这群科学家是由朱勇所在社区的长者邀请的。场景因此变成了:

> 有一天,朱勇突然被由他所在社区的长者带来的一群善意的科学家敲昏了,他的大脑随之发生了重大变化,以至于无论什么时候估计他所在地的温度时,他总是绝对正确的。朱勇完全没有意识到他的大脑已经发生了这样的变化。几周后,这个变化的大脑使他认为他房间的温度是 32 ℃。事实上,当时他的房间温度就是 32 ℃。
>
> 朱勇真的知道他的房间温度是 32 ℃吗? 或者他只是相信这一点?[①]

在较集体主义的特鲁特普案例中,有某种社区认可的因素(即长者带来的一群善意的科学家)被引入。结果发现,75％的东亚人说,朱勇只是相信正在谈论的问题;65％的西方人说,与他自己的社区共享新的知觉过程的朱勇只是相信而不是真的知道(参见表 4-9[②])。

表 4-9　西方人和东亚人对朱勇是"真的知道"还是"只是相信"的人数与比例对比

较集体主义的特鲁特普案例	真的知道		只是相信	
	人数	百分比	人数	百分比
西方人	77	35％	140	65％
东亚人	5	25％	15	75％

与个人主义的特鲁特普案例相比,较集体主义的特鲁特普案例中更具集体性,因此,温伯格等人猜想,东亚人认为"特鲁特普案例的主角真的知道"的比例,由 12％增加到 25％,是因为他们强调集体主义。受较集体主义案例的鼓舞,温伯格等人设计了一个更集体主义的特鲁特普式案例。在这个案例中,整个社区都有这种可靠地产生真信念的机制,场景变成了:

> 在一个孤岛上,有一个非常团结的大社区。有一天,一颗有辐射性的流星击中了这个小岛,并且对小岛上的法卢基人产生了重要的影响——它改变了他们大脑的化学构成,以至于无论什么时候估计他们所在地的温度时,他们总是绝对正确的。法卢基人完全没有意识到他们的大脑发生了这样的变化。李涛是法卢基社区的一个成

① Jonathan M. Weinberg, Shaun Nichols & Stephen P. Stich, "Normativity and Epistemic Intuitions", in Joshua Knobe & Shaun Nichols(eds.), *Experimental Philosophy*, Oxford: Oxford University Press, 2008, p.27.

② Jonathan M. Weinberg, Shaun Nichols & Stephen P. Stich, "Normativity and Epistemic Intuitions", in Joshua Knobe & Shaun Nichols(eds.), *Experimental Philosophy*, Oxford: Oxford University Press, 2008, p.28, p.41.

员。在流星撞击的几周之后,当李涛在海边散步时,变化了的大脑使他认为他所在地方的温度是 32 ℃。除了这个结论外,他没有其他理由认为当下的温度是 32 ℃。事实上,李涛所在地的温度当时正好是 32 ℃。

李涛真的知道温度是 32 ℃,或者他只是相信这一点?①

在集体主义案例中,整个社区都有了这种产生真信念的机制,温伯格等人的实验出现了一个令人感兴趣的结果:东亚人回答"真的知道"的比例是 32%,要大于回答"真的知道"的比例为 20% 的西方人,这与个人主义的特鲁特普案例正好相反(参见表 4-10②)。

表 4-10　西方人和东亚人对李涛是"真的知道"还是"只是相信"的人数与比例的对比

集体主义的特鲁特普案例	真的知道		只是相信	
	人数	百分比	人数	百分比
西方人	2	20%	8	80%
东亚人	10	32%	21	68%

在个人主义的特鲁特普案例中出现的东亚人与西方人之间的认知直觉差异,在较集体主义的特鲁特普式案例中减小了,在集体主义的特鲁特普式案例中则反向了。

在《哲学直觉的不稳定性:在特鲁特普案例上做冷热实验》中,斯温(Stacey Swain)等人的研究还发现,在回答特鲁特普案例时,受试者的直觉受先前提供的案例是否为知识影响。在思考特鲁特普案例前,如果受试者先被提供了一个明显是知识的案例,那么他们不太愿意认为特鲁特普案例的主角有知识;如果受试者先被提供了一个明显不是知识的案例,那么他们更愿意认为特鲁特普案例的主角有知识。因此,受试者对特鲁特普案例的直觉是不稳定的。③

概括以上的结论,主要有:

(1)东亚人重集体主义,西方人重个人主义,可用来解释三个特鲁特普案例的实验结果:特鲁特普案例从个人主义到较集体主义,再到集体主义版本,东亚人认为主角真的知道的比例依次为 12%→25%→32%。

(2)普通大众的认知直觉是多样的、不稳定的,没有共同的认知直觉。基于特鲁特普案例是否为知识的判断,受特鲁特普案例给出的形式是个人主义还是集体主义的影响。其他类似的研究表明:普通大众对一个命题是否为知识的判断,受众多诸如文化、教育、社

① Jonathan M. Weinberg, Shaun Nichols & Stephen P. Stich, "Normativity and Epistemic Intuitions", in Joshua Knobe & Shaun Nichols(eds.), *Experimental Philosophy*, Oxford: Oxford University Press, 2008, pp.27-28.

② Jonathan M. Weinberg, Shaun Nichols & Stephen P. Stich, "Normativity and Epistemic Intuitions", in Joshua Knobe & Shaun Nichols(eds.), *Experimental Philosophy*, Oxford: Oxford University Press, 2008, p.29, p.41.

③ Stacey Swain, Joshua Alexander & Jonathan M. Weinberg, "The Instability of Philosophical Intuitions: Running Hot and Cold on Truetemp", *Philosophy and Phenomenological Research*, 2008(76): 138-155.

会经济地位、性别、问题提出的顺序等非认知因素的影响。因此,认知直觉是不稳定的,在哲学论证中,直觉不是合适的证据。[①]

三、特鲁特普案例实验研究的反思与进一步研究

怀特(Jennifer Cole Wright)怀疑斯温等人收集的直觉反应是不稳定的。她认为,无论这些直觉反应出现的顺序如何,明显的知识案例与非知识案例自始至终总被认为是知识与非知识。基于这种理解,怀特重复了斯温等人的实验,但要求受试者估计在每个案例中他们对自己的判断有多大的信心。她发现,受试者对明显是知识的案例的判断所表现出来的自信,比他们在特鲁特普案例的判断所表现出来的自信要强。她因此宣称,她的研究为实验哲学家的一个难题(即是否有任何方法校准直觉和把可靠的直觉从不可靠的直觉中区分开来)提供了一种解答。怀特认为,由于高的自信追踪稳定性,低的自信追踪不稳定性,因此受试者通过内省的过程获得不同程度的自信,可被用来区分那些较少受偏见影响与那些没有受偏见影响的直觉。[②]

卡伦也重复了斯温等人的研究,但要求受试者单独评估每个场景。这样做时,斯温等人研究中发现的对比效应消失了。卡伦认为,当受试者被问了一个对他们来说并不十分清楚的问题要点时,他们就会在这个问题周围的语境中(可能包括先前在问卷中遇到的其他场景)寻找线索,指导他们回答问题。卡伦推断,在没有具体线索的情况下,如果受试者单独考虑每个场景,那么受试者将会认为,在提供了一个明显不是知识的案例后,再提供一个特鲁特普案例,那么,这种对比是他们比较这两个案例的一个线索。卡伦认为,当受试者回答"比较特鲁特普案例与一个明显是知识的案例的问题"时,实际上与回答"比较特鲁特普案例与一个明显不是知识的案例的问题"不同。然而,卡伦认为,当受试者被单独给予了评估场景这个明确的线索后,他们回答的问题接近研究者希望他们回答的那个问题。[③]

在重复陆克案例的另一个实验中,卡伦要求西方受试者在"陆克知道"和"陆克不知道"之间,而不是"陆克真的知道"和"陆克只是相信"之间作出选择。结果发现,57%的受试者回答说陆克知道,这个人数,几乎两倍于在温伯格等人最初实验中宣称陆克真的知道的人数。[④]

仔细分析温伯格等人的问卷,我们对其结论提出几点质疑:

第一,用东亚人重集体主义,西方人重个人主义,并不能完全解释他们的实验结果。因为特鲁特普案例类型从个人主义到较集体主义,再到集体主义,西方人认为主角真的知

---

① Stacey Swain, Joshua Alexander & Jonathan M. Weinberg, "The Instability of Philosophical Intuitions: Running Hot and Cold on Truetemp", *Philosophy and Phenomenological Research*, 2008(76): 138-155.

② Jennifer Cole Wright, "On Intuitional Stability: The Clear, the Strong, and the Paradigmatic", *Cognition*, 2010(115): 491-503.

③ Simon Cullen, "Survey-Driven Romanticism", *Review of Philosophy and Psychology*, 2010(1: 2): 275-296.

④ Simon Cullen, "Survey-Driven Romanticism", *Review of Philosophy and Psychology*, 2010(1: 2): 288-289.

道的比例为32%→35%→20%。从个人主义案例到较集体主义的案例,重个人主义的西方人认为主角真的知道的比例应该下降,而结果却是上升,这没有合理的解释。

第二,受试者中的东亚人分别只有25人、20人和31人,在更集体主义的特鲁特普式案例中,西方人只有10人,受试者太少,不能代表东方人和西方人。再者,所谓东亚人,都是罗格斯大学的本科生,他们能到罗格斯大学上学,必然深受西方文化的影响,而且他们离乡背井,对集体的认同感很强烈,很难真正代表东亚人。

第三,在一个重复个人主义的特鲁特普案例的实验中,卡伦要求西方受试者在"陆克知道"和"陆克不知道"之间,而不是"陆克真的知道"和"陆克只是相信"之间作出选择。结果发现,57%的受试者回答说陆克知道,这个人数几乎两倍于在温伯格等人最初实验中宣称陆克真的知道的人数。[①] 因此,对原实验所提问题的恰当性提出了质疑。

基于以上的质疑,我们用中国大学生作为受试者来检验温伯格等人的实验。我们的实验如下:

1.参与者、实验材料与实验过程

参与者为厦门大学人文学院2013级上通修课哲学导论课程的大一本科生,高中时文理生皆有,在能力、知识和技能方面具有较高同质性,并具有正常理性。参与者共187人,分2个班。

为了抵消顺序的影响,我们随机提供给参与者四组案例中的一组。每组案例都包括了严格仿照温伯格等人的特鲁特普案例中的"个人主义""较集体主义"和"集体主义"的3个版本,但作了些改写,每个特鲁特普案例的表述都汉语化了。例如,人名用中国人的名字代替,温度用摄氏度表示。每个案例后都有2个需要选择的问题,即"特鲁特普案例的主角真的知道温度是32 ℃"和"特鲁特普案例的主角只是相信温度是32 ℃",供选答案为"假""很可能假""既可能假也可能真[②]""很可能真""真""不理解此题"六个。见表4-11:

表4-11　特鲁特普案例组1

假	很可能假	既可能假也可能真	很可能真	真	不理解此题
a	b	c	d	e	f

注:请填写你选择的答案下面的字母(限选1个)。

场景 A: 有一天,陆克突然被一块掉下来的石头砸中了,随之他的大脑发生了重大变化,以至于无论什么时候在估计温度这一点上,他总是绝对正确的。陆克完全没有意识到他的大脑已经变成了这种情况。几周过后,这个变化了的大脑使他相信他的房间温度是32 ℃。事实上,当时他的房间温度就是32 ℃。

1.陆克真的知道他的房间温度是32 ℃

---

① Simon Cullen,"Survey-Driven Romanticism",*Review of Philosophy and Psychology*,2010(1: 2):288-289.

② 之所以不用"中立"这个简单的术语,而是用"既可能假也可能真"这个复杂的表述,是为了避免人们都喜欢选"中立"或偏好"中庸之道"。

2.陆克只是相信他的房间温度是 32 ℃

场景 B: 有一天朱勇突然被由所在社区长者们带来的一群善意的科学家敲昏了,随之他的大脑发生了重大变化,以至于无论什么时候在估计温度这一点上,他总是绝对正确的。朱勇完全没有意识到他的大脑已经变成了这种情况。几周过后,这个变化了的大脑使他相信他的房间温度是 32 ℃。事实上,当时他的房间温度就是 32 ℃。

3.朱勇真的知道他的房间温度是 32 ℃

4.朱勇只是相信他的房间温度是 32 ℃

场景 C: 在一个孤岛上有一个非常团结的大社区。有一天,一颗有辐射性的流星击中了这个小岛,并且对小岛上的法卢基人产生了一个有影响的后果——它改变了他们大脑的化学构成,以至于无论何时估计温度,他们总是正确的。法卢基人完全没有意识到他们的大脑已经以这种方式发生了变化。李涛是法卢基社区的一个成员。在流星撞击若干周之后,当李涛在海边散步的时候,变化了的大脑让他相信他所处的地方的温度是 32 ℃。除了这个评价之外,他没有其他理由相信当下温度是 32 ℃。事实上,李涛所处的地方的温度当时正好是 32 ℃。

5.李涛真的知道他所处的地方温度是 32 ℃

6.李涛只是相信他所处的地方温度是 32 ℃

后 3 组案例与前 3 组特鲁特普案例完全相同,只是顺序作了调整,其调整的方法见表 4-12:

表 4-12 特鲁特普案例排序的调整情况

问题	特鲁特普案例组 1	特鲁特普案例组 2	特鲁特普案例组 3	特鲁特普案例组 4
1	陆克真的知道	李涛真的知道	陆克只是相信	李涛只是相信
2	陆克只是相信	李涛只是相信	陆克真的知道	李涛真的知道
3	朱勇真的知道	朱勇真的知道	朱勇只是相信	朱勇只是相信
4	朱勇只是相信	朱勇只是相信	朱勇真的知道	朱勇真的知道
5	李涛真的知道	陆克真的知道	李涛只是相信	陆克只是相信
6	李涛只是相信	陆克只是相信	李涛真的知道	陆克真的知道

用案例名代替人名,4 组案例的排列为:

表 4-13 特鲁特普案例案例名排列情况

问题	特鲁特普案例组 1	特鲁特普案例组 2	特鲁特普案例组 3	特鲁特普案例组 4
1	个人主义版本 真的知道	集体主义版本 真的知道	个人主义版本 只是相信	集体主义版本 只是相信
2	个人主义版本 只是相信	集体主义版本 只是相信	个人主义版本 真的知道	集体主义版本 真的知道
3	较集体主义版本 真的知道	较集体主义版本 真的知道	较集体主义版本 只是相信	较集体主义版本 只是相信

续表

问题	特鲁特普案例组 1	特鲁特普案例组 2	特鲁特普案例组 3	特鲁特普案例组 4
4	较集体主义版本 只是相信	较集体主义版本 只是相信	较集体主义版本 真的知道	较集体主义版本 真的知道
5	集体主义版本 真的知道	个人主义版本 真的知道	集体主义版本 只是相信	个人主义版本 只是相信
6	集体主义版本 只是相信	个人主义版本 只是相信	集体主义版本 真的知道	个人主义版本 真的知道

问卷时间为 2013 年 10 月 22—23 日,新生开学第六周。问卷调查课堂随堂完成。每张有效问卷支付 8 元的问卷调查费。所得数据运用 EXCEL 和 SPSS17 软件进行了处理与分析。

2.实验结果与分析

发放问卷 187 份,收回 187 份,因填写不完全被判为无效问卷的有 5 份。把"假"和"很可能假"统计为"可能假",把"既可能假也可能真"统计为"中立",把"很可能真"和"真"统计为"可能真"。从所得数据(参见表 4)可以看出,从个人主义案例到较集体主义案例,再到集体主义案例,"真的知道"可能真的比例分别为 11%、12.6% 和 13.2%;"只是相信"可能真的比例为 87.9%、84% 和 82.4%。虽然"真的知道"可能真的比例依次增加,但无论是卡方检验,还是独立样本 t 检验,都没有显著的统计学差异性。

表 4-14　中国受试者对 3 类特鲁特普案例的主角是"真的知道"还是"只是相信"的人数与比例对比

特鲁特普案例的类型	真的知道						只是相信					
	可能假		中立		可能真		可能假		中立		可能真	
	人数	%	人数	%	人数	%	人数	%	人数	%	人数	%
个人主义	139	76.4	23	12.6	20	11.0	13	7.1	9	4.9	160	87.9
较集体主义	129	70.9	30	16.5	23	12.6	18	9.9	11	6.0	153	84.0
集体主义	139	76.4	19	10.4	24	13.2	21	11.5	11	6.0	150	82.4

借助其他的理解题,去掉理解题做错的问卷,只留下 82 份有效问卷,其结果同样没有显著的统计学差异性。数据参见表 4-15:

表 4-15　有效问卷中,中国受试者对 3 类特鲁特普案例的主角是"真的知道"还是"只是相信"的人数与比例对比

特鲁特普案例的类型	真的知道						只是相信					
	可能假		中立		可能真		可能假		中立		可能真	
	人数	%	人数	%	人数	%	人数	%	人数	%	人数	%
个人主义	69	84.1	7	8.5	6	7.3	9	11.0	21	25.6	52	63.4
较集体主义	63	76.8	12	14.6	7	8.6	5	7.3	6	7.3	72	87.8
集体主义	63	76.8	7	8.5	12	14.7	9	11.0	5	6.1	68	83.0

　　为了分析 4 组特鲁特普案例是否因顺序的不同出现差异,我们通过赋值进行检验。我们把"假"赋值"－3"、"很可能假"赋值"－1"、"既可能假也可能真"赋值"0"、"很可能真"赋值"1"、"真"赋值"3"、"不理解此题"设为"缺"。结果发现,并没有本质差异。数据见表 4-16:

表 4-16　中国受试者在 4 组特鲁特普案例中的平均得分与标准差

特鲁特普 案例组		陆克 真的知道	陆克 只是相信	朱勇 真的知道	朱勇 只是相信	李涛 真的知道	李涛 只是相信
1	均值	－1.56	2.00	－1.27	1.60	－1.44	1.67
	N	45	45	45	45	45	45
	标准差	1.603	1.537	1.671	1.900	1.645	1.508
2	均值	－1.37	1.93	－1.24	1.78	－1.50	1.78
	N	46	46	46	46	46	46
	标准差	1.902	1.679	1.900	1.685	1.894	1.931
3	均值	－1.31	1.98	－1.36	1.76	－1.40	1.67
	N	45	45	45	45	45	45
	标准差	1.621	1.500	1.510	1.540	1.671	1.581
4	均值	－1.46	2.02	－1.33	1.96	－1.52	1.93
	N	46	46	46	46	46	46
	标准差	1.378	1.183	1.431	1.366	1.516	1.638
总计	均值	－1.42	1.98	－1.30	1.77	－1.47	1.76
	N	182	182	182	182	182	182
	标准差	1.626	1.473	1.625	1.625	1.674	1.663

　　182 份问卷数据表明,中国受试者在"个人主义"版本、"较集体主义"版本和"集体主义"版本的特鲁特普案例中,认为"特鲁特普主角真的知道""可能真"的比例为 12.3%(分别 11%、12.6%和 13.2%)。这个结论与温伯格等人得出的"特鲁特普主角是否知道受受试者文化差异的影响"的结论不同。究其原因,我们认为可能有:(1)温伯格等人调查中的东亚人受试者分别只有 25 人、20 人和 31 人,受试者太少,不能代表东亚人;(2)温伯格等人调查的罗格斯大学就读的东亚人离乡背井,有强烈的集体主义需求,不能代表东亚人;(3)中国大陆多年来的独生子女政策和西方个人主义文化的影响,使现在的中国大学生都较个人主义了[①]。

　　在温伯格等人的调查中,为什么东亚人对"特鲁特普主角是否有知识"的判断,受特鲁

————————

　　① 2013 年 11 月 26—27 日,我在上哲学导论课程"死亡哲学"内容时,对学生说:"同意'我们可以自杀'的同学请举手。"在大一新生 2 个班中,有一个班超过 1/3 的学生举手了,另一个班超过 1/2 的学生举手了。这是一个非常严重的问题,同时也说明不少学生个人主义思想严重,主张"自杀是个人的权利""自杀是个人意志自由的体现"或"我的生命我做主"等个人主义的观点。

特普案例呈现的形式是个人主义的还是集体主义的影响呢？我们认为原因也类似：(1)在罗格斯大学就读的东亚人离乡背井，需要集体的关怀，因此表现出集体主义；(2)温伯格等人调查的人数太少，数据不具有代表性。

温伯格等人因认知直觉不稳定而否认直觉是哲学论证的合适证据的观点，也为我们所反对。我们的数据表明，无论是个人主义的特鲁特普案例，还是较集体主义的特鲁特普案例，以及集体主义的特鲁特普案例，认为"特鲁特普主角有知识"的比例分别为 11%、12.6% 和 13.2%，相差不大，具有很强的稳定性。此外，有研究显示，大约有 10%～20% 的人认为错误(或反事实)也可以成为知识。① 研究普通大众知识归因的结果发现，总有一些人认为错误信念也可以成为知识，另有一些人则否认有任何知识，对知识持怀疑主义的态度。图瑞(John Turri)研究后得出结论说："大约相同数量的参与者按照显然偏离主流知识论理论的方式进行知识归因，得到了确证的数值是：1/6 的参与者归因知识太随便，认可非事实的使用；1/6 的参与者归因知识太保守，认可怀疑主义的弃权。"② 在 2013 年 10 月 8 日《远见》民调中心做的"两岸关系发展"调查中，对四个重要问题，都出现了近 1/4 (25%上下)的人都持反对(或不同意)的态度。这些数据表明，大约有 20% 的人总喜欢极端③，对于这些极端数据，我们在实验哲学的问卷调查中可以忽略。

在温伯格等人的实验中，从个人主义，到较集体主义，再到集体主义的特鲁特普案例，东亚人认为"特鲁特普主角有知识"的比例为 23.9%(分别为 12%、25% 和 32%)，西方人认为"特鲁特普主角有知识"的比例为 33.7%(分别为 32%、35% 和 20%)。他们调查的所有人认为"特鲁特普主角有知识"的比例为 26.7%。虽然如此，我们相信，如果采用我们的六元选择来测量，其平均比例必然降到 20% 以下。

我们的结论有二：一是，鉴于已有研究中哲学直觉极端值都在 20% 以下可以忽略，因此，我们认为普通大众的哲学直觉是可以用来作为哲学的证据的。二是，鉴于我们所研究的"特鲁特普主角有知识"的比例小于 20%，并认为，用我们的方法，西方人关于"特鲁特普主角有知识"的比例也会小于 20%，而小于 20% 的比例可作为极端加以忽视，因此，我们主张无论是特鲁特普案例的思想实验，还是已有特鲁特普案例的问卷调查，都可以证明认知确证的可靠主义是不合理的。推而广之，我们应该选择认知确证的内在主义。

在 10 多年前刚接触认知确证的内在主义与外在主义时，笔者就直觉地反对外在主义。现在，笔者已经为自己的直觉找到了几点理由：(1)外在主义的确证观与知识的三元定义存在冲突。在当代知识论中，"真"是不能为没有"上帝之眼"的人所把握的形上学的问题。如果确证是外在主义的，也就是说确证可以外在于认知者，那么，"确证"与"真"的性质就相同。知识的三元定义之所以需要"确证"，是为了让认知者知道自己的理由是否追踪了"真"。因此，如果外在主义是正确的，那么知识定义的三元要素就要去掉一个。这

① Christina Starmans & Ori Friedman，"The Folk Conception of Knowledge"，*Cognition*，2012 (124)：272-283.John Turri，"A Conspicuous Art：Putting Gettier to the Test"，*Philosophers' Imprint*，2013(13：10)：1-16.

② John Turri，"A Conspicuous Art：Putting Gettier to the Test"，*Philosophers' Imprint*，2013(13：10)：15.

③ 即有些受试者有极端反应偏见(extreme response bias)倾向于选择量表上的极端选项。

表明,外在主义确证观会导致知识三元定义显得多余。(2)胡默尔(Michael Huemer)认为:"内在主义的确证是从个人自己的观点来看的确证,它不同于……全知的、第三人称视角的确证。"①第三人称视角的确证是外在主义的确证,它像"无出处的观点(the view from nowhere)"一样,是非视角(nonperspective)的确证,或者是不来自任何个人观点的确证,是纯粹客观的确证。② 由于我们没有他人的视角,更没有全知的视角,我们只能从我们自己的视角来决定我们所相信的东西,因此第一人称视角的、内在主义的确证对我们来说才是重要的、真实的确证。(3)特鲁特普案例的思想实验是对可靠主义的一个致命的打击,特鲁特普案例思想实验的结论为绝大多数知识论者所公认。(4)问卷调查表明,大多数人反对外在主义的确证观。温伯格等人的数据表明,有73.3%的受试者赞同内在主义反对外在主义;我们的数据表明84.8%的受试者"只是相信""特鲁特普主角有知识",因此确证的外在主义是与实验数据不符的。(5)外在主义的确证观会导致确证的闭合原则全能式,甚至可能导致全知论。(6)可靠主义的内在主义转向证明外在主义确证理论有待改进。传统的可靠主义强调"知识是基于可靠认知过程的真信念"。无论是早期戈德曼强调因果过程的因果论③,还是阿姆斯特朗强调类规律关系的"温度计"模型④,都是传统可靠主义的代表。可靠主义的最新转变强调兼容内在主义。例如,戈德曼的德性认知过程的可靠主义,强调德性对可靠性的重要性⑤,强调认知规范在确证中的作用,由于"德性"与"主体"关联,因此,基于外在于主体的因果过程向基于内在于主体的"德性"的转变,标志着戈德曼的可靠主义是由外在主义向内在主义的转变⑥,标志着内在主义与外在主义的融合。斯托耶普(Matthias Steup)的内在主义的可靠论主张:"主体的感觉经验是其确证的一个来源,当且仅当她的记忆印象追踪记录她的知觉以及她的记忆是正确的。"⑦格雷科(John Greco)的主体可靠主义强调主体的认识德性或认知能力在获得可靠的认知过程中的作用⑧。此外,主体可靠主义还有阿尔斯顿的社会实践可靠论;普兰丁格(A. Plantinga)的恰当功能论;索萨的透视主义以及扎格泽博斯基(Linda Zagzebski)的新亚里士

---

① Michael Huemer, *Skepticism and the Veil of Perception*. Lanham:Rowman & Littlefield Publishers,2001,p.21.

② Michael Huemer, *Skepticism and the Veil of Perception*. Lanham:Rowman & Littlefield Publishers,2001,p.25.

③ Alvin I. Goldman,"A Causal Theory of Knowing", *The journal of philosophy*,1967(64):357-372.

④ 阿姆斯特朗主张"非推论性知识"的存在,认为使一个真的非推论信念成为知识的原因,是该信念状态与产生这种状态的情境之间有某种类规律(law-like)的必然联系,就像温度计的读数与温度之间有必然联系一样(D. M. Armstrong, *Belief*, *Truth and Knowledge*, Cambridge: Cambridge University Press,1973,pp.157-170.)。

⑤ Alvin I.Goldman, *Liaisons*: *Philosophy Meets the Cognitive and Social Sciences*,Cambridge：The MIT Press,1992,pp.157-160.

⑥ John Greco,"Agent Reliabilism", *Philosophical Perspectives*,1999(13):291-293.

⑦ Matthias Steup,"Internalist Reliabilism", *Philosophical Issues*,2004(14):408.

⑧ Ducan Pritchard,"Greco on Reliabilism and Epistemic Luck", *Philosophical Studies*,2006(130):35-45.

多德式的进路等。虽然它们在客观可靠性与主观确证上各有侧重,在兼顾两者的程度上有所差异,但是它们都主张知识应该立足于构成认知者理智特征的"可靠特性"。[①]由于它们把"认知者的理智"与"可靠性"结合起来,因此,可以看作是内在主义与外在主义的融合。

我们认为,无论是特鲁特普案例的思想实验,还是特鲁特普案例的问卷调查,都向我们证明:确证是内在主义的,要求有第一人称视野中的理由,要求遵循为主体所认识的认知规范、履行认知主体的责任;外在主义的确证神话因为暗含神目观,因此是错误的。

---

① Ducan Pritchard,"Greco on Reliabilism and Epistemic Luck",*Philosophical Studies*,2006 (130):35-45.

第五章　知识论问题的实验研究

当代知识论研究的五大基本问题概括地说包括：（1）"知识"定义问题。在何种条件下我们可以说某认知者有知识？（2）"认知确证"问题。在何种条件下信念得到确证？（3）怀疑主义问题。如何有效地迎接认知怀疑主义的挑战：我们究竟能否具有任何知识？我们可具有何种知识？（4）知识论问题是否受伦理问题、实用问题以及其他社会历史因素（诸如文化、历史时间、宗教背景、社会地位、性别）的影响与制约？在何种程度上知识论问题受这些非知识论考虑的制约？（5）自然科学的发展（尤其是认知心理学、进化心理学、人工智能学）是否（或应该）影响知识论的发展？其中葛梯尔问题、怀疑主义问题和彩票问题是当代知识论中最重要的三个问题，柯亨说："在知识论文献所讨论的众多问题中，最著名的三个悖论是：怀疑主义悖论、葛梯尔悖论和彩票悖论。"①前文中我们已经探讨了葛梯尔案例和葛梯尔型直觉的实验研究，这章中我们主要探讨怀疑主义问题和彩票问题的实验研究。

第一节　怀疑主义直觉的实验研究②

主流知识论认为，怀疑主义论证诉诸"我们不知道，甚至无法知道，怀疑主义假设是错误的"这种怀疑主义直觉，而且在怀疑主义论证中，诉诸怀疑主义直觉是十分普遍的现象。然而，实验哲学对斑马案例直觉和缸中之脑假设直觉的研究表明，怀疑主义直觉受文化背景、社会经济地位、教育背景和性别的影响，具有多样性。怀疑主义直觉的多样性不仅对怀疑主义直觉的可靠性提出了质疑，而且对怀疑主义问题在西方哲学中的核心地位提出了质疑。对于这些质疑与挑战，我们提出了尝试性的回应。

一、来自缸中之脑假设怀疑主义论证的直觉性

缸中之脑假设假定我只不过是绝顶聪明的科学家通过刺激从而产生我的所有实际经

① Stewart Cohen，"Contextualist Solutions to Epistemological Problems：Scepticism，Gettier，and the Lottery"，in Ernest Sosa & Jaegwon Kim（eds.）：*Epistemology：An Anthology*，Oxford：Blackwell Publishers Ltd，2000，p.517.

② 这部分内容主要根据《怀疑主义直觉的实验研究》（曹剑波：《怀疑主义直觉的实验研究》，《长沙理工大学学报（社会科学版）》2014 年第 1 期，第 5-10 页）一文的观点改写而成。

验的缸中之脑。[①] 建立在缸中之脑假设基础上的怀疑主义论证,是当代西方知识论中最重要的、最有力的论证,引发了当代西方知识论对怀疑主义问题的持久论争。各种各样的怀疑主义论证大体上可以概括为非充分决定性论证和闭合论证这两种主要的论证形式。[②] 建立在缸中之脑假设基础上的怀疑主义论证既可以表述为非充分决定性论证,又可表述为闭合论证。非充分决定性论证以非充分决定性原则为基础,闭合论证以闭合原则为基础,它们具有很强的直觉性。

1.非充分决定性论证

怀疑主义的非充分决定性论证建立在非充分决定性原则(underdetermination principle)基础上。非充分决定性原则可表述为:对于所有主体 S、命题 p 和命题 q,如果 S 相信 p 的证据支持 p 不超过支持 q,且 p 和 q 不相容,那么 S 的证据就没有使 S 确证地相信 p。[③]

如果设"O"为任意一个关于外部世界的普通命题(ordinary proposition),如"我有手"或者"我正坐在电脑前";"H"为任意一个与 O 不相容的怀疑主义假设(skepticism hypothesis),如"我是无手的缸中之脑""我正在做梦""我被恶魔所欺骗",或者"这是一匹伪装的斑马",等等,那么基于非充分决定性原则的怀疑主义论证可表述为:

UA_1:如果 S 的证据支持 O 不超过支持 H,那么 S 的证据就没有使 S 确证地相信 O;[非充分决定性原则][④]

UA_2:S 的证据支持 O 不超过支持 H;[前提]

UA_3:S 的证据没有使 S 确证地相信 O;[UA_1,UA_2]

UA_4:S 不知道 O。[UA_3][⑤]

① Hilary Putnam,"Brains in a Vat",in Keith DeRose & Ted A. Warfield(eds.),*Skepticism:A Contemporary Reader*,Oxford:Oxford University Press,1999,pp.27-42.

② 参见曹剑波:《知识与语境:当代西方知识论对怀疑主义难题的解答》,上海:上海人民出版社 2009 年,第 76-123 页。

③ Anthony Brueckner,"The Structure of the Skeptical Argument",*Philosophy and Phenomenological Research*,1994(54):830.

Duncan Pritchard,"The Structure of Sceptical Arguments",*Philosophical Quarterly*,2005(218:55):39.

④ Anthony Brueckner,"The Structure of the Skeptical Argument",*Philosophy and Phenomenological Research*,1994(54):830.Duncan Pritchard,"The Structure of Sceptical Arguments",*Philosophical Quarterly*,2005(218:55):39.

⑤ Anthony Brueckner,"The Structure of the Skeptical Argument",*Philosophy and Phenomenological Research*,1994(54):833.

Duncan Pritchard,"The Structure of Sceptical Arguments",*Philosophical Quarterly*,2005(218:55):40.

Alex Byrne,"How Hard Are the Sceptical Paradoxes?" *Noûs*,2004(38:2):321,note 15.

Jonathan Vogel,"Skeptical Arguments",*Philosophical Issues*,2004(14):428.

Jonathan Vogel,"The Refutation of Skepticism",in Matthias Steup & Ernest Sosa(eds.),*Contemporary Debates in Epistemology*,Oxford:Blackwell Publishing Ltd.,2005,p.73.

以缸中之脑假设为例,怀疑主义的非充分决定性论证可以表述为:

(1)如果 S 的证据支持 O 不超过支持 H,那么 S 的证据就没有使 S 确证地相信 O;

(2)我的感觉证据支持"我有手"不超过"我是无手的缸中之脑";

(3)我的感觉证据没有使我确证地相信"我有手";

(4)我不知道我有手。

怀疑主义的非充分决定性论证具有很强的直觉性和合理性。这是因为,一方面构成怀疑主义论证原则的非充分决定性原则具有很强的直觉性和合理性。因为如果我们的证据,对我们的目标假设的支持程度,不超过与目标假设不相容的另一个假设的支持程度,那么我们的证据就不能对目标假设发挥决定性的支持作用。假设有一位艺术史家试图确定某幅字画是由王羲之写的,还是由他的一个弟子写的。背景知识是这样的:这幅字画签名是"王羲之",但字体有点特别,并在作品完成后的某个时间加了一些东西。通常,这种风格的字体是王羲之的,但有些明显的异常。这些异常特征可以作为另一个人写的证据,但它们也可以作为王羲之没有完成这幅字画的证据。这位艺术史家因此对他所研究的这幅字画的作者有两种相互竞争的假设:要么它是王羲之写的(可能没有完成),要么是由王羲之的弟子写的。这两个假设都能同样成功地解释现有的所有证据。在这种情况下,偏爱一种假设是武断的。即使选择是正确的,也只能说是幸运的猜测。因此,这位艺术史家不知道王羲之写了这幅字画。在这个案例中,由于存在"这幅字画是王羲之写的"和"这幅字画是王羲之的弟子写的"这两种不相容的假设,而且这两种假设都能合理地解释这位艺术史家现有的所有证据,因此如果这位艺术史家断定"这幅字画是王羲之写的",那么他就是武断的。这说明非充分决定性原则具有很强的直觉性和合理性。

另一方面,作为怀疑主义论证的前提及推论过程具有很强的直觉性。在缸中之脑假设中,虽然缸中之脑假设与所有我知道我有手的证据一致,但这个假设却与我知道我有手不一致。这是因为缸中之脑化的我与现实中的我有完全相似的感觉经验,我的感觉经验不能把"我不是无手的缸中之脑"(即"我有手")与"我是无手的缸中之脑"分辨出来,因此,我的感觉证据支持"我有手"不超过支持"我是无手的缸中之脑"。依据非充分决定性原则,由于我的证据没有确证"我有手",而"我确证'我有手'这一信念"是"我知道'我有手'"的必要条件,因此,我不知道我不是缸中之脑。

对非充分决定性原则可推导出怀疑主义的结论,许多哲学家有清楚的认识。例如,柯亨断言,非充分决定性论证"可能提供一种通达怀疑主义的独立途径"[1];沃格认为,非充分决定性论证可导致笛卡尔式和休谟式的怀疑主义[2],他甚至认为,把怀疑主义当作一个非充分决定性问题是富有成效的。[3] 杰维德(Mikael Janvid)也说:

　　尽管怀疑主义论证的内容可能变化多样,然而所有的怀疑主义论证都标准地依

① Stewart Cohen,"Two Kinds of Skeptical Argument",*Philosophy and Phenomenological Research*,1998(58:1):156.

② Jonathan Vogel,"Skeptical Arguments",*Philosophical Issues*,2004(14):451.

③ Jonathan Vogel,"Skeptical Arguments",*Philosophical Issues*,2004(14):426.

赖非充分决定性原则。怀疑主义论证的关键步骤是宣称独断论作出的知识主张在这种意义上是未被确证的,即她所引用的、用以证明知识主张的证据,在谈到怀疑主义假设(如我现在在做梦,我被恶魔所欺骗,我是缸中之脑,等等)时,是非充分决定的。[①]

杰维德甚至指出,"怀疑主义论证都典型地、决定性地依赖于非充分决定性原则",并认为通过分析来自无知论证这种怀疑主义的论证结构,可以发现它预设了非充分决定性原则。[②] 奥卡沙(Samir Okasha)从非充分决定性角度探讨了怀疑主义产生的根源,他是这样阐述的:

> 怀疑主义产生的原因是因为我们的大多数信念,都是由它们所依赖的资料"非充分决定的"。在经典的怀疑主义论证中,怀疑主义者试图提出一种假设来破坏一组给定的信念,这种假设能解释这些信念所依赖的所有资料,却与这组信念自身不相容。例如,关于外部世界的怀疑主义者指出,我们建立关于外部对象的信念的所有感觉资料,都能同等地被我们正在做梦的这个假设所说明。他人心灵的怀疑主义者指出,我们建立关于他人心灵的信念的所有行动资料,都能同等地被他们是机器人的这个假设所说明。关于理论科学中难以观察的实体的怀疑主义者指出,在正在讨论的问题上,我们用以建立关于这些实体的信念的所有观测资料,都能同等地被那种暗示这些实体不存在的理论所说明。尽管它们在主题上非常不同,然而这些不同的怀疑主义论证却有一个共同的、基本的逻辑形式。[③]

2.闭合论证

怀疑主义的闭合论证建立在闭合原则(closure principle)基础上。闭合原则可表述为:对理性主体 S 来说,如果主体 S 知道 p,并且知道 p 蕴涵 q,那么 S 也知道 q(或 S 至少能够知道 q)。[④]

闭合原则具有很强的直觉性和似真性。例如:

(1)你知道今天下雨(例如,早晨起来你看见正在下雨);

(2)你知道"如果今天下雨,那么就取消郊游计划"(这是你与他人事先约定的);

(3)因此,你一定知道今天不会郊游。

在日常生活中,人们凭借闭合原则获得知识或证明自己的无知;在逻辑学中,闭合原则常作为重言式。在提及认知逻辑的国内逻辑书中,闭合原则被当作是认知逻辑系统

① Mikael Janvid,"Contextualism and the Structure of Skeptical Arguments",*Dialectica*,2006(60:1):64-65.

② Mikael Janvid,"Contextualism and the Structure of Skeptical Arguments",*Dialectica*,2006(60:1):64-65.

③ Samir Okasha,"Verificationism,Realism and Scepticism",*Erkenntnis*,2001(55):375.

④ Jonathan Dancy,*An Introduction to Contemporary Epistemology*,Oxford:Blackwell Publisher,1985,pp.10-11.

Ka4 中的一条定理[1]；在有些论文中，闭合原则甚至被当作一条公理[2]。闭合论证具有很强的直觉性，否认它会导致令人讨厌的复合关联（abominable conjunctions），如"我知道我有手，但我不知道我不是没有手的缸中之脑"，以及"我不知道 p，却知道 p 和 q"。[3] 这些复合命题的确是令人讨厌的，因为它违反了这种基本的、极其合理的直觉，即："你不能知道你有手，除非你知道你不是无手的缸中之脑""你不知道 p 和 q，除非你知道 p"。维贝尔（Michael Veber）认为，否认闭合论会对我们应用演绎推理来获得新知识的能力产生威胁。[4]

来自缸中之脑假设的怀疑主义的闭合论证可以表述为：

> BP_1：我不知道我不是无手的缸中之脑。
> BP_2：如果我不知道我不是无手的缸中之脑，那么我不知道我有手。
> BP_3：我不知道我有手。

基于与怀疑主义的非充分决定性论证具有很强的直觉性类似的理由，怀疑主义的闭合论证也具有很强的直觉性。

我们认为，基于非充分决定性原则和闭合原则的来自缸中之脑假设的怀疑主义论证是最重要、最有力、最有影响的怀疑主义论证，因而也是最好的怀疑主义论证。这种最好的怀疑主义论证，用威廉斯（Michael Williams）的话来说，是自然而又直观的。他说：

> 最好的怀疑主义论证不仅没有明显的逻辑错误，而且似乎只涉及一些最简单的、最平常的思考。在这个意义上，怀疑主义论证看起来不仅很"自然"，而且很"直观"。正是这个特点使怀疑主义成为一个特别难处理的问题。如果怀疑主义论证明显地依赖于某些有争议的或者不合理的理论，那么它的结论只是某些可错的理论的错误结果，怀疑主义因而也就无法成为我们在知识问题上的一种令人惊异的判决。[5]

怀疑主义结论不是从错误的理论中得出的。怀疑主义在论证过程中只采纳了我们对"知识"所达成的一些基本共识以及我们在认知推理里应用的基本逻辑原则，"支持怀疑主

---

① 弓肇祥：《认识论逻辑》，出自王雨田：《现代逻辑科学导引》下册，北京：中国人民大学出版社 1988 年，第 295-296 页。

② 潘天群：《群体对一个命题可能的知道状态分析》，《自然辩证法研究》2003 年第 11 期，第 35 页。

③ Keith DeRose，"Solving the Skeptical Problem"，in Keith DeRose ＆ Ted A. Warfield（eds.），*Skepticism：A Contemporary Reader*，Oxford：Oxford University Press，1999，p.201.John Hawthorne，"The Case for Closure"，in Keith DeRose ＆ Ted A. Warfield（eds.），*Skepticism：A Contemporary Reader*，Oxford：Oxford University Press，1999，p.31f.

④ Michael Veber："Contextualism and Semantic Ascent"，*The Southern Journal of Philosophy*，2004（42）：263.

⑤ Michael Williams，"Skepticism"，in John Greco ＆ Ernst Sosa（eds.），*The Blackwell Guide to Epistemology*，Oxford：Blackwell Publishers，1999，p.36.

义结论的论证并不明显地取决于有争议的理论观念,因此在这个意义上它是'自然的'或者'直观的'。"①

二、怀疑主义论证诉诸怀疑主义直觉的普遍性

直觉是不经推理而对某一问题作出的自发判断。作出这种判断的人可能很少或根本不能提供进一步的理由。哲学论证通常会用到哲学家认为它们在直觉上是明显的前设。除了诉诸直觉外,哲学家很少甚至根本没有为它们提供辩护,非但如此,在很多情况下,人们很难看出还有什么可以用来支持这些前设。

怀疑主义论证也诉诸直觉,诉诸怀疑主义直觉。不同的怀疑主义论证诉诸不同的直觉。来自怀疑主义假设(包括缸中之脑假设、恶魔假设、梦幻假设、伪造物假设等)的怀疑主义论证②诉诸这种怀疑主义直觉:即我们不知道,甚至无法知道,怀疑主义假设是错误的。这种怀疑主义的直觉作为怀疑主义论证的前提,证明我们没有,甚至无法有我们通常认为我们自己有的那种知识。在怀疑主义直觉看来,我们不能证明怀疑主义假设是错误的。以缸中之脑假设的直觉为例:一方面,我们不能诉诸任何经验,因为所有我们的实际经验都被"我们是缸中之脑"这个假设预见和解释,现实中的我们与缸中之脑化的我们有完全相同的感觉经验。缸中之脑假设具有内在的一致性,不能用逻辑或语义学来排除。③另一方面,我们不能通过"我们知道我们有手,缸中之脑没有手,因此,我们知道我们不是缸中之脑"这种推论来证明"我们知道缸中之脑假设是错误的",因为这种摩尔式的解决方案是在窃取论题。④"我们不知道缸中之脑假设是错误的"这种怀疑主义直觉,是推动怀疑主义问题成为当代知识论热点问题的基本推动力。

怀疑主义者在论证怀疑主义的结论时,常常诉诸"我们不知道缸中之脑假设是错误的"这种怀疑主义直觉的普遍性,认为对知识有过反思的每个人(或者几乎每个人)都会有这种直觉。不少知识论者在谈到怀疑主义论证时,也肯定这种怀疑主义直觉的普遍性。例如,在肖弗提出来自缸中之脑假设的怀疑主义论证后,他并没有停下来提供任何接受这些前提的理由,而是试图提出语境主义的策略来解答它。他之所以不提供理由,想必是因

① Michael Williams,"Skepticism",in John Greco & Ernst Sosa(eds.),*The Blackwell Guide to Epistemology*,Oxford:Blackwell Publishers,1999,p.38.

② 怀疑主义论证的一般形式,德娄斯把它表述为"来自无知的论证"(argument from ignorance),其表达式为:(1)我不知道非 H;(2)如果我不知道非 H,那么我不知道 O;(3)因此,我不知道 O。其中,O 指人们通常认为他们知道的事实(例如,我有两只手;我正坐在电脑前);H 指怀疑主义者精心挑选出来的某个合适的假设(例如,我正在做梦;我被恶魔欺骗;我是缸中之脑),它与 O 不相容。(Keith DeRose,"Solving the Skeptical Problem",in Keith DeRose & Ted A.Warfield(eds.),*Skepticism:A Contemporary Reader*,Oxford:Oxford University Press,1999,p.183.)

③ 笔者认为:缸中之脑不知道"我不是缸中之脑",我也不知道"我不是缸中之脑",缸中之脑假设不是自我反驳的。具体论证请参见《知识与语境:当代西方知识论对怀疑主义难题的解答》(曹剑波:《知识与语境:当代西方知识论对怀疑主义难题的解答》,上海:上海人民出版社 2009 年,第 140-160 页)。

④ 参见"摩尔对怀疑主义难题的解答",曹剑波:《知识与语境:当代西方知识论对怀疑主义难题的解答》,上海:上海人民出版社 2009 年,第 124-139 页。

为他认为怀疑主义论证的前提在直观上是明显的。① 德娄斯在谈到这个论证时,为了说服我们来自缸中之脑假设的怀疑主义论证具有合理性,稍微有点进步,他改述了这些前提,并增加几个反问,也求引出这些前提显然是真的直觉:

> 然而,假定我是缸中之脑看起来似乎是不可能的,甚至是怪诞的,我不知道我不是缸中之脑看起来似乎也是如此。我怎么能知道这样的事情呢?……这似乎也是可能的:如果就我所知,我是缸中之脑,那么我就不知道我有手。如果就我所知,我没有身体(因此是无手的),那么我怎么能知道我有手呢?②

在其他地方,在谈到来自怀疑主义假设的论证时,德娄斯甚至直接诉诸直觉的力量。他说:"怀疑主义的论证确实是强有力的……。这个论证显然是有效的……,而且它的每个前提,从它们本身来看,都得到了很多直觉的支持。"③柯亨也认为,在来自怀疑主义假设的怀疑主义论证中,诉诸直觉发挥了核心作用。他说:

> 为了回应演绎的闭合论证,可错论者必须拒绝前提(1)或前提(2)。④ 问题是……这两个前提在直觉上都有相当大的吸引力。而且,前提(3)(否认怀疑主义论证的结论)的许多实例,似乎在直觉上都是有说服力的。这使某人坚定地主张,我们可以通过诉诸(3)和另一个前提来驳倒怀疑主义论证。相关选择论的一些支持者认为,我们支持(2)和(3)的强有力直觉正好证明(1)(因此闭合原则)是错误的。正如德雷兹克论证的那样,我知道我看到了一匹斑马,而且我不知道我没有看到一匹巧妙伪装的骡子,这两者都是非常直观的,这个事实正好证明,闭合原则是错误的……每一种我们已经考虑过的观点,都试图利用直觉来支持它。怀疑主义者诉诸(1)和(3)来否认(2)。相关选择理论者诉诸(2)和(3)来否认(1)。而摩尔主义者诉诸(1)和(3)来否认(2)。⑤

在关于怀疑主义的哲学文献上,人们经常假定:怀疑主义直觉和由怀疑主义直觉明显蕴涵的结论为人们普遍共有。在《哲学怀疑主义的意义》一书中,斯特劳德(Barry Stroud)认为,怀疑主义:

---

① Stephen Schiffer,"Contextualist Solutions to Skepticism",Proceedings of the Aristotelian Society,1996(96):317.

② Keith DeRose,"Solving the Skeptical Problem",*Philosophical Review*,1995(104):2.

③ Keith DeRose,"Introduction:Responding to Skepticism",in Keith DeRose & Ted A. Warfield (eds.) *Skepticism:A Contemporary Reader*,Oxford:Oxford University Press,1999,pp.2-3.

④ 前提(1)指"如果我知道 P,那么我就知道非 H";前提(2)指"我不知道非 H";前提(3)指"我知道 P"(其中,P 是我们通常认为自己知道的命题,H 是指怀疑主义假设)——引者注。

⑤ Stewart Cohen,"Contextualism,Skepticism,and the Structure of Reasons",*Philosophical Perspectives*,1999(13):62.

　　诉诸我们本性深处的某种东西,并且似乎提出了关于人类生存条件的一个真实问题。这是很自然的:认为要么我们必须接受这个结论的字面真理,即我们对我们周围的世界一无所知,要么我们必须以某种方式证明,这是不正确的。[1]

　　同样,麦金(Colin McGinn)把怀疑主义当作潜伏在人类思想中的一个普遍的特点:

　　　　我尝试地提出人类学的猜想:每种文化都有它的怀疑主义者,尽管他们可能是沉默的。对于怀疑主义的怀疑存在有某种原始的和不可避免的东西。它运行在人类思想的深处。问题是:它是否可以克服,通过什么方式克服?[2]

　　麦金不仅认为怀疑主义是"自然的和不可避免的",而且他还声称,怀疑主义的挑战是如此势不可挡的,以致我们在认知上必定不能找到令人满意的回答[3]。

　　主流知识论哲学家通常认为,怀疑主义直觉为人们所广泛地共有。怀疑主义直觉的这种普遍性,是怀疑主义成为"最可怕的敌人",是"不可克服的""无法反驳的"[4]的原因,是怀疑主义论证历经数千年而具有持久的重要性的根基。

三、怀疑主义直觉多样性的实验证明

　　最近10多年才出现的实验哲学和怀疑主义难题的多元解答证明,包括怀疑主义直觉在内的哲学直觉绝不是普遍的,绝非为所有人所共有。相反,知识论者所凭借的许多直觉,因提供直觉的个人或群体的文化背景、社会经济地位、教育背景和性别的不同而不同。尼科尔斯、施蒂希和温伯格断言:"认知直觉,包括怀疑主义直觉,似乎是作为文化背景、社会经济地位和所上哲学课的数量的一个函数而系统性地变化着。"[5]下面以斑马案例直觉和缸中之脑假设直觉为例加以说明。

　　1.斑马案例直觉的多样性

　　来自伪造物假设的怀疑主义论证,也是怀疑主义论证的重要形式。德雷兹克提出的把骡子巧妙伪装成斑马的"斑马案例",在当代西方知识论中也常常被用来论证怀疑主义。[6] 这种论证以斑马案例直觉(即"我们不知道斑马案例是错误的",或"我们不知道那

　　[1]　Barry Stroud,*The Significance of Philosophical Skepticism*,Oxford:Oxford University Press,1984,p.39.

　　[2]　Colin McGinn,*Problems in Philosophy:The Limits of Inquiry*,Oxford:Blackwell,1993,p.108.

　　[3]　Colin McGinn. *Problems in Philosophy:The Limits of Inquiry*. Oxford:Blackwell,1993,p.108.

　　[4]　[德]黑格尔著,贺麟、王太庆译:《哲学史讲演录》第3卷,北京:商务印书馆1959年,第106页。

　　[5]　Shaun Nichols,Stephen Stich & Jonathan M.Weinberg,"MetaSkepticism:Meditations in Ethno-Methodology",in Stephen Luper(ed.),*The Skeptics*,Aldershot,England:Ashgate Publishing,2003,p.243.Shaun Nichols,Stephen Stich & Jonathan M. Weinberg,"Meta-Skepticism:Meditations in Ethno-Epistemology",in Stephen Stich,*Collected Papers*,*Volume 2:Knowledge,Rationality,and Morality*,1978-2010,Oxford:Oxford University Press,2012,p.242.

　　[6]　曹剑波:《知识与语境:当代西方知识论对怀疑主义难题的解答》,上海:上海人民出版社2009年,第115,157-186页。

只动物不是巧妙伪装成斑马的骡子")具有普遍性为基础。

然而,在《规范性与认知直觉》中,温伯格、尼科尔斯和施蒂希发现,在斑马案例中,文化背景、社会经济地位和性别的差异,会影响怀疑主义直觉。他们改版的斑马案例如下:

> 迈克是个年轻人,有天他带着他的儿子去动物园,当他们来到斑马笼旁时,迈克指着一只动物说:"那是一匹斑马。"迈克是对的——它是一匹斑马。然而正如他所在社区的老人都知道的那样,有许多方式诱骗人们相信不是真的东西。的确,社区的老人都知道这个动物园的管理员能够巧妙地把骡子伪装成斑马,而且人们观看那些动物时不能把它们区分开来,这种可能性是存在的。如果迈克称为斑马的那只动物真的就是这样一只巧妙伪装的骡子,那么迈克仍然会认为它是一匹斑马。迈克真的知道那只动物是斑马吗,或者他只是相信这一点?[①]

实验结果表明:与西方人相比,南亚人显然较少否认迈克有知识(参见下表);在斑马案例直觉上,西方人与南亚人之间存在有显著的跨文化差异(费希尔精确测试,$p = 0.049$)。[②]

表 5-1　斑马案例知识归赋的种族差异

动物园斑马案例 I	真的知道	只是相信
西方人	31%	69%
南亚人	50%	50%

在另一个版本的斑马案例中,借用社会心理学家的标准,以受教育的年龄区分高低社会经济地位群体,温伯格等人测试了不同社会经济地位的群体在怀疑主义直觉上的差异。案例如下:

> 帕特和他的儿子在动物园,当他们来到斑马笼旁时,帕特指着一只动物说:"那是一匹斑马。"帕特是对的——它是一匹斑马。然而,假定参观者与斑马笼之间有一定距离,帕特不能区分一匹真斑马与一只巧妙伪装看上去像是一匹斑马的骡子。如果那只动物真的是一匹巧妙伪装的骡子,帕特也会认为它是一匹斑马。帕特真的知道那只动物是一匹斑马吗,或者他只是相信这一点?[③]

---

① Jonathan M. Weinberg, Shaun Nichols & Stephen P. Stich, "Normativity and Epistemic Intuitions", in Joshua Knobe & Shaun Nichols(eds.), *Experimental Philosophy*, Oxford: Oxford University Press, 2008, p.32.

② Jonathan M. Weinberg, Shaun Nichols & Stephen P. Stich, "Normativity and Epistemic Intuitions", in Joshua Knobe & Shaun Nichols(eds.), *Experimental Philosophy*, Oxford: Oxford University Press, 2008, pp.31-32.

③ Jonathan M. Weinberg, Shaun Nichols & Stephen P. Stich, "Normativity and Epistemic Intuitions", in Joshua Knobe & Shaun Nichols(eds.), *Experimental Philosophy*, Oxford: Oxford University Press, 2008, p.33.

实验结果表明,尽管两组受试者大都认为帕特"只是相信",然而有 33％的低社会经济地位的受试者认为"帕特真的知道那只动物是一匹斑马",认为"帕特只是相信"的人数占 67％;高社会经济地位的受试者认为帕特真的知道的比例只有 11％,认为只是相信的比例高达 89％;不同的受试者之间的回答存在显著的统计学差异(费希尔精确测试,p＝0.038)。[①] 对这种直觉的差异,有人提出解释说,与低社会经济地位的受试者相比,高社会经济地位的受试者坚持较高的知识标准,更愿意接受较弱的"知识否决因子(knowledge-defeaters)",而低社会经济地位的受试者则接受较低的知识标准。[②]

温伯格、尼科尔斯和施蒂希还考察了性别对认知直觉的影响。数据表明,在斑马案例上,女性比男性更倾向于承认斑马案例是知识。[③]

在斑马案例的实验研究中,虽然没有直接地测试怀疑主义直觉的多样性,因为没有直接问"迈克(或帕特)是否真的知道那只动物不是巧妙伪装成斑马的骡子",而是问"是否真的知道它是斑马"或"只是相信它是斑马",然而却间接证明,怀疑主义直觉不是单一的,受受试者的文化背景、社会经济地位和性别的影响。

2.缸中之脑假设直觉的多样性

普特南的缸中之脑案例[④]引发了当代西方知识论对怀疑主义问题的持久论争。缸中之脑案例假定我只不过是绝顶聪明的科学家通过刺激从而产生我的所有实际经验的缸中之脑。"我能否知道我不是缸中之脑?"或者"我能否知道缸中之脑案例是错误的?",这是当代怀疑主义问题中的核心问题。对这个问题,怀疑主义者常常诉诸"我们不知道缸中之脑案例是错误的"这种怀疑主义直觉的普遍性,认为对知识有过反思的每个人(或者几乎每个人)都会有这种直觉。主流知识论者在谈论怀疑主义论证时,通常也肯定怀疑主义的这种直觉是普遍的。事实到底如何? 为了回答这个问题,在《元怀疑主义:在民族方法学中沉思》中,尼科尔斯、施蒂希和温伯格为受试者提供了这样一个缸中之脑假设的场景,用以研究哲学训练对怀疑主义直觉的影响:

> 乔治和奥马尔是室友,而且享受深夜的"哲学"讨论。一个这样的晚上,奥马尔争论说:"在某个时间点上,比如在 2300 年,医学和计算机科学将能够非常令人信服地模拟真实世界。它们将能够培养没有身体的大脑,并用恰到好处的方式把它接在一台超级计算机上,以致这个大脑完全有好像一个真实的人行走在一个现实的世界并

① Jonathan M. Weinberg, Shaun Nichols & Stephen P. Stich, "Normativity and Epistemic Intuitions", in Joshua Knobe & Shaun Nichols (eds.), *Experimental Philosophy*, Oxford: Oxford University Press, 2008, p.33.

② Jonathan M. Weinberg, Shaun Nichols & Stephen P. Stich, "Normativity and Epistemic Intuitions", in Joshua Knobe & Shaun Nichols (eds.), *Experimental Philosophy*, Oxford: Oxford University Press, 2008, p.34.

③ Jonathan M. Weinberg, Shaun Nichols & Stephen P. Stich, "Normativity and Epistemic Intuitions", in Joshua Knobe & Shaun Nichols (eds.), *Experimental Philosophy*, Oxford: Oxford University Press, 2008, p.45.

④ Hilary Putnam, "Brains in a Vat", in Keith DeRose & Ted A. Warfield (eds.), *Skepticism: A Contemporary Reader*, Oxford: Oxford University Press, 1999, pp.27-42.

与他人交谈的经验。因此这个大脑将会相信它是一个正在现实世界中行走的真人，诸如此类，只可惜它错了——它只不过陷入了一个虚拟的世界中，没有实际的腿走路而且没有与其他实际的人说话。这里的问题是：你究竟如何可能说现在真的不是2300 年，而且你真的不是一个虚拟现实的大脑？如果你是一个虚拟现实的大脑，那么，毕竟任何东西看起来、摸起来就完全像你现在看见和摸到的一样！"

乔治想了一会儿，然后回答说："但是，你看，这是我的腿。"他指着他的腿说，"如果我是一个虚拟现实的大脑，那么我不会有任何真实的腿——我真的只是一个没有身体的大脑。但是我知道我有腿——只要看一下它们！——所以我一定是一个真人，而不是一个虚拟现实的大脑，因为只有真人才有真腿。所以，我会继续相信，我不是一个虚拟现实的大脑。"

乔治和奥马尔在当下实际真实的世界中实际上是真人，所以他们两人都不是虚拟现实的大脑，这意味着乔治的信念为真。但是，乔治知道他不是一个虚拟现实的大脑，或者他只是相信它？[①]

尼科尔斯、施蒂希和温伯格发现，在 15 名已经上过三门或更多哲学课的美国大学生受试者中，只有 19% 宣称，乔治真的知道他有腿而不是一个虚拟现实的大脑。相比之下，在 48 名只上过两门或更少哲学课的受试者中，有 55% 的人宣称乔治真的知道他有腿。实验结果表明，高低哲学教育的受试者之间有非常显著的差异（费希尔精确测试，p=0.016），低哲学教育的受试者更可能宣称乔治知道他不是缸中之脑。[②]

巴克沃尔特和施蒂希给受试者提供了一个类似的情景，在其中，两个主角正在讨论这种可能性，即他们可能是无身体的缸中之脑，然而他们却被欺骗去相信他们的感性经验是真实的。他们发现，与男性受试者相比，女性受试者明显更多地同意主角知道他们不是无身体的缸中之脑（在 7 分制中，女性的平均值为 6.72，男性的为 5.62）。[③]

实验证明，普通大众对缸中之脑假设的直觉受哲学素养的高低和性别的影响。

3.怀疑主义难题的多元解答对怀疑主义直觉多样性的证明

由缸中之脑假设构成的怀疑主义难题(the skeptical puzzle)由下面 3 个命题组成：

SP_1：如果我知道我有手，而且我知道我有手蕴涵我不是缸中之脑，那么我就知道我不是缸中之脑，因而我就知道我是缸中之脑的假设是错误的。

① Shaun Nichols,Stephen Stich & Jonathan M.Weinberg,"MetaSkepticism:Meditations in Ethno-Methodology",in Stephen Luper(ed.),*The Skeptics*,Aldershot,England:Ashgate Publishing,2003,pp.241-242.

② Shaun Nichols,Stephen Stich and Jonathan M.Weinberg,"MetaSkepticism:Meditations in Ethno-Methodology",in Stephen Luper(ed.),*The Skeptics*,Aldershot,England:Ashgate Publishing,2003,p.242.

③ Wesley Buckwalter & Stephen Stich,"Gender and philosophical intuition",in Joshua Knobe & Shaun Nichols(eds.),*Experimental Philosophy* (Vol. 2). Oxford:Oxford University Press,2014,pp.307-346.

SP_2:我确实知道我有手。

SP_3:我不知道我不是缸中之脑(或我不知道缸中之脑假设是错误的)。

在当代西方知识论的讨论中,怀疑主义难题的现有解决方案概括地说有 4 种:(1)怀疑主义的解决方案的核心是否认我们知道怀疑主义假设是错的,否认我们有知识。当代的代表人物有乌格(Peter Unger)、雷尔(Keith Lehrer)、奥克利(I.Oakley)、柯克斯(J. Kekes)、斯特劳德(Barry Stroud)、内格尔(Thomas Nagel)、麦克金(Colin McGinn)、富梅顿(Richard Fumerton)等,他们肯定 SP_1、SP_2 和 SP_3。(2)摩尔式解决方案的代表人物有普特南(Hilary Putnam)、戴维森(Donald Davidson)、克莱恩、布诺德(C.D.Broad)、邦久(Laurence BonJour)、戈德曼(Alan Goldman)、沃格(Jonathan Vogel)和麦克康(Norman Malcolm)等,他们肯定 SP_1 和 SP_2,否定 SP_3。(3)德雷兹克式解决方案的代表人物有德雷兹克(Fred Dretske)、诺齐克(Robert Nozick)、赫勒(Mark Heller)、奥迪(Robert Audi)等,他们的方案肯定 SP_2,否定 SP_1 和 SP_3。(4)语境主义解决方案在日常语境下,赞同摩尔式解决方案;在怀疑主义语境下,赞同怀疑主义解决方案,可以看作日常语境下的摩尔式解决方案与怀疑主义语境下的怀疑主义解决方案的综合。其代表人物有德娄斯(Keith DeRose)、柯亨(Stewart Cohen)、刘易斯(David Lewis)等。[①]

怀疑主义难题的这 4 种解决方案表明,知识论者对怀疑主义直觉(即 SP_3)有不同的看法:怀疑主义解决方案的代表人物赞成怀疑主义直觉;摩尔式解决方案和德雷兹克式解决方案的代表人物反对怀疑主义直觉;语境主义解决方案的代表人物在日常语境赞成怀疑主义直觉,在怀疑主义语境反对怀疑主义直觉。这表明,纵使同为著名的知识论学者,他们的怀疑主义直觉也是不同的。

四、怀疑主义直觉多样性的挑战及回应

怀疑主义直觉的多样性不仅对怀疑主义直觉的可靠性提出了质疑,而且对怀疑主义问题在西方哲学中的核心地位提出了质疑。对于这些质疑与挑战,我们提出了尝试性的回应。

1.对怀疑主义直觉及怀疑主义问题的历史地位的质疑

尼科尔斯、施蒂希和温伯格用人的文化背景、社会经济地位、教育背景和性别影响怀疑主义直觉所得到的经验数据来挑战主流知识论关于"怀疑主义直觉是普遍的"观点,并认为,由于多样的"怀疑主义直觉"支持逻辑上不一致的命题,因此,怀疑主义直觉是"不值得信任的"[②],是应该被忽略的。他们断言:

---

① 曹剑波:《知识与语境:当代西方知识论对怀疑主义难题的解答》,上海:上海人民出版社 2009年,第 115-122 页。

② Shaun Nichols,Stephen Stich & Jonathan M.Weinberg,"MetaSkepticism:Meditations in Ethno-Methodology",in Stephen Luper(ed.),*The Skeptics*,Aldershot,England:Ashgate Publishing,2003,p. 228.

　　从我们跨文化研究中得出的教训是,无论怀疑主义直觉看上去多么明显,这些直觉根本是不值得信任的。如果不同群体的认知直觉不一致,那么它们就不会全部是真的。认知直觉系统地随着文化和社会经济地位而变化的事实表明,这些直觉是(部分地)由文化上地方性的现象引起的。没有任何理由认为:文化上地方性的引起我们直觉的现象追踪真理,比文化上地方性的不同于我们直觉的现象更好。[①]

并认为,这"对依赖这些直觉的怀疑主义的论证来说是个坏消息"[②]。

　　的确,如果怀疑主义直觉不是普遍的,而是随着文化、社会经济地位、教育背景和性别等而变化,那么,这会产生令人不安的相对主义和平权主义:纵使任何个人或群体自己有完全一致的直觉,然而由于这些直觉是由他们的文化、教育、经济地位和性别决定的,因此,这个人与那个人,这个群体与那个群体之间就可能系统地存在直觉的不同,所有个人或群体的直觉都没有优劣之分,都是平权的。如果他们出生在不同的文化中,或者经受不同的教育,或者拥有不同的社会经济地位,那么他们就可能认为先前的那些直觉没有说服力。怀疑主义直觉的这种历史随意性使任何共同体都怀疑他们自己的直觉是正确的,因为他们没有理由认为他们的文化、教育、地位和智力应该拥有优越于其他共同体的特权。

　　除了质疑怀疑主义直觉的可靠性外,尼科尔斯、施蒂希和温伯格还认为,如果怀疑主义论证中使用的许多前提或明或暗地诉诸怀疑主义直觉,那么可以下结论说,诉诸这些怀疑主义论证的直觉将是地方性的,而非哲学家所假设的普遍的。由于怀疑主义所依赖的是具有地方性的直觉,它们的说服力也会具有地方性,这对怀疑主义是"自然的和不可避免的"这种主张提出了重大挑战。基于此,他们质疑怀疑主义问题在西方哲学中的核心地位:

　　　　如果不同的文化和社会经济地位的受试者群体,以及很少有或者没有受过哲学训练的群体,不共享"我们的"直觉(即白种人的、西方人的、高社会经济地位的和受过大量哲学训练的典型分析哲学家的直觉),那么通过这些论证(即只有在我们很小的文化和知识的部落中,人们才有共同的直觉,这些论证的前提看上去似乎才是真的),他们是不太可能与"我们"一样确信或苦恼。仿照麦克金"人类学的猜想"的看法,怀疑主义既不是自然的,也不是不可避免的。仿照斯特劳德的看法,没有理由认为,怀疑主义"诉诸我们本性深处的某种东西"。相反,似乎是,它的吸引力正是我们文化

　　① Shaun Nichols,Stephen Stich & Jonathan M.Weinberg,"MetaSkepticism:Meditations in Ethno-Methodology",in Stephen Luper(ed.),*The Skeptics*,Aldershot,England:Ashgate Publishing,2003,p.243.

　　② Shaun Nichols,Stephen Stich & Jonathan M.Weinberg,"MetaSkepticism:Meditations in Ethno-Methodology",in Stephen Luper(ed.),*The Skeptics*,Aldershot,England:Ashgate Publishing,2003,p.227.

的、我们的社会状况的和我们教育的产物！①

2.对怀疑主义直觉普遍性的可能辩护

不可否认,包括我们这些普通的知识论者在内,很多人很难容忍怀疑主义直觉的可变性。我们认为,怀疑主义直觉应该是普遍的,否则不仅无法解释怀疑主义问题在哲学史上长久的重要性,而且还会导致令人不安的相对主义和平权主义。这是因为,如果怀疑主义直觉不是普遍的,而是随着文化、社会经济地位、教育背景和性别等而变化,那么,纵使任何个人或群体自己有完全一致的直觉,然而由于这些直觉是由他们的文化、教育、经济地位和性别决定的,因此,这个人与那个人,这个群体与那个群体之间就可能系统地存在直觉的不同,所有个人或群体的直觉都没有优劣之分,都是平权的。如果他们出生在不同的文化中,或者经受不同的教育,或者拥有不同的社会经济地位,那么他们就可能认为先前的那些直觉没有说服力。怀疑主义直觉的这种历史随意性使任何群体都能怀疑他们自己的直觉是正确的,因为他们没有理由认为他们的文化、教育、地位和智力应该拥有优越于其他共同体的特权。正基于以上理由,再加上与大多数高经济地位的、西方知识论者相似,我们发现许多怀疑主义直觉是显而易见的和令人信服的。因此,我们赞同“怀疑主义论证中援引的这些直觉与是西方人或哲学家没有关系。相反,这些直觉被认为内在于人性,而且在跨文化中是普遍的”②。

怀疑主义直觉应该是普遍的,然而实验结果则表明怀疑主义直觉具有多样性,如何解决这种矛盾呢？我们认为可以有几种回应的方式:

首先,怀疑主义者可以说,怀疑主义论证不需要依靠任何“我不知道我不是缸中之脑”这样的怀疑主义直觉。事实上,没有哪个怀疑主义者宣称是由直觉知道“我不知道我不是缸中之脑”(只有怀疑主义论证的解释者在解释怀疑主义论证力量时谈到“我不知道我不是缸中之脑”的直觉性)。即使“我不知道我不是缸中之脑”不是直观的,因为它初看起来是不正确的,怀疑主义者仍然会把“我不知道我不是缸中之脑”建立在“什么是知识的必要条件”的进一步推论上。在怀疑主义者看来,不论关于知识的主张是否建立在直觉的基础上,“我不知道我不是缸中之脑”的信念都不需要直觉来保证。

其次,即使“我不知道我不是缸中之脑”的怀疑主义直觉更为那些上过更多哲学课的受试者所接受,更为那些有更高的知识标准的西方人和高社会经济地位的人所接受,更为那些更具理性的男性所接受,这些发现也可能证明:上过更多哲学课的这些学生在他们的哲学课上学到了某些东西,可能已经学会了质疑常识,有更强的反思能力,能从他们的预

① Shaun Nichols,Stephen Stich & Jonathan M.Weinberg,“Metaskepticism:Meditations in Ethno-Epistemology”,in Stephen Luper (ed.),*The Skeptics*,Aldershot,England:Ashgate Press,2003,p.243. Shaun Nichols,Stephen Stich & Jonathan M. Weinberg,“Meta-Skepticism:Meditations in Ethno-Epistemology”,in Stephen Stich,*Collected Papers,Volume 2:Knowledge,Rationality,and Morality*,1978-2010,Oxford:Oxford University Press,2012,pp. 242-243.

② Shaun Nichols,Stephen Stich & Jonathan M.Weinberg,“MetaSkepticism:Meditations in Ethno-Methodology”,in Stephen Luper(ed.),*The Skeptics*,Aldershot,England:Ashgate Publishing,2003,p. 246.

设中推出意料之外的结论。他们甚至可能已经知道,他们真的不知道一些在研究哲学前他们认为自己知道的东西。与此相同,西方人、高社会经济地位的人和男性,由于知识标准更高,由于理性能力更强,更能获得对怀疑主义直觉的正确认识。这表明:尼科尔斯、施蒂希和温伯格的经验结果虽然表明怀疑主义直觉具有多样性,但所获得的直觉证据是无能的、歪曲的、不正确的,本身并不足以代表真实的怀疑主义直觉,因此他们的数据不足以消除怀疑主义的论证力量,建立在经验之上的常识并不足以驳倒怀疑主义。①

再次,怀疑主义直觉普遍性的捍卫者,也可以借认知概念的多样性来解释怀疑主义直觉多样性现象。杰克逊(Frank Jackson)在《从形上学到伦理学》一书中认为,认知直觉系统性的文化差异并不能证明认知直觉是不可信任的,而只是表明,提供这种认知直觉的人有不同的认知概念,因此,在重要的哲学案例上,认知直觉的不同应该看作是不同认知概念造成的:

> 我偶尔遇到过坚决抵制葛梯尔案例的人。有时,指责他们的混淆似乎是正当的……但是,有时很清楚他们并没有混淆,从这种僵持中我们学到的只不过是,他们使用的"知识"概念不同于我们大多数人所使用的。这种情况下,在我看来(除非他们继续说他们的知识概念是我们的),指控他们的错误是误导人的。②

在杰克逊看来,东亚人或南亚人认为葛梯尔案例中的主角的确有知识,并不与西方人认为他们没有知识不一致。相反,他们只是用"知识"这个词来表达不同的概念而已。按照东亚人或南亚人使用的"知识"概念,他们有权认为葛梯尔案例中的主角的确有知识,正如按照西方人使用的"知识"概念,西方人有权认为他们没有知识一样。

索萨也认为,实验知识论者揭示的许多直觉上的"分歧"其实根本不是真正实际的分歧,而是纯粹言语的分歧。他断言:"实验主义者还没有充分证明:为了证明所假设的日常直觉信念实际上并没有哲学家所假定的那样被广泛分享,他们已经跨越了因意义与语境中的此类潜在差异所造成的鸿沟。也没有证明在哲学上确实存在根源于文化的或社会经济差异的重要分歧是超出合理怀疑的。"③

与此类似,按照这种"认知概念的多元性导致认知直觉多样性"的观点,怀疑主义直觉的差异性,并不是根源于文化背景、社会经济地位、教育背景和性别,而只是根源于认知概念的不同,在所有相应的认知概念的语境中,怀疑主义直觉都是正确的。

然而,如果知识有许多不同的概念,而且如果这些概念有不同的外延,那么它就不可

---

① 对常识不足以驳倒怀疑主义挑战,可参见拙著"摩尔对怀疑主义难题的解答"部分(曹剑波:《知识与语境:当代西方知识论对怀疑主义难题的解答》,上海:上海人民出版社 2009 年,第 124-139 页)。

② Frank Jackson, From Metaphysics to Ethics: A Defense of Conceptual Analysis, Oxford: Clarendon Press, 1998, p.32.

③ Ernest Sosa, "Experimental Philosophy and Philosophical Intuition", in Joshua Knobe & Shaun Nichols(eds.), *Experimental Philosophy*, Oxford: Oxford University Press, 2008, pp.231-239.

能是人类最崇高的东西了。① 如果杰克逊关于概念的看法是正确的,那么在哲学传统中,这种怀疑主义的论证就可能严峻地挑战高社会经济地位的、有过大量哲学训练的白人西方哲学家所称为的"知识"。然而,这些论证却没有给人们任何理由去相信不能有其他人(东亚人、南亚人、低社会经济地位的人,或者从未研究过哲学的科学家)称之为"知识"。当然,这些怀疑主义论证根本没有给我们任何理由认为,与其他普通大众所称为的"知识"相比,高社会经济地位的白人西方哲学家所称为的"知识",是更好的,或更重要的,或更可取的,或有更多用处的,或者更接近"人类最崇高的东西"。② 这表明,怀疑主义直觉普遍性的捍卫者的这种理由是与哲学传统相矛盾的。

最后,怀疑主义直觉普遍性的捍卫者还可以借存在有不受文化、教育、经济和性别等因素影响的认知直觉,来捍卫可能存在具有普遍性的怀疑主义直觉。温伯格、尼科尔斯和施蒂希设计了一个小场景来决定受试者是否把纯粹的主观确定性当作知识,以此来调查受试者的社会经济地位和种族是否影响知识的归因。这个小场景是:

> 戴夫喜欢用掷硬币的方式来玩游戏。有时他有一种"特殊感觉":下一掷将出现正面。当他有这种"特殊感觉"时,他一半时间是对的,一半时间是错的。就在下一次投掷前,戴夫有那种"特殊感觉",这种感觉使他相信那个硬币将会正面朝上。他掷出了那枚硬币,而且它的确正面朝上。戴夫真的知道硬币将正面朝上吗,或者他只是相信这一点?③

实验发现,无论是高社会经济地位的受试者,还是低社会经济地位的受试者,几乎没有人说"戴夫知道硬币将正面朝上"是知识。实验还发现,不同文化群体的受试者对这个问题的回答也基本相同,97%的西方人和100%的东亚人认为戴夫只是相信硬币会正面朝上落地,在这个问题上,西方人和东亚人没有统计学上的重要不同(费希尔精确测试,p=0.78)。同样,在高低经济地位的群体中,对这个问题的回答分别是91%和87%的人认为戴夫只是相信硬币会正面朝上落地,没有统计学上的重要不同(费希尔精确测试,p=0.294)。在他们所研究的所有群体中,几乎没有一组受试者认为这个案例是知识。④ 他们的研究结果表明"所有群体中的受试者都同意,不把基于'特殊感觉'的信念归为知识,表

---

① 在柏拉图看来:"智慧和知识是人类最崇高的东西"(Plato, *The Dialogues of Plato*, Benjamin Jowett(trans.), Oxford: Random House, 1937, p.352.)

② Shaun Nichols, Stephen Stich & Jonathan M. Weinberg, "MetaSkepticism: Meditations in Ethno-Methodology", in Stephen Luper(ed.), *The Skeptics*, Aldershot, England: Ashgate Publishing, 2003, p.245.

③ Jonathan M. Weinberg, Shaun Nichols & Stephen P. Stich, "Normativity and Epistemic Intuitions", in Joshua Knobe & Shaun Nichols(eds.), *Experimental Philosophy*, Oxford: Oxford University Press, 2008, p.36.

④ Jonathan M. Weinberg, Shaun Nichols & Stephen P. Stich, "Normativity and Epistemic Intuitions", in Joshua Knobe & Shaun Nichols(eds.), *Experimental Philosophy*, Oxford: Oxford University Press, 2008, p.42.

明'知识论'可以有一个普遍的核心"①,"虽然明显地需要有更多的研究,然而这些结果却与'某些认知直觉具有普遍性'这个假设相兼容。"②这个实验结果表明,有某些认知直觉是普遍的。受此启发,怀疑主义直觉普遍性的捍卫者可能会说,虽然普通大众对怀疑主义假设的直觉不具有普遍性,但对怀疑主义论证的闭合原则或非充分决定性原则的直觉可能会比较一致。纵使普通大众对这 2 个基本原则的看法没有普遍性,对更一般的怀疑主义预设(如"确证需要理由"之类)也许有共同的看法,以此来为具有普遍性的怀疑主义直觉辩护。

虽然实验证明怀疑主义直觉具有多样性,然而,对于这些实验数据,我们可以作不同解读,这充分证明纳德霍夫尔和纳罕姆斯的断言:"要确立前哲学的大众直觉不应该被信任,以及要确立在哲学上有根据的直觉应该被信任,都需要更多的而不是更少的实验研究。"③

五、怀疑主义直觉多样性的理论解释

如果我们接受"普通大众的怀疑主义直觉具有多样性",那么普通大众实际上有哪种直觉呢? 从逻辑上说,主要有 3 种可能性④:

CI_1:普通大众只有一种直觉,即赞成怀疑主义的直觉,它赞成 SP_3。

CI_2:普通大众只有一种直觉,即反对怀疑主义的直觉,它反对 SP_3。

CI_3:普通大众有两种直觉(一种赞成怀疑主义,另一种反对怀疑主义),因此他们的直觉是不一致的。

一看便知 CI_1 是不可能的,而且它也被尼科尔斯、施蒂希和温伯格的实验结果驳倒。因为它很难解释,如果普通大众只有一种赞成 SP_3 的直觉,而根本没有反对 SP_3 的直觉,为什么会有 55% 的非哲学的受试者拒绝 SP_3。

CI_2 太过简单了。毕竟,还有 45% 的非哲学的受试者接受 SP_3。如果他们只有反对 SP_3 的直觉,而根本没有赞成 SP_3 的直觉,为什么会有这么多普通大众会这样说呢? 此外,当两组受试者结合在一起时,这 63 位受试者中只有 29 人或 46% 说乔治真的知道他有腿而不是一个虚拟现实的大脑,也就是说,大多数人都同意 SP_3。此外,即使受过较多

① Jonathan M. Weinberg, Shaun Nichols & Stephen P. Stich, "Normativity and Epistemic Intuitions", in Joshua Knobe & Shaun Nichols(eds.), *Experimental Philosophy*, Oxford: Oxford University Press, 2008, p.36.

② Shaun Nichols, Stephen Stich & Jonathan M. Weinberg, "Metaskepticism: Meditations in Ethno-Epistemology", in Stephen Luper(ed.), *The Skeptics*, Aldershot, England: Ashgate Publishing, 2003, p.237.

③ Thomas Nadelhoffer & Eddy Nahmias, "The Past and Future of Experimental Philosophy", *Philosophical Explorations*, 2007(10): 129.

④ Walter Sinnott-Armstrong, "Abstract+Concrete=Paradox", in Joshua Knobe & Shaun Nichols (eds.), *Experimental Philosophy*, Oxford: Oxford University Press, 2008, p.218.

哲学教育的学生最后拒绝接受它,然而他们仍感受到了 SP_3 的力量。

看来只有 CI_3 是较为合理的,而且用 CI_3 中两种直觉的强弱似乎可以解释实验所获得的数据。例如,在解释为什么 45% 的非哲学家接受 SP_3 时,可以说,因为在那时这 45% 赞成 SP_3 的直觉比反对 SP_3 的直觉更强;在解释为什么 55% 的非哲学家拒绝 SP_3,也可以说,因为在那时他们反对 SP_3 的直觉比赞成 SP_3 的直觉更强。这种解释具有很强的解释力和灵活性,虽然没有什么明确的内容,却的确预测到拒绝 SP_3 或接受 SP_3 的那些受试者都将显示出明显的内在冲突,而且如有较长的反应时间,而且与认知冲突相关区域的脑部活动更活跃。此外,这种解释还表明,受试者在什么环境下接受 CI_3 和在什么环境下拒绝 CI_3,取决于哪种直觉是主要的。当然,哪种直觉会成为主要的,受很多因素的影响,而且这些因素具有个体的和群体的差异性。

辛诺特-阿姆斯特朗认为,CI_3 中预设的直觉间的冲突是抽象直觉与具体直觉之间的冲突。在他看来,在尼科尔斯等人提供的情景中,部分是抽象的,部分是具体的。就它提到一个特定的事件、特定的人以及具体的主张如"乔治有腿""乔治是否知道他不是一个虚拟现实的大脑"来说,它是具体的。就它不加区别地几乎影响乔治的所有信念而言,这个问题是抽象的。由于许多细节没有被阐明,缸中之脑情景也是抽象的。谁是绝顶聪明的科学家?他是独自一人吗?他为什么费心地创造我们的经验?由于这个情景混合了抽象的和具体的因素,因此这种情景可能在某些人那里引起抽象的直觉,在另一些人那里引起具体的直觉。这正好符合调查的数据。用这种观点可以解释为什么上过更多哲学课的受试者更有可能接受 SP_3。因为哲学教育有助于抽象思维的训练[①],受过更多哲学教育的学生更善于把他们的回答建立在抽象的直觉上。[②] 同样,男性、西方人和社会经济地位高的人抽象思维能力更强,赞成 SP_3 的直觉比反对 SP_3 的直觉更强。

第二节 彩票问题的实验研究

彩票问题可分为推理与实际相冲突的彩票问题和证据来源不同的彩票问题两种。推理与实际相冲突的彩票问题是指:在公正的抽奖中,假如有一百万张彩票,那么从理论上说,每一张彩票的机会都是均等的,都有百万分之一的获奖可能性。不过由于这种概率太

---

① 对"哲学教育有助于抽象思维的训练"这个假设,可以用实验来检测。有共时态和历时态两种实验设计的基本思路。共时态设计是指在同一个时间段内,对同一年级不同学科的学生的抽象思维能力进行测试;历时态设计是指在学生上有助于抽象思维训练的哲学课(如分析哲学、逻辑哲学等)前测试一年级大学生的抽象思维的程度,然后分别在大学 $1\sim4$ 年级末再测试他们。也可以把两种设计结合来做,通过实验可以检查到哲学训练的数量和种类与抽象思维的改变之间的相互关系,用适当精密的方法,我们也许能够分开训练的影响与先前倾向的影响。数学教育也有助于抽象思维的训练,而文学素养和艺术素养的提升标志着具体思维较强,测试用不同专业的学生也可以证实或证伪这种理论。

② Walter Sinnott-Armstrong,"Abstract+Concrete=Paradox",in Joshua Knobe & Shaun Nichols (eds.),*Experimental Philosophy*,Oxford:Oxford University Press,2008,p.219.

小,因此有人可能会认为他的某张彩票不会中奖,而且他有同样的理由认为每一张彩票都是如此。然而,由于这是一次公正的抽奖,最终会有人获奖,因此这种看法与实际结果是不相容的。这是经典的彩票问题。

由经典的彩票问题派生出证据来源不同的彩票问题:假设史密斯正在考虑某张特定的彩票在一次彩票数量大而又公平的抽奖中是否会中奖。考虑了很久之后,史密斯下结论说,这张彩票不会中奖。不出所料,史密斯是正确的。史密斯知道这张彩票不会中奖,还是他只是相信这张彩票不会中奖? 正如沃格尔所说:"不管这张彩票不会中奖的可能性有多高,在我们看来,史密斯不知道彩票不会中奖。"①这就是怀疑主义的彩票判断(the skeptical lottery judgment)。

现在假设布朗正在考虑同一张彩票是否会中奖。在听到了晚间新闻宣布的中奖号码后,布朗下结论说这张彩票没有中奖。布朗知道这张彩票没有中奖,还是他只是相信这张彩票没有中奖? 德娄斯指出:"在他听到中奖的号码后",人们"断定[布朗]确实知道"。②这就是非怀疑主义的彩票判断(the nonskeptical lottery judgment)。

知识论学者普遍认为,大众对彩票问题会产生两种不同的判断,这是"没有争议的"③。然而,把怀疑主义的彩票判断和非怀疑主义的彩票判断这两个判断放在一起,就会产生一个悖论。因为,证词出错比中彩票更有可能。事实上,即使你亲自去听新闻,亲眼去看到中奖的号码,看错听错的可能性也可能大于基于彩票中奖概率的大小得出的错误推理。然而,在你被告知或看到"这张彩票没有中奖"的结果后,人们会说你确实知道这张彩票不会中奖,而在你仅仅是凭借统计概率简单地推理出"这张彩票不会中奖"时,人们会说你不知道这张彩票不会中奖。

对人们为什么会产生彩票案例的怀疑主义判断,主要的理论解释有:

(1)确证说明(the justification account):非确证的信念阻止了知识归赋。也就是说,如果人们认为你没有确证地思考P,那么他们就会否认你知道P。在彩票案例中,人们认为你关于"这张彩票不会中奖"的信念没有得到确证,因此他们否认你知道"这张彩票不会中奖"。④

(2)可能性说明(the chance account):错误的可能性阻止了知识归赋。也就是说,如果人们认为你对P的看法有可能是错误的,那么他们会否认你知道P。在彩票案例中,人们认为你关于"这张彩票不会中奖"的看法有可能是错误的,因此他们否认你知道"这张彩

① Jonathan Vogel,"Are There Counterexamples to the Closure Principle?",in Roth Michael & Ross Glenn (eds.),*Doubting: Contemporary Perspectives on Scepticism*,Dordrecht:Kluwer Academic Publishers,1990,p.292.

② Keith DeRose,"Knowledge,Assertion and Lotteries",*Australasian Journal of Philosophy*,1996(9:4):570ff.

③ John Hawthorne,*Knowledge and Lotteries*,Oxford:Oxford University Press,2004,p.8.

④ Dana K. Nelkin,"The Lottery Paradox,Knowledge,and Rationality",*Philosophical Review*,2000(109:3):373-409.Jonathan Sutton,*Without Justification*,Cambridge:The MIT Press,2007,pp.48-53.

票不会中奖"。①

（3）统计说明（the statistical account）：非锚定的（unanchored）统计推断阻止了知识归赋。也就是说，如果人们认识到，你相信 P 是基于观察中非锚定的统计理由，那么他们会否认你知道 P。在彩票案例中，人们认为你关于"这张彩票不会中奖"的看法是基于非锚定的统计的依据，因此他们否认你知道"这张彩票不会中奖"。②

对于彩票问题及其说明，我们可以问：（1）普通大众对彩票问题真的会产生两种判断吗？即基于统计概率的逻辑推理会得到怀疑主义的结论，基于证词或感官证据会得到非怀疑主义的结论；（2）如果会得出这两种不同的判断，那么为什么会出现这两种不同的判断呢？换言之，确证说明、可能性说明和统计说明真的能解释彩票问题吗？

在《彩票大众知识论里的中奖者与不中奖者》③中，图瑞和弗里德曼用实验证明：（1）普通大众对彩票问题真的会有这两种正反不同的判断：在涉及统计推理的彩票案件中，人们共享怀疑主义判断；在涉及证词的彩票案件中，人们共享非怀疑主义的判断。（2）确证说明、可能性说明和统计说明不能解释彩票问题。因为实验结果并不支持它们：与确证说明相反，人们认为在涉及统计推断的彩票案例中主角有确证的信念；与可能性说明相反，人们认为在涉及证词（偶然出错的新闻）的彩票案例中，即使主角有出错的可能性，然而主角也是有知识的；与统计说明相反，即使主角的信念是基于锚定的统计推断（黑手党条件），人们也否认主角有知识。图瑞和弗里德曼认为，彩票案例的怀疑主义判断是由于刻板的表达。刻板说明（formulaic account）是指刻板的表述阻止了知识归赋，可用来解释彩票问题。

一、统计的彩票判断及其合理性说明的实验研究

统计的彩票判断及其合理性说明的实验研究的目的是：检验参与者在统计的彩票案例中是否倾向于否认知识；检验确证说明或可能性说明能否解释关于统计的彩票案例的怀疑主义的判断。

参与者（N=45，69％男性，平均 29 岁）是在一个在线平台（Qualtrics and Amazon Mechanical Turk）上招募的，并提供 0.25 美元的补偿（大约两分钟）。场景为：

> 洛伊丝正在杂货店付款。店员对她说："你想买一张彩票吗？"洛伊丝回答说："不买，谢谢！我不会买一张不会中奖的彩票。"洛伊丝是对的，这张彩票没有中奖。

参与者要回答与知识、确证和出错的可能性相关的二分选择题：

---

① Stewart Cohen，"How to Be a Fallibilist"，*Philosophical Perspectives*，1988（2）：96。David K. Lewis，"Elusive Knowledge"，*Australasian Journal of Philosophy*，1996（74：4）：557。

② Gilbert Harman，"Knowledge，Inference，and Explanation"，*American Philosophical Quarterly*，1968（5：3）：164-173。

③ John Turri & Ori Friedman，"Winners and Losers in the Folk Epistemology of Lotteries"，in James R. Beebe（ed.），*Advances in Experimental Epistemology*，Bloomsbury Academic，2014，pp.45-70。

洛伊丝_____这张彩票不会中奖。[知道/只是相信]

洛伊丝_____相信这张彩票不会中奖。[确证地/没有确证地]

无论可能性有多小,这张彩票会中奖至少总有一点可能吧?[是/否]

在分别回答了知识问题和确证问题后,参与者要评价对他们自己的回答有多大的信心。评分标准从 1—10,"1"表示"根本没有信心","10"表示"完全有信心"。对知识问题和确证问题的答案的给分是"+1"(知道,确证地)或"−1"(只是相信,没有确证地)。在每个案例中,这两个问题的答案分别乘以相应的信心得分。结果都落在从 −10(最大限度地否认知识或确证)至 +10(最大限度地归赋知识或确证)的 20 分范围内。

实验结果表明[1],这个统计彩票案例的怀疑主义判断为人们所共享。绝大多数(91%)的参与者认为洛伊丝只相信这张彩票不会中奖。这个结果远远超过随机的预测。[2] 加权知识归赋均值(−7.36)明显低于中值(0)。[3]

如果统计彩票案例的怀疑主义判断可以用确证说明来解释,那么可以期望在回答确证问题时,很少会有参与者说,洛伊丝确证地相信这张彩票不会中奖。换言之,应该几乎所有参与者在确证问题上会选"没有确证地",而且确证问题的加权均值应该很低。实验结果却与此迥异。大多数(80%)参与者在确证问题上选"没有确证地",这高于随机的猜测。[4] 确证问题的加权均值(+6.13)远远高于知识的加权均值,且明显高于中值。[5] 这充分地证明,人们否认彩票案例有知识,不是因为他们认为这里没有确证。

可能性说明认为,在彩票案例中,人们否认有知识是因为可能出错。如果可能性说明正确,那么我们可以期待几乎所有参与者都会回答这张彩票有可能会中奖。也就是说,几乎所有参与者在可能性问题上会给出"是"的回答。实验结果支持可能性说明。绝大多数(96%)的参与者在可能性问题上给出了"是"的回答。实验结果总结如表 5-2:

表 5-2　统计彩票案例实验

加权知识均值	−7.36
知识归赋(%,是)	9%
加权确证均值	+6.13
确证归赋(%,是)	80%
出错的可能性(%,是)	96%

这个实验表明:(1)彩票案例的怀疑主义判断是普遍存在的。(2)彩票案例的怀疑主义判断的确证说明肯定是错误的。(3)可能性说明符合彩票案例的怀疑主义判断,值得进

[1] John Turri & Ori Friedman, "Winners and Losers in the Folk Epistemology of Lotteries", in James R. Beebe(ed.), *Advances in Experimental Epistemology*, Bloomsbury Academic, 2014, p.50.

[2] 二项检验,$p<0.000001$。

[3] 单样本 t 检验,$t(44)=-8.9$,$p<0.000001$。

[4] 二项,$p<0.0001$。

[5] 单样本 t 检验,$t(44)=5.97$,$p<0.000001$。

一步研究。

二、证词的彩票判断与可能性说明的实验研究

证词的彩票判断与可能性说明的实验旨在:检验参与者是否对证词的彩票案例作出非怀疑主义的判断;进一步检验关于彩票案例的怀疑主义判断的可能性说明是否正确。

参与者(N=143,51%男性,平均 32 岁)分别阅读三个场景中的一个:可能性、新闻和偶然出错的新闻(Odd News)。在可能性场景(即基本的彩票场景)中,彩票的所有者并没有看新闻,其结论只是基于偶然概率的大小。在新闻场景中,彩票的所有者观看了报道中奖彩票号码的晚间新闻,没有提到可能性。在偶然出错的新闻场景中,彩票的所有者回忆起播音员误报中将号码的可能性,并把自己的信念建立在这种误报之上。所有参与者都要回答几个理解题和类似于前面实验中的两个检验问题,其中一个是知识的问题,一个是出错的可能性的问题。参与者也要评估他们对知识问题回答的信心。三个场景如下:

> [**新闻**]艾伦在这周的超级乐透(Super Lotto)买了一张彩票。她的号码是 49-20-3-15-37-29-8。艾伦刚看过晚间新闻,新闻报道说,一个完全不同的号码中奖了。*报道中奖号码的新闻播音员就是每周在艾伦观看的这个当地频道的播音员。基于此,艾伦下结论说,她的彩票没有中奖。她是对的:她的彩票没有中奖。*
>
> [**偶然出错的新闻**]艾伦在这周的超级乐透买了一张彩票。她的号码是 49-20-3-15-37-29-8。艾伦刚看过晚间新闻,新闻报道说,一个完全不同的号码中奖了。*她记起她的统计课上说,新闻播音员误报中奖号码的可能性只有一千万分之一。基于此,艾伦下结论说,她的彩票没有中奖。她是对的:她的彩票没有中奖。*
>
> [**可能性**]艾伦在这周的超级乐透买了一张彩票。她的号码是 49-20-3-15-37-29-8。艾伦不能观看报道中奖号码的晚间新闻。*但她记起她的统计课上说,一张超级乐透的中奖可能性只有一千万分之一。基于此,艾伦下结论说,她的彩票没有中奖。她是对的:她的彩票没有中奖。*

实验结果见表 5-3,知识归赋的条件存在有一个总体的效应[①]。

表 5-3　证词彩票案例实验数据

	新闻条件	偶然出错的新闻条件	可能性条件
加权知识归赋均值	+5.78	+2.73	−5.7
归赋知识(%,是)	80	66	20
出错的可能性(%,是)	39	90	88

① 对于二分性知识问题:χ²(df=2,N=143)=33.74,p<0.000001。对于加权知识归赋:方差分析,F(2)=22.87,p<0.000001。John Turri & Ori Friedman,"Winners and Losers in the Folk Epistemology of Lotteries",in James R. Beebe(ed.),*Advances in Experimental Epistemology*,Bloomsbury Academic,2014,p.53.

结果表明:(1)在可能性条件下,知识归赋与前面实验相同。大多数参与者(80%)否认艾伦知道这张彩票不会中奖,这显著地高于随机选择。① 加权知识归赋均值(−5.7)显著地低于中值。② (2)在新闻条件下,知识归赋完全符合非怀疑主义的判断。大多数参与者(80%)回答说,艾伦知道这张彩票不会中奖,这显著地高于随机选择。③ 加权知识归赋均值也显著高于中值(+5.78)。④ (3)可能性说明认为,人们在统计的彩票案例中否认知识,是因为他们认为你对这张彩票不会中奖可能出错。可能性说明符合可能性条件的数据:较少人归赋知识,大多数人认为有出错的可能性。然而,可能性说明不符合新闻条件的数据:大多数人归赋知识,而只有中等比例的人认为有出错的可能性。更重要的是,可能性说明完全不符合偶然出错的新闻的数据:大多数人归赋知识,而且大多数人认为有出错的可能性,而且两者的比例显著地高于随机选择。⑤ 加权知识归赋均值也显著高于中值。⑥ 这种结果很难与宣称可能性说明的人们认为有出错可能性而否认知识相一致。在比较不同条件的回答时,可能性说明会产生更多的困境。在偶然出错的新闻条件与可能性条件中,可能性的判断没有显著的差异⑦,而它们的知识归赋得分则有显著的不同⑧。此外,偶然出错的新闻条件与可能性条件中的知识归赋没有显著的差异⑨,可能性在两个条件下的判断显著不同⑩。如果可能性说明是正确的,那么就不应该看到这些结果。此外,可能性说明预测参与者归赋知识的比例与他们肯定错误的可能性的比例应该相反。可能性条件和新闻条件大致符合这一解释,但偶然出错的新闻中却不符合。

可能性说明的支持者可能会提出一些反驳的意见,如参与者通过拒绝出错的可能性从而拒绝了这些案例的基本前提。为此,图瑞和弗里德曼设计了一个更公平的检验可能性说明的实验。在这个实验中,删除了所有否认艾伦的彩票会中奖的参与者。删除了这些参与者,可能性说明预测:剩下的参与者(即都肯定有出错可能性的人)应该绝大多数都会否认知识。然而,按照这个建议造成了对可能性说明更大的反驳(见下表)。因为在删除了对可能性问题回答"不是"的参与者后,在偶然出错的新闻条件和新闻条件中,知识归赋是相同的。此外,如果对偶然出错的新闻条件和新闻条件中剩下的参与者加以分析,知识归赋的总比例(63%)明显高于随机选择⑪,而且总的加权知识归赋均值(+2.26)显著高

---

① 二项,p<0.001。

② 单样本 t 检验,t(39)= 5.03,p<0.0001。

③ 二项,p<0.001。

④ 单样本 t 检验,t(40)= 4.812,p<0.0001。

⑤ 二项,二者 ps≤0.015。

⑥ 单样本 t 检验,t(61)= 2.49,p=0 .016。

⑦ 费希尔精确检验,p=0 .748。

⑧ 对于二分知识问题:费希尔精确检验,p<0.00001。对于加权知识归赋:方差:F(1)= 26.4,p=0.000001,hp² =0.21.

⑨ 对于二分知识问题:费希尔精确检验,p=0.124。对于加权知识归赋:方差:F(1)= 3.37,p=0.07,hp² =0.032。方差分析的 p 值可能会随着更大的样本容量而变大。

⑩ 费希尔精确检验,p<0.000001。

⑪ 二项,p=0.044。

于中值①。纵使只分析断言有出错可能性的参与者,可能性说明不能解释与这些结果的巨大的不一致,也不能解释在可能性条件下观察到的结果。

表 5-4　删除后的证词彩票案例实验数据

	新闻条件	偶然出错的新闻条件	可能性条件
加权知识归赋均值	+2.44	+2.09	-6.86
归赋知识(%,是)	63	63	14
参与者人数	16	56	35

　　这些实验证明:(1)重复了前面实验的结果:在统计的彩票案例中,绝大多数人持怀疑主义判断。(2)在证词的彩票案例中,绝大多数人持非怀疑主义判断。(1)和(2)一起证明,哲学家们对这两类彩票案例的看法是完全正确的。(3)可能性说明虽然可以解释怀疑主义彩票判断的部分实验结果,但有不少不能解释的反面证据。

三、其他统计的彩票案例及其统计说明的实验研究

　　前面证词的彩票案例的实验结果也提供了证据反对彩票案例的怀疑主义判断的统计说明:在偶然出错的新闻条件下,艾伦的统计推断与可能性条件下的统计推断非常相似。在每个案例中,她记起有一千万分之一的出错可能性,并基于此下结论说彩票不会中奖。尽管艾伦在每个案例中都使用了统计推理,然而,人们对它们的判断非常不同。在偶然出错的新闻条件中,人们的判断是非怀疑主义的;在可能性条件中,人们的判断是怀疑主义的。对此,统计说明不能作出合理的解释。

　　当前提和结论之间的关系仅仅是统计的,而不是解释的,非锚定的统计推理就会发生。哈曼指出,我们的"自然的、非哲学的"关于证词的信念的真值涉及两个假设②。首先,你相信它真是因为有一位报道人告诉了你。第二,你的报道人相信他所说的,"相信就像是他做的那样",因为他有一手知识(或者由有一手知识的人告诉他)。在偶然出错的新闻中,这些解释性假设告诉了艾伦的统计推断,而且她依赖统计的数据并没有掩盖解释的因素。相比之下,统计彩票案例的统计推理"不涉及解释"③。在可能性条件下,艾伦的彩票不中奖,是因为它只有一千万分之一的中奖概率。由于它不中奖,因此也没有一千万分之一的中奖概率。很自然地,也不会认为艾伦相信这里有解释关系。在偶然出错的新闻条件下,而不是在可能性条件下,艾伦的结论在一定程度上是基于一种相关的解释观察的新闻报道,它促使我们假定在艾伦的信念和"使它为真的事实"之间有"因果的或解释的"

---

　　①　单样本 t 检验,t(71)= 2.06,p=0.043。

　　②　Gilbert Harman,"Knowledge,Inference,and Explanation",*American Philosophical Quarterly*,1968(5:3):166-167.

　　③　Gilbert Harman,"Knowledge,Inference,and Explanation",*American Philosophical Quarterly*,1968(5:3):167.

联系①。因此,统计说明可以解释证词的彩票案例的实验结果。

几十年的实验研究表明,是因果信息而非纯粹的统计信息驱使人类作出正确判断。在评估特定的案例时,人们通常会低估和经常完全忽视统计的基本比率。相比之下,人们更善于欣赏因果的基本比率,并把它们作为评估特定案例的相关信息。即使贫乏的因果线索往往也会比放大的统计证据产生更大的影响。②

如果统计说明正确,那么当主角清楚地把他关于彩票中奖与否的结论建立在相关的解释观察上时,参与者会倾向于把知识归赋给他。图瑞和弗里德曼检验了这个预测。

参与者(N=133,66％男性,平均 29 岁)被随机分配了三个条件之一:州可能性、黑手党和州新闻。在州可能性条件中,参与者读到了一个统计的彩票案例,这次是关于州彩票的,在这个案例中,艾伦基于一千万分之一的中奖概率,作出了一个非锚定的统计推理。在州新闻条件下,参与者读到了一个证词的彩票案例,在其中,艾伦的信念是基于新闻。在黑手党条件中,当地黑手党操纵了彩票,以至于艾伦的彩票只有一千万分之一的中奖概率,艾伦的结论基于这种观察。尽管她的结论是基于统计推断,却也是锚定在因果解释的证据即彩票被黑手党操纵上。简言之,黑手党条件涉及锚定的统计推理,就像偶然出错的新闻那样。案例如下:

> **[州可能性]**艾伦在这周的州彩票(State Lottery)中买了一张彩票。艾伦不能观看报道中奖号码的晚间新闻。但她是一名职业统计学家,并正确地计算出她的彩票中奖的概率只有一千万分之一。基于此,艾伦下结论说,她的彩票没有中奖。她是对的:她的彩票没有中奖。

> **[黑手党]**艾伦在这周的州彩票中买了一张彩票。艾伦不能观看报道中奖号码的晚间新闻。但她确实看了一个特别报道,报道揭示这个州彩票被当地黑手党成员操控,因此,任何不是黑手成员的人的彩票中奖的概率只有一千万分之一。基于此,艾伦下结论说,她的彩票没有中奖。她是对的:她的彩票没有中奖。

> **[州新闻]**艾伦在这周的州彩票中买了一张彩票。艾伦刚看过晚间新闻,新闻报道了中奖号码。就是同一位新闻播音员报道每周彩票的,宣布的中奖号码与艾伦的号码完全不同。基于此,艾伦下结论说,她的彩票没有中奖。她是对的:她的彩票没有中奖。

参与者随后要求回答一系列类似先前研究的理解和检验问题。

这个实验提供了对统计说明的检验,因为这个实验可以比较在黑手党条件下(锚定的统计推理,有观察)参与者的知识归赋是更接近州可能性条件(非锚定的统计推理,无观察),还是更接近州新闻条件(锚定的观察,有观察)。如果参与者在黑手党条件中的知识

①　Dana K. Nelkin,"The Lottery Paradox, Knowledge, and Rationality", *Philosophical Review*, 2000(109:3):398.

②　Icek Ajzen,"Intuitive Theories of Events and the Effects of Base-rate Information on Prediction", *Journal of Personality and Social Psychology*,1977(35:5):307.

归赋比在州可能性条件中的知识归赋更多,那么数据就支持了统计说明;如果在黑手党条件与州可能条件之间没有区分,或者在黑手党条件下参与者拒绝归赋知识,那么数据将否定统计说明。

实验结果如表 5-5[1]:

表 5-5　统计说明的实验数据

	州可能性条件	黑手党条件	州新闻条件
加权知识归赋均值	−4.11	−6.5	+7.53
归赋知识(%,是)	27	14	89
归赋确证(%,是)	98	77	98

实验结果反驳了统计说明,且在知识归赋的条件中有整体效应。在州新闻条件下,知识归赋水平最高(89%,+7.53),远远超过随机的预期。[2] 然而,在黑手党条件中(14%,−6.5),知识归赋没有显著不同于州可能性(27%,−4.11)。[3] 事实上,在黑手党条件中的知识归赋实际上低于州可能性条件中的知识归赋,并且远远低于随机的预期。[4] 由于在黑手党条件下,艾伦基于解释的相关观察锚定了她的统计推断,因此,怀疑主义判断的统计说明不能解释这一结果。

另要指出的是,在州可能性条件中,参与者对确证问题的回答再现了前面统计彩票实验的发现,再次否认了确证说明。在州可能性条件中,尽管知识归赋较低,只有 27%,但 98%的参与者认为艾伦的信念是确证的。事实上,在州可能性条件和州新闻条件中,尽管知识归赋显著不同,但确证归赋却是相同的。在黑手党条件中,虽然知识归赋很低,但是确证归赋却很高。

四、刻板说明的实验研究

图瑞和弗里德曼认为,统计的彩票案例的表述是老套的、刻板的表述,其特点是刻板的语调和节奏、熟悉性、可预测性、草率的自动性(unreflective automaticity)。他们因此认为,尽管人们在彩票条件下否认知识,但在相似的场景中,如果主角的结论与彩票不相关,那么他们可能会更多地归赋知识。为了检验这个假设,他们设计了一个实验。参与者(N=242,56%男性,平均 33 岁)被随机分配了两个条件中的一个:乐透彩票和电话。每个条件中出现了两个人(阿比盖尔和斯坦),她们在讨论一张 10 美元钞票的序列号。斯坦指出,这张序列号与某个其他的号码很可能不同。作为回应,阿比盖尔完全否认这个号码与另一个号码相同。这两个的重要不同在于另一个号码是什么东西的号码。在乐透彩票

① 　John Turri & Ori Friedman,"Winners and Losers in the Folk Epistemology of Lotteries", in James R. Beebe(ed.),*Advances in Experimental Epistemology*,Bloomsbury Academic,2014,p.58.

② 　对于二分问题:二项,p<0.000001。对于加权知识得分:t(44)=8.97,p<0.000001。

③ 　对于二分问题,费希尔精确检验,p=0.186。对于加权知识得分:方差分析:F(1)=2.25,p=0.137。

④ 　对于二分问题:二项,p<0.00001。对于加权知识得分:单样本 t 检验,t(43)=6.86,p<0.00001。

条件中,另一个号码是赢得彩票的号码;在电话条件中,另一个号码是奥巴马(Barack Obama)的电话号码。参与者回答的理解和检验问题与前面的研究类似。小场景为:

> [乐透彩票/电话]阿比盖尔正在与她的一位统计学家的邻居斯坦说话。斯坦交给阿比盖尔一张钞票,并说:"这是我欠你的 10 美元。"阿比盖尔留心看了一下这张钞票,它的序列号是 5-0-6-7-4-1-6-9-8-2。斯坦接着说:"我做了一个有趣的计算。如果你赌这周中奖的彩票的序列号/拨打一个电话号码,它肯定有99.999999％概率不中/不是巴拉克·奥巴马的电话号码。"阿比盖尔回答说:"这个序列号不是本周中奖的彩票号/不是奥巴马的电话号码。"阿比盖尔完全正确:它是一个没有中奖的号码/不是奥巴马的号码。

这两个案例最主要的差别在于号码是关于彩票号码还是电话号码,阿比盖尔回答的正确率完全相同。[①] 如果刻板说明正确,那么在电话条件中参与者归赋知识的比率会显著地高于乐透彩票条件中的比率,因为电话案例不是一个彩票案例,不会触发刻板的回应。

实验结果如表 5-6[②]:

表 5-6　刻板说明的实验研究数据

	可能性条件	乐透彩票条件	电话条件	可能性新闻条件
加权知识归赋均值	−5.7	＋0.083	＋2.38	＋2.73
归赋知识(％,是)	20	50	63	66
出错的可能性(％,是)	88	88	79	90

实验结果表明,在这两个案例中,存在有一个整体效应。[③] 在电话条件中的每个指标都显著地要高,而且也超过了随机的预期。[④] 有趣的是,尽管乐透彩票中对这张彩票不中奖有非锚定的统计推理,然而,与先前的研究相比,知识归赋率却翻了一倍多,达到了50％。与证词彩票实验中的可能性条件的 20％的知识归赋率相比,这个增加在统计上是显著的。[⑤] 在乐透彩票中,加权知识归赋均值虽然没有显著性,但高于中值。

图瑞和弗里德曼为了检验统计说明实验的结果是否因为"肯定有99.999999％的概率不中"的表述影响,他们设计了一个定性的实验。

参与者(N＝200,58％男性,平均 29 岁)被随机分配了两个条件之一:比较的乐透彩票条件和比较的电话条件。每个条件有相同的两个人(阿比盖尔和斯坦)在讨论钞票的序列号。斯坦指出这张钞票的序列号"与布拉德·皮特(Brad Pitt)的电话号一样,就像布拉

---

① 费希尔精确检验,p=0.035,单侧。

② John Turri & Ori Friedman,"Winners and Losers in the Folk Epistemology of Lotteries", in James R. Beebe(ed.),*Advances in Experimental Epistemology*,Bloomsbury Academic,2014,p.60.

③ 方差分析,F(1)＝ 3.973,p＝0.047。

④ 对于二分问题:二项,p＝0.0006。对于加权知识得分:单样本 t 检验,t(120)＝2.937,p＝0.004。

⑤ 二项,p＜0.00001。

德·皮特的电话号是本周中奖的彩票号一样"。这种可能性是定性的和比较的。作为回应,阿比盖尔完全否认这个序列号与这两种可能性中的任一种相同。这两个条件中的重要差异在于阿比盖尔否认这种特定的可能性,与她在反应中所忽视的可能性。在比较的乐透彩票条件下,阿比盖尔否认这个号码是中奖彩票的号码;在比较的电话条件下,她否认这个号码是布拉德·皮特的电话号码。参与者回答的理解题和检验题与以前的研究类似。场景如下:

> [比较的乐透彩票/比较的电话]阿比盖尔正在与她的一位统计学家邻居斯坦说话。斯坦交给阿比盖尔一张钞票,并说:"这是我欠你的10美元。"阿比盖尔留心看了一下这张钞票,它的序列号是5-0-6-7-4-1-6-9-8-2。斯坦接着说:"我做了一个有趣的计算。这张钞票的序列号与布拉德·皮特(Brad Pitt)的电话号一样,就像布拉德·皮特的电话号是本周中奖的彩票号一样。"阿比盖尔回答说:"这个序列号不是本周中奖的彩票号/不是布拉德·皮特的电话号码。"阿比盖尔完全正确:它是一个没有中奖的号码/不是布拉德·皮特的号码。

如果刻板说明是正确的,那么在比较的电话条件下知识归赋比率将会明显较高;相反,如果两个条件中知识归赋的比率没有不同,那么就反驳了刻板说明。

实验结果如表5-7[1]:

表5-7　刻板说明的实验结果

	可能性条件	比较的乐透彩票条件	比较的电话条件
加权知识归赋均值	−5.7	−2.62	+0.35
归赋知识(%,是)	20	35	49
出错的可能性(%,是)	88	97	78

实验结果表明:这两个条件存在有知识归赋的条件效应[2]以及加权知识得分的条件效应[3]。在比较的电话条件下,每种测量都明显较高。此外,比较的乐透彩票与先前的涉及统计推理的基本彩票案例中20%的知识归赋有显著的不同。无论在两分的问题上[4],还是在加权得分上[5],比较的乐透彩票条件的知识归赋显著高于可能性条件。这些结果对刻板说明提供进一步的支持,还证明,刻板说明的解释力并不局限于概率是明确的否定的表达形式。然而,图瑞和弗里德曼一再重申,刻板说明不能解释统计彩票案例中的怀疑主义判断和证词彩票案例中非怀疑主义判断的所有差异,只能解释部分不同。

---

[1] John Turri & Ori Friedman, "Winners and Losers in the Folk Epistemology of Lotteries", in James R. Beebe(ed.), *Advances in Experimental Epistemology*, Bloomsbury Academic, 2014, p.62.

[2] 费希尔精确检验, p=0.041, 单侧, 克莱姆(Cramer)的 V=0.133。

[3] 方差分析, F(1) = 4.078, p=0.045, hp²=0.02。

[4] 二项, p=0.004, 检验的比例为0.2。

[5] 单样本 t 检验, t(98) = 3.56, p=0.001, 检验值为−5.7。

五、彩票实验结果的挑战

彩票实验结果对思辨知识论的结果提出了不少挑战,这些挑战有:

偶然出错的新闻条件、乐透彩票条件、电话条件、比较的乐透彩票条件和比较的电话条件的实验结果证明,普通大众的知识观是,即使承认有出错的可能性,也归赋知识。这表明传统知识论的三元定义是有问题的,由于彩票案例中出错的可能性与正确的可能性在性质上是没有区分的,因此主张知识要排除任何相关出错可能性的相关选择理论,主张知识要排除语境相关的出错可能性的语境主义,甚至主张知识要在任何时候、任何情境要排除任何出错可能性的绝对不可错论都是可以质疑的。

当前知识论流行"知识第一(knowledge-first)"的方法。知识第一的方法试图用知识术语来解释重要的认知概念,如证据或认知概率。这与传统的方法相反,传统的方法试图用其他概念来解释知识概念。[①] 在"知识第一"的宣言中,也许最激进的观点是确证与知识的同一。[②] 上面的实验结果否认了这种观点:在统计的彩票案例中,绝大多数的参与者归赋确证却否认有知识。这表明,如果"知识第一"的知识论是对我们实际的看法和实践的描述,那么实验结果就是对它的一种批判。

斯塔曼斯和弗里德曼主张,知识大体上是建立在"真实证据"基础上的确证的真信念。[③] 如果日常的知识概念是真实的确证的真信念,那么在统计的彩票案例中,当参与者承认主角的信念是真的而且是确证的时,参与者就会归赋知识。实验结果却与此相反。可能的解释是,仅仅是可能的证据并不能当作是真实的证据。然而,偶然出错的新闻条件的实验结果却反驳这种解释。因为偶然出错的新闻条件中也只是有可能的证据,却有很高的知识归赋。来自黑手党条件的实验结果也使这种解释更复杂化了。因为在黑手党条件中,彩票被操纵了,使主角不能中奖。主角不会中奖是否为真实的信息,这是有争议的。"真实确证的真信念(authentically justified true belief)"的知识理论(K＝AJTB)所面临的挑战,与统计说明所面临的挑战类似。重要的是,所有这一切都让知识概念指向除了信念、真理、确证和证据的真实性以外的一个潜在的第五个因素。

---

① Timothy Williamson,*Knowledge and its Limits*,Oxford:Oxford University Press,2000.

② Jonathan Sutton,*Without Justification*,Cambridge:The MIT Press,2007.

③ Christina Starmans & Ori Friedman,"The Folk Conception of Knowledge",*Cognition*,2012(124):272-283.

第六章　知识定义及其他的实验研究

要问某人是否有知识,要问某个命题是否为知识,要问是否真的有知识,都必先预设存在有一个自明的、公认的"知识"定义。不单葛梯尔案例或葛梯尔型案例这些思想实验对知识的传统三元定义提出了质疑,国外实验知识论学者还想用问卷调查的方法来研究知识的构成问题,我们也希望借助实验的研究来探索一下中国人的知识观。

第一节　知识定义的实验研究

传统知识的 JTB 三元定义最近为某些学者所质疑。有些学者质疑确证是知识的必要条件,有些学者质疑信念是知识的必要条件,还有学者质疑真是知识的必要条件。对前两种质疑,下文将详细介绍。对最后一种质疑,虽然有些学者提出了一些证据和理由,但是笔者出于对"知识"概念的崇高地位的崇敬,以及现有的质疑证据和理由并不是很充分等原因,仅在本章第二节中略作评论。

一、知识与确证关系的实验研究

长期以来,人们认为确证是知识的必要条件,并把否认知识需要确证的理论看作是不值一驳的。在《确证是知识的必要条件吗?》[①]一文中,萨克瑞斯(David Sackris)和毕比(James R.Beebe)用实验驳斥了这种观点。他们的实验发现,受试者愿意把知识归赋给那些缺乏好的证据却有真信念的主体。

在上世纪 90 年代早期,萨特韦尔(Crispin Sartwell)[②]就主张确证不是知识的必要条件。他主张,确证是知识的一个标准的而不是必要的条件。确定某人是否有真信念的最好方式,通常是看某人是否对这个信念有确证。由于确证与真理的紧密关联,因此知道某

---

① David Sackris & James R. Beebe,"Is Justification Necessary for Knowledge?",in James R. Beebe (ed.),*Advances in Experimental Epistemology*,Bloomsbury Academic,2014,pp.175-192.
② Crispin Sartwell,"Knowledge is Merely True Belief",*American Philosophical Quarterly*,1991 (28):157-165.Crispin Sartwell,"Why Knowledge is Merely True Belief",*Journal of Philosophy*,1992 (89):167-180.

人没有好的理由却相信某个命题,通常是我们认为这个信念不值得相信的最好依据。基于类似的理由,威廉姆森指出,知识蕴涵确证,并不证明确证是知识的构成成分。① 不像某些外在主义者所主张的确证条件可以用可靠的指引、敏感性或其他的外在条件代替。不像威廉姆森,萨特韦尔主张,为了正确归赋知识,并不总是需要确证。他指出,在只有非常弱的确证甚至没有确证的情况下,人们也经常归赋知识。他举的一个例子是,在面对压倒一切的证据指向某个年轻人有罪时,仅仅基于这个年轻人是自己的儿子,某人正确地相信他的儿子是无辜的。萨特韦尔宣称,在实际生活中,我们会说尽管这个人所拥有的证据不支持他的信念态度,然而这个人知道他的儿子是无辜的。沿着这种思路,他还举了几个例子,在这些例子中,当事人的信念最终得到了证实。萨特韦尔宣称,最自然的说法是,在这些情况下,当事人"一直知道"。萨特韦尔主张,无须替代物,知识原本就不需要确证。

对萨特韦尔的观点,科万威格(Jonathan Kvanvig)②和莱肯(William G. Lycan)③等人提出了批判。例如,科万威格问,当一位精神病人基于她头脑中告诉她的声音而相信2+2=4,我们应该说什么。④ 萨特韦尔说,根据他的观点,我们必须把知识归赋给她。然而,科万威格抱怨说,我们应该问精神病人是如何知道的,而不应该说2+2=4是常识。为此,萨特韦尔区分了问"你怎么知道?"的两个原因。当我们问这个问题时,我们可能希望确定这个人是真的知道这个问题呢,还是只是相信它;或者我们"可能试图去查明这个相信者的全部合理性"。也就是说,我们可能想确定她作为一个信息的来源是完全值得信任的,这将影响我们对她的主张的进一步评估。如果我们问某人她是如何知道2+2=4的,这并不必然意味着我们试图否认她有这方面的知识。我们可能只是试图确定她的想法的充分理由。当精神病人回答说,她相信2+2=4是因为在她脑海里的声音告诉了她。我们可以确定,她的信念是不合理的,她通常不是一位可靠的信息提供者,然而,这并不必然否认她有知识。换句话说,我们可以质疑精神病人的确证方法,却不必然否认她知道。⑤

萨特韦尔还考虑了几个典型的反例。批评者认为,按照萨特韦尔的观点,下面情况中的个人也可以被认为有知识:(1)闭上眼睛,手指随意点在比赛新闻上,选中获胜的马;(2)梦见勾股定理是真的,并相信它是真的;(3)基于某种错觉形成的某个真信念。萨特韦尔认为,为了让这些案例成为有力的反例,它们需要是真信念,然而它们通常是不可信的。幸运猜中p不必然会相信p。在随机选中获胜的马时,你可能希望你的猜测是正确的,但你不应该认为它会必然是正确的。侥幸猜中难以让人相信。基于做梦或错觉而形成的真信念,如果当事人对这个信念有充分的理解,而且对这个信念有"某种严肃的承诺",那么这个信

　　①　Timothy Williamson,*Knowledge and Its Limits*,Oxford:Oxford University Press,2000.

　　②　Jonathan Kvanvig,*The Value of Knowledge and the Pursuit of Understanding*,Oxford:Cambridge University Press,2003.

　　③　William G. Lycan,"Sartwell's Minimalist Analysis of Knowing",*Philosophical Studies*,1994(73):1-3.

　　④　Jonathan L. Kvanvig, *The Value of Knowledge and the Pursuit of Understanding*,Oxford:Cambridge University Press,2003,p.6.

　　⑤　Crispin Sartwell,"Knowledge is Merely True Belief",*American Philosophical Quarterly*,1991(28):163.

念就应该看作是知识的一个实例。① 萨克瑞斯和毕比用实验证实了萨特韦尔的看法。

萨特韦尔在回应"闭上眼睛,手指随意放在比赛新闻上,选中获胜的马"的反例时,认为,在这个案例中似乎并不存在信念。萨克瑞斯和毕比设计了 3 个小场景,并问参与者场景中的主角是否有相关命题的信念②:

> **赛马场案例(Racetack):** 虽然杰克并没有很多关于马的知识,然而,他还是决定与他的朋友花一天的时间看赛马。他只是希望有好运,并赢一点钱。为了决定押注哪匹马,杰克只是闭上眼睛,把他手指放在比赛新闻上。他的手指落在哪匹马上,他就把最小的赌注押在那匹马上。这次,杰克的手指落在名为"买一个鼻子(Buy A Nose)"的马上。杰克就老老实实地把这笔最小的赌注押在"买一个鼻子"上,并走到赛马场去观看即将到来的比赛。令他高兴的是,"买一个鼻子"最终赢了比赛。
>
> 请注明在多大的程度上你同意或不同意以下的主张:"在杰克下他的赌注时,他相信'买一个鼻子'会赢得比赛。"
>
> **篮球案例:** 苏珊不知道任何关于大学篮球队的情况,但为了参与正在她的办公室里举行的一场竞猜比赛,她决定去填写大学篮球评估表③。她根本不知道任何关于球队的情况,甚至不知道它们中的大多数人的所在地,为了填写评估,她完全是随机地猜测哪个球队将击败其他球队。填完后,她老老实实地提交了她的评估表。令苏珊高兴的是,她最终赢得了这场比赛。
>
> 请注明在多大的程度上你同意或不同意以下的主张:"在苏珊提交她的评估表时,她相信她会赢得办公室的比赛。"
>
> **奥斯卡奖案例:** 迈克不知道任何关于今年奥斯卡提名人的情况,但是,为了参与在他的办公室里举行的一场竞猜比赛,他决定填写一份调查问卷,预测哪些人将赢得哪些奖项。迈克用给他的被提名的男女演员名单,完全随机地预测了哪些明星将获奖。随后,他老老实实地提交了他的调查问卷。令迈克高兴的是,他最终赢得这场比赛。
>
> 请注明在多大的程度上你同意或不同意以下的主张:"在迈克提交他的调查问卷时,他相信他会赢得办公室的比赛。"

每个问卷都使用了七分量表,"完全不同意""非常不同意""有点不同意""既不同意也不反对""有点同意""非常同意"和"完全同意"。在主体间设计中,98 名来自美国东北部的本科学生(平均年龄 22 岁,64％女性,74％英美人)在 vovici.com 上完成了在线问卷,以求在一门导论课中换取额外的学分。

---

① Crispin Sartwell,"Knowledge is Merely True Belief",*American Philosophical Quarterly*,1991 (28):157-159.

② David Sackris & James R. Beebe,"Is Justification Necessary for Knowledge?",in James R. Beebe(ed.),*Advances in Experimental Epistemology*,Bloomsbury Academic,2014,pp.182-183.

③ 在美国,"填写评估(filling out a bracket)"意味着在比赛中哪个队会赢。

实验结果为：赛马场案例的信念归赋的均值为 3.21，篮球案例为 2.67，奥斯卡奖案例为 2.69。正如萨特韦尔所预测的那样，大多数参与者在这些案例中表现出不愿归赋信念。在这 3 个案例中，62.2%的参与者信念归赋的均值低于中值。[①] 由于对它们没有信念，因此直观上，正确的说法是，主角没有相关命题的知识。[②] 这些案例原本是用来怀疑确证非必要性论题的。然而，由于它们根本就不被当作信念，因此，它们不能成为反对确证的非必要性论题的有效例证。

第二组关于确证的非必要性论题的反例是真信念以知识论上不值一提的诸如认知功能障碍或其他不恰当的方式获得的。萨克瑞斯和毕比基于萨特韦尔讨论的案例，设计了如下小场景[③]：

克林顿案例 1：苏尼尔是交换生，最近患了严重的妄想症。他声称魔鬼在他的头脑里与他说话，而且他们告诉他各种各样的事情。苏尼尔相信魔鬼告诉他的一切。魔鬼告诉他的一件事是，希拉里·克林顿是当前美国的国务卿。苏尼尔从不密切关注美国的政治，但基于这种理由，他开始相信希拉里·克林顿是国务卿。当然，事实证明，希拉里·克林顿真的是当前美国的国务卿。

请注明在多大的程度上你同意或不同意以下的主张："苏尼尔知道希拉里·克林顿是当前美国的国务卿。"

克林顿案例 2：苏尼尔是交换生，最近患了严重的妄想症。他声称魔鬼在他的头脑里与他说话，而且他们告诉他各种各样的事情。苏尼尔相信魔鬼告诉他的一切。魔鬼告诉他的一件事是，希拉里·克林顿是当前美国的国务卿。苏尼尔从不密切关注美国的政治，但基于这种理由，他开始相信希拉里·克林顿是国务卿。当然，事实证明，希拉里·克林顿真的是当前美国的国务卿。在苏尼尔最终从妄想症中恢复健康后，他开始了解美国的政治。当他读到希拉里·克林顿的当前角色是国务卿时，他认为"我第一次获得这一事实的知识，是在我患妄想症时"。

请注明在多大的程度上你同意或不同意以下的主张："在苏尼尔患妄想症时，他知道希拉里·克林顿是当前美国的国务卿。"

平方根案例 1：乔丹是一位到了读大学年龄的学生，他患了严重的妄想症。他声称魔鬼在他的头脑里与他说话，而且他们告诉他各种各样的事情。乔丹相信魔鬼告诉他的一切。魔鬼告诉他的一件事是，125 是 15625 的平方根。基于这个理由，他开

---

① 单样本 t 检验揭示，每个均值明显低于中值。赛马场案例：$t(32)=-2.802$，$p<0.01$，$r=0.44$（中等效应量）。篮球案例：$t(32)=-5.204$，$p<0.001$，$r=0.68$（大效应量）。奥斯卡奖案例：$t(31)=-4.777$，$p<0.001$，$r=0.65$（大效应量）。(David Sackris & James R. Beebe,"Is Justification Necessary for Knowledge?",in James R. Beebe(ed.),*Advances in Experimental Epistemology*,Bloomsbury Academic,2014,p.191.)

② 使用一组独立的参与者，证实这个共同的假设。在这 3 个案例中，知识归赋的均值很接近：分别为 1.35、1.43 和 1.48。

③ David Sackris & James R. Beebe,"Is Justification Necessary for Knowledge?",in James R. Beebe (ed.),*Advances in Experimental Epistemology*,Bloomsbury Academic,2014,pp.184-186.

始相信 125 是 15625 的平方根。事实证明,125 真的是 15625 的平方根。

请注明在多大的程度上你同意或不同意以下的主张:"乔丹知道,125 是 15625 的平方根。"

平方根案例 2:乔丹是一位到了读大学年龄的学生,他患了严重的妄想症。他声称魔鬼在他的头脑里与他说话,而且他们告诉他各种各样的事情。乔丹相信魔鬼告诉他的一切。魔鬼告诉他的一件事是,125 是 15625 的平方根。基于这个理由,他开始相信 125 是 15625 的平方根。事实证明,125 真的是 15625 的平方根。在乔丹最终从妄想症中恢复健康后,他开始做某些数学题。他用计算器算出 15625 的平方根是 125。乔丹因此认为"我第一次获得这一事实的知识,是在我患妄想症时"。

请注明在多大的程度上你同意或不同意以下的主张:"在乔丹患妄想症时,他知道,125 是 15625 的平方根。"

勾股定理案例:布莱恩是一个 10 岁的男孩,刚刚开始学几何学。有一天晚上睡觉时,他梦到直角三角形斜边的平方等于其他两边的平方和。基于这个梦,他开始相信勾股定理。几天后,在学校里,他的老师第一次在课堂上介绍了勾股定理。布莱恩自己认为"我早就知道直角三角形斜边的平方等于其他两边的平方和。"

请注明在多大的程度上你同意或不同意以下的主张:"布莱恩早就知道勾股定理是真的。"

在上面的前四个案例中,主角患了精神病,他听到有声音告诉他一些真命题,或者是先验的,或者是后验。在每个案例中,主角都相信这些声音所说的,而且这些信念最后证明是正确的。克林顿案例 1 和平方根案例 1 中,参与者思考了主角仍然遭受妄想症的信念,而在克林顿案例 2 和平方根案例 2 中,主角恢复了健康,并回想起他们在妄想中的状态。在第五个案例中,主角基于做梦形成了一个信念,与听到头脑中的声音一样,在知识论上这种获得信念的方式被广泛地认为是不恰当的。

在主体间的设计中,189 名本科学生(平均年龄 21 岁,64％女性,76％英美人)。结果为:在克林顿案例 1 中,知识归赋的均值为 4.05,克林顿案例 2 为 4.85,平方根案例 1 为 4.81,平方根案例 2 为 4.33,勾股定理案例为 3.76。

在克林顿案例 2 和平方根案例 1 中,参与者的知识归赋的均值明显高于中值。[①] 然而,在所有的案例里,只有 34.3％的参与者给出的答案在中值之下,而 54.5％高于中值。如果知识的日常概念要求信念在知识论上有好的根据,那么似乎相当大比率的、在哲学上未受训练的人在处理这个概念的工作上做得太糟了。

第三组案例中,主角的证据不支持他们的真信念。在主体间设计中,352 名参与者

---

① 克林顿案例 1:$t(39)=0.149$,$p>0.05$。克林顿案例 2:$t(32)=3.076$,$p<0.01$,$r=0.48$(中等效应量)。平方根案例 1:$t(35)=2.756$,$p<0.01$,$r=0.42$(中等效应量)。平方根案例 2:$t(39)=1.131$,$p>0.05$。勾股定理案例:$t(32)=-0.796$,$p>0.05$。(David Sackris & James R. Beebe,"Is Justification Necessary for Knowledge?",in James R. Beebe (ed.),*Advances in Experimental Epistemology*,Bloomsbury Academic,2014,pp.191-192.)

（平均年龄 28 岁,61％女性,77％英美人）来自美国,被提供了下面场景中的一个,以及出现在每个场景中的 2 个问题中的一个。[①]

　　约翰案例:约翰的女儿被指控谋杀。尽管她缺少强有力的不在现场证据,而且警察有令人信服的证据指控她,然而约翰觉得她一定是无辜的。在几周非常痛苦的挣扎后,真凶最后出来认罪了。

　　问题 1:请注明在多大的程度上你同意或不同意以下的主张:"约翰一直知道他的女儿是无辜的。"

　　问题 2:在真凶出来认罪前,根据约翰可以获得的信息,约翰的女儿是无辜的可能性有多大?

　　桑德拉案例:负责治疗桑德拉癌症的医疗队告诉桑德拉的丈夫米奇,她几乎没有可能战胜癌症,只能活几个月了。尽管医生告诉他这些,米奇仍确信她能战胜癌症。最终,米奇的妻子在癌症中活了下来,并活了超过 35 年。

　　问题 1:请注明在多大的程度上你同意或不同意以下的主张:"米奇一直知道他的妻子能在癌症中活下来。"

　　问题 2:在桑德拉癌症中活下来,并活了超过 35 年前,根据米奇可以获得的信息,桑德拉在癌症中活下来的可能性有多大?

　　鲍勃案例 1:鲍勃是一位科学家,他把他的整个职业生涯都献给捍卫"长时间使用手机可能会导致脑瘤"这种观点上。然而,没有其他的科学家接受鲍勃的理论。事实上,他的论文不断地被拒绝发表,资助组织总是拒绝给他资助。一天,鲍勃死了,到了天堂的入口。鲍勃到天堂后的第一个问题是,他对使用手机和患脑瘤之间的关系的看法是否正确。他得知他广泛被批评的理论是正确的。鲍勃大声说道:"我知道长时间使用手机可能会导致脑瘤!"

　　问题 1:请注明在多大的程度上你同意或不同意以下的主张:"鲍勃一直知道长时间使用手机可能会导致脑瘤。"

　　问题 2:在鲍勃死后去天堂前,根据鲍勃可以获得的信息,鲍勃的理论是正确的可能性有多大?

　　实验设计问一些参与者,主角是否有知识,问另一些参与者主角的证据强度多大。他们还设计了鲍勃案例 2,在案例 2 中,在"他得知他广泛被批评的理论是正确的"后,紧接着加入"即使他试图用来证明他的理论的实验是有缺陷的"这一条件。案例 2 与案例 1 的不同在于:案例 2 反对鲍勃的证据比案例 1 要强。案例 2 的问题与案例 1 则相同。

　　问题 1 使用的 7 分制与前面的相同,问题 2 使用的 7 分制分别为"极不可能""一般地不可能""有点不可能""既不是可能也不是不可能""有点可能""一般地可能"和"极有可能"。

　　实验结果为:在约翰案例中,知识归赋和可能性的均值分别是 4.43 和 3.62,桑德拉案

---

　　① David Sackris & James R. Beebe,"Is Justification Necessary for Knowledge?",in James R. Beebe(ed.),*Advances in Experimental Epistemology*,Bloomsbury Academic,2014,pp.187-188.

例分别为 4.50 和 2.94，鲍勃案例 1 为 5.20 和 4.17，鲍勃案例 2 为 4.82 和 3.79。[①]

在两个鲍勃案例中，知识归赋的均值明显高于中值，在桑德拉案例中，可能性的均值明显低于中值。[②] 一组独立样本 t 检验证实：这 4 个案例中每一个知识归赋的均值都显著地不同于相关的可能性的均值。[③] 因此，参与者在这 4 个案例中更倾向于把知识归赋给主角，而不是把证据归赋给主角更可能是真而非假上。这表明，确证的非必要性论题是正确的。

由于"确证不是知识的必要条件"要弱于"知识只是真信念"，因此，萨克瑞斯和毕比认为，没有任何简单的和直接的论证从"许多哲学上未受训练的人愿意在缺乏确凿的证据或确证时归赋知识"推出"确证不是知识的必要条件"是真的。他们不认为他们的数据证明了"确证不是知识的必要条件"。然而，他们认为，他们的结果破坏了扶手椅哲学家诉诸人们广泛地共享"确证是知识的必要条件"的直觉的假设，并以此来反对"确证不是知识的必要条件"。

二、知识与信念关系的实验研究

知识的三元定义主张，知识是确证的真信念，因此知识蕴涵信念，换言之，如果你知道 P，那么你必定相信 P。这个主张就是简单朴素的蕴涵论题。[④] 费德曼（Richard Feldman）在他的教科书谈到蕴涵论题时说："如果你知道某事，那么你必须相信或接受它。如果你甚至不认为某事是真的，那么你就不知道它。在这里，我们在广义上使用'信念'：任何时候当你把某事看作是真的时，你就相信它。"[⑤] 扎格泽博斯基（Linda Zagzebski）在她的教科书里解释了关于知识的某些哲学共识："知道是有意识的主体与对象之间的一种关系，对象是……现实的一部分。这种关系是认知的。也就是说，主体的思考不只是领悟或感觉这个对象。更具体地说，知道包含相信。"[⑥] 她还补充道："有一个共识即知道是相信的

---

① David Sackris & James R. Beebe,"Is Justification Necessary for Knowledge?",in James R. Beebe (ed.),*Advances in Experimental Epistemology*,Bloomsbury Academic,2014,p.189.

② 约翰一直知道：t(39)＝ 1.410,p＞ 0.05。约翰的可能性有多大：t(46)＝－1.845,p＝0.071。桑德拉一直知道：t(39)＝ 1.900,p＝0.065。桑德拉的可能性有多大：t(47)＝－4.223,p＜0.001,r＝0.52（大效应量）。鲍勃案例 1 一直知道：t(39)＝ 4.778,p＜0.001,r＝0.61（大效应量）。鲍勃案例 1 的可能性有多大：t(47)＝0.893,p＞0.05。鲍勃案例 2 一直知道：t(39)＝ 2.594,p＜0.05,r＝0.38（中等效应量）。鲍勃案例 2 的可能性有多大：t(47)＝－0.896,p＞0.05。(David Sackris & James R. Beebe,"Is Justification Necessary for Knowledge?",in James R. Beebe (ed.),*Advances in Experimental Epistemology*,Bloomsbury Academic,2014,p.192.)

③ 约翰案例：t(85)＝ 2.259,p＜0.05,r＝0.24（小效应量）。桑德拉案例：t(86)＝ 4.274,p＜0.001,r＝0.42（中等效应量）。鲍勃案例 1：t(86)＝ 3.364,p＜0.001,r＝0.34（中等效应量）。鲍勃案例 2：t(86)＝ 2.676,p＜0.01,r＝0.28（小效应量）。(David Sackris & James R. Beebe,"Is Justification Necessary for Knowledge?",in James R. Beebe (ed.),*Advances in Experimental Epistemology*,Bloomsbury Academic,2014,p.192.)

④ D. M. Armstrong,"Does Knowledge Entail Belief?",*Proceedings of the Aristotelian Society*,1969(70):21-36. 21.

⑤ Richard Feldman,*Epistemology*,Upper Saddle River,NJ:Prentice Hall,2003,p.13.

⑥ Linda Zagzebski,*On Epistemology*,Belmont:Wadsworth Publishing,2009,p.3.

一种形式。"①

在《知道 P 而不相信 P》②中，迈尔斯-舒尔茨(Blake Myers-Schulz)和斯伟茨格贝尔(Eric Schwitzgebel)用实验证据试图把当代知识论从蕴涵理论的教条主义迷梦中唤醒，实验力图证明，在缺乏信念的情况下，受试者也进行知识归赋。其结论是：蕴涵论题并不像知识论者常说的是明显的、无争议的，也不是被广泛接受的，反蕴涵理论直觉既不是特殊的，也不是有悖常理的。在《知识蕴涵倾向性信念》③中，罗斯(David Rose)和肖弗通过把信念分为正在发生的信念和倾向性信念，认为迈尔斯-舒尔茨等人的数据只证明知识可能不蕴涵正在发生的信念。他们强调正确地构建蕴涵论题及确保实验的刺激能追踪适当的信念，以此反驳反蕴涵理论。在《上帝知道(但上帝相信吗?)》④中，穆雷(Dylan Murray)等人通过地球中心案例证明，倾向性蕴涵论题也是错误的，并提出了信念的确信说明来解释为什么蕴涵论题是错误的，从而力图驳斥罗斯和肖弗的反驳。在《通过厚信念和薄信念》⑤中，巴克沃尔特等人则区分了厚信念与薄信念，批评了反蕴涵理论，坚持有修饰的蕴涵论题，认为知识蕴涵薄信念。

1.迈尔斯-舒尔茨的实验及其反驳

拉德福德(Colin Radford)是最早提出有非信念的命题知识的哲学家，他运用思想实验的方法，借助专家直觉主张蕴涵论题遭遇到了一些令人信服的反例⑥，然而他的主张遭到了雷尔和阿姆斯特朗等人强烈的反对⑦。反蕴涵理论被指控为有悖常理的，反蕴涵直觉被认为是有害的。

尽管对反蕴涵直觉的讨论在 20 世纪 70 年代因阿姆斯特朗对反蕴涵直觉的反驳而终结⑧，然而，本世纪，威廉姆森和赫特林顿(Stephen Hetherington)借拉德福德的思想实验力图恢复反蕴涵论题：前者主张知识在概念上具有优先性，只能用知识来解释信念，而不能用信念来解释知识，因此蕴涵论题不成立⑨；后者从知识的区分出发，强调命题知识可

①　Linda Zagzebski,*On Epistemology*,Belmont:Wadsworth Publishing,2009,p.3.

②　Blake Myers-Schulz & Eric Schwitzgebel,"Knowing That P Without Believing That P",*Noûs*,2013(47:2):371-384.

③　David Rose & Jonathan Schaffer,"Knowledge Entails Dispositional Belief",*Philosophical Studies*,2013(166:1):19-50.

④　Dylan Murray,Justin Sytsma & Jonathan Livengood,"God Knows (but Does God Believe?)",*Philosophical Studies*,2013(166:1):83-107.

⑤　Wesley Buckwalter,David Rose & John Turri,"Belief Through Thick and Thin",*Noûs*,2015(49:4):748-775.

⑥　Colin Radford,"Knowledge-By Examples",*Analysis*,1966(27:1):1-11.

⑦　Keith Lehrer,"Belief and Knowledge",*The Philosophical Review*,1968(77:4):491-499.Jonathan Cohen,"More About Knowing and Feeling Sure",*Analysis*,1966(27:1):11-16.D. M. Armstrong,"Does Knowledge Entail Belief?",*Proceedings of the Aristotelian Society*,1969(70):21-36. O. R. Jones,"Knowing and Guessing:By Examples",*Analysis*,1971(32:1):19-23.

⑧　D. M. Armstrong,"Does Knowledge Entail Belief?",*Proceedings of the Aristotelian Society*,1969(70):21-36.

⑨　Timothy Williamson,*Knowledge and Its Limits*. Oxford:Oxford University Press,2002,pp.41-42.

以还原为技能知识,而技能知识则不蕴涵信念,因而反对蕴涵论题①。最近,迈尔斯-舒尔茨和斯伟茨格贝尔用不自信的考生案例实验挑战了蕴涵假设。

> 凯特花了很长时间来准备历史考试。她现在正在参加考试。一直到做到最后一道题,一切都很顺利。这道题是:"伊丽莎白女王死于哪一年?"凯特复习这个日期多次。她甚至在几小时前还把这个日期背诵给一位朋友。因此,当凯特看到这是最后一道题时,她松了一口气。她自信地低头看着空格处,等着回忆起这个答案。然而,在她能记起它之前,老师打断了她的回忆,宣布说:"好吧,考试就快结束了。再多给一分钟给你最后确定你的答案。"凯特的举止突然改变了。她抬头看了一下钟,开始变得慌乱和担心起来。"哦,不。在这种压力下我不能考好。"她紧握铅笔,尽力回忆答案,却没有记起来。她很快失去了信心。对自己说:"我想我只能猜这个答案了。"失望地叹了一口气后,她决定把"1603"填进空格。事实上,这是正确的答案。

他们问一组受试者小场景的主角知道什么,问另一组受试者主角相信什么。第一组的 87% 的受试者说,凯特知道伊丽莎白女王在 1603 年去世;在第二组中,却只有 37% 的受试者说凯特相信它。通过构建一系列包含隐含的偏见、健忘以及对小场景的情绪反应的场景,迈尔斯-舒尔茨等人发现,受试者认为主体更有知识而非信念。这些实验对"知识蕴涵信念"的哲学观点提出了挑战。他们由此得出:反蕴涵直觉既不奇特,也不有悖常理,更不罕见。②

与此实验类似,笔者的同事郑伟平老师做了"不自信的考生案例"的问卷调查。③ 其案例为:

> 一个名叫张三的学生非常肯定自己对于宋代一无所知。但是当张三被要求回答某些宋朝重要事件的发生时间的时候,例如宋高宗的在位时间,他正确地答出了许多此类问题,虽然他感觉自己只是在瞎猜。答案的正确性使得张三十分吃惊,并让其认为自己实际上对于宋代有一定的认识。
>
> 问:
> (1)张三知道宋高宗的在位时间是 1600—1624 年。
> (2)张三相信宋高宗的在位时间是 1600—1624 年。

实验结果表明:受试者归赋知识的比率为 30.8%,否认知识的为 64.1%;归赋信念的为 51%,否认信念的为 46%。在信念归赋中没有统计学上的显著差异。其结论是,大众

---

① Stephen Hetherington, *How to Know : A Practicalist Conception of Knowledge*, Oxford: Wiley-Blackwell, 2011, pp.1-3.

② Blake Myers-Schulz & Eric Schwitzgebel, "Knowing That P Without Believing That P", *Noûs*, 2013(47:2):374-379.

③ 郑伟平:《知识与信念关系的哲学论证和实验研究》,《世界哲学》2014 年第 1 期,第 60-62 页。

直觉的调查结果表明这个场景本身就不具有区分度,不能有效地把信念同知识区分开来。笔者认为,因为其问卷设计中有"一无所知""瞎猜""十分吃惊""实际上……有一定的认识"等相互冲突,可能误导受试者的用语,以及采用的受试者内设计,致使其问卷与迈尔斯-舒尔茨等人的问卷出现了重大的调查结果的差别。30.8%的知识归赋与51%的信念归赋,显然有显著的统计学差异,而且此实验结果非但没有证伪反蕴涵论题,反而证实了蕴涵论题。

罗斯和肖弗认为[①],迈尔斯-舒尔茨和斯伟茨格贝尔的研究并没有挑战蕴涵论题,原因有两个。第一个原因是,受试者内设计(within-subjects design)比受试者间设计(between-subjects design)更可检验。在对蕴涵论题进行实验研究时,要测试的是同一批人是否会归赋知识却不否认信念,迈尔斯-舒尔茨等人的实验设计采用的是受试者间设计,因此他们的实验结果是可质疑的。当罗斯和肖弗重新用主体间设计进行研究时,实验结果是反对蕴涵理论的:超过50%的参与者归赋知识给凯特而否认她有信念。此外,64%归赋知识的人否认信念。第二个原因,在罗斯和肖弗看来也是更重要的原因,是蕴涵论题应该用倾向性信念(dispositional belief)来理解,即:必然地,如果你知道P,那么你倾向于相信P。倾向性信念是存储在心灵中可以被意识认可的信念;正在发生的信念(occurrent belief)是有意识认可的信念。然而,迈尔斯-舒尔茨的研究引出的往往是一个正在发生的"相信",所以当蕴涵论题用倾向性信念来理解后,他们的结果不会构成对蕴涵论题的挑战。

为了检测出倾向性信念,罗斯和肖弗发展了一些新技术。例如,他们直接问参与者凯特是否有相关的倾向:凯特倾向于相信伊丽莎白女王死于1603年吗?他们还使用了作为插入句的定性探针(parenthetically qualified probe):凯特仍然相信(在某种意义上,即使她不能获得这个信息,她仍坚持她心中的这个信息),伊丽莎白女王死于1603年?用这种方式提问,大约有60%的参与者把知识和信念归于凯特;而且,在那些归赋知识的人中,大约有70%归赋信念。这正是普遍接受蕴涵论题的人所期望的。罗斯和肖弗把这些技术应用于迈尔斯-舒尔茨等人的其他反蕴涵直觉案例,推翻了早先的结果。

2.穆雷等人的实验研究

穆雷等人提出了另外的实验证据,认为反蕴涵直觉是广泛共享的。此外,穆雷等人回应罗斯和肖弗的看法,认为他们自己的发现同样适用于倾向性蕴涵论题,而且避免了罗斯和肖弗对早期反蕴涵直觉研究的批评。

穆雷等人设计的场景中当事人是多样化的,包括收银机、名叫"凯西"的边境牧羊犬以及上帝。他们设计的场景避免了对正在发生的"相信"的狭隘解读。边境牧羊犬案例是:

> 研究人员发现,某些品种的狗出奇的聪明。最聪明的狗是边境牧羊犬。一只名叫凯西的边境牧羊犬,甚至能解答简单的数学题。例如,如果你问她"2+2等于多少",她会叫4下;同样,如果你问她"4+5等于多少",她会叫9下!

在一个主体间的设计中,参与者要回答两个问题(作了平衡处理,以避免顺序效应):

---

① David Rose & Jonathan Schaffer,"Knowledge Entails Dispositional Belief",*Philosophical Studies*,2013(166:1):19-50.

"凯西知道 2+2＝4 吗？"和"凯西相信 2+2＝4 吗？"。28％的参与者回答说,凯西知道但并不相信 2+2＝4。此外,那些归赋知识的人中,大部分(53％)没有归赋信念,那些没有归赋信念的人,近一半(46％)归赋知识。穆雷等人的主张,这些实验结果证明反蕴涵直觉被广泛地共享。重要的是,基于两个原因,在这个案例中他们的参与者想要排除正在发生的信念,是不可能做到的。首先,不同于迈尔斯-舒尔茨等人的凯特案例,没什么阻止凯西"有意识地获得"相关的信息(正如罗斯和肖弗建议的关于不自信的考生案例那样)。其次,参与者所问的场合不是什么特定的场合,而是很普通的场合,因此在这些场合中凯特可能不会有意识地认可她猜测出来的答案。①

在其他实验中,穆雷等人比较了知识归赋和信念归赋的结果,表明蕴涵直觉不是广泛共享的。其中的一个实验是地球中心主义(geocentrist)案例②：

> 凯伦是一所著名大学的一年级学生。她是一个好学生,她功课一直都很好。她正在上的一门课是物理学概论。这门课的一个讨论题是地球在太阳系中的位置。凯伦课堂上所学的内容是地球绕太阳转,然而,在大学开始前,凯伦在家接受她父母的教育,她的父母教她地球是宇宙的中心。凯伦已经接受了她父母教给她的东西,因此,尽管她一直在上物理课,她仍坚持地球并不绕太阳转。凯伦的物理课期末考试的一个题是："'地球绕太阳转'是真的还是假的。"凯伦的答案是"真的"。她得到了这个问题的正确答案,最终在这场考试中得了 100 分。

地球中心论案例的结果令人吃惊。近一半的参与者(46％)回答说,凯伦知道但不相信地球绕太阳转。那些归赋知识的人中,绝大多数(85％)没有归赋信念。这与蕴涵论题相反。区分正在发生的信念和倾向性信念不能解释这种结果。穆雷等人下结论说,哲学家既不应当把蕴涵论题当作理所当然的,也不应当认为人们通常发现它在直观上是令人信服的,相反,蕴涵论题的成立"需要积极的支持"。③

郑伟平老师做的"悲伤的母亲案例"的问卷调查的结论与穆雷等人的结论相似④,其案例如下：

> 白发人送黑发人是世界上最悲惨的事情之一,不幸的是,约翰的母亲目睹了约翰的车祸,她悲痛欲绝,非常伤心,对儿子的离开无法忘怀。约翰母亲强忍悲痛,料理了

---

① Dylan Murray,Justin Sytsma & Jonathan Livengood,"God Knows (but Does God Believe?)", *Philosophical Studies*,2013(166:1):90-91

② 地球中心案例是最有力的反对蕴涵论题的案例之一。然而,对这个案例却有几点担心:一是这个小场景事先区分了一种特定宗教意义的"信念"的危险。二是,这个场景包含有"接受"和"坚持"这些信念术语。三是,由于"每个人都知道地球是围绕太阳转的"这个基本的主张或假设,知识归赋可能人为地提高。

③ Dylan Murray,Justin Sytsma & Jonathan Livengood,"God Knows (but Does God Believe?)", *Philosophical Studies*,2013(166:1):94-95.

④ 郑伟平:《知识与信念关系的哲学论证和实验研究》,《世界哲学》2014 年第 1 期,第 61-62 页。

约翰的后事。但一坐下来她就开始唠叨,如同孩子在世一般。

问:

(1)母亲知道约翰已经死去。

(2)母亲相信约翰尚未死去。

实验结果表明:受试者归赋知识即主张"母亲知道约翰已经死去"的为89.9%,否认母亲知道的为14%;68.2%的受试者认为母亲不拥有相对的信念,只有27.8%的人认为母亲有相应的信念。数据对比有统计学上的显著差异。

3.巴克沃尔特等人的实验

受罗斯和肖弗区分倾向性信念和正在发生的信念的启发,巴克沃尔特等人把信念分为薄信念和厚信念。薄信念(thin belief)虽然不同于倾向性信念(dispositional belief)或无意识的信念(unconscious belief),但可近似看作相同。薄信念是一种纯粹的认知前态度(pro-attitude)。有了一个薄信念P,它会使你勉强地相信P,并把P当作是真的进行信息的提呈和存储。薄信念P不需要你喜欢P是真的,也不需要你在情感上认可P的真理,更不需要你明确地承认P或同意P的真理,或积极地推动P使P变得有意义。厚信念(thick belief)虽然不同于正在发生的信念(occurrent belief)或有意识的信念(conscious belief),但可近似看作相同。厚信念比纯粹的认知前态度要求更多。大体上说,厚信念还包括情感和意欲。有许多方法来加厚信念。例如,除了把P当作信息提呈和存储外,你可能喜欢P是真的,在情感上认可P的真理,明确地承认P或同意P的真理,或积极地推动P使P变得有意义。厚信念蕴涵薄信念,而不是相反。巴克沃尔特等人认为知识蕴涵薄信念,并赞同薄的蕴涵论题(thin entailment thesis)即:"必然地,如果你知道P,那么你勉强地(thinly)相信P。"[1]

在巴克沃尔特等人看来,穆雷等人调查中的参与者之所以归赋知识而非信念,是因为他们研究的信念是厚的,而场景设计中没有说明主角有厚信念,因此不能认为薄的蕴涵论题被人们广泛拒绝了。如果参与者理解的信念是薄信念,而且薄的蕴涵论题被广泛接受,那么更多的参与者将会归赋信念而非知识,非常少的参与者将会归赋知识而否认信念。为了证明他们的观点,巴克沃尔特等人提出了薄探针操作(probe-thinning manipulation),其策略是问参与者:"至少在某种程度上,S想到(think)P?"这种策略会加厚情节,减薄探针,从而导致伴随的结果有:(1)信念归赋将显著上升;(2)信念归赋将超过知识归赋;(3)参与者同时归赋知识和否认信念的比率将显著减少。他们实验的案例包括:地球中心案例、狗案例和上帝案例。

3.1 地球中心案例[2]

参与者329名(其中103名女性,年龄18~65岁,平均年龄27岁),被随机分配到三

---

[1] Wesley Buckwalter, David Rose & John Turri, "Belief Through Thick and Thin", *Noûs*, 2015(49:4):756.

[2] Wesley Buckwalter, David Rose & John Turri, "Belief Through Thick and Thin", *Noûs*, 2015(49:4):759-761.

个条件中的一个,网络有偿调查,每2～3分钟25美分。原版地球中心案例就是穆雷等人所设计的。参与者要求回答两个问题(选项在括号中):

> 凯伦知道地球绕太阳转吗?（是/否）
> 凯伦相信地球绕太阳转吗?（是/否）

除了一个重要的区别外,厚的地球中心案例与原版地球中心案例完全相同。这个重要的区别是在厚的地球中心案例中包含一个额外的句子,用来为参与者提供凯伦有厚信念(即有"确信"或"同意"相关的命题)的证据。为了完成这个,在下面附加句,凯伦明确地认可地球绕太阳转这个命题:

> [**厚的地球中心案例**]随后,当凯伦向她的朋友解释她的回答时,她告诉他们:"当然,我要尊重我的父母,但我不能否认我们在课堂上学到的地球绕太阳转的证据。"

在薄的地球中心案例中的参与者读到了原版地球中心案例,但是他们回答了用来追踪薄信念的一个不同的问题,并对倾向性信念保持开放。他们的问题是:

> 凯伦知道地球绕太阳转吗?（是/否）
> 至少在某种程度上,凯伦想到地球绕太阳转吗?（是/否）

巴克沃尔特等人对实验结果提出了4个主要的预测:(1)在厚的案例中,信念归赋的比率将显著高于原版案例;(2)在薄的案例中,信念归赋的比率将显著高于原版案例;(3)在薄的案例中,知识归赋不会高于信念归赋;(4)在薄的案例中,归赋知识和否认信念的参与者(即反蕴涵论题的人群)的百分比,将显著低于原版案例,而且不会显著高于15％。在薄的案例中,如果反蕴涵论题人群越小,那么薄蕴涵论题就越正确。

他们的这4个预测都得到了证实。参与者归赋信念,在原版案例中只有11％,在厚的案例中有61％,在薄的案例中有66％。在薄的案例中,信念归赋(66％)显著高于知识归赋(47％)。在薄的案例(12％)中,反蕴涵论题人群显著小于原版案例(37％)。[①] 在薄的案例(12％)中,反蕴涵论题人群小于15％的目标。

用薄的地球中心案例做了一个后续实验。参与者64人,通过平衡处理回答了下面两个问题:

> 至少在某种程度上,凯伦知道地球绕太阳转吗?（是/否）
> 至少在某种程度上,凯伦想到地球绕太阳转吗?（是/否）

① 原版案例、厚的案例和薄的案例结果分别为:没有知识没有信念(52％,10％,23％),没有知识有信念(3％,9％,30％),有知识没有信念(37％,29％,12％),有知识有信念(8％,53％,36％)。反蕴涵论题(37％)与穆雷等人的发现(46％)大致相同。

结果与先前的研究相同。大多数参与者归赋薄信念(81%)和知识(80%)。只有 8% 的参与者归赋知识没有信念,低于 15% 的门槛。[1] 这个结果表明,即使附加了"至少在某种程度上"这个措辞,薄信念蕴涵论题仍成立。

3.2 狗案例[2]

322 个参与者随机分成三组。原版狗案例就是穆雷等人设计的边境牧羊犬案例。在原版狗案例中,问了参与者如下两个问题:

> 凯西知道 2+2＝4 吗? (是/否)
> 凯西想到 2+2＝4 吗? (是/否)

除了一个重要的区别外,厚的狗案例与原版狗案例完全相同。这个重要的区别是在厚的狗案例中包括两个额外的句子,用来为参与者提供"凯西有一个厚信念"的证据。为了完成这个任务,在下面的附加句中,凯西明确认可"2+2＝4"这个命题:

> **[厚的狗案例]**除了所有这一切,当问其他狗这些简单的数学问题的答案,他们都无法正确地回答,为了帮助其他狗解决这些问题,凯西会叫出正确的答案。就像她真的想把答案告诉它们一样!

在薄的狗案例中的参与者读到了原版狗案例,但是他们回答了用来追踪薄信念的一个不同的问题,却对倾向性信念保持开放。他们的问题是:

> 凯西知道 2+2＝4 吗? (是/否)
> 至少在某种程度上,确实凯西想到 2+2＝4 吗? (是/否)

巴克沃尔特等人对实验结果提出的预测与地球中心案例实验相同。实验结果证实了这 4 个预测。参与者归赋信念如下:在原版狗案例中有 48%,在厚的案例中有 66%,在薄的案例中有 70%。在薄的案例(70%)中,信念归赋显著高于知识归赋(49%)。在薄的案例(8%)中,反蕴涵论题人群显著小于原来的案例(16%)。[3] 在薄的案例中,反蕴涵人群小于 15% 的目标。

100 位参与者参加了主体内实验,实验材料为原版地球中心案例和原版狗案例,同时提供厚和薄两个条件。结果与前面相同,在原版地球中心案例中,薄信念归赋为 52%,厚

---

[1]　双项的,p＝0.068,单尾。结果为:没有知识没有信念(11%),没有知识有信念(9%),有知识没有信念(8%),有知识有信念(72%)。

[2]　Wesley Buckwalter, David Rose & John Turri, "Belief Through Thick and Thin", *Noûs*, 2015 (49:4):761-762.

[3]　二项的,p＝0.021,单尾。原版案例、厚的案例和薄的案例结果分别为:没有知识没有信念(37%,17%,22%),没有知识有信念(16%,16%,29%),有知识没有信念(16%,16%,8%),有知识有信念(32%,51%,41%)。

信念归赋为 20%；在原版狗案例中，薄信念归赋为 68%，厚信念归赋为 46%。

3.3 上帝案例

问了 102 个参与者两个问题：

> 上帝知道 2+2＝4 吗？（是/否）
> 至少在某种程度上，上帝想过 2+2＝4 吗？（是/否）

然后在另一个屏幕（参与者不能返回去，也不能改变他们的回答），问参与者：

> 你相信上帝吗？（是/否）

巴克沃尔特等人对实验结果提出了 2 个预测：（1）知识归赋不会显著高于信念归赋；（2）反蕴涵论题人群不会显著大于 15%。实验结果证实了这 2 个预测。知识归赋没有显著高于信念归赋，实际上，他们是完全相同的（61%）。反蕴涵论题人群（7%）显著小于 15%。① 实验结果还发现，有神论者与无神论者相比，信念归赋（90/34%）和知识归赋（94/30%）显著都要高。有神论和无神论者的知识归赋都没有显著高于信念归赋。

巴克沃尔特等人对以上 3 个实验结果作了一个总的统计，在这 3 个实验中，参与者归赋信念结果如下：在原版和厚条件下有 46%，在薄条件下则有 65%；参与者归赋知识时，情况则反过来了，在原版和厚条件下有 60%，在薄条件下则有 52%。而且在原版和厚条件下，知识归赋比信念归赋要多；在薄的条件下，则反了过来。这说明薄/厚信念的确存在，以及薄蕴涵论题广泛接受性。因此，他们认为，实验结果证明：（1）在穆雷等人的原版地球中心案例、狗案例和上帝案例中，调查的信念是厚信念，而主角却不清楚是否有一个厚信念。通过加厚情节，会显著增加信念归赋的比率。（2）对薄信念的调查结果证明薄蕴涵论题是被广泛接受的，且归赋知识而否认信念反蕴涵论题的人群减少了。在概括此文的意义时，他们认为，除了捍卫薄蕴涵论题外，文章还区分了薄信念和厚信念，为认知科学和知识论提供一对新的观察问题的范畴。

4.蕴涵论题的质疑与辩护

郑伟平把"知识蕴涵信念"当作当代知识论中的一个教条，认为它会导致两个错误的推论，即"信念是获得知识的前提条件"和"知识是一种信念"。他认为，根据罗素的观点，亲知知识并不需要以信念为前提条件，并认为来自认知科学的二元认知系统也支持了他的观点。他的结论是：知识与信念之间是交叉关系，而非种属关系。其理由有三：一是，信念是可度量的，而知识是不能度量的。对于某个命题，可以有"度"的衡量。对不同的命题，我们的"信念度"（degree of belief）是不同的。随着支持信念的证据增加，信念度也将随之提升，反之则会降低。对于知识，则没有"知识度"，"许多哲学家明确否认有被称作

---

① 二项的，p＝0.01，单尾。薄的上帝和薄的上帝（信徒）的结果分别为：没有知识没有信念（32%，2%），没有知识有信念（7%，4%），有知识没有信念（7%，8%）、有知识有信念（54%，86%）。

'知识度问题'的任何哲学问题"①。二是,信念以接受为前提条件,知识则不以接受为前提条件。他以"悲伤的母亲"思想实验证明其观点。"母亲实际上知道儿子已经死去,因为她要帮助儿子料理后事,填写表格,处理遗产,等等。"母亲不相信儿子已经死去,因为"当母亲想念儿子,情绪战胜了理性,她的意志并不接受儿子的死亡,她不愿意相信儿子已经死去,更准确地讲,她不接受这一事实"。三是,"悲伤的母亲案例"的实验证明有无信念的知识存在。②

郑伟平的三个理由也是当前反对蕴涵论题的主要理由。对其理由,笔者将一一加以反驳。

首先,有信念度,也可以有知识度。相信度的存在是不必怀疑的,无论是厚/薄信念的理论区分,还是实际的应用都可证明。对于知识度,维勒(Gershon Weiler)是极少数明确提出知识度论证的哲学家,他通过把知识与理解关联起来,用"我知道 p 的程度,取决于我理解 p 的程度"来论证有知识度。由于他认为知道一个命题 p 意味着知道该命题的所有前件与后承。这种对知识的定义由于要求太高,很难实现,因此其论证也就失去了意义。③ 按知识的三元定义,由于有相信度、确证度和逼真度,因此无论从哪一个要素来看,都应该有相应的知道度。知道具有程度,我们还可以从大众的具体使用中获得证明。2017 年 1 月 1 日上午 9 点 32 分,笔者在百度上查"有点知道"找到相关结果约 1 540 000个,查"有些知道"找到约 556 000 个,查"绝对知道"找到相关结果约 1 880 000 个。9 点36 分在"中国知网"学术网上查全文,有"有点知道"的论文 140 篇,"有些知道"的论文 197篇,"绝对知道"的论文 215 篇。

其次,薄信念不以接受为前提条件。信念分为厚信念和薄信念。薄信念通常是基于感知和描述世界的信息不自觉地形成的,是无意识的,不以主体接受为前提条件;厚信念通常是基于反思认知的前态度、意欲或认可等自愿地形成的,是有意识的,以主体接受为前提条件。郑伟平认为"知识首先是一种命题态度,其次知识的获取需要充分的理由"④,既然是一种命题态度,那么就有肯定、否定或中立,就有意向性,被意识到;既然需要有充分的理由,那么这种理由必须是足够的,而不能太少,而理由是否充分需要评估。这表明,他的"知识"概念要求的是"厚信念"而非"薄信念"。他的论证虽然可以驳倒厚蕴涵论题,却驳不倒薄蕴涵论题。

在"悲伤的母亲"思想实验中,郑伟平说,之所以母亲不相信儿子已经死去,是因为"她的意志并不接受儿子的死亡,她不愿意相信儿子已经死去"。按这种说法,母亲肯定会说"我不相信我儿子已经死了"。母亲的这句话的真实意思是:我不敢相信我儿子已经死了""我难以相信我儿子已经死了"或"我不愿意相信我儿子已经死了",而不是她真的不相信,否则她就不会做后面的事情了,如"帮助儿子料理后事,填写表格,处理遗产,等等"。而且,"当母亲想念儿子,情绪战胜了理性"时,母亲这时所说都是非理性的,我们不应该相

①　Gershon Weiler,"Degrees of Knowledge",*The Philosophical Quarterly*,1965(15):317.
②　郑伟平:《知识与信念关系的哲学论证和实验研究》,《世界哲学》2014 年第 1 期,第 55-63 页。
③　Gershon Weiler,"Degrees of Knowledge",*The Philosophical Quarterly*,1965(15):317-327.
④　郑伟平:《知识与信念关系的哲学论证和实验研究》,《世界哲学》2014 年第 1 期,第 63 页。

信她的陈述,更不能把她非理性的话当作合理的证据。

信念分为厚信念和薄信念,也可以用来解释弗兰基西(Keith Frankish)和埃文斯(Jonathan Evans)主张的缄默知识与清晰知识之分。根据二元认知系统理论,他们认为,系统 1 中形成的知识是缄默知识(tacit knowledge),系统 2 中形成的知识是清晰知识(explicit knowledge)。在系统 1 中,缄默知识与薄信念紧密相关,其信念称为"基础信念"(basic belief),基础信念是缄默知识的重要构成要素。当我们对系统 1 中的基础信念进行考察,把它提升到系统 2 中,就成为了"上位信念"(super-belief),即厚信念。厚信念是清晰知识的重要构成要素。[①]

最后,像"悲伤的母亲案例"之类的实验证明有无信念的知识存在,是因为没有区分厚信念与薄信念。按照巴克沃尔特等人对地球中心案例、狗案例和上帝案例的实验研究,我们可以预测,如果在"悲伤的母亲案例"的实验研究中,问的第二个问题是"至少在某种程度上,母亲想到儿子已经死了吗?(是/否)",那么我们可以肯定,回答"是"的受试者会大幅度地增加,因为如果母亲想都没有想到儿子死了,那么肯定不会"帮助儿子料理后事,填写表格,处理遗产,等等"。

当然,有人会质疑"薄信念"是"真信念",质疑"薄信念"的合理性。如果只有"厚信念"而没有"薄信念",也就是说信念没有厚薄之分,都是厚信念,那么薄蕴涵论题也就失去了合理性。的确,薄信念等于"至少在某种程度上想到",这种信念的相信度可能太低,给人的感觉就是随机的、含糊的或盲目的猜测。对这类做法,迈尔斯-舒尔茨和斯伟茨格贝尔表现出担忧,他们写道:"我们假设在这些场景中,一些受访者可能把'想到(think)'解释为猜测或怀疑这样的东西,而不是相信。"[②]

为了检验薄信念是否与猜测相同,巴克沃尔特等人做了个实验。[③] 参与者 107 人,场景为:

> 斯隆是一个真正的懒鬼。这学期他选了天文学 101 课程但从来没有上过一次课,也从来没有读过任何指定的阅读材料。斯隆完全不熟悉这门课程的材料,期末考试是多项选择题,他希望能幸运地通过。考试的第 72 个问题是:"下面哪个选项是引力常数的最好近似值?"选项有:
>
> A. $6.7 * 10^{-21}$ m^3/kg s^2
> B. $6.7 * 10^{-11}$ m^3/kg s^2
> C. $6.7 * 10^{-12}$ m^2/kg s^3
> D. $6.7 * 10^{-11}$ m^2/kg s^3
> E. $6.7 * 10^{-10}$ m^3/kg s^2

---

① Keith Frankish and Jonathan Evans,"The Duality of Mind:An Historical Perspective",*Tennessees Business*,2009(17:2):2-5.

② Blake Myers-Schulz & Eric Schwitzgebel,"Knowing That P Without Believing That P",*Noûs*,2013(47:2):378.

③ Wesley Buckwalter,David Rose & John Turri,"Belief Through Thick and Thin",*Noûs*,2015(49:4):766-767.

斯隆随机选了选项 B,这是个正确的答案。参与者要回答用来衡量厚信念、薄信念和知识归赋的 3 个问题中的 1 个:

斯隆相信 $6.7 * 10^{-11}$ $m^3/kg\ s^2$ 是最好的近似值?

至少在某种程度上,斯隆知道 $6.7 * 10^{-11}$ $m^3/kg\ s^2$ 是最好的近似值?

至少在某种程度上,斯隆想到 $6.7 * 10^{-11}$ $m^3/kg\ s^2$ 是最好的近似值?

在巴克沃特等人看来,如果他们收集薄信念的方法没有把信念提升到信念所要求的最低水平,而只是纯粹的猜测,那么参与者对斯隆会有高的薄信念归赋。如果情况果真如此,那么薄信念的归赋将显著高于厚信念归赋和知识归赋。换言之,如果与厚信念相比,薄信念只是以纯粹猜测的形式不加选择地被归赋,那么可以预测到,与厚信念归赋比率相比,薄信念归赋的比率会明显要高。实验结果与这些预测相反:参与者不愿意把薄信念、厚信念和知识归赋给斯隆。只有 28% 的参与者归赋薄信念,而且薄信念归赋没有显著高于厚信念归赋(23%)或知识归赋(17%)。在巴克沃特等人看来,这些结果表明,"至少在某种程度上想到"这个薄探针提到的最小特征的确会提升信念度。换言之,这些结果提供证据表明大众心理学的薄信念概念比猜测要求更多。当然,他们也提到一个令人费解的现象,虽然大多数参与者不归赋薄信念和厚信念,然而仍有 23%~28% 的参与者归赋信念。需要进一步研究为什么会有 23%~28% 的参与者不加区分地进行薄和厚信念归赋。

基于以下 3 点理由,笔者认为应该赞同蕴涵理论:(1)捍卫了蕴涵理论,就捍卫了主流观念,从而遵循了经济原则;(2)区分了厚信念与薄信念,有助于解决伦理学和知识论中的内在主义与外在主义之争;(3)反蕴涵理论尚未看出对知识论的发展有什么助益。

第二节 其他的实验研究

普通的中国人对知识的构成怎样看,是如何进行知识分类的? 看上去如此荒谬的怀疑主义为什么有几千年的吸引力? 这是本节所要探讨的。

一、中国人知识观的实验调查

从幼儿时期始,直到读大学,读研究生,老师们都教导我们要多读点书,多学点知识。现在,我们成为了家长,成为了老师,也在不断地教导我们的子女、我们的学生多学点知识。师长们的理由不仅有社会对"智慧和知识是人类最崇高的东西"(柏拉图语)①以及"尊重知识,尊重人才"的重视,而且有大众对"知识就是力量"的信奉。吊诡的是,人们对"知识"的看法却众说纷纭,在当下热闹非凡的知识论研究中,分析知识论学者对"知识"的

---

① Plato,*The Dialogues of Plato*,Benjamin Jowett(trans.),Oxford:Random House,1937,p.352.

看法也是莫衷一是,实验知识论者则用实验证明,普通大众的知识观更是五花八门。然而,这些研究大都是国外知识论学者做出的,而且主要是就某个特定的问题进行的专门研究。普通中国人的知识观如何,与主流知识论的看法有何异同,应该如何看待这种异同,等等,这些都是我们试图解答的问题。

1.中国人知识观的问卷

我们问卷调查的目标有两个,一是探讨普通大众对知识定义的看法;二是探讨普通大众是如何进行知识归赋的,看看普通大众把哪些类型的命题看作知识。问卷分3个阶段在厦门大学本科生和研究生中进行,问卷方式有纸质问卷和网络问卷2种。

1.1 参与者与实验过程

第一阶段即 2016 年 3 月 8—15 日。应厦门大学马克思主义学院马克思主义与社会科学方法论课程老师之邀,笔者为厦门大学 4 个大班的文科硕士一年级学生作《哲学做实验吗》的讲座,学生人数共 840 人。利用讲座之机,我们进行了纸质和网络两种形式的问卷调查。问卷因问题和选项的先后顺序不同分为 2 种。网络问卷在问卷星上进行调查。收回纸质问卷 134 份,有效问卷 126 份,8 份因没有按要求作答被判为无效;收回网络问卷 458 份,有效问卷 244 份,214 份问卷因答题时间超过 500 秒、少于 100 秒或最高学位写错(可能是因为问卷在问卷星中开放时间达 7 天有其他人加入填写),被判为无效。

问卷用 SPSS22 分析,问卷中问题的不同排列顺序和问题选项的先后顺序对问卷结果没有显著的影响,因此可以排除顺序效应。纸质版和网络版问卷结果没有显著的差异。因此把这次问卷中的所有有效问卷整合在一起。

全部有效问卷 370 份。男性 106 人,占 28.6%;女性 264 人,占 71.4%。最高学历专业类型为文科的学生共 284 人,占 76.8%;理工科 58 人,占 15.7%;其他 28 人,占 7.6%。

第二阶段即 2016 年 10 月 9 日至 11 月 20 日。在给厦门大学人文学院大类 2016 级本科新生上哲学导论课时,用问卷星作了问卷调查。收回网络问卷 262 份,问卷答题时间超过 500 秒、少于 100 秒或身份识别码①写错的都判为无效,有效问卷 143 份。其中男性 47 人,占 32.9%;女性 96 人,占 67.1%。高中所学为文科的受试者 71.3%,理科为25.9%,其他 2.8%。这些本科生在回答问卷时,已经零星地学过一些知识论的内容。

第三阶段即 2017 年 4 月 20—22 日。同样是应厦门大学马克思主义学院马克思主义与社会科学方法论课程老师之邀,笔者为厦门大学 6 个大班的文科硕士一年级学生作《哲学做实验吗》的讲座,学生人数共 1267 人。利用讲座之机,进行了网络问卷调查。问卷因问题和选项的先后顺序不同分为 2 种。网络问卷在问卷星上进行调查。收回网络问卷 485 份,有效问卷 408 份,77 份问卷因答题时间超过 500 秒或少于 100 秒被判为无效。男性 94 人,占 23.0%;女性 314 人,占 77.0%。最高学历专业类型为文科的学生共 357 人,占 87.5%;理工科 51 人,占 12.5%;其他 0 人。

1.2 材料

第一阶段研究生与第二阶段本科生和第三阶段研究生的问卷(下文分别简称 16 研卷、本科问卷和 17 研卷)主体基本相同,个别有作修改。16 研卷如下:

---

① 规定学生的身份识别码为各自的学号。

1.你的性别？ 　　　　　　A.男　　　　B.女

2.1 你已获得的最高学历？ A.初中毕业　B.高中毕业　C.中专毕业　D.大专毕业

　　　　　　　　　　　　E.本科毕业　F.硕士毕业　G.博士毕业

2.2 你已获得的最高学历的专业类型？　　A.文科　B.理工科　C.其他

3.大家都知道,狗的重要特征有:①会吠　②有四腿　③有毛　④胎生的

　　　　　　　　　　　　　　　⑤幼时哺乳　⑥嗅觉灵敏

请问:知识的重要特征有哪些？（可多选,最多选 5 个）

①有用的　　　　　　②得到了证明的　　　　③不是偶然获得的

④是真的　　　　　　⑤可信的　　　　　　　⑥可传播的

⑦成体系的　　　　　⑧公共的　　　　　　　⑨不可错的

⑩其他

4."科学的定理不是知识"这句话对吗？

①不能判断＿　②对＿　③不对＿

5.你认为下面哪些句子是知识？（可多选）

① 1 小时有 60 分钟。

② 这袋米重 100 斤,1 斤米大约有 2 万粒,因此,这袋米大约有 200 万粒。

③ 三角形的内角和等于 180°。

④ 偷盗是不道德的。

⑤ 厦门大学是美的。

⑥ 中华人民共和国 1949 年 10 月 1 日成立。

⑦ 美国现任总统是奥巴马。

⑧ 地球绕太阳公转。

⑨ 月亮要么是行星要么不是行星。

6.有网上说,2015 年 9 月 11 日厦门大学 2015 级本科生有 1 000 人没有参加军训阅兵。由于 2015 年厦门大学共招收 4 771 名本科新生,因此 2015 年 9 月 11 日厦门大学 2015 级本科生军训阅兵时有 3 771 名本科生参加了军训。请问:"2015 年 9 月 11 日厦门大学 2015 级本科生军训阅兵时有 3 771 名本科生参加了军训"这句话是知识吗？

①不能判断＿　　②是＿　　③不是＿

7."张三的妈妈是张三的亲人"这句话是知识吗？

①不能判断＿　②是＿　③不是＿

8.如果厦门大学朱崇实校长确实有 100 201 根头发。请问:"厦门大学朱崇实校长有 100 201 根头发"这句话是知识吗？

①不能判断＿　　②是＿　　③不是＿

3 阶段问卷的不同在于:

1)因担心美国大选导致同学们对"美国现任总统"的不同理解,以及想了解中美不同国家的最高领导人和学校最高领导人会不会影响知识归赋,故在本科问卷中把第 5 题的

第 7 小题改为"中华人民共和国的现任主席是习近平";在 17 研卷中改为"厦门大学的现任校长是朱崇实"。

2)想了解不同的网络时事新闻的知识归赋,故在本科问卷中把第 6 题改为如下:

网上说,2016 年 9 月 17 日的台风"莫兰蒂"重创福建,17 级狂风毁坏 651 327 棵树。请问:"2016 年 9 月 17 日的台风'莫兰蒂'毁坏 651 327 棵树"这句话是知识吗?

3)由于研究生调查发现大多数人认为"张三的妈妈是张三的亲人"这句话不是知识,担心是受试者对"亲人"概念理解的含混,故在本科问卷中改为:

"'张三的妈妈是张三的长辈'这句话是知识吗?"

4)由于研究生调查发现否认"厦门大学朱崇实校长有 100 201 根头发"是知识的比例很高,担心是因为一位大学校长的地位太低,受试者不会对其进行知识归赋,故在本科问卷中改为:

如果美国现任总统奥巴马确实有 100 201 根头发。请问:"美国现任总统奥巴马有 100 201 根头发"这句话是知识吗?

5)本科问卷增加了 2 道题,即:

问题 9:爱因斯坦的狭义相对论是知识吗?

问题 10:一元二次方程求根公式是知识吗?

6)17 研卷有第 1—5 题,没有第 6—8 题,并增加了一些人口调查问卷。

2.实验结果及其分析

下面我们依题的顺序来介绍其结果与分析。

2.1 实验的结果

性别与变量的关系

在 16 研卷中,性别与其他选题存在统计学上的显著性的选题有:问题 3(7),男性平均值 0.43,女性平均值 0.55;问题 5(3),男性平均值 0.87,女性平均值 0.93;问题 5(4),男性平均值 0.18,女性平均值 0.10;问题 5(5),男性平均值 0.11,女性平均值 0.05;问题 8,男性平均值 2.47,女性平均值为 2.69。

在本科问卷中,性别与其他选题存在统计学的显著性的选题有:与最高学历的专业类型之间存在显著性差异,男性平均值 1.47,女性平均值 1.24;问题 3(6),男性平均值 0.47,女性平均值 0.67;问题 5(5),男性平均值 0.11,女性平均值 0.02。

本科生受试者大多高中专业都是文科,而且所读的本科是厦门大学人文学院(包括中文、历史、哲学和人类学),而硕士研究生受试者包括厦门大学经济学、会计学、人文学院、教育学院、管理学院,其学士学位有理工科,也有文科,因而没有显著性差异。

在 17 研卷中,性别与其他选题存在统计学的显著性的选题有:问题 5(5),男性平均值 0.11,女性平均值 0.05;问题 5(8),男性平均值 0.84,女性平均值 0.96。

专业与其他变量的关系

在 16 研卷中,最高学位的专业与其他选题存在统计学上的显著性的选题有:专业(只看文科与理工科)与第 8 题存在显著性差异,男性平均值 2.60,女性平均值为 2.79。

在本科生问卷中,除性别外,没有发现最高学历的专业与其他变量存在显著性差异。在 17 研卷中,也是如此。

问题 3 的回答

在 16 研卷受试者中，选①"有用的"有 257 人即 69.5%；选②"得到了证明的"有 166 人即 44.9%；选③"不是偶然获得的"有 78 人即 21.1%；选④"真的"有 49 人即 15.9%；选⑤"可信的"有 149 人即 40.3%；选⑥"可传播的"有 284 人即 76.8%；选⑦"成体系的"有 189 人即 51.1%；选⑧"公共的"有 133 人即 35.9%；选⑨"不可错的"有 5 人即 1.4%；选⑩"其他"有 19 人即 5.1%。

在本科问卷受试者中，选①"有用的"有 97 人即 67.8%；选②"得到了证明的"有 95 人即 66.4%；选③"不是偶然获得的"有 24 人即 16.8%；选④"真的"有 71 人即 49.7%；选⑤"可信的"有 96 人即 67.1%；选⑥"可传播的"有 86 人即 60.1%；选⑦"成体系的"有 72 人即 50.3%；选⑧"公共的"有 43 人即 30.1%；选⑨"不可错的"有 4 人即 2.8%；选⑩"其他"有 7 人即 4.9%。

在 17 研卷受试者中，选①"有用的"有 236 人即 57.8%；选②"得到了证明的"有 211 人即 51.7%；选③"不是偶然获得的"有 124 人即 30.4%；选④"真的"有 73 人即 17.9%；选⑤"可信的"有 167 人即 40.9%；选⑥"可传播的"有 330 人即 80.9%；选⑦"成体系的"有 261 人即 64.0%；选⑧"公共的"有 166 人即 40.7%；选⑨"不可错的"有 12 人即 2.9%。

其结果整理如表 6-1：

表 6-1　中国人知识归赋的实验调查结果

	① 有用	② 确证	③ 非偶然	④ 真	⑤ 可信	⑥ 传播	⑦ 系统	⑧ 公共	⑨ 不可错	⑩ 其他
16 研卷	69.5%	44.9%	21.1%	15.9%	40.3%	76.8%	51.1%	35.9%	1.4%	5.1%
本科问卷	67.8%	66.4%	16.8%	49.7%	67.1%	60.1%	50.3%	30.1%	2.8%	4.9%
17 研卷	57.8%	51.7%	30.4%	17.9%	40.9%	80.9%	64.0%	40.7%	2.9%	缺

在 16 研卷受试者看来，知识的 5 个最重要特征依重要性减弱排序为：可传播的 76.8%；有用的 69.5%；成体系的 51.1%；得到了证明的 44.9%；可信的 40.3%。

在本科问卷受试者看来，知识的 5 个最重要特征依重要性减弱排序为：有用的 67.8%；可信的 67.1%；得到了证明的 66.4%；可传播的 60.1%；成体系的 50.3%。

在 17 研卷受试者看来，知识的 5 个最重要特征依重要性减弱排序为：可传播的 80.9%；成体系的 64.0%；有用的 57.8%；得到了证明的 51.7%；可信的 40.9%。

问题 4 的回答

在 16 研卷受试者中，选①"不能判断"有 55 人即 14.9%；选②"对"有 40 人即 10.8%；选③"不对"有 275 人即 74.3%。

在本科问卷受试者中，选①"不能判断"有 41 人即 28.7%；选②"对"有 19 人即 13.3%；选③"不对"有 83 人即 58.0%。

在 17 研卷受试者中，选①"不能判断"有 86 人即 21.1%；选②"对"有 42 人即 10.3%；选③"不对"有 280 人即 68.6%。

问题 5 的回答

在 16 研卷受试者中，选①"1 小时有 60 分钟"为知识的受试者有 281 人即 75.9%；选

②"这袋米重 100 斤,1 斤米大约有 2 万粒,因此,这袋米大约有 200 万粒"为知识的受试者有 164 人即 44.3%;选③"三角形的内角和等于 180°"为知识的受试者有 338 人即 91.4%;选④"偷盗是不道德的"为知识的受试者有 46 人即 12.4%;选⑤"厦门大学是美的"为知识的受试者有 24 人即 6.5%;选⑥"中华人民共和国 1949 年 10 月 1 日成立"为知识的受试者有 227 人即 61.4%;选⑦"美国现任总统是奥巴马"为知识的受试者有 138 人即37.3%;选⑧"地球绕太阳公转"为知识的受试者有 331 人即 89.5%;选⑨"月亮要么是行星要么不是行星"为知识的受试者有 79 人即 21.4%。

在本科问卷受试者中,选①"1 小时有 60 分钟"为知识的受试者有 121 人即 84.6%;选②"这袋米重 100 斤,1 斤米大约有 2 万粒,因此,这袋米大约有 200 万粒"为知识的受试者有 62 人即 43.4%;选③"三角形的内角和等于 180°"为知识的受试者有 121 人即 84.6%;选④"偷盗是不道德的"为知识的受试者有 20 人即 14.0%;选⑤"厦门大学是美的"为知识的受试者有 7 人即 4.9%;选⑥"中华人民共和国 1949 年 10 月 1 日成立"为知识的受试者有 113 人即 79.0%;选⑦"中华人民共和国的现任主席是习近平"为知识的受试者有 96 人即 67.1%;选⑧"地球绕太阳公转"为知识的受试者有 138 人即 96.5%;选⑨"月亮要么是行星要么不是行星"为知识的受试者有 25 人即 17.5%。

在 17 研卷受试者中,选①"1 小时有 60 分钟"为知识的受试者有 330 人即 80.9%;选②"这袋米重 100 斤,1 斤米大约有 2 万粒,因此,这袋米大约有 200 万粒"为知识的受试者有 163 人即 40.0%;选③"三角形的内角和等于 180°"为知识的受试者有 350 人即 85.8%;选④"偷盗是不道德的"为知识的受试者有 48 人即 11.8%;选⑤"厦门大学是美的"为知识的受试者有 25 人即 6.1%;选⑥"中华人民共和国 1949 年 10 月 1 日成立"为知识的受试者有 289 人即 70.8%;选⑦"厦门大学的现任校长是朱崇实"为知识的受试者有 173 人即 42.4%;选⑧"地球绕太阳公转"为知识的受试者有 380 人即 93.1%;选⑨"月亮要么是行星要么不是行星"为知识的受试者有 70 人即 17.2%。

其结果整理如表 6-2:

表 6-2　中国人知识概念的调查结果

	①	②	③	④	⑤	⑥	⑦	⑧	⑨
16 研卷	75.9%	44.3%	91.4%	12.4%	6.5%	61.4%	37.3%	89.5%	21.4%
本科问卷	84.6%	43.4%	84.6%	14.0%	4.9%	79.0%	67.1%	96.5%	17.5%
17 研卷	80.9%	40.0%	85.8%	11.8%	6.1%	70.8%	42.4%	93.1%	17.2%

问题 6 的回答

16 研卷受试者对"军训阅兵"的回答,选①"不能判断"的受试者有 32 人即 8.6%;选②"是"的受试者有 85 人即 23.0%;选③"不是"的受试者有 253 人即 68.4%。这道题前提明显是错误的,因为 1000 人即占将近 21%的人没有来军训,如果没有出现重大事故,这是难以想象的。然而,却有 23%的受试者选择为知识。

本科问卷受试者对"莫兰蒂台风"的回答,选①"不能判断"的受试者有 20 人即 14.0%;选②"是"的受试者有 47 人即 32.9%;选③"不是"的受试者有 76 人即 53.1%。

问题 7 的回答

16 研卷受试者对"张三的妈妈是张三的亲人"问题的回答,选①"不能判断"的受试者有 24 人即 6.5%;选②"是"的受试者有 104 人即 28.1%;选③"不是"的受试者有 242 人即 65.4%。

本科问卷受试者对"张三的妈妈是张三的长辈"问题的回答,选①"不能判断"的受试者有 11 人即 7.7%;选②"是"的受试者有 71 人即 49.7%;选③"不是"的受试者有 61 人即 42.7%。

问题 8 的回答

16 研卷受试者对朱崇实校长头发数问题的回答,选①"不能判断"的受试者有 36 人即 9.7%;选②"是"的受试者有 65 人即 17.6%;选③"不是"的受试者有 269 人即 72.7%。

本科问卷受试者对奥巴马总统头发数问题的回答,选①"不能判断"的受试者有 15 人即 10.5%;选②"是"的受试者有 44 人即 30.8%;选③"不是"的受试者有 84 人即 58.7%。

问题 9 的回答

本科问卷受试者对"爱因斯坦的狭义相对论是知识吗"问题的回答,选①"不能判断"的受试者有 15 人即 10.5%;选②"是"的受试者有 117 人即 81.8%;选③"不是"的受试者有 11 人即 7.7%。

问题 10 的回答

本科问卷受试者对"一元二次方程求根公式是知识吗"问题的回答,选①"不能判断"的受试者有 4 人即 2.8%;选②"是"的受试者有 135 人即 94.4%;选③"不是"的受试者有 4 人即 2.8%。

相关性研究

皮尔森相关性[①]研究发现有相关性的结果如下:

在 16 研卷受试者中,问题 5(1)与问题 5(3)的相关度为 0.344,与问题 5(6)的相关度为 0.294,与问题 5(7)的相关度为 0.238,与问题 5(8)的相关度为 0.219;问题 5(2)与问题 5(4)的相关度为 0.175,与问题 5(5)的相关度为 0.141,与问题 5(6)的相关度为 0.161,与问题 5(7)的相关度为 0.178;问题 5(3)与问题 5(5)的相关度为 −0.153,与问题 5(6)的相关度为 0.131,与问题 5(8)的相关度为 0.270;问题 5(4)与问题 5(5)的相关度为 0.499,与问题 5(7)的相关度为 0.150,与问题 5(9)的相关度为 0.123;问题 5(5)与问题 5(7)的相关度为 0.205,与问题 5(8)的相关度为 −0.124,与问题 5(9)的相关度为 0.131;问题 5(6)与问题 5(7)的相关度为 0.520,与问题 5(8)的相关度为 0.179;问题 5(8)与问题 5(9)的相关度为 0.114。

在本科问卷受试者中,问题 3(1)与问题 3(6)的相关度为 0.204,与问题 3(9)的相关度为 −0.246;问题 3(2)与问题 3(4)的相关度为 0.202;问题 3(4)与问题 3(5)的相关度为 0.258,与问题 3(6)的相关度为 −0.477,与问题 3(7)的相关度为 −0.245,与问题 3(8)的相关度为 −0.275,与问题 3(9)的相关度为 0.171;问题 3(5)与问题 3(10)的相关度为 −0.255;问题 3(6)与问题 3(7)的相关度为 0.249,与问题 3(8)的相关度为 0.409,与问题 3(9)的相关度为 −0.208,与问题 3(10)的相关度为 −0.212;问题 3(7)与问题 3(9)的相关

---

① 注意:(1)相关度的绝对值大于 0.136 的数值表示在 0.01 层上显著相关(双尾);绝对值小于 0.135 的数值表示在 0.05 层上显著(双尾)。(2)相关性为相互的,为了节省笔墨,只列一次。(3)"−"表示"负相关"。由于只有问题 3 或问题 5 独自所提问的方式相同,因此看它们的相关性才有意义。

度为-0.171。

在 17 研卷受试者中,问题 3(2)与问题 3(4)的相关度为 0.118,与问题 3(5)的相关度为 0.176,与问题 3(8)的相关度为-0.098;问题 3(3)与问题 3(4)的相关度为-0.114,与问题 3(5)的相关度为-0.117;问题 3(4)与问题 3(5)的相关度为 0.119,与问题 3(7)的相关度为-0.222,与问题 3(8)的相关度为-0.100;问题 3(5)与问题 3(7)的相关度为-0.123,与问题 3(8)的相关度为-0.172;问题 3(6)与问题 3(7)的相关度为 0.219,与问题 3(8)的相关度为 0.200。

在 17 研卷受试者中,问题 5(1)与问题 5(2)的相关度为 0.167,与问题 5(3)的相关度为 0.123,与问题 5(6)的相关度为 0.360,与问题 5(7)的相关度为 0.253,与问题 5(8)的相关度为 0.213;问题 5(2)与问题 5(3)的相关度为 0.117,与问题 5(4)的相关度为 0.137,与问题 5(6)的相关度为 0.160,与问题 5(7)的相关度为 0.141,与问题 5(9)的相关度为 0.186;问题 5(3)与问题 5(5)的相关度为-0.101,与问题 5(8)的相关度为 0.195;问题 5(4)与问题 5(5)的相关度为 0.478,与问题 5(6)的相关度为 0.100,与问题 5(7)的相关度为 0.148,与问题 5(9)的相关度为 0.197;问题 5(5)与问题 5(7)的相关度为 0.215,与问题 5(8)的相关度为-0.133,与问题 5(9)的相关度为 0.155;问题 5(6)与问题 5(7)的相关度为 0.507,与问题 5(8)的相关度为 0.188;问题 5(7)与问题 5(8)的相关度为 0.115。

2.2 分析

由于问卷调查中的问题主要用来测试普通大众对知识定义的看法和不同类型的知识归赋情况,因此,对于上面的结果,我们主要从这两个方面进行分析。

2.2.1 普通大众对知识定义的看法

主流知识的三元定义强调知识由确证、真和信念这三个要素构成。调查 16 研卷和 17 研卷的受试者,结果是,虽然最重要的五个特征中有"得到了证明的"和"可信的",即有"确证"和"信念"两个因素,然而,这两个因素被选的百分比都较低。16 研卷和 17 研卷选"真"的受试者比例只有 15.9% 和 17.9%。与两次研究生问卷的结果相同,在本科问卷的受试者中,最重要的五个特征也只有"确证"和"信念"这两个因素,"真"仍没有入选。不过,选"确证"因素的比例较高,达到了 66.4%,选"信念"的比例为 67.1%,而且,虽然"真"不是知识的五个最重要的特征之一,然而比例已经达到了 49.7%,接近半数了,与研究生受试者选"真"的比例低于 20% 相比,具有统计学上的显著性。对比研究生和本科生受试者,我们可以发现,本科生受试者对"知识"定义的看法更接近主流知识论的三元定义。为什么会出现这种情况,应该是因为本科生受试者受过零星的知识论教育(不超过 2 节课)。

无论是本科生受试者,还是研究生受试者,对知识的最重要的五个特征的理解都是相同的,都还包含"可传播""有用"和"成体系"。这些特征难为传统知识论所容纳。重视"知识"的可传播也许与当前信息社会相关;重视"知识"的有用,也许与当下实用风气相关;重视"知识"的体系化则难以解释。

2.2.2 普通大众对知识归赋的看法

由于本科生受试者受到了知识论教育的"污染",因此,其数据难以如实反映普通大众对知识的看法。在下文中仅用本科生受试者的数据来验证从研究生受试者分析得到的结论。

根据知识的来源不同,知识可分为经验知识和逻辑知识。根据知识的意义和重要性不同,知识可分为琐碎(trivial)知识和重要知识(即按主流知识论标准所说的知识)。按此标准 16 研卷的结果可进行如下分类(只标注问题号):

表 6-3　知识分类之一

	经验知识	逻辑知识
琐碎知识	本 6,8	5(2),7,
重要知识	4,5(1),5(4),5(5),5(6),5(7),5(8),9	5(3),5(9),10

从主流知识论的三元定义来看,问题 4 应选"不对",而问题 5 至问题 10 的所有命题都应该归赋知识。从普通大众的知识归赋(依有用性和经验性来分,且经验知识优先)来看,归赋知识的比例从高到低为:重要经验知识＞重要逻辑知识＞琐碎经验知识＞琐碎逻辑知识。

为了便于对比,我们用"→"来标识每道题的百分比,并把第 4 题的否定式转化为肯定式,其结果如下:

表 6-4　知识分类之二

	经验知识	逻辑知识
琐碎知识	本 6→32.9％,8→17.6％	5(2)→44.3％,7→28.1％
重要知识	4→74.3％,5(1)→75.9％, 5(4)→12.4％,5(5)→6.5％, 5(6)→61.4％,5(7)→37.3％, 5(8)→89.5％,9→81.8％	5(3)→91.4％, 5(9)→21.4％, 10→94.4％

从表格的数据看,按知识的有用性和经验性来划分知识,是不能解释所获得的数据的。按知识的逻辑性和有用性来划分知识,也是不能解释上面的数据。这个结果启发我们,也许普通大众的知识归赋有些是错误的。大多数学生没有学过逻辑,不知道"月亮要么是行星要么不是行星"是永真命题,从而作了错误的划分,把这个命题看作啰唆的废话。这从反面说明学点逻辑在中国大学教育中是十分必要的。中国学者很少有人认同"道德知识"或"审美知识"的提法,普通大众同样也没有这些观念,因此,选 5(4)即"偷盗是不道德的"为知识的比例只有 12.4％,选 5(5)即"厦门大学是美的"为知识的只有 6.5％。在 2016 年 3 月奥巴马还是美国总统时,只有 37.3％的中国研究生选"美国现任总统是奥巴马"为知识,这可能是因为中国研究生不关心国际时事,也可能是"美国现任总统是奥巴马"与中国研究生不太相关,学生不关心此事。因此在本科受试者中,出现 67.1％的本科生选"中华人民共和国的现任主席是习近平"为知识的现象。研究生对"张三的妈妈是张三的亲人"这个常识只有 28.1％进行知识归赋,本科生虽然有 49.7％进行知识归赋,依然太少。作为厦门大学的学生受试者,应该不会是对"妈妈"与"亲人"或"长辈"关系不了解。知识归赋的比例低,也许是把这句话看作无多大意义的常识。把误解的 5(9)题以及不为中国人认可的道德知识 5(4)题和审美知识 5(5)题去掉,那么得到如下知识分类表:

表 6-5　知识分类之三

	经验知识	逻辑知识
琐碎知识	本 6→32.9％,8→17.6％	5(2)→44.3％,7→28.1％
重要知识	4→74.3％,5(1)→75.9％, 5(6)→61.4％,本 5(7)→67.1％, 5(8)→89.5％,9→81.8％	5(3)→91.4％, 10→94.4％

这个分类表证明普通大众对知识的分类遵循"逻辑性优先,有用性次之"的原则,因此知识归赋的优先性为:重要逻辑知识＞重要经验知识＞琐碎逻辑知识＞琐碎经验知识。

从以上的数据与分析可以得到如下结论:(1)普通大众的知识定义与主流知识论的知识定义有重大差别,前者重视知识的有用性和可传播性,轻视知识的真的维度;后者强调知识的三元要素。(2)普通大众的知识归赋遵循逻辑性优先,实用性次之的原则。这种知识归赋原则,与受试者从小学到大学所受的教育相同。中国的教育强调数理化方面的科学知识。普通大众的知识归赋原则与知识论主流传统相同。(3)普通大众通常不把没有多少意义的琐碎知识当作知识,也否认存在道德知识和审美知识,尤其是审美知识。(4)上过一些知识论课程的学生,其知识观与主流知识论者更接近。这表明知识论教育的必要性。

3.对中国人知识看法的思考

研究中国的普通大众的知识观对我们的启示有:(1)真是知识的必要条件;(2)琐碎知识难以成为知识,道德知识和审美知识更难成为知识[1];(3)在对知识的认识上,知识论专家具有认知特权,普通大众应该接受知识论教育。

3.1 真是知识的必要条件

研究发现,厦门大学文科研究生选"真"为知识的五个重要特征之一的比例仅为15.9％和17.9％。"不可错"是与"真"相近的表述,三次问卷中选"不可错"的都不超过3％。问卷调查的结果与绝大多数知识论学家把真当作知识的必要条件之一相去甚远。我们不会认为,这是由于厦门大学文科研究生和本科生学术水平太差,因为在全国 2 879 所高等学校[2]中,厦门大学排名在 21—23 位,而且厦门大学文科总体排名比厦门大学理工科要高。这只能说明中国普通大众基本不认为知识与真有紧密联系。

从普通大众的日常使用中也可以看出,普通大众不把真当作知识的必要条件。2017 年 6 月 10 日上午 10 点 20 分,我们在百度上带引号查"假的知道",找到相关结果约 11 200 000 个;带引号查"真的知道"找到相关结果约 4 750 000 个。10 点 23 分在"中国知网"学术网上查全文,有"真的知道"的论文 796 篇,有"假的知道"的论文 21 篇。这表明,不仅在不太正式的网络用语上,还是在比较正式的学术网用语上,"知道"都有"真的"与"假的"之分。

非但普通大众认为知道有真假之分,也有少数学者主张知识可以离开"真"。例如,黑

---

① 这里说的"琐碎知识""道德知识"和"审美知识",是按传统观点来说的,而说它们难以成为知识,是由经验数据推导出来的。

② 依据 2016 年教育部的数据。http://www.moe.gov.cn/srcsite/A03/moe_634/201606/t20160603_248263.html.

兹利特(Allan Hazlett)指出,在缺乏真理的情况下,归赋知识现象是普遍存在的。① 斯塔曼斯(Christina Starmans)等人的研究也表明,大约有 10%～20% 的人把知识归于错误(反事实)。②

虽然普通大众和少数学者主张知识可以不需要"真",然而,出于对"知识"概念的崇高地位的敬重,以及现有质疑的证据和理由并不是很充分,因此,我们主张"真"是知识的必要条件。不可否认,在日常使用中,正如我们在百度上所查,找到有"假的知道"的相关结果约 11 200 000 个,找到有"真的知道"的相关结果约 4 750 000 个,然而与约 100 000 000 个有"知道"的结果相比,前两者的总和大约只占所有"知道"的 15.95%。在学术网上,查到有"假的知道"或"真的知道"的论文共 817 篇,而有"知道"的论文 4 502 750 篇,前两者的总和只占所有"知道"的 0.18%。网络不规范用法是学术不规范用法的 88.61 倍。尤其重要的是,主张知识不蕴涵真,认可知识可以为假,"这一方面会亵渎知识的神圣性,另一方面会导致相对主义,使真理与意见区分不开"③,其代价是难以为任何建构性的知识论所承担。隔离知识与真的蕴涵关系,会导致知识的庸俗化,甚至虚无化。

3.2 琐碎知识和非正统知识难以成为知识

在通常情况下,某人有多少根头发(精确到个位),某人的身高有多高(精确到毫米),某人的体重有多重(精确到克),这类与我们日常生活的衡量方式不同的表述,纵使它们是真的且有根据,普通大众也很难把它们当作知识。"一袋米有多少粒?"与"某人头发有多少根?"其意义大体相同,然而,在 3 次问卷中,对"这袋米大约有 200 万粒"进行知识归赋的有 40.0%～44.3%,而对"厦门大学朱崇实校长有 100 201 根头发"进行知识归赋的研究生只有 17.6%,对"美国现任总统奥巴马有 100 201 根头发"进行知识归赋的研究生只有 30.8%,这 3 个数值之间有显著的差异。其原因也许是:(1)朱崇实校长的头发有多少根,没有奥巴马总统的头发有多少根重要,因为两者的地位有天壤之别;(2)如非必要,知识的表述越精确,普通大众越不会进行知识归赋。"大约 200 万粒"比"头发有 100 201 根"表述更不精确,更符合普通大众的表述习惯,因此知识归赋比例越大。毁坏多少棵树,自然比有多少根头发重要,然而对"莫兰蒂台风毁坏 651 327 棵树"进行知识归赋的本科生只有 32.9%,与奥巴马总统有多少根头发不相上下,这也可以看作过分琐碎(太精确)所导致的。如果改为"莫兰蒂台风毁坏大约 65 万棵树"和"美国总统奥巴马的头发大约有 10 万根",那么可以预测,知识归赋的比例会大大提高。

由上分析可知,在是否把新闻当作知识上,以琐碎知识形式进行的报道不太合理,难

① Allan Hazlett,"The Myth of Factive verbs",*Philosophy and Phenomenological Research*,2010(80):497-522. Allan Hazlett,"Factive Presupposition and the Truth Condition on Knowledge",*Acta Analytica*,2012(27):461-478.

② Christina Starmans & Ori Friedman,"The Folk Conception of Knowledge",*Cognition*,2012(124):272-283.

John Turri,"A Conspicuous Art:Putting Gettier to the Test",*Philosophers' Imprint*,2013(13:10):1-16.

③ 曹剑波:《知识与语境:当代西方知识论对怀疑主义难题的解答》,上海:上海人民出版社 2009年,第 55 页。

以为普通大众所相信。在今年的百度新闻网站上,我们看到:"5 月 11 日,兰州市中级人民法院宣布,青海省委原常委、西宁市委原书记毛小兵受贿 1.0480661694 亿元。"①依据我们的猜测,受贿精确到 9 角 4 分之类的报道是难以为普通大众所相信的,应该把报道改为"受贿约 1.05 亿元"。

对"偷盗是不道德的"知识归赋,3 次调查的比例为 11.8%～14.0%;对于"厦门大学是美的"知识归赋,3 次调查的比例为 4.9%～6.5%。正如我们所认为的,"大约有 20% 的人总喜欢极端,对于这些极端数据,我们在实验哲学的问卷调查中可以忽略"②,因此,可以认为"偷盗是不道德的"和"厦门大学是美的"都不是知识,而这 2 个命题,分别代表道德知识和审美知识。"道德知识"和"审美知识"概念不为中国学者所接受,也较少为西方主流知识论学者所接受,是非正统的知识类型。要把这些非正统的知识类型变成为普通大众所接受,难度很大,而且在我们看来也没有必要。求真、求善和求美,是不同类型的目标,不能相互还原。

3.3 专家特权论

在对知识的属性和知识归赋进行研究时,我们会遇到,到底是相信普通大众还是相信少数专家的问题。在知识的定义上,普通大众认为"传播性""有用性"和"体系性"是知识很重要的属性,而"真"则是可有可无的属性;知识论专家强调"真"对知识的必要性,反对"传播性""有用性"和"体系性"是知识的重要属性。

有许多研究探讨了人们是如何评估他人有好的知识来源的。研究证明,即使 3～4 岁的儿童也不会盲目地把他人的话当作真理,而是选择性地相信那些过去正确无误的说话者,以及相信那些较年长的、更熟悉的、更可靠的和更专业的说话者。③ 研究还发现,在判

① 《法治课 | 8 名副部连续获刑,受贿数额为何精确到几角几分》.http://news.163.com/17/0601/18/CLS8CP8K000187VE.html.

② 曹剑波:《确证理论的实验研究:特鲁特普案例》,《世界哲学》2014 年第 2 期,第 108-115.

③ Susan A.J.Birch, Sophie A.Vauthiera & Paul Bloom, "Three-and Four-year-olds Spontaneously Use Others' Past Performance to Guide Their Learning", *Cognition*, 2008(107;3):1018-1034.

Kathleen Corriveau & Paul L.Harris, "Choosing Your Informant: Weighing Familiarity and Recent Accuracy", *Developmental Science*, 2009(12;3):426-437.

Vikram K. Jaswal and Leslie A. Neely, "Adults Don't Always Know Best: Preschoolers Use Past Reliability over Age When Learning New Words", *Psychological Science*, 2006(17;9):757-758.

Melissa A. Koenig, Fabrice Clément & Paul L. Harris, "Trust in Testimony: Children's Use of True and False Statements", *Psychological Science*, 2004(15;10):694-698.Donna J. Lutz& Frank C. Keil, "Early Understanding of the Division of Cognitive Labor", *Child Development*, 2002(73;4):1073-1084.

Mark A. Sabbagh and Dare A. Baldwin, "Learning Words from Knowledgeable versus Ignorant Speakers:Links between Preschoolers' Theory of Mind and Semantic Development", *Child Development*, 2001(72):1054-1070.

Marjorie Taylor, Bridget S. Cartwright and Thomas Bowden, "Perspective Taking and Theory of Mind:Do Children Predict Interpretive Diversity as a Function of Differences in Observers' Knowledge?" *Child Development*, 1991(62):1334-1351.

断他人是否有知识时，要小孩忽略他们自己的特权知识是困难的。[①]

我们认为，在对知识的看法上，相较于普通大众，知识论专家具有特权。在知识的归赋上，知识论学者与普通大众对"月亮要么是行星要么不是行星"是否为知识看法完全不一样。基于知识论学者对知识问题的熟悉程度及专业技能，我们赞成在知识问题上，应该请教知识论专家。

此外，我们还可以从作为哲学家气质的实验研究成果来看作为哲学家群体中的一部分的知识论学者为具有特权。

哲学家群体明显是由一些完全不同的人构成：他们研究的问题千差万别（例如，世界的本质、知识的限度、自由选择的范围、正义战争的基础等），他们凭借的方法天壤之别（例如，诉诸直觉、概念分析、反思、归纳、实验），他们对具体问题的看法各有千秋（例如，就知识理论来说，有基础主义、一致主义、基础一致主义、一致基础主义、语境主义、可靠主义、实用主义，等等）。哲学家的兴趣、方法和观点的差异如此巨大，以致使人感觉寻找哲学家的本性似乎是浪费时间。然而，在多样化的兴趣、观点和方法中，隐藏着哲学家深层次的共性即"哲学气质"。反思性是哲学家共有的"哲学气质"，哲学家是一群"密涅瓦（希腊罗马神话中的智慧女神雅典娜）的猫头鹰"。在《哲学气质》[②]一文中，利文古德（Jonathan Livengood）等人通过思考哲学气质来解答"哲学家是怎样的人"。他们的答案是："哲学气质的一个重要方面是哲学家特别喜欢反思；与他们的同龄人相比，哲学家不太可能毫不质疑地接受似乎是显而易见的事情，他们倾向于去审查他们的直觉倾向来判断事情的真相。"[③]通过对 4 000 多位参与者的调查，他们发现，即使控制整体的教育水平，与同龄人相比，哲学家往往更会反思。

那么什么是认知反思呢？利文古德等人认为："认知的反思性（cognitive reflectivity）是一种性格。无论遇到什么新问题时，有这种性格的人都会挑战自己的直觉，而不是单纯地信赖任何最初想到的答案。在这种意义上，反思并不必然等于勤于思考或深思。当被迫这样做时，有人可能会深入思考一些问题，一般而言却没有任何挑战自己直觉的倾向。或者，有人可能会努力地思索由直觉产生的东西，却从来不会停下来问，这种直觉是否合理。"[④]与较低的认知反思能力的人相比，有较高认知反思能力的人在许多重要和不重要的方面有显著的差异。平均地说，有较高认知反思能力的人"寿命更长、赚钱更多、有更大的工作记忆（working memories）、更快的反应时间以及对视错觉更敏感"。[⑤]

① Susan A. J. Birch & Paul Bloom，"The Curse of Knowledge in Reasoning about False Beliefs"，*Psychological Science*，2007(18:5):382-386.

② Jonathan Livengood，Justin Sytsma，Adam Feltz，Richard Scheines & Edouard Machery，"Philosophical temperament"，*Philosophical Psychology*，2010(23:3):313-330.

③ Jonathan Livengood，Justin Sytsma，Adam Feltz，Richard Scheines & Edouard Machery，"Philosophical temperament"，*Philosophical Psychology*，2010(23:3):314.

④ Jonathan Livengood，Justin Sytsma，Adam Feltz，Richard Scheines & Edouard Machery，"Philosophical temperament"，*Philosophical Psychology*，2010(23:3):314.

⑤ Shane Frederick，"Cognitive Reflection and Decision Making"，*Journal of Economic Perspectives*，2005(19):25.

弗雷德里克(Shane Frederick)提出用三项目的认知反思测试(the three-item Cognitive Reflection Test,简称CRT)[①]来测试认知反思性。弗雷德里克指出,研究人员通常区分了两种类型的认知过程,通常人们把它们称为系统1过程和系统2过程。系统1过程迅速而自发地实现,通常不与有意识的思虑相连,只要求很少的注意力。相比之下,系统2过程需要更多的时间,涉及有意识的思虑,并要求注意力集中。弗雷德里克提出的认知反思测试是用来衡量一个人怎样应用系统2过程,仔细思考一个问题,而不是单纯依靠直观的回答。弗雷德里克用下面的这个例子来区分系统2过程与系统1过程:"识别走进教室的那个人的脸是属于你的数学老师的,这涉及系统1过程。它是瞬间发生的、毫不费力,而且不受智力、警觉性、动机或当下试图解决的数学问题的难度影响。相反,不借助计算器去发现 $\sqrt{19163}$ 的小数点后两位,则涉及系统2过程——精神活动需要努力、动机、注意力集中以及运用学到的规则。"[②]

皮尼洛斯和他的同事们调查了人们对一些思想实验的判断,同时还用弗雷德里克的"认知反思测试"测试了受试者的智力与反思能力。[③] 认知反思测试的深层目的是为参与者提供一个清晰的直观的却不正确的答案。要获得正确的答案,要求参与者超出最初想到的答案,并有意识地反思这个问题。认知反思测试包括这样三个问题[④]:

(1)一个球拍和一个球总共花费1.1美元。这个球拍比这个球贵1美元。问:这个球要多少钱? _____美分。

(2)如果需要5台机器花5分钟生产5个部件,那么100台机器生产100个部件要多少时间? _____分钟。

(3)在一个湖里,有一片睡莲叶。每天,这片叶子增大两倍。如果覆盖整个湖需要48天,那么需要多长时间能覆盖湖面的一半? _____天。

参与者的认知反思测试得分只是他或她回答正确的问题数。每个认知反思测试的问题都有一个直观的却不正确的回答。这些问题中的每一个都有一个直观的答案,这可由我们对这些问题的经验来支持。甚至在知道了正确答案的情况下,直观的却不正确的答案仍会涌现在我们面前。弗雷德里克为这种说法提供了另外的支持:"认知反思测试的三个问题产生了不正确的'直观'的答案。这个命题由以下几个事实支持。首先,在人们可能给出的所有可能的错误答案中,假定的直觉的答案(10,100,24)占主导地位。其次,即

① Shane Frederick,"Cognitive Reflection and Decision Making",*Journal of Economic Perspectives*,2005(19):25-42.

② Shane Frederick,"Cognitive Reflection and Decision Making",*Journal of Economic Perspectives*,2005(19):26.

③ Nestor Ángel Pinillos, Nick Smith, G. Shyam Nair, Cecilea Mun & Peter Marchetto,"Philosophy's New Challenge:Experiments and Intentional Action",*Mind & Language*,2011(26:1):115-139.

④ Shane Frederick,"Cognitive Reflection and Decision Making",*Journal of Economic Perspectives*,2005(19):27.

使在那些正确回答中,错误的答案通常被优先考虑,正如明显来自内省的、口头报告的和在空白纸上潦草记下那样(例如,在得到 5 美分答案前,10 美分经常被划掉,而且从来没有其他方式)。第三,当要求判断问题的难度时(通过估计其他正确解决这些问题的受试者的比率),与答对这些问题的受试者相比,答错这个问题的受试者认为它们更容易。例如,对'球拍与球'问题,那些答案是 10 美分的人,估计有 92% 的人正确地解决它,而那些答案是 5 美分的人,估计'只有'62%(两者都被认为估计过高了)。也许,'5 美分'的人在心理上划掉了 10 美分,并知道不是每个人都这样做,然而,'10 美分'的人认为这个问题太容易了所以不可能答错。第四,在需要更多的计算的类似问题上,受试者做得更好。例如,答错'球拍与球'问题的受试者,远多于答错'香蕉与面包圈'问题的人。'香蕉与面包圈'问题是:'一个香蕉和一个面包圈要 37 美分。香蕉比面包圈多 13 美分。面包圈要多少钱?'[1]

　　然而,当一个人停下来想思考这个问题时,很容易看出这个直观的答案是错的。正如弗雷德里克指出:"对它思考片刻的任何人都会认识到,1 美元和 10 美分之差只有 90 美分,而不是这个问题规定的 1 美元。在这种情况下,抓住了这个错误就等于解决这个问题。"[2]

　　认知反思与哲学训练之间存在什么关系呢?为了研究认知反思与一般训练和哲学训练的相关性,利文古德等人收集了 4 472 个有效的参与者的数据,其中有 823 人报告说,至少受过一些哲学训练。[3] 参与者中女性占 72.2%,平均年龄 35.8 岁。

　　调查结果发现,823 个受过一些哲学训练的参与者的认知反思测试的平均得分是 0.98,是没有受过哲学训练的参与者得分(0.44)的一倍以上。而且,受过哲学研究生训练的 158 个参与者的平均得分(1.32)是没有受过哲学训练的参与者得分的 3 倍以上。这些结果见图 6-1。[4]

　　由于受过哲学训练的人往往比没有受过哲学训练的人受过更好的教育,因此很可能是教育对认知反思有正面的影响。正因如此,上述数字可能仅仅反映一般的教育效果,而非特殊的哲学训练的效果。

　　通过控制教育程度,利文古德等人发现,除职业学位或商业学位的参与者不明显外,受过一些哲学训练的参与者的平均得分高于那些没有受过哲学训练的人。例如,1 201 个受过大专教育的参与者中,有 189 人上过一些哲学课。这 189 个参与者的认知反思测试的平均得分为 0.74,高出 1 012 个没有上过哲学课(得分 0.43)近 70%。在其他大专以

　　① Shane Frederick,"Cognitive Reflection and Decision Making",*Journal of Economic Perspectives*,2005(19):27-28.

　　② Shane Frederick,"Cognitive Reflection and Decision Making",*Journal of Economic Perspectives*,2005(19):26-27.

　　③ 哲学训练从 0(没有培训)到 5(哲学博士)。中间值"1"表示哲学本科学生;"2"表示哲学本科毕业生;"3"表示哲学硕士研究生;"4"表示硕士学位。

　　④ Jonathan Livengood,Justin Sytsma,Adam Feltz,Richard Scheines & Edouard Machery,"Philosophical temperament",*Philosophical Psychology*,2010(23:3):316.

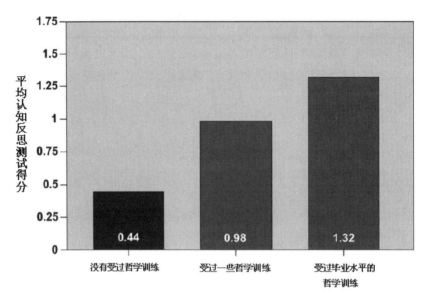

图 6-1 受过不同程度哲学训练的参与者的平均认知反思测试得分

上学历水平中,也可以看到类似的效果(见图 6-2)。[①]

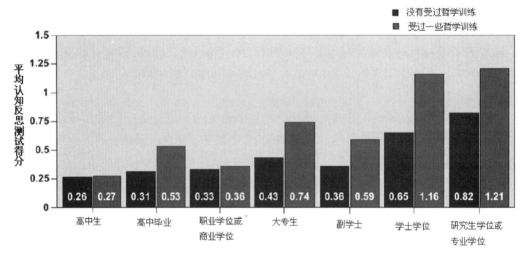

图 6-2 按受教育程度划分,受过和没有受过哲学训练的参与者平均认知反思测试得分

认识到哲学气质的反思性,人们很自然地要问:哲学家是如何具有这种气质的?哲学家为什么比普通人更具反思性呢?是哲学训练使人反思呢,还是更喜欢反思的人为哲学所吸引呢?教育论者认为,哲学性格通过培训获得;自然选择论者(selectionists)认为,有怀疑气质的人更可能成为哲学家,也许因为他们是由哲学教授的推动而成为哲学家的。哲学气质或许部分来源学习,部分来源选择。对其因果关系,利文古德等人认为他们的数

---

① Jonathan Livengood, Justin Sytsma, Adam Feltz, Richard Scheines & Edouard Machery, "Philosophical temperament", *Philosophical Psychology*, 2010(23:3):317.

据不能给出令人信服的最终答案。①

二、怀疑主义吸引力的实验研究

激进的怀疑主义认为,我们什么也不知道或者至少我们接近什么也不知道。虽然实际上没有人相信激进的怀疑主义为真,然而作为一个严肃的议题,在几千年人类文明史中,怀疑主义一直存在,并时常出现在主流文化中。为什么怀疑主义能持续不断,且具有广泛的吸引力呢?仔细观察怀疑主义最重要的论证形式,再结合实验心理学的发现,也许就可找到原因了。

最著名、最具影响力、最主流的怀疑主义论证是德娄斯所称的"来自无知的论证"(argument from ignorance),其表达式为:

(1)我不知道~H;

(2)如果我不知道~H,那么我不知道 O;

(3)因此,我不知道 O。②

其中,O 指人们通常认为他们知道的事实(例如,我有两只手;我正坐在电脑前);H 指怀疑主义者精心挑选出来的某个合适的假设(例如,我正在做梦;我被恶魔欺骗;我是缸中之脑),它与 O 不相容,对 O 的否认明显蕴含~H。

观看无知论证,我们可以发现其论证有推理的形式和否定的结论。实验心理学发现的反推理偏见和轻否定偏见也许可以对此加以解释。

反推理偏见(anti-inference bias)③指纵使感知证据没有推理证据可靠,人们仍然感觉依靠直接的感知证据会更舒适。小孩倾向于把知识归赋给通过感知获得的真信念,而不愿意把知识归赋给基于简单有效的推理所获得的真信念④,就是这样一种反推理偏见的实证。在知识论上,这种偏见可能表现为经验知识优先论,认为知识的感知来源优于推理来源。与推理相比,人们更可能把感知当作知识的来源。换言之,在其他条件相同的情况下,与基于推理的信念相比,人们更容易把基于观察的信念当作是知识。

心理学研究表明,与作出肯定判断相比,作出否定判断要付出更多的努力,而且在相同努力的情况下,人们对肯定判断的真理宣称的信心高于对否定判断的真理宣称的信心。⑤ 这种现象,与反推理偏见类似,笔者称之为反否定偏见(anti-negative bias)。由于

① Jonathan Livengood, Justin Sytsma, Adam Feltz, Richard Scheines & Edouard Machery, "Philosophical temperament", *Philosophical Psychology*, 2010(23:3):321-325.

② Keith DeRose, "Solving the Skeptical Problem", in Keith DeRose & Ted A. Warfield(eds.), *Skepticism:A Contemporary Reader*, Oxford:Oxford University Press, 1999, p.183.

③ Eyal Zamir, Ilana Ritov & Doron Teichman, "Seeing is Believing:The Anti-inference Bias", *Indiana Law Journal*, 2014(89:195):195-229.

④ Beate Sodian & Heinz Wimmer, "Children's Understanding of Inference as a Source of Knowledge", *Child Development*, 1987(58:2):424-433.

⑤ Rolf Reber & Norbert Schwarz, "Effects of Perceptual Fluency on Judgments of Truth", *Consciousness and Cognition*, 1999(8:3):338-342. Daniel M. Oppenheimer, "The Secret Life of Fluency", *Trends in Cognitive Sciences*, 2008(12:6):237-241.

知识需要真理,在其他条件相同的情况下,人们更难把否定判断看作是知识。在知识论上,这种偏见可能表现为肯定知识优先论,认为知识的肯定形式优于否定形式。在其他条件相同的情况下,与否定的推理信念相比,人们更可能把肯定的推理信念看作是知识。

一项语言学心理学的研究表明,很容易获得的可容纳否定信息的图式会增进思维的流畅性。① 例如:"不暖和(it is not warm)"比"不谨慎(it is not wary)"更容易处理,因为"冷(cold)"很容易容纳"不暖和",而在英语中没有形容词能很容易地容纳"不谨慎"。语言理解的感知模拟理论(the perceptual simulation theory of linguistic comprehension)认为,理解一个文本时,人们会为这个文本所描述的情况构建一个心理模拟,这种心理模拟分享了感知和行动的具象格式(representational format)。② 这种观点也适用于对否定句的研究。如果人们通过感知模拟来理解否定句,那么可以解释在评估过程中,为什么否定的表述对推理信念的影响不同于对感知信念的影响。当小场景中的主角通过感知形成他们的信念时,他们的认知模式与参与者模拟的模式十分匹配,因而参与者理解这个场景。相比之下,当主角通过非感知的推理形成他们的信念时,他们的认知模式与参与者模拟的模式不匹配,参与者就难以理解这个场景。当要求参与者去评估否定的推理信念时,他们就需要把这两种认知模式(即他们自己的和主角的)分离开来,从而是一个更为复杂的心理任务。反过来,这可能抑制流畅的思维,从而降低归赋知识的比率。

怀疑主义信念的推理来源和否定形式也许就是怀疑主义吸引力的根源。在《怀疑主义的吸引力:来源-内容偏见》③一文中,图瑞设计了 2 个实验,在实验 1 中,探讨了怀疑主义语境中信念的来源(感知的/推理的)和信念的内容(肯定/否定)这两个因素对参与者知识归赋的影响。实验 2 关注推理的信念,并再次检测了肯定或否定的内容对知识归赋的影响。实验证明:(1)人们在评估推理性信念时比经验信念更苛刻;(2)人们在评估否定内容的信念时比肯定内容的信念更苛刻。怀疑主义的论证让人们把注意力集中在否定的推理信念上,因此使我们易于怀疑这些被当作是知识的信念。图瑞因此认为,用这两个假设可以解释怀疑主义的力量,主张怀疑主义的吸引力只不过是由于我们过分地倾向于不把否定的、推理的信念归为知识而已。下面将详细介绍其实验。

1.实验 1④

参与者共 607 人,其中女性 204 人,年龄为 18~69 岁,平均年龄 29.68 岁。参与者由在线平台即亚马逊机械顽童(Amazon Mechanical Turk)和乐调查(Qualtrics)招募。所用时间大约 2 分钟,报酬每人 0.30 美元。其中有 32 位参与者因做错理解题在数据分析时被排除了。

问卷采取主体间设计,随机分配给参与者 8 个条件中的 1 个,这 8 个条件是 2(小场

① Ruth Mayo, Yaacov Schul & Eugene Burnstein , "'I Am Not Guilty' vs 'I Am Innocent' : Successful Negation May Depend on the Schema Used for Its Encoding", *Journal of Experimental Social Psychology* ,2004(40:4):433-449.

② Ivana Bianchi, Ugo Savardi, Roberto Burro & Stefania Torquati, "Negation and Psychological Dimensions", *Journal of Cognitive Psychology* ,2011(23:3):275-301.

③ John Turri, "Skeptical Appeal: The Source-Content Bias", *Cognitive Science* ,2015(39):307-324.

④ John Turri, "Skeptical Appeal: The Source-Content Bias", *Cognitive Science* ,2015(39):312-316.

景:汽车、标本)×2(内容:否定、肯定)×2(来源:推理、感知)。每个条件中的参与者阅读一个不同的小场景。小场景之所以设计为两个,是用来确保实验结果不是由于场景的特殊性产生的。在每个小场景情节中,主角信念的来源和内容有相应的变化。

汽车小场景的基本情节是:在不久前来上班时,办公人员麦克斯韦把他的车停在停车场。现在是午餐时间,麦克斯韦和他的助理正在找一个文件。麦克斯韦猜想他把这个文件放在他的车里了。麦克斯韦的助理问他车停在哪里了,同时还指出:"汽车被偷并不少见。"内容因素的变化是:麦克斯韦关注助手话中的哪个部分:"汽车停在哪里"还是"是否汽车被偷了"。在否定条件中,参与者被问,麦克斯韦是否知道他的车没有被偷。在肯定条件中,参与者被问,麦克斯韦是否知道他的车停在他今早停车的地方。来源因素的变化是:麦克斯韦是基于什么作出回答的。在推理条件下,麦克斯韦在没有观察帮助的情况下,想了一会儿作出了回答。在感知条件下,麦克斯韦在回答前看了一眼窗外。小场景如下(用括号和斜杠隔开):

当麦克斯韦先生早上来上班时,他总是把车停在两个地点:C8 或 D8。一半时间他把车停在 C8,一半时间他把车停在 D8。今天,麦克斯韦把车停在了 C8。现在是午餐时间。麦克斯韦和他的助理正在档案室里找一个文件。麦克斯韦说:"我可能把这个文件放在我车里了。"助理问道:"麦克斯韦先生,你的车停在 C8 吗? 汽车被偷并不少见。"麦克斯韦[想了一会儿/看了一眼窗外],回答说:"[不会,我的车没有被偷/是的,我的车停在 C8]。"

读完这个小场景后,参与者要回答两个理解题和一个检验题。

1.麦克斯韦把车停在_____。(C8 / D8)
2.麦克斯韦在_____。(档案室/停车场/餐厅)
3.麦克斯韦_____他的车[停在 C8 /没有被偷]。(知道/只是相信)

展览物小场景的基本情节是:一位热心的动物园游客名叫米歇尔,她最喜欢的展览是"大型猫科动物展"。在几千次的参观中,展览的这种动物一直是美洲虎。来源因素的变化是:米歇尔对这种动物的判断是基于感知,还是基于没有观察之下的推理。内容因素的变化是:米歇尔认为这种动物是美洲虎(肯定的),或者这种动物不是美洲豹(否定的)。在肯定条件下,问参与者,米歇尔是否知道这种动物是美洲虎;在否定条件下,问参与者,米歇尔是否知道它不是美洲豹。标本小场景如下:

在过去的 10 年里,米歇尔每天都参观这个城市的动物园。她最喜欢的展览是大型猫科动物展。在几千次的参观中,展览的动物一直都是美洲虎。今天[米歇尔必须待在家里,不能去动物园,因为她的脚踝扭伤了。在沙发上休息时/当米歇尔离开家去动物园时,她差点扭伤了脚踝。在看动物展览时],米歇尔想:"今天大型猫科动物展览中的动物[是美洲虎/不是美洲豹]。"她是对的:它[是美洲虎/不是美洲豹]。

读完这个小场景后,参与者要回答两个理解题和一个检验题:

1.这种动物_____美洲虎。(是/不是)

2.米歇尔_____。(在家/在动物园)

3.米歇尔_____这种动物是[美洲虎/不是美洲豹]。(知道/只是相信)

在整个调查中,这两个小场景总是保留在页面的顶部。问题总是以相同的顺序来问的,回答的选择则是随机出现的。

排除了答错理解题的参与者,用混合回归(omnibus regression)分析发现,参与者的性别没有主效应,内容、来源和小场景都没有交互影响。逻辑回归分析也发现,小场景没有主效应,内容和来源都没有交互影响。[①] 用二元逻辑回归(inary logistic regression)来评估来源和内容对参与者否认知识的可能性大小的影响,其结论见表 6-6:

表 6-6　来源和内容对参与者否认知识的可能性大小的影响

	B	SE	Wald	df	p	可能性比	95%的 C.I.S 可能性比	
							较低	较高
来　源	1.03	0.26	16.13	1	<0.001	2.80	1.70	4.64
内　容	0.349	0.27	1.69	1	$=0.194$	1.42	0.84	2.40
来源 * 内容	0.847	0.36	5.43	1	$=0.02$	2.33	1.14	4.76
常　数	-1.33	0.20	44.77	1	<0.001	0.264		

* 来源的参考类(reference class)是"感知";内容的参考类是"肯定的"。

整个模型具有统计意义。[②] 它解释了知识否定在 14.3%(Cox and Snell R Square)与 19.4%(Nagelkerke R Square)之间的变化,而且它正确分类了案例中 70%的结果。信念的来源对这个模型的显著性作出了独一无二的统计上的贡献。通过把主角的信念来源从感知变为推理,否认知识的可能性增加了 2.8 倍。信念的内容对这个模型的显著性没有作出统计上的贡献。重要的是,信念的来源和内容之间有重要的交互作用:通过把主角的信念内容从肯定变为否定,与感知信念相比,推理信念中否认知识的可能性增加 2.33 倍。

把实验结果进行两两比较后,图瑞得出的结论是:(1)与肯定-推理场景(42.6%)相比,在否定-推理场景(71%)中否认知道的回答显著要高;(2)与肯定-感知场景(20.9%)和否定-感知场景(27.3%)相比,在肯定-推理场景中否认知道的回答显著要高;(3)肯定-感

---

① 混合回归分析发现,参与者的性别没有主效应(Wald=0.012,df=1,p=0.911,n.s.,双尾检验),内容(Wald=2.11,df=1,p=0.146)、来源(Wald=0.03,df=1,p=0.863)和小场景(Wald=0.534,df=1,p=0.465)都没有交互影响。逻辑回归分析也发现,小场景没有主效应(Wald=1.161,df=1,p=0.281,n.s.),内容(Wald=1.03,df=1,p=0.310,n.s.)和来源(Wald=0.021,df=1,p=0.885)都没有交互影响。

② $\chi^2(3, n=607)=93.82, p<0.001$。

知场景与否定-感知场景之间在否认知道的回答上没有什么不同。①

　　二项检验(binomial test)显示,只有在否定-推理场景中,参与者否认知识的比率超过随机(p<0.001)。相比之下,在肯定-推理场景中,否认知识的趋势低于随机(p<0.077),在肯定-感知场景和否定-感知场景中,否认知识的趋势远远低于随机(p<0.001)。

　　研究证明:(1)与感知场景相比,参与者在推理场景中更容易否认知识。与感知的信念相比,推理的信念更难被看作是知识。(2)否定的推理信念比肯定的推理信念更难被看作是知识。(3)只有在否定的推理信念中,参与者否认知识的比率才超过随机。在其他三个条件中,归赋知识的比率都超过随机。

　　图瑞认为,由于这两个小场景都是直接来源于当代知识论中的怀疑主义案例,因此他下结论说:"结果表明,怀疑主义者灌输给我们如此强的怀疑态度,以致让我们只关注否定内容的推理信念。怀疑主义论证本身只起到用否认内容的推理方法来转移我们注意力的作用,而不是凭借它们的逻辑说服我们。"②

　　2.实验2③

　　实验1的标本案例证明,如果当事人能够看到那种动物,那么参与者会倾向于说,她知道它不是美洲豹。相比之下,当她没有看到那种动物,而是通过推理,那么人们会倾向于否认她知道它不是美洲豹。然而,即使当事人的推理是基于长期的和不间断的追踪记录(多年的和成千上万的观察表明,展览中的动物总是美洲虎),参与者也会否认当事人知道它不是美洲豹。

　　如果假定展览中的动物从来不是美洲虎。基于长期的和不间断的追踪记录,人们在评估来自推论的"这种动物不是美洲虎"信念时,会不太严格吗?图瑞认为,如果怀疑主义的论证力量来自更难排除怀疑主义的假设,那么与~O相比,~H更难知道。其中:

　　　~O:这种动物不是美洲虎(基于它不是一种美洲虎的长期的和不间断的追踪记录)
　　　~H:这种动物不是美洲豹(基于它是一种美洲虎的长期的和不间断的追踪记录)

　　图瑞认为,按照实验1的结果,人们将认为同样难以知道这两个命题。换句话说,否认这两个主张是知识的比率将同样高,因为它们都是推理的和否定的。此外,他还认为,否认这两个主张是知识的比率应该明显高于是推理的,然而却是肯定的O主张:

　　　O:这种动物是美洲虎(基于它是一种美洲虎的长期的和不间断的追踪记录)

---

　　①　(1)与肯定-推理场景(n=155,42.6%)相比,否定-推理场景(n=145,71%)的知识否认显著要高(费希尔精确检验,p<0.001,克莱姆 V=0.287);(2)与肯定-感知场景(n=153,20.9%)和否定-感知场景(n=155,27.3%)相比,肯定-推理场景的知识否认显著要高(分别为费希尔精确检验,p<0.001,克莱姆V=0.233;费希尔精确检验,p<0.006,克莱姆 V=0.161);(3)肯定-感知场景与否定-感知场景之间的知识否认没有差异(费希尔精确检验,p<0.230,n.s.)。
　　②　John Turri,"Skeptical Appeal:The Source-Content Bias",*Cognitive Science*,2015(39):316.
　　③　John Turri,"Skeptical Appeal:The Source-Content Bias",*Cognitive Science*,2015(39):316-319.

为了验证以上推测,图瑞做了另外一个实验。在实验2①中,新招募的参与者共305人,其中87名女性,参与者的年龄为18～78岁,平均年龄28.16岁。招募方法与实验1相同。在数据分析时排除了11位做错了理解题的参与者。

问卷仍采取主体间设计,随机分配给参与者3个条件中的1个:肯定的美洲虎、否定的美洲豹和否定的美洲虎。每个条件中的参与者都阅读了一个不同的小场景。在这个实验中,肯定的美洲虎和否定的美洲豹的小场景与实验1中的肯定推理和否定推理的小场景非常相似。在肯定的美洲虎小场景中,这种动物一直是美洲虎,而且米歇尔今天也认为它是美洲虎。在否定的美洲豹小场景中,这种动物一直是美洲虎,而且米歇尔今天也认为它不是美洲豹。除了展览的这种动物从来不是美洲虎,以及米歇尔今天也认为它不是美洲虎外,否定的美洲虎小场景中的其他条件都一样:

在过去的10年里,米歇尔每天都参观这个城市的动物园。她最喜欢的展览是大型猫科动物展。在几千次的参观中,展览的动物从来都不是美洲虎。今天,米歇尔必须待在家里,不能去动物园,因为她的脚踝扭伤了。在沙发上休息时,米歇尔想:"今天大型猫科动物展览中的动物不是美洲虎。"她是对的:它不是美洲虎。

三个场景的差别及否认知识的比率见表6-7:

表6-7　三个场景的差别及否认知识的比率

	肯定的美洲虎场景	否定的美洲豹场景	否定的美洲虎场景
一直看到的动物	美洲虎	美洲虎	不是美洲虎
认为今天的动物是	美洲虎	不是美洲豹	不是美洲虎
否认知识的比率	53％	66.7％	71.8％

与实验1的另一个区别是,在实验2中,参与者还需要评估他们在回答知识归赋问题时的自信度。回答从"1"("一点也没有信心")到"10"("完全有信心")。

对否认知识的比率,图瑞作了3个预测并都得到了证实:(1)否认知识的比率在这些不同条件中不同②;(2)在肯定的美洲虎条件中,否认知识的比率会比其他两个条件低。具体为:肯定的美洲虎场景(53％)否认知识的比率,与否定的美洲虎场景(71.8％)相比要低;肯定的美洲虎场景否认知识的比率,与否定的美洲豹场景(66.7％)相比也要低③;(3)在否定的美洲虎与否定的美洲豹之间没有什么差异④。

二项检验显示,在否定的美洲虎场景和否定的美洲豹场景中,否认知识的比率明显高

①　John Turri,"Skeptical Appeal:The Source-Content Bias",*Cognitive Science*,2015(39):316-319.
②　$\chi^2(2,n=305)=8.31,p=0.016$,克莱姆 V=0.165。
③　与否定的美洲虎场景(n=103,71.8％)相比,在肯定的美洲虎场景(n=100,53％)中,否认知识的比率要低(费希尔精确检测,p=0.006,克莱姆 V=0.195);与否定的美洲豹场景(n=102,66.7％)相比,在肯定的美洲虎场景中,否认知识的比率要低(费希尔精确检测,p=0.033,单尾,克莱姆 V=0.139)。
④　费希尔精确检测,p=0.452,n.s.。

于随机(p<0 .001)。相比之下,在肯定的美洲虎案例中,否认知识的比率却没有明显高于随机(p=0.617)。单向方差分析没有发现不同条件下的自信度有区别:肯定的美洲虎场景的平均值为 8.67;否定的美洲虎场景为 8.77;否定的美洲豹场景为 8.51。①

实验 2 的研究证明:(1)实验 1 的结论得到了重复:即使每个信念都是基于一个长期的和不间断的追踪记录(多年的和成千上万的观察证明展览中的动物总是美洲虎),评估否定的推理信念比评估肯定的推理信念更严格。(2)怀疑主义者在怀疑主义论证中利用了不利于否定的推理信念的评估偏见。怀疑主义假设(如"你的车可能被偷了""这种动物可能是一种看上去像美洲虎的美洲豹""这种动物不是美洲豹")并不特别难以排除。例如,在这项研究中,对米歇尔的信念"这种动物不是美洲虎(~O)"和信念"这种动物不是美洲豹(~H)",参与者都同样不愿意把它们看作是知识。相比之下,参与者更愿意认为"这种动物是美洲虎(O)"是知识。概括地说,产生这种不同的关键,不在于 O 与 H 之间的不同,不在于"日常命题"与"怀疑主义假设"之间的不同,而在于否定的内容与肯定的内容之间的不同,在于人们的注意力从肯定的内容转向了否定的内容。这表明,只有在否定的推理信念案例中,怀疑主义者才成功地使我们严重地怀疑自己。

图瑞认为②,他的研究结果支持了以下这几个结论。第一,经典怀疑主义论证对推理的信念构成的威胁要大于对感知的信念。第二,人们对否定结论的推理信念的判断尤其严格,不太可能把它看作是知识。第三,事实证明,经典怀疑主义论证应该把它的吸引力主要归功于反对否定的推理信念的评价偏见,即来源-内容偏见(the source-content bias)。甚至在怀疑主义者出现之前,人们也自信地宣称这些信念不能当作是知识。当怀疑主义最终出现后,它可能并不像一些哲学家所宣称的,这些信念似乎不是知识而是"出现了奇怪的事情"。怀疑主义者没有指出,"我们不知道我们已经自信地说我们知道的东西"③。图瑞断言:"从一开始,并非某种关于知识的本质或怀疑主义者的聪明才智的深层事实导致了怀疑主义。相反,是我们的心理导致了怀疑主义。"④

---

① 肯定的美洲虎条件,M=8.67,SD=1.68;否定的美洲虎条件,M=8.77,SD=1.34;否定的美洲豹条件,M=8.51,SD=1.60,F(2)=0.715,p=0.49,n.s.。

② John Turri,"Skeptical Appeal:The Source-Content Bias",*Cognitive Science*,2015(39):307-324.

③ Robert Nozick,*Philosophical Explanations*,Cambridge:Harvard University Press,1981,p.202.

④ John Turri,"Skeptical Appeal:The Source-Content Bias",*Cognitive Science*,2015(39):320.

尾声 实验方法:质疑与辩护[①]

正如在《实验哲学》封底评论中,澳大利亚国立大学哲学系杰出教授、意识研究中心主任查默斯(David Chalmers)评价所说:"实验哲学是近年来哲学上的最令人兴奋和最有争议的发展成果之一。无论它是否破坏或扩展传统哲学的方法,它提出的问题直入哲学探究的核心。"自温伯格等人在 2001 年发表《规范性与认知直觉》一文标志着实验哲学产生以来,哲学家们对把实验的方法引入哲学研究的合法性展开了激烈的争论,主要分为四派。第一派是强烈反对派,以索萨、威廉姆森、路德维格和伍尔福克等人为代表。他们对实验方法的批评集中在:质疑问卷过程中自我报告的可信性;质疑测量的有效性和可靠性;质疑抽样、随机分配问卷的恰当性;质疑研究报告的严谨性等。第二派是温和反对派,以席培尔、霍瓦思、格伦德曼、基珀和霍夫曼等为代表。他们在总体上同情实验的方法,但主张哲学的主要研究方法仍然是传统的分析方法。第三派是温和支持派,以诺布、尼科尔斯、亚历山大、罗斯和丹克斯等为代表。他们倡导把实验方法看作"往哲学家的工具箱里添加另一种工具"[②],主张把实验方法当作哲学研究的辅助方法。第四派是强烈支持派,以纳罕姆斯、莫里斯、纳德霍夫尔和特纳等为代表。他们主张抛弃传统哲学的研究方法,全面采用实验方法从事哲学研究。

正如《实验哲学宣言》中所说,人们对哲学中采用实验的方法的态度是"高度分化"的,"许多人认为它是一种令人兴奋的新方法,可以用来解决哲学的基本问题,而正是这些问题把他们吸引进了哲学领域。但另有许多人则认为这个运动是阴险的,是笼罩在当代哲学上的一个阴影。"[③]在哲学研究中采用实验方法之所以会引起争议,很大程度上是因为它背离了传统研究哲学的思辨方法,而且有一些实验哲学家用它来证明传统的思辨方法

[①] 从写作的理路来看,此处应谈"对实验知识论的评价",然而,基于以下二个理由,我们改为谈"对实验哲学的评价"。一是,实验知识论只是实验哲学的一个分支,谈对实验哲学的评价比谈对实验知识论的评价范围更宽,价值更大。二是,实验哲学的产生不足 20 年,学者们对它的评价并不充分,对作为分支的实验知识论评价更不充分。

这部分内容是在《译后记:实验哲学运动的里程碑》([美]约书亚·诺布和肖恩·尼科尔斯编,厦门大学知识论与认知科学研究中心译:《实验哲学》,上海:上海译文出版社 2013 年)一文的基础上改写而成。

[②] Joshua Knobe & Shaun Nichols (eds.), *Experimental Philosophy*, Oxford: Oxford University Press, 2008, p.10.

[③] Joshua Knobe & Shaun Nichols, "An Experimental Philosophy Manifesto", in Joshua Knobe and Shaun Nichols(eds.), *Experimental Philosophy*, Oxford: Oxford University Press, 2008, p.3.

是有缺陷的,甚至是应该摒弃的。参照他人对实验哲学的评价,我们把对实验哲学的质疑与辩护概括为四个问题:实验与哲学可以兼容吗? 问卷调查适合研究哲学问题吗? 大众直觉值得研究吗? 实验方法会排斥分析方法吗?

一、实验与哲学可以兼容吗?

从实验与哲学的关系来看,批评者对实验哲学的质疑与赞同者对实验哲学的辩护集中表现在如下四个方面。

首先,批评者质疑"实验"与"哲学"可以兼容。这种质疑认为,"实验哲学"是一个矛盾的概念:如果你正在做实验,那么你就不是在从事哲学研究,因为你从事的是心理学的或其他一些科学的研究。

不可否认,致力于获得实验数据,以及对获得的数据进行统计分析的那部分实验哲学,主要是一种科学活动,而不是一种哲学研究。然而,由于这些实验是用来解决哲学内部的争论,由于这些实验本身是从主流哲学争论中产生的。此外,这些实验以哲学争论入手,其结论最终也将进入哲学争论之中。更重要的是,实验哲学研究的问题是主流哲学想要解答的问题,因此从这个角度来说,这部分实验哲学的确是哲学,也许不像通常的哲学那样,然而却是货真价实的哲学。

批评者质疑实验与哲学可以兼容还在于实验哲学家收集到的证据与证据所支持的理论之间存在鸿沟。实验哲学家所收集到的证据是关于持有不同直觉的人的百分比,而要讨论的理论却不是关于人的直觉,而是关于知识论、形上学或伦理学中实际的哲学问题。直觉统计分布的信息究竟怎样给我们理由来接受或拒绝某个特定的哲学观点呢? 假定某位哲学家在深入地思考某个案例后得出结论说:这个案例中当事人在道德上是要负责任的。如果实验研究揭示大部分受试者(比如说76%)持有相反的看法,实验调查的结果是如何影响哲学家的工作呢? 仅仅因为他发现自己处在少数派之中,他就应该改变他的观点吗? 显然不是。哲学探索从来不是比赛谁的理论更受欢迎。实验调查结果以某种间接方式对哲学问题产生有意义的影响。某个百分比的受试者持有某种特殊的观点,这个事实本身并不能对我们的哲学工作产生什么影响。相反,是统计信息以某种方式帮助我们获得某个其他的事实,而这个其他的事实在哲学探索中起实验的作用。[1]

其次,批评者质疑实验哲学是真正的哲学。这是一种广泛流行的质疑,它认为,实验哲学只是实验心理学或心理哲学。这种质疑通常与"哪类问题是真正的哲学问题"以及"当回答这些真正的哲学问题时,哪种方法是可应用的"相关。

我们同意亚历山大的观点。他认为,这种质疑是一种哲学霸权主义,除非我们采取过分狭窄以及武断的标准,否则很难坚持实验哲学的问题不是真正的哲学问题,或者社会科学和认知科学的方法不是合法的哲学方法。在他看来,真正的问题不是这种质疑是如何出现的,而是这种质疑本身。纵使实验哲学就是实验心理学,那也无关大碍。除非我们采用一种严格的、不允许有交叉的智力分工,否则,纵使实验哲学所探究的问题是与实验心

① Joshua Knobe & Shaun Nichols,"An Experimental Philosophy Manifesto",in Joshua Knobe and Shaun Nichols(eds.),*Experimental Philosophy*,Oxford:Oxford University Press,2008,pp.6-7.

理学相关的人类认知问题,使用了社会科学和认知科学的方法,这些事实并不意味着它不是在用适当的哲学方法研究真正的哲学问题。这些问题可能不仅对心理学重要,对哲学也重要,而且方法可以超越传统学科的界线。对于为什么会有这种质疑,亚历山大猜测,这种质疑也许出于对某些真正的哲学问题不能用社会科学和认知科学的方法来回答的担忧。他认为,这种担忧是合理的,但并不是所有的哲学问题都是实验哲学的问题,而且并非所有非实验哲学的问题都不是哲学问题。[①] 按照质疑者的逻辑,心理学或认知科学恐怕也很难接受在调查内容上与它们格格不入的实验哲学的研究。

再次,批评者质疑哲学做实验的必要性。这种质疑认为,做实验不是哲学分内的事,研究哲学没有必要用到实验方法。在这种观点看来,任何研究都要扬长避短,哲学研究也不例外。发挥哲学的思辨强项,将研究的重点落在形而上的抽象层面,而不是形而下的经验层面,是思辨哲学分内之事,也是哲学家擅长的。当包括施蒂希和诺布在内的几位哲学家,与包括海特(Jonathan Haidt)在内的几位心理学家联名向牛津大学出版社提出想创办新刊物,对道德哲学进行专门的实证研究时,批评者提出了特别尖酸的匿名评论,他们写道:"这个团体受到令人怀疑的核磁共振成像(MRI)研究的过分影响,试图凭借小样本,凭借没有经过专门训练的实验主义哲学家进行'蹩脚的实验',来揭示道德思考的神经生理学基础。"[②]

的确,在思辨哲学中,研究哲学的主流方法是思辨方法。当实验哲学家像自然科学家那样做实验时,主流哲学家自然会问:这有无必要?这是不是把自然科学家的工作揽为己有,是不是越俎代庖了?威廉姆森对实验哲学的态度就是这样的。他批评实验哲学家:"有些憎恨哲学的哲学家,用更像是模仿心理学的方式,想通过抽象的推理与特殊的案例结合来取代传统的哲学方法。他们甚至都没有搞清楚他们所要攻击的对象是什么,就使用有选择性的且不符合科学精神的实验结果对传统的方法论提出质疑。"在威廉姆森看来,虽然哲学需要运用由其他学科提供的经验证据,但"哲学必须通过精炼自身独特的方法而不是通过模仿其他学科而在追求真理上作出贡献。哲学家无须成为业余的实验者或大众科学的作家。我们是在凭借逻辑,设想新的可能和问题,组织系统的抽象理论和作出区分等运用技能才有所作为的"[③]。在他看来,实验哲学运动纯属多此一举。批评者质问实验哲学家,为什么要加入科学家的行业,而不是把他们的这些工作留给那些受过良好培训以及有更好装备的科学家呢?

我们认为,实验哲学家做实验的关键原因是他们想要回答的经验问题,是科学家不感兴趣的。与其坐等科学家的数据,不如主动去获取。实验哲学的实验是由哲学家设计和实施的,目的是为了以经验数据的方式,解答哲学问题,检验哲学理论并提出新的哲学问题。

---

① Joshua Alexander, *Experimental Philosophy: An Introduction*, Cambridge: Polity Press, 2012, pp.9-10.

② Christopher Shea, "Against Intuition: Experimental Philosophers Emerge from the Shadows, But Skeptics Still Ask: Is This Philosophy?" *The Chronicle Review*, October 3, 2008. http://www.sel.eesc. usp.br/informatica/graduacao/material/etica/private/against_intuition.pdf.

③ Timothy Williamson, "Philosophy vs. Imitation Psychology", http://www.nytimes.com/room-fordebate/2010/08/19/x-phis-new-take-on-old-problems/philosophy-vs-imitation-psychology.

最后，批评者质疑实验哲学的意义。哲学的一些基本原则根本不依赖心理学的假设，而且，即使它们依赖心理学的假设，哲学家也可以用不同的答案来代替一些问题的答案（例如，知识归赋并不总是确证的），然后像往常一样进行下去，因此，实验哲学通常研究大众的认知直觉所带来的成就将是有限的。

正如下文中要说的那样，实验哲学的方法并不试图取代思辨哲学的方法，而只是为哲学研究的方法库提供"新工具"。在我们看来，实验哲学是哲学的重要构成部分，因为：思辨哲学＋实验哲学＝哲学。

二、问卷调查适合研究哲学问题吗？

现阶段实验哲学所采用的方法主要是问卷调查的方法。批评者从原则上和操作上两个方面质疑实验方法在研究哲学问题上的可行性。麻省理工学院著名的道德哲学家汤姆森（Judith Jarvis Thomson）在给《高等教育记事》（The Chronicle）的电邮中写道："哲学不是实证问题，所以我不觉得他们的实证调查能够对任何哲学问题产生什么影响，更不要说帮助人们解决哲学问题了。"①汤姆森试图从哲学问题的本性上来否认实验方法在研究哲学问题上的可行性。这是从原则上反对实验方法在研究哲学问题上的可行性。

从操作的可行性来质疑实验哲学的批评者，可能借实验调查是复杂的、棘手的来否认实验方法在研究哲学问题上的可行性。如何设计实验？调查的问题如何措辞？调查如何开展？受试者的反应如何恰当地约束？实验结果如何表述与解释？等等，这些问题都与作为受试者的调查对象有关，因而受试者的文化程度、年龄、性别、兴趣爱好、情感偏向、族群认同、经济地位等背景因素的影响，变得十分复杂。例如，在2009年第4期《分析》杂志上，莱文发表了《批判性评论：〈实验哲学〉》②一文，文中就对实验哲学家设计来引发直觉的"小场景"持怀疑态度，她说："我本人就对他们（指实验哲学家——引者注）用来引起直觉的许多'小场景'莫名其妙。"③对实验操作可行性的质疑，集中体现在"受试者反应是否正确""实验数据的解释是否必然"这两个问题上。

首先，批评者质疑受试者反应的正确性。问卷调查受众多因素的影响，包括问卷中专业术语的多少，概念表达的清晰程度，情境描述是否有歧义，所描述的情境是否接近大众常识，样本容量的大小，案例的措辞（如上文所述的"真的知道"或者"知道"），答卷的设计（如答卷的测量方式，题目的顺序），等等。这些因素都会对受试者的反应产生或多或少的影响，从而影响调查结果。实验哲学面临的挑战不仅仅是如何解释实验结果的问题，更关键的是方法论的问题，如果实验哲学的方法无法相对准确、有效地反映受试者的直觉，而仅仅是测试受试者对特定情境的反应，那么是否真的存在实验哲学家所描述的认知直觉差异就值得怀疑了。另外，换个视角来看，由于实验哲学的实验对象是活生生的人，而非

---

① Christopher Shea, "Against Intuition: Experimental Philosophers Emerge from the Shadows, but Skeptics Still Ask: Is This Philosophy?" *The Chronicle Review*, October 3, 2008. http://www.sel.eesc.usp.br/informatica/graduacao/material/etica/private/against_intuition.pdf.

② Janet Levin, "Critical Notices: Experimental Philosophy", *Analysis*, 2009(69:4):761-769.

③ Janet Levin, "Critical Notices: Experimental Philosophy", *Analysis*, 2009(69:4):767.

可以摆在面前的自然物,实验哲学家很难像测量自然物那样来测量受试者的直觉,因而,方法论问题对实验哲学的操作至关重要,还需要进一步的改进和完善。

耶鲁心理学家绍尔(Brian Scholl)虽然认为实验哲学的许多工作"非常精彩",却因受试者可能受到各种不能明确约束的因素的扭曲而怀疑调查的可靠性。他评论说:"我担心这些方法(指实验哲学采用的社会调查方法——引者注)最后告诉我们的东西很少是关于哲学相关的直觉背后的心理过程,更多的可能是人们对付各种刁钻问题时的心理。"①在他看来,实际进行的研究不能排除受试者能力不足、实验者操作错误和潜在的语用因素的影响,因此调查的可靠性值得怀疑。

莱文也认为,受试者可能出于误解而作出反应,她说:"用来验证这些假设的实验描述,没有弄清受试者是否理解他们被问的问题,或者没有弄清为什么他们的答案应该用来支持作者们的假设。"②她举例说:在一个旨在检验是否抽象描述会导致更多对怀疑主义同情的实验中,所有受试者都被告知:"有时,人们会在没有充分理由的情况下相信某事。例如,关于知识的一个问题,在人们没有充分的理由信任一位政治家说的东西时,他们有时会相信这位政治家就经济所说的话。"然而,抽象条件即"如果一个人不能对相信一个主张提供任何充分的理由,那么这个人知道这个主张是正确的,这是可能的吗?"这个普遍的主张,对一组受试者来说是随后提出的;对第二组受试者来说,具体条件即"如果你不能给出任何充分的理由相信,你相信是你母亲的这个人真的是你的母亲,那么你知道她是你的母亲是可能的吗?"③结果是,在"抽象条件"下,88%的受试者回答"是";在"具体条件"下,52%的受试者回答"是"。莱文认为,这些问题的措辞引进了一些混乱的因素。首先,当回答这个问题时,第一组受试者也可能考虑一个具体的案例(但在这个案例中,对信念来说没有充分的理由,特别是先前指定的情况下,人们被规定没有充分的理由相信政治家对经济的看法)。其次,莱文认为,奇怪的是考虑这样一种情境,在其中,某人必须给出(而不仅仅是拥有)充分的理由相信某人是他的母亲。此外,还不清楚的是为什么一个关于某人的母亲的问题应该算作是一种具体的描述,而不是情感共鸣的描述。④

在《实验哲学与哲学直觉》⑤中,索萨诉诸"实际的、真正的分歧"与"纯粹言语的分歧"的不同来批评实验哲学中的某些研究。他认为,实验哲学家揭露的许多"分歧"其实根本不是实际的、真正的分歧,调查结果只是人们以相当不同的方式使用相同词语的癖好而人为产生的现象,就像受试者不理解实验者所问问题的那种方式一样。他断言,最近实验哲学中产生的某些更令人惊诧的结果,可能仅仅反映特定概念的含糊不清,而不是直觉上的

① Christopher Shea,"Against Intuition:Experimental Philosophers Emerge from the Shadows,but Skeptics Still Ask:Is This Philosophy?" *The Chronicle Review*,October 3,2008.http://www.sel.eesc.usp.br/informatica/graduacao/material/etica/private/against_intuition.pdf.

② Janet Levin,"Critical Notices:Experimental Philosophy",*Analysis*,2009(69:4):764.

③ Walter Sinnott-Armstrong,"Abstract + Concrete = Paradox",in Joshua Knobe and Shaun Nichols(eds.),*Experimental Philosophy*,Oxford:Oxford University Press,2008,p.221.

④ Janet Levin,"Critical Notices:Experimental Philosophy",*Analysis*,2009(69:4):765.

⑤ Ernest Sosa,"Experimental Philosophy and Philosophical Intuition",in Joshua Knobe and Shaun Nichols(eds.),*Experimental Philosophy*,Oxford:Oxford University Press,2008,pp.231-240.

真正分歧。索萨基于实验哲学家的挑战源于口头争端而质疑受试者反应的可靠性：

> 这些调查对传统哲学论题的影响是值得商榷的，因为这些实验的结果实际上一开始只关注人们对某些词的反应。但是，如果模糊性和语境可以解释这种言语上的分歧，那么言语上的分歧不一定揭示任何实际的、真正的分歧。……实验主义者还没有充分证明：为了证明所假设的日常直觉信念实际上并没有哲学家所假定的那样被广泛分享，他们已经跨越了因意义与语境中的此类潜在差异所造成的鸿沟。也没有证明在哲学上确实存在的根源于文化或社会经济差异的重要分歧是超出合理怀疑的。①

索萨认为，实验哲学家试图以较少的研究而支持广泛的结论，这种做法是不正确的，他们应该做更多的研究来消除替代的可能，而且不要过度解释他们的实验数据。索萨的这种看法无疑是正确的。然而，索萨认为，受试者对调查的问题给出的不同反应，只是一种口头争端。我们不太认同这种观点，因为这种单一的可能性，并没有真正解释令人震惊的统计数据。

索萨还提出了下面相似的反对意见：

> 当我们读小说时，我们会加入许多文本中没有明确表述的东西。当我们在自己想象力的建构下，追随作者的引导时，我们会加入许多通常预先假定的那个情境中的物理的和社会的结构……假定这些受试者在文化上和社会经济上有足够的不同，当他们在自己想象力的建构下，追随案例中作者的引导时，他们可能会因为这种引导而加入不同的假设，而且这可能会引起他们填补对主角的认知状况的不同描述。但是，随着描述的不同而不同，受试者终究可能会不同意这些大同小异的内容。②

在这里，索萨反对的是"不同概念"，并试图用这种看法回应实验哲学的挑战。根据这种回应，如果可以证明，不同的人口群体（例如，东亚人与西方人），以系统化的不同方式重复地对哲学的思想实验作出回应，那么两组群体可能使用不同的概念。如果他们正在使用不同的概念，那么一些实验哲学家试图用跨人口统计学的变化来挑战当前在哲学中的思维方式，那将是徒劳的，因为不同的群体甚至没有谈论相同的事情。当然，"两个概念"的反应只是表明一种假设的可能性，而没有提供任何理由相信这种可能是真的。如果这种可能性实现了，那么实验者的挑战的确会被瓦解。但是，没有理由认为它是如此，实验者的挑战仍然存在。

受试者在阅读哲学案例时并不总是能正确地把握案例，在作出判断时有时他们会添

---

① Ernest Sosa，"Experimental Philosophy and Philosophical Intuition"，*Philosophical Studies*，2007(132)：102-103.

② Ernest Sosa，"A Defense of the Use of Intuitions in Philosophy"，in Dominic Murphy and Michael Bishop (eds.)，*Stich and His Critics*，Oxford：Blackwell，2009，pp.101-112.

加一些在案例中没有的信息,有时会忽略案例中的一些重要细节。索萨担心,如果我们无法确定受试者是不是在对同样的信息作出回应,那么我们就不清楚从不一致的直觉报道中能得出什么结论。如果不同的受试者在利用不同的信息,那么那些似乎对相同的哲学案例有着不同直觉的受试者也许只是对不同的案例有着不同的直觉。除非可以排除这一点,否则,实验哲学家借直觉不一致来质疑传统哲学方法论就是不恰当的。①

我们赞同亚历山大的观点,这一论证有两个问题。首先,这个论证依赖于一个悬而未决的经验假说,即不同的人对同一案例的解释有系统性的不同,而且这种不同在他们形成判断时扮演着重要的角色。证明这种假说的唯一方法,是需要有更多的,而不是更少的实验研究。其次,这个论证对双方都起作用。无论这个论证为实验哲学带来什么问题,它也会为标准的哲学研究带来这些问题。这个论证指出,当人们谈论具体的案例时,他们从来不能确定他们在谈论的是同一个东西。如果这是真的,那么我们不仅不清楚从不一致的直觉报道中能得出什么结论,而且我们也不清楚应该从一致性的直觉报道中得出什么结论。结论会导致某种直觉的怀疑主义,这种怀疑主义对于传统的哲学方法论和实验哲学来说都是有害的。②

其次,批评者质疑实验数据与实验哲学家解释的必然性。例如,《规范性与认知直觉》的作者们就葛梯尔案例对西欧和东亚大学生进行了调查,结果表明,对葛梯尔案例是否为知识,存在跨文化差异:大多数西方人断言,在一个典型的葛梯尔案例中,主角"只是相信"而非"真正知道"他的朋友驾驶一辆美国汽车,而东亚人的判断正好相反。他们把这种分歧解释为东亚人倾向于"在这种相似性的基础上作出范畴的判断",而西方人倾向于"在描述世界和归类事物方面更愿意关注因果性"。③ 莱文认为:(1)如果不能解释为什么这些结果反映的是相似性而不是因果分类的不同,那么,很难说这种诊断是正确的。(2)如果没有确保受试者完全知道被问的是什么,以及没有设定主角买汽车的习惯之类的各种假设,很难说这种诊断是正确的。(3)如果没有后续研究为这种诊断提供保证,那么这些差异看起来更像种族成见,而不是关于知识和确证的标准的直觉存在深厚的文化差异。④

对问卷调查,听一听内格尔的告诫是有益的,她说:"对粗糙案例的反应,可能涉及一系列复杂的因素,因此人们不应该草率地假定,他们自己最初的反应始终是不能改变的。"⑤这表明,在实验研究上,需要进一步的调查研究。我们认为,实验调查的复杂性并不能证明实验调查方法是不可行的。哈佛大学哲学家凯利(Sean Kelly)认为,年轻的实验哲学家能用任何方式捡起他们需要的任何统计工具或者其他工具,并说"你不应该因为

① Ernest Sosa,"A Defense of the Use of Intuitions in Philosophy",in Dominic Murphy and Michael Bishop (eds.),*Stich and His Critics*,Oxford:Blackwell,2009,pp.101-112.

② Joshua Alexander,*Experimental Philosophy:An Introduction*,Cambridge:Polity Press,2012,p.111.

③ Jonathan M. Weinberg,Shaun Nichols & Stephen P. Stich,"Normativity and Epistemic Intuitions",in Joshua Knobe and Shaun Nichols(eds.),*Experimental Philosophy*,Oxford:Oxford University Press,2008,p.28.

④ Janet Levin,"Critical Notices:Experimental Philosophy",*Analysis*,2009(69:4):761-769.

⑤ Jennifer Nagel,"Epistemic Intuitions",*Philosophy Compass*,2007(2:6):802.

没有这方面的专业学位,就不敢做某些事情"①。此外,尽管调查方法在实验哲学中仍然扮演着一个十分重要的角色,然而,近些年来,实验哲学家使用统计分析的方法(比如,对中介分析和结构方程模型的运用)来研究受试者对哲学小场景作出回应的方式变得纯熟起来。实验哲学家现在开始运用许多来自社会和认知科学的方法,这些方法有:行为研究、认知负荷的研究、眼球追踪研究、功能磁共振成像研究、反应时研究,等等。②

三、大众直觉值得研究吗?

对实验哲学诉诸大众直觉来研究哲学问题的质疑概括地说有:质疑直觉反应的合法性;质疑大众直觉的正确性;诉诸专家特权。

1.质疑直觉反应的合法性

卡皮尼恩(Antti Kauppinen)质疑实验哲学研究中收集到的直觉反应能足够坚实地确保实验哲学家提出的挑战:

> 来自这些仅仅似乎理解了这个问题的非哲学家的反应没有得到支持,因为他们可能对正在谈论的概念有一种有缺陷的理解,不会努力地思考这个概念在环境的应用中会不会有助于避免概念错误,不会努力地思考这个概念在环境的应用中会不会仓促地得出他们的结论,或者会不会被各种语用的因素影响……至今为止,所从事的此类研究都未能排除能力的失败、执行的失败,以及语用因素的潜在影响,因此哲学诉诸概念的直觉没有产生可以获得支持或者提出质疑的结果。③

我们认为,当卡皮尼恩说"实验哲学家对受试者的概念能力和叙述理解下结论有时太快了"时,他是正确的。然而,当他极度怀疑实验哲学家能否解决他提出的担忧时,他的观点没有什么说服力。卡皮尼恩认为,实验者所采用的方法没有考虑以下可能性:(1)测试受试者如何把握关键的概念;(2)为受试者提供足够的动力来展示一个高水准的表现;(3)测试研究材料中语用因素的影响。然而,许多实验哲学家已经测试了这些因素。例如,温伯格、尼科尔斯和施蒂希④,以及斯温、亚历山大和温伯格⑤用以下的小场景来测试受试者

---

① Christopher Shea,"Against Intuition:Experimental Philosophers Emerge from the Shadows,but Skeptics Still Ask:Is This Philosophy?" *The Chronicle Review*,October 3,2008. *http://www.sel.eesc. usp.br/informatica/graduacao/material/etica/private/against_intuition.pdf*

② Joshua Alexander,*Experimental Philosophy:An Introduction*,Cambridge:Polity Press,2012, p.112-113.

③ Antti Kauppinen,"The Rise and Fall of Experimental Philosophy",*Philosophical Explorations*, 2007(10):105.

④ Jonathan M.Weinberg,Shaun Nichols & Stephen P.Stich,"Normativity and Epistemic Intuitions",in Joshua Knobe and Shaun Nichols(eds.),*Experimental Philosophy*,Oxford:Oxford University Press,2008,p.36.

⑤ Stacey Swain,Joshua Alexander & Jonathan M.Weinberg,"The Instability of Philosophical Intuitions:Running Hot and Cold on Truetemp",*Philosophy and Phenomenological Research*,2008(76): 154.

的概念能力：

> 戴夫喜欢用掷硬币的方式来玩游戏。有时他有一种"特殊感觉"：下一掷将出现正面。当他有这种"特殊感觉"时，他一半时间是对的，一半时间是错的。就在下一次投掷前，戴夫有了那种"特殊感觉"，这种感觉使他相信那个硬币将会正面朝上。他掷出了那枚硬币，而且它的确正面朝上。戴夫真的知道硬币将正面朝上吗，或者他只是相信这一点？

当问受试者"戴夫是否知道硬币正面朝上"时，基于受试者要么不理解这个问题，要么使用了替代的知识概念，斯温、亚历山大和温伯格从进一步的分析中排除了任何肯定回答的受试者。在社会心理学中，理解力的检查（comprehension checks）有标准的程序，而且可以随时安排检查受试者的理解是否恰当。

关于语用的因素可能对受试者的回答产生的影响，诺布[①]和纳德霍夫尔[②]已经做了实验，并排除了各种语用的影响。如果研究者怀疑，实验哲学研究使用的某个小场景有某种语用的暗示，而且受试者可能对这种暗示作出了回应，而不只是对语义的内容作出了回应，那么修正的、毫无争议的没有语用暗示的小场景，可以用来检测这种怀疑。因此，由卡皮尼恩提出的困难只是实践操作层面上的，而不是原则上的，随着实验哲学的进一步完善可以得到改善，正如实验心理学不断完善独立成一门学科一样，更何况卡皮尼恩提出的有些困难在现实实验中已经得到了有效的解决。

2.质疑大众直觉的正确性

批评者质疑实验哲学家把普通大众的直觉判断作为主要经验证据支持或反驳一些哲学的观点，他们质疑受试者理解了场景中运用的专业词汇，质疑检测到的普通大众的直觉是真实可靠的。他们把直觉分为两类：正确的直觉和错误的直觉[③]。

首先，批评者认为正确的直觉有清楚的、必然意义，实验哲学研究的直觉则是错误的直觉。批评者认为，实验哲学的实验不是设计来引发正确的直觉，而是收集未经过滤的关于不同案例的自发判断。他们主张，真正需要的数据是关于正确的直觉（即有模态含义并伴随着清楚的必然意义的直觉）的数据。例如，当我们面对类似于"如果 p，那么非非 p"这样的原则时，我们所拥有的直觉就是正确的直觉，它们是普遍的。批评者认为，除非能证明正确的直觉具有文化或社会经济地位的差异性，证明正确的直觉不是普遍的，否则我们真正需要研究的直觉就是正确的直觉。[④]

---

① Joshua Knobe，"Intentional Action in Folk Psychology：An Experimental Investigation"，*Philosophical Psychology*，2003(16：2)：309-323.

② Thomas Nadelhoffer，"The Butler Problem Revisited"，*Analysis*，2004(64：3)：277-284.

③ 有时也用表面的直觉（surface intuitions）与坚实的直觉（robust intuitions），或大众的直觉与专家的直觉来表示相近的分类。

④ Jonathan M. Weinberg，Shaun Nichols & Stephen P. Stich，"Normativity and Epistemic Intuitions"，in Joshua Knobe and Shaun Nichols(eds.)，*Experimental Philosophy*，Oxford：Oxford University Press，2008，p.37-38.

我们赞同温伯格等人的观点,他们承认实验哲学研究的直觉并不是有清楚的必然意义和模态含义的直觉(即强直觉),但他们反对强直觉是普遍的,质疑把强直觉划分为正确的直觉的合理性。他们认为,实验结果证明几乎 30% 的西方受试者没有大部分哲学家的那种强直觉。因为接近 30% 的受试者宣称,在标准的葛梯尔场景中,鲍博真的知道吉尔驾驶一辆美国车。在东亚受试者中,超过 50% 的受试者有鲍博真的知道这种直觉;在南亚受试者中,这个数字超过 60%! 他们对此的解释是:在分析哲学方面,中上阶层有几年研究生训练的西方人,对葛梯尔案例的确都有强的、与模态相关的直觉。但是,他们说:"由于世界上大部分人明显没有这些直觉,很难看出我们为什么应该认为,这些直觉告诉了我们关于实在的模态结构或者认知规范,或者关于哲学感兴趣的其他东西。"①

其次,批评者认为正确的直觉至少有少量的反思,实验哲学研究的直觉没有反思,因而不是正确的直觉。批评者认为,正确的直觉不是"直接的"直觉,"直接的"直觉可能甚至不会比纯粹的猜测更好。相反,正确的直觉是至少有最小反思的直觉,这种直觉来自少量关注、考虑,尤其来自对要处理的案例细节以及其他理论承诺的反思。批评者认为,在这种有最小反思的直觉中,并没有发现多样性和不稳定性。②

我们赞同温伯格等人的观点,他们反对这个批评意见,理由有:(1)在他们的实验中,在回答问题之前,许多受试者显然确实进行了最少的反思,证据就是许多调查表上受试者在作答后写出了简单的解释性评论;(2)实验哲学不只发现了认知直觉中的群体差异,更是解释了产生这种差异的原因在于对认知因素的不同反应。如果东方受试者倾向于把一些涉及了群体信念、实践和传统的因素考虑进来,而西方受试者并没有这种倾向,那么绝没有理由期待这些因素在清晰反思的条件下不会产生直觉的差异性。批评者认为直接直觉与最小反思直觉之间存在有差异性,这种看法是没有根据的。③

再次,批评者认为正确的直觉是在讨论和反思之后的一段时间内产生的,实验哲学研究的直觉不是这种直觉。批评者认为,正确的直觉既不是直接的直觉,也不是最小反思的直觉,而是通过一段足够长时间的讨论和反思后得到的直觉(即奥斯丁式的直觉)。批评者认为,实验哲学并没有证明奥斯丁式的直觉有文化的多样性,或者虽然有明显的多样性,但当理智的人在一起反思和推理时,有充分的理由来假设他们最终将达到一致的意见。④

我们赞同温伯格等人的观点,他们完全否认奥斯丁式的直觉可能导致所有群体的意

①　Jonathan M. Weinberg, Shaun Nichols & Stephen P. Stich, "Normativity and Epistemic Intuitions", in Joshua Knobe and Shaun Nichols(eds.), *Experimental Philosophy*, Oxford:Oxford University Press, 2008, p.38.

②　Jonathan M. Weinberg, Shaun Nichols & Stephen P. Stich, "Normativity and Epistemic Intuitions", in Joshua Knobe and Shaun Nichols(eds.), *Experimental Philosophy*, Oxford:Oxford University Press, 2008, p.38.

③　Jonathan M. Weinberg, Shaun Nichols & Stephen P. Stich, "Normativity and Epistemic Intuitions", in Joshua Knobe and Shaun Nichols(eds.), *Experimental Philosophy*, Oxford:Oxford University Press, 2008, p.39.

④　Jonathan M. Weinberg, Shaun Nichols & Stephen P. Stich, "Normativity and Epistemic Intuitions", in Joshua Knobe and Shaun Nichols(eds.), *Experimental Philosophy*, Oxford:Oxford University Press, 2008, p.39.

见一致。在没有任何证据的情况下,没有任何理由假设,在他们的实验已经证明的语境敏感性中,那些文化差异性会在反思和讨论之后消失。退一步,他们认为,即使这些文化差异的确在进一步的反思后消失了,这是情况可能是由顺序效应产生的。换言之,奥斯丁式的直觉可能是部分地依赖于例子和论证引入的顺序而建立的。然而,由于不同的群体可能聚集在非常不同的、已证明不受改变影响的奥古斯丁式的直觉上,因此所有群体不可能达成一致的意见。①

最后,批评者可能发难说,实验哲学质疑哲学诉诸直觉方法的可靠性的时候,难道它所诉诸普通大众常识性的看法就更有道理吗?尽管它虽现出了一些貌似可信的调查数据和经验事实,但这些其实无益于哲学问题的解决,反而使问题变得更加复杂:纠缠于细枝末节,脱离了问题的实质和重点,更有可能把我们引向相对主义的泥潭。但事实证明,不可能有永久消解哲学争论、永久解决哲学问题的方案,寻求万古不变、四海皆宜的先天结论和真理更是天方夜谭。实验哲学并不提供现成的答案,其重点在于验证以往的哲学结论,提醒我们之前看问题的方式可能存在问题,需要科学的反思并加以谨慎对待,并为之提供更为可靠、精确、严密的证据支持。

3.诉诸专家特权

实验哲学反对者认为,专家的直觉比普通大众的直觉更具有特权和优越性,因此,反对以调查普通大众直觉为基础的实验哲学。例如,德维特(Michael Devitt)认为,直觉是"经验的理论负载的中央处理器(central-processor,在这里比喻专家——引者注)对现象作出的回应。与其他回应不同的是,这类几乎没有任何有意识推理的回应只在相当直接的和鲁莽的情况下才会发生"②。他认为,我们应该相信专家的直觉,相信理论和经验为这些直觉作了担保:

> 有时,普通大众可能同任何人一样是专家:负载"大众理论"的直觉是我们必须保留的最好的直觉。也许,这对各种心理学直觉来说是真的。对大多数直觉来说,很显然不是真的,我们应该信任负载了已证实的科学理论的直觉。例如,可以想一想在现场寻找化石的一位古生物学家。她看到一些白石头粘在灰色的岩石上,认为这是"猪的下颚骨"。这种直观的判断是快速的和鲁莽的。她可能非常确定但不能解释她是如何知道的。在某种程度上,我们相信古生物学家的判断而不相信大众的判断,因为我们知道,这是她多年研究化石的经验结果;她已经成为了化石特性的一个可靠的指示者。同样,关于物理世界的许多方面,普通大众的直觉已经被证明是极不可靠的,因此,我们相信物理学家的直觉而不是普通大众的直觉。③

① Jonathan M. Weinberg, Shaun Nichols & Stephen P. Stich, "Normativity and Epistemic Intuitions", in Joshua Knobe and Shaun Nichols(eds.), *Experimental Philosophy*, Oxford: Oxford University Press, 2008, p.39-40.

② Michael Devitt, *Ignorance of Language*, Oxford: Clarendon Press, 2006, p.103.

③ Michael Devitt, *Ignorance of Language*, Oxford: Clarendon Press, 2006, pp.104-105.

反对凭借大众直觉来研究哲学问题的批评者还主张："整个学术界，我们信赖专家以开展研究。让物理学家或生物学家调查大众关于物理学或生物学的直觉，将是荒谬的。在某种程度上，物理学家和生物学家在他们的研究领域是专家，并运用他们的专业知识来推进这些领域。对哲学来说也是如此。就像物理学家不会考虑大众物理学一样，哲学家也不需要考虑普通大众的哲学。"[①]

批评者认为，在人们作出判断时，直觉方法并不比理性方法优越。在《意向性行动：两个半大众概念？》中，库什曼和麦勒证：："当人们的直觉回答不能与他们有意识地坚持的看法一致时，尤其是当这种矛盾明显时，人们有时不理会或拒绝他们的直觉回答。"[②]这表明，借助大众的直觉来研究哲学问题，在方法论上不具有优越性。与此不同，哲学家受过专业训练，能够精确思考与使用常识的概念，他们的直觉是经过深思熟虑，并与其他直觉和理论一致，因此，分析哲学的方法更值得赞同。路德维希认为，通过反思训练，专家可以获得对相关概念结构更高的敏感性。[③] 正因为专家有能力作出更加准确的概念区分，这种准确的概念区分会使专家的直觉比大众的直觉更有价值。莱文主张，纵使研究外在的心灵哲学问题，只要具有她所说的条件，就应该留给扶手椅哲学进行研究。这些条件是"如果对哲学理论来说，最好的证据是我们'经过深思熟虑的（considered）'直觉——也就是说，广泛思考具体的案例如何与其他的直觉和理论承诺相一致后，那些直觉仍保持稳定——那么，我们似乎可以获得大量证据以解释为什么要使用扶手椅方法。"[④]对快速思维方式感兴趣的心理学家也许对未经深思熟虑的直觉反应感兴趣，然而哲学家感兴趣的不是未经深思熟虑的直觉反应，而是深思熟虑的理性思维。因此，正如人们不会通过询问普通大众关于夸克或复数的直觉来研究物理学或数学一样，人们也不应该通过询问普通大众关于知识或道德责任性质的直觉来研究哲学或伦理学。而且，普通大众可能没有很好地把握正在谈论的概念，没有认真地思考过应用这个概念时有利于避免概念错误的情况，也可能仓促地下判断，还可能被各种语用的因素影响。这种表面的直觉既不能提供可被解释的数据，也不能提供可被辩解的数据，因为它们中的一些可能仅仅是噪音，不适合于说明大众概念。此外，这些反应不仅对大众的概念，而且对个别受访者的概念都不是可靠的向导，因为他们错误地运用自己的规则，而不只是语义的因素。

我们赞同诺布和尼科尔斯的说法，他们认为，虽然学院派的专业化观点完全适用于一些哲学问题，但是，许多哲学问题的争论与日常直觉紧密相关。例如，关于自由意志、身份的同一性、知识和道德性问题，是从日常直觉中产生的，如果不能符合日常直觉，那么它们

①　Joshua Knobe & Shaun Nichols，"An Experimental Philosophy Manifesto"，in Joshua Knobe and Shaun Nichols（eds.），*Experimental Philosophy*，Oxford：Oxford University Press，2008，p.8.

②　Fiery Cushman & Alfred Mele，"Intentional Action：Two-and-a-Half Folk Concepts?"，in Joshua Knobe and Shaun Nichols（eds.），*Experimental Philosophy*，Oxford：Oxford University Press，2008，p.177.

③　Kirk Ludwig，"The Epistemology of Thought Experiments：First Person Versus Third Person Approaches"，*Midwest Studies in Philosophy*，2007（31）：149.

④　Janet Levin，"Critical Notices：Experimental Philosophy"，*Analysis*，2009（69：4）：768.

就不是一个能够被真正理解的哲学问题。① 如果哲学家的"道德责任"概念与普通大众的"道德责任"概念不同，那么，这种哲学就没有存在的必要。他们举例说，像"什么行为被当作'有意的'？""为了挽救五个人而杀死一个无辜者是被允许的吗？"这类哲学问题，是能通过研究普通大众给出的答案解决的。诺布和尼科尔斯断言："无论我们研究什么，我们都应该接受人们……的直觉，以此作为一种方式来更深层地理解人类心灵是如何运作的。"②"道德责任"这个概念是哲学家和普通大众共有的，而不是哲学家独有的。像"知识""理由"这些概念，也应该是大众概念。事实上，如果哲学家争论的仅仅是虚构的概念，为什么普通大众要去关心它们呢？人们想知道的是，在他们通常所谈论的意义上，他们是否有关于他人的知识，并在这个意义上，他们必须努力与大众的概念一致。

我们认为，只要哲学家作出关于我们日常概念或日常判断的主张，我们就要哲学家确保：虽然他们的看法很可能受到他们自己理论的影响，但这些看法必须是普通大众的看法，而不只是哲学家的看法。在我们看来，在古生物学和物理学这类学科上，德维特的建议是完全合理的，然而，在哲学问题上，是否有相应的可以媲美的专业知识呢？哲学家花了很多时间思考哲学概念，这是事实，然而，即便这样也不能保证所花费的时间将转化为专业知识，长时间的哲学训练或思索产生的影响更像文化适应（enculturation），更多的哲学实践让人们先后参与到哲学文化中，哲学文化有许多对哲学思想实验的标准回答，并作为受试者成为哲学文化的正式成员的必要前提。亚历山大和温伯格注意到，广泛的反思可能只加强在进行反思前哲学家已经作出的直觉判断，哲学的反思根本不可能是产生哲学家直觉的东西。③ 此外，哲学研究的很多问题都只是对日常生活中问题的提升，并非是普通大众遥不可及的。许多哲学研究直接与普通大众相关，普通大众的直觉是不可回避的。例如，知识的哲学分析对象是普通大众的知识概念，因此这类分析必须能够解释"普通大众将对各种知识论的思想实验说什么"的数据。对于这些与普通大众相关并可以说得上话的哲学问题，哲学家特权的支持者基于什么正当的理由赋予他们的直觉而不是普通大众的直觉以特权呢？这些专家特权的支持者能够提出非窃取论题的理由吗？对此，人们普遍认为，还没有获得这类理由。正因如此，纳德霍夫尔和纳罕姆斯断言："要确立不应该信任前哲学的大众直觉，而应该信任在哲学上有根据的直觉，都需要更多的而不是更少的实验研究"④，因为只有通过严格的经验调查，我们才能证明大众直觉是不可靠的。反对凭借大众直觉来研究哲学问题的人还主张：

确实，我们所关注的常识概念的问题在于，只有哲学家能以普通大众不能达到的

① Joshua Knobe & Shaun Nichols，"An Experimental Philosophy Manifesto"，in Joshua Knobe and Shaun Nichols(eds.)，*Experimental Philosophy*，Oxford：Oxford University Press，2008，p.8.

② Joshua Knobe & Shaun Nichols，"An Experimental Philosophy Manifesto"，in Joshua Knobe and Shaun Nichols(eds.)，*Experimental Philosophy*，Oxford：Oxford University Press，2008，p.12.

③ Joshua Alexander & Jonathan M. Weinberg，"Analytic Epistemology and Experimental Philosophy"，*Philosophy Compass*，2007(2)：56-80.

④ Thomas Nadelhoffer & Eddy Nahmias，"The Past and Future of Experimental Philosophy"，*Philosophical Explorations*，2007(10)：129.

精确度和精密性来使用那些概念,即人们每天都使用的那些普通的常识概念。因为哲学家受过特殊训练,能够作出精细区分和严密思考;而且哲学家能用这些技巧来发现我们日常直觉的真实本质。结果是,与普通大众相比,哲学家有一种更坚实可靠的能力来获得关于各种案例的准确直觉。①

在主流哲学家看来,与普通大众不同,哲学家受过专业训练,能够精确思考与使用常识的概念,他们的直觉是经过深思熟虑后的直觉,并与其他直觉和理论一致,因此,是哲学家的直觉,而非普通大众的直觉具有认知优势。在他们看来,正如人们不会通过询问普通大众关于夸克或复数的直觉来研究物理学或数学一样,人们也不应该通过询问普通大众关于知识或道德责任的性质的直觉来研究知识论或伦理学。对像葛梯尔案例这样复杂的、专业的问题的回答,必须要有一定的训练基础,而不能听从普通大众的直觉反应,与哲学家相比,普通大众没有能力使用"知道"一词②。

专家特权论是基于专业知识辩护(expertise defense)③的主张,认为:在解答哲学问题上,与大众的哲学直觉相比,专业的哲学直觉更值得关注。这是因为哲学家对这些问题思考了很久,付出了很多努力,而且接受过相关的训练,知道如何最好地阅读和思考哲学问题,有更好的概念和理论来解答这些问题,因此,专家的直觉比大众的直觉更有理论价值。科恩布里斯就是这种观点的代表,他说:

> 与大众直觉相比,职业哲学家的直觉更适合于把握那些现象(即知识、确证、善、公正等——引者注),因为关于这些现象和它们的概念,哲学家已经思考了很久,思考也很努力,如果所有正在做的事情都是应该做的事情,那么,与那些新手相比,哲学家更接近对这些现象的准确描述。④

科恩布里斯认为,专业知识包括某些理论和原理,它们有助于塑造专家的直觉。他说:

> 没有任何理论根据的直觉,或者只有大众共有的、最低限度的理论根据的直觉,就像科学中对相关背景理论完全无知的调查者所给出的观察一样,[在哲学中]是无用的。某些个体对相关的理论是如此无知,以至于他们的信念集不包含任何可能影响观察的理论,在科学中,他们的观察对我们没什么帮助……我们应该努力把握前理论的直觉这种建议……似乎给予那些无知者和新手的直觉的特权高于那些负责且有见

① Joshua Knobe & Shaun Nichols,"An Experimental Philosophy Manifesto",in Joshua Knobe and Shaun Nichols(eds.),*Experimental Philosophy*,Oxford:Oxford University Press,2008,p.9.
② Antti Kauppinen,"The Rise and Fall of Experimental Philosophy",*Philosophical Explorations* 10 (2007):95-118.
③ 这个名称来自温伯格等人,他们首次对这种辩护的优劣进行了详细的讨论(Jonathan M. Weinberg,Chad Gonnerman,Cameron Buckner and Joshua Alexander,"Are philosophers expert intuiters?",*Philosophical Psychology*,2010(23:3):331-355.)。
④ Hilary Kornblith,"Naturalism and Intuitions",*Grazer Philosophische Studien*,2007(74:1):35.

识的调查者的直觉。我不明白为什么这个看法在哲学中要比在科学中好一些。①

这是一个具有吸引力的看法,然而它面临几个难题:(1)经过哲学理论过滤的那些判断不能算作是哲学直觉;过滤的过程应该是无意识的,在内省上难以把握的;(2)理论可以起到澄清的作用,也可能起到干扰的作用。专家的哲学直觉有理论根据,但这并不能确保它们比大众的哲学直觉更有理论价值。也许这意味着我们应该尽我们所能来确保那些影响我们哲学直觉的理论是准确的。然而,如果理论塑造了我们的哲学直觉,那么很难弄明白我们的哲学直觉如何能够独立地帮助我们去评价这些理论的准确性。因为如果我们是以哲学理论解释我们的哲学直觉的能力为依据提出哲学理论的,而且我们是以这些理论与我们哲学直觉的总体一致性为依据来为它们的真辩护的,是以它们与我们哲学直觉的相符为依据来确证我们的哲学信念的,那么,它确实给出了一个重要的质疑。

卡皮尼恩认为,专业知识是因为专家花费了更多的时间来仔细思考获得的,因此更有价值。他把直觉分为表面的直觉(surface intuitions)和坚实的直觉(robust intuitions)。前者是由诸如问卷设计不合理、可能的顺序效应、语言歧义、语境暗示、受试者的心不在焉(inattention)或实用的考量以及没有理解或误解案例产生的。后者排除了能力不足(failures of competence)、操作错误(failures of performance)和不相关的影响因素。他认为,与表面的直觉相比,坚实的直觉具有更多的理论价值。坚实直觉的一个标志是它们是在足够理想的条件下形成的,在这种条件下,我们不仅有足够的时间来仔细地检查和评价关于假定案例的判断,而且还可以检查和评价这些案例本身以及我们对理论的信奉可能对案例中所发现的相关细节产生的影响。其潜台词是:反思性的判断更可能是正确的。由于专家花费更多的时间来参与反思实践,因此,与大众直觉相比,专家直觉有更多的理论价值。②

然而,反思与可靠性的关系并不如此简单。的确,反思有时会帮助我们改善我们的判断,可以帮助我们认识到误读、遗漏和理论的渗透。然而,有实验证明,反思有时仅仅帮助我们加强我们最初给出的判断的信心,而不会增加它们的可靠性。位置效应(position effect)研究发现:人们对生活消费品的估价受到了那些要被评估的货物的相关位置的影响。即使当要求思考一下是什么因素影响了他们的估价,人们也没有意识到相关位置对他们的估价的影响。1974 年做的锚定效应(anchoring effect)研究要求实验对象去估计非洲国家在联合国中的比例。当被问及这个比例是大于还是小于 10% 时,人们的平均估计是 25%;当被问及这个比例是大于还是小于 65% 时,平均估计是 45%。虽然很明显实验对象受到了最初的参照点("锚")的影响,然而实验对象完全没有意识到这个参照点对他们的估计的影响。③ 另一方面,在进行反思时,我们会受到很多认知偏见的妨碍,如果

① Hilary Kornblith,"Naturalism and Intuitions",*Grazer Philosophische Studien*,2007(74:1):34.

② Antti Kauppinen,"The Rise and Fall of Experimental Philosophy",*Philosophical Explorations*,2007(10:2):95-118.

③ Joshua Alexander,*Experimental Philosophy: An Introduction*,Cambridge:Polity Press,2012,p.131.

对于那些已知的认知偏见进行纠正,情况甚至会变得更糟。

专家特权理论的支持者认为,哲学的专业知识由某种程序性的知识构成,是某种从我们哲学教育的过程中发展出来的特殊的"能力知识",哲学家在如何更好地阅读和思考哲学思想实验上受过更好的教育,因此他们的哲学直觉比大众的哲学直觉更有价值。这种程序性的专业知识是怎样的呢?有两种可能性。索萨认为,哲学思想实验一般采用的那些小场景需要读者加入某些信息,这些信息没有明确地包含在那些语句中。因此,读哲学思想实验就类似于读小说:"当我们读小说时,我们会加入许多文本中没有明确表述的东西。在我们自己想象力的建构下,追随作者的引导时,我们会加入许多通常预先假定的那个情境中的物理的和社会的结构。"①

如果这是对的,那么我们可以用我们的能力来解释哲学的程序性专业知识,这些能力是我们恰当地得到某个特定小场景的相关细节的能力,以及我们恰当地填补那些并未明确包含在小场景中的细节的能力。

威廉姆森给出了另一种程序性专业知识。在他看来,思想实验与有反事实前提的有效演绎论证相关,我们应该用一种想象的模仿、背景信息和逻辑的混合体来评价它们。他还将思想实验的任务分解为明确的子任务:我们必须阅读并消化对小场景的描述,判断这个被描述的场景中的情况会是什么,判断这个场景是否可能,并确定这个前提是否能推演出结论。②

对思想实验过程的这种重构表明,挑选出某个特定小场景中的相关细节的能力,从事反事实推导的能力,作出某些逻辑推论的能力,是哲学的程序性专业知识。然而,要比较程序性专业知识的好坏,正如比较概念能力的好坏一样,恰好需要实验哲学来帮助我们研究。因此,不能把哲学家有更多的程序性能力知识这样的事实,当作反对实验哲学重要性的理由。

此外,对专业知识辩护的拥护者来说,专家的哲学直觉所表现出来的像大众的哲学直觉那样的敏感性,是对他们的沉重打击。有人的工作则揭示了这种敏感性。③

以上谈了专家的哲学直觉比大众的哲学直觉有更多的价值的理由:哲学家有着更好的概念和理论,至少对相关概念和理论有着更好的理解;哲学家对这些概念和理论已经思考了很久,也思考得很努力;哲学家在如何最好地阅读和思考哲学思想实验上接受过训练。这些理由没有一个特别有说服力地证明实验哲学不重要。我们需要更多的工作来解释为什么我们应该认为专家的哲学直觉比大众的哲学直觉有更多的理论价值。这种工作

---

① Ernest Sosa,"A Defense of the Use of Intuitions in Philosophy",in Dominic Murphy and Michael Bishop (eds.),*Stich and His Critics*,Oxford:Blackwell,2009,p.107.

② Timothy Williamson,"Philosophical Expertise and the Burden of Proof",*Metaphilosophy*,2011(42:3):215-229.

③ Eric Schwitzgebel & Fiery Cushman,"Expertise in Moral Reasoning? Order Effects on Moral Judgment in Professional Philosophers and Non-Philosophers",*Mind and Language*,2012(27:2):135-153.Eric Schwitzgebel & Joshua Rust,"The Moral Behavior of Ethics Professors:Relationships Among Self-Reported Behavior,Expressed Normative Attitude,and Directly Observed Behavior",*Philosophical Psychology*,2014(27:3):293-327.

大部分应当是经验性的,并且要仔细地研究大众的哲学直觉、专家的哲学直觉,以及与思考哲学思想实验和产生哲学直觉相关的那些认知机制。

四、实验方法会排斥分析方法?

不少批评者之所以批评实验哲学,是因为他们认为实验哲学在排斥分析方法。例如,索萨把实验哲学看作是哲学的自然主义运动的一种结果,他批判实验哲学,是因为实验哲学试图"证明在哲学中使用扶手椅直觉是不光彩的"①,而且他"反对实验主义者对扶手椅直觉的拒斥"②。

我们认为,根据实验哲学对传统扶手椅思辨分析方法的态度不同,可把实验哲学分为排斥型实验哲学和补充型实验哲学③。排斥传统分析方法的实验哲学又可称为激进的实验哲学、强的实验哲学、悲观的实验哲学、消极的实验哲学或破坏性实验哲学。排斥型实验哲学主张,实验哲学的实验方法是排斥传统扶手椅思辨分析方法的,在哲学问题的研究上,实验方法优越于传统的标准方法,实验哲学应该完全(或应该几乎完全)取代传统哲学。施蒂希和温伯格是排斥型实验哲学的鼓动者,他们强调文化和社会经济背景以及构建问题对人们的反应和随之而来的变化性的影响,并对哲学诉诸直觉的方法表示怀疑。施蒂希认为实验哲学的证据表明"在整个二十世纪以及之前的哲学家们使用的'依赖扶手椅上的人的直觉'的核心方法出现了问题"④。纳罕姆斯等人主张"抛弃一种标准的哲学方法,按照这种方法,哲学家们坐在扶手椅上咨询他们自己的直觉,并且假设他们代表的是日常的直觉"⑤。

---

① Ernest Sosa,"Experimental Philosophy and Philosophical Intuition",in Joshua Knobe and Shaun Nichols(eds.),*Experimental Philosophy*,Oxford:Oxford University Press,2008,p.231.

② Ernest Sosa,"Experimental Philosophy and Philosophical Intuition",in Joshua Knobe and Shaun Nichols(eds.),*Experimental Philosophy*,Oxford:Oxford University Press,2008,p.232.

③ 卡皮尼恩认为,有两类实验主义论题,负的实验主义论题是"对(在哲学上相关的)关于大众概念的主张来说,扶手椅反思和非正式的对话都是不可靠的证据来源";正的实验主义论题是"对(在哲学上相关的)关于大众概念的主张来说,调查研究是可靠的证据来源",并因此把实验哲学分为悲观的实验哲学和乐观的实验哲学,两者都接受负的实验主义论题,悲观的实验哲学拒绝正的实验主义论题,乐观的实验哲学接受正的实验主义论题。(Antti Kauppinen,"The Rise and Fall of Experimental Philosophy",*Philosophical Explorations*,2007(10:2):97.)约书亚·梅把它们称为修正的(revisionary)实验哲学和温和的(moderate)实验哲学(参见 Joshua May,"Review of Experimental Philosophy Ed. By Knobe and Nichols",*Philosophical Psychology*,2010(23:5):714.)。排斥型实验哲学和补充型实验哲学是从方法上是否兼容来进行分类的,与此类似的否定型实验哲学(调查哲学上重要的直觉和判断的不一致,潜在地破坏了传统哲学)与肯定型实验哲学(调查日常概念应用的形式,潜在地扩展了传统哲学),则是从研究对象上进行分类的。

④ Christopher Shea,"Against Intuition:Experimental Philosophers Emerge from the Shadows,but Skeptics Still Ask:Is This Philosophy?" *The Chronicle Review*,October 3,2008.http://www.sel.eesc.usp.br/informatica/graduacao/material/etica/private/against_intuition.pdf.

⑤ Eddy Nahmias,Stephen G. Morris,Thomas Nadelhoffer & Jason Turner,"Is Incompatibilism Intuitive?" in in Joshua Knobe and Shaun Nichols(eds.),*Experimental Philosophy*,Oxford:Oxford University Press,2008,p.85.

补充传统分析方法的实验哲学又可称为温和的实验哲学、弱的实验哲学、乐观的实验哲学或建构性实验哲学。补充型实验哲学主张，实验哲学的实验方法与传统扶手椅思辨分析方法是相互补充的，在哲学问题的研究上，实验方法与传统的标准方法各有其优缺点，实验哲学是对传统哲学的补充，在某些哲学问题上，实验哲学的方法更有前途。补充型实验哲学是实验哲学运动的主流，尼科尔斯和诺布是其代表。例如，在《实验哲学宣言》中，尼科尔斯和诺布清楚地指出，他们并没有把实验的方法当作哲学的唯一方法：

> 没人认为我们要开除所有的道德哲学家，并用实验主义者取而代之，也没人认为我们废除了任何一种用来弄清人们的直觉到底是对还是错的传统哲学方法。我们正在提倡的只是往哲学家的工具箱里添加另一种工具而已。也就是说，为了从事某些哲学探索，我们提倡另一种方法（在已有方法之外）。①

此外，他们还强调，实验哲学绝不是通过简单地调查大众的意见来解决哲学问题，例如，他们认为，若某位思辨哲学家在思考道德责任问题时，突然发现实验哲学家的实验结果证明，他的观点并不为广泛的"大众"所拥有，他们问："仅仅因为她发现自己处在少数中，她就会改变她的观点吗？"他们回答说："当然，她不会。"②他们主张把实验方法与分析方法结合起来，他们是补充型实验哲学家。诺布还说："实验哲学的绝大多数工作并不是对传统的概念分析方法说三道四，而是对心灵是如何运作的说一些积极的东西。"③实验哲学的主要努力是为哲学添加一件"新工具"，以此尝试性地揭示直觉的来源以及遭受曲解的原因，为我们哲学理论提供更为可靠的材料或依据，为传统哲学论证提供一种有益的辅助。

亚历山大和温伯格主张实验哲学是传统哲学的必要补充，他们说：

> 标准的哲学实践包括诉诸直觉作为证据以支持或反对特定的哲学主张。不幸的是，标准的哲学实践的践行者常常太满足于这个假设，即他们自己的直觉代表那些更广泛的哲学家和/或大众的直觉。然而，满足于这种假设掩盖了这个事实，那就是，关于直觉分配的主张是直接的经验主张（即当面临这些思想实验时，对人们会如何回应有可检验的预测）。因此，我们应该关注实证研究以准确地确定哲学家和非哲学家共同拥有的直觉是什么。只有这样的研究结果才能提供用以支持或反对哲学主张的可以作为证据基础的直觉。通过这种方式，这种恰当的基本观点把实验哲学看作是为标准的哲学实践提供一个必要的补充。④

---

① Joshua Knobe & Shaun Nichols,"An Experimental Philosophy Manifesto",in Joshua Knobe and Shaun Nichols(eds.),*Experimental Philosophy*,Oxford:Oxford University Press,2008,p.10.

② Joshua Knobe & Shaun Nichols,"An Experimental Philosophy Manifesto",in Joshua Knobe and Shaun Nichols(eds.),*Experimental Philosophy*,Oxford:Oxford University Press,2008,p.6.

③ Joshua Knobe,"Experimental Philosophy",*Philosophy Compass*,2007(2:1):84.

④ Joshua Alexander & Jonathan M. Weinberg,"Analytic Epistemology and Experimental Philosophy",*Philosophy Compass*,2007(2):61.

普林茨主张方法的互补,并认为"如果传统的哲学方法与其他的观察方法相结合,那么哲学将会受益"①。普林茨还认为,实验哲学与传统哲学的概念分析相似。自柏拉图以来,传统哲学家专注于特定的概念,并提供分析。实验哲学家和传统的概念分析者都假定,被调查的概念应该按照普通的语言使用者如何理解概念的方式来分析。实验哲学与传统的概念分析之间有两种紧密的联系。第一种是,实验哲学家使用的方法通常要求受试者通过内省给出语义知识。一些小场景起着类似于哲学思想实验的作用,引发受试者的直觉,并由受试者把这些直觉记录在问卷上。因此,实验哲学家所做的最典型的实验,就是让普通大众去做哲学家在反思概念时所做的事情。传统的哲学方法没有被消除,它们只是被民主化了。普林茨把这种方法称为后验先天的(posteriori priori)方法,因为它用数据分析把先天反思结合起来了。② 第二种是,通过分析多位未受哲学训练的受访者的直觉,实验哲学家可以决定由专业哲学家报告的直觉是否与普通大众的直觉一致。传统哲学家把他们的理论建立在直觉上,并假定这些直觉是共享的。然而,实际上,哲学家的直觉经常是有偏见的。它们经常是负载理论的,而且在文化上也是特定的。通过证明哲学家的直觉不是普遍共享的,实验哲学家用他们的研究来揭示这些偏见。因此,与统计分析一起,实验哲学用传统哲学报告直觉的方法来批评哲学家关于权威的直觉应该是什么的主张。有时候,通过介绍思想实验如何呈现细小的差异(诸如呈现的顺序,或者生动形象的语言)影响作为结果的直觉,他们也试图证明,哲学家的直觉是暂时的。③

科恩布里斯主张"哲学是一种合作的事业",哲学"显然有实验室的空间","忽视实验结果的"扶手椅哲学"完全是无价值的",扶手椅的理论化要取得进步,离不开实验工作的重要作用。④ 他强调"理论无数据则盲",强调扶手椅方法的片面性,他说:"正如在其他地方一样,在这里,我要论证的不是扶手椅方法在原则上可能导致错误和遗漏,而是在实践中,扶手椅方法经常在知识论里导致极具实质性的错误。"⑤"没有人能合理地反对扶手椅方法是哲学方法的组成部分。"⑥"如果人们想要搞清楚我们的概念是什么,那么必须用实验的方法。这种说法是对的,正如实验哲学家所论证的那样。"⑦"如果我们知识论理论与

① Jesse J. Prinz,"Empirical Philosophy and Experimental Philosophy",in Joshua Knobe and Shaun Nichols(eds.),*Experimental Philosophy*,Oxford:Oxford University Press,2008,p.192.

② Jesse J. Prinz,"Empirical Philosophy and Experimental Philosophy",in Joshua Knobe and Shaun Nichols(eds.),*Experimental Philosophy*,Oxford:Oxford University Press,2008,pp.198-199.

③ Jesse J. Prinz,"Empirical Philosophy and Experimental Philosophy",in Joshua Knobe and Shaun Nichols(eds.),*Experimental Philosophy*,Oxford:Oxford University Press,2008,p.199.

④ Hilary Kornblith,"Is there room for armchair theorizing in epistemology?" in Matthew C. Haug (ed.),*Philosophical methodology:The armchair or the laboratory*? Oxford:Routledge,2013,p. 213.

⑤ Hilary Kornblith,"Is there room for armchair theorizing in epistemology?" in Matthew C. Haug (ed.),*Philosophical methodology:The armchair or the laboratory*? Oxford:Routledge,2013,p. 208.

⑥ Hilary Kornblith,"Is there room for armchair theorizing in epistemology?" in Matthew C. Haug (ed.),*Philosophical methodology:The armchair or the laboratory*? Oxford:Routledge,2013,p. 208.

⑦ Hilary Kornblith,"Is there room for armchair theorizing in epistemology?" in Matthew C. Haug (ed.),*Philosophical methodology:The armchair or the laboratory*? Oxford:Routledge,2013,p. 207.

实验结果相隔绝,那么我们的知识论理论必然会受到损害"①,"我们需要的是,哲学理论化必须要有实验工作的数据,无论实验工作是由(受过适当训练的)哲学家做,还是由心理学家做。"②"虽然我们概念的内涵与外延在许多知识论问题中起重要的作用,但是,我们概念的属性却不能坐在扶手椅上解答。"③他还认为,离开了实验工作所提供的数据,知识论的一些核心问题(如内/外在主义之争,葛梯尔问题,怀疑主义问题)不能得到解答。④

　　当某些自称是实验哲学的批评者说,他们是在反对实验哲学时,实际上都是在批评排斥型实验哲学。在《实验哲学与哲学直觉》中,虽然索萨提到一些实验哲学家(在我们看来,就是指补充型实验哲学家)不是他批评的目标,因为这些实验哲学家没有提出他所批评的那种有争议的主张,但是他仍称他自己在反对实验哲学。索萨说,不是每位实验哲学的拥护者都认可归入反对哲学直觉"这个灵活标题下的任何松散的聚集物","还有一种实验哲学的最新变种对直觉拥有更积极的看法。这种变种的支持者使用实验的证据来获得对这些直觉和它们的潜在能力的更好的理解"。⑤莱文眼里的实验哲学其实也是排斥型实验哲学,她把实验哲学的方法与分析哲学的方法对立起来,在她对《实验哲学》的评论中,她的最终结论是:"在这本书中所讨论的方法论上最合理的和哲学上最切题的研究成果,都可以从扶手椅上获得,因此,实验哲学可能没有对分析哲学的传统方法提出严重的挑战。"⑥她的目的有时似乎是要证明实验哲学没有存在的必要,她说:"似乎传统的分析方法可能足以为识别哲学理论提供合适种类的判断数据。"⑦在这里,她暗示扶手椅哲学在收集相关研究信息上与实验哲学一样好。

　　在《实验哲学宣言》中,虽然尼科尔斯和诺布试图用一种广泛的方式恰当地描述实验哲学,使它对"多样的抱负"开放⑧,然而他们所主张和辩护的只是一种相当温和的补充型实验哲学。正因如此,对补充型实验哲学的辩护并不能排除像索萨和莱文这样的批评者对排斥型实验哲学的批评,因此诺布和尼科尔斯试图通过捍卫补充型实验哲学来反驳对排斥型实验哲学的批评,力图"证明实验哲学的发起是合理的"⑨,是不成功的。虽然人们

　　① Hilary Kornblith,"Is there room for armchair theorizing in epistemology?" in Matthew C. Haug (ed.),*Philosophical methodology:The armchair or the laboratory*? Oxford:Routledge,2013,p. 207.

　　② Hilary Kornblith,"Is there room for armchair theorizing in epistemology?" in Matthew C. Haug (ed.),*Philosophical methodology:The armchair or the laboratory*? Oxford:Routledge,2013,p. 215.

　　③ Hilary Kornblith,"Is there room for armchair theorizing in epistemology?" in Matthew C. Haug (ed.),*Philosophical methodology:The armchair or the laboratory*? Oxford:Routledge,2013,p. 201

　　④ Hilary Kornblith,"Is there room for armchair theorizing in epistemology?" in Matthew C. Haug (ed.),*Philosophical methodology:The armchair or the laboratory*? Oxford:Routledge,2013,pp. 202-205.

　　⑤ Ernest Sosa,"Experimental Philosophy and Philosophical Intuition",in Joshua Knobe and Shaun Nichols(eds.),*Experimental Philosophy*,Oxford:Oxford University Press,2008,p.239.n.5.

　　⑥ Janet Levin,"Critical Notices:Experimental Philosophy",*Analysis*,2009(69:4):761.

　　⑦ Janet Levin,"Critical Notices:Experimental Philosophy",*Analysis*,2009(69:4):767.

　　⑧ Joshua Knobe & Shaun Nichols,"An Experimental Philosophy Manifesto",in Joshua Knobe and Shaun Nichols(eds.),*Experimental Philosophy*,Oxford:Oxford University Press,2008,p.3.

　　⑨ Joshua Knobe & Shaun Nichols,"An Experimental Philosophy Manifesto",in Joshua Knobe and Shaun Nichols(eds.),*Experimental Philosophy*,Oxford:Oxford University Press,2008,p.14.

对实验哲学的方法有这样或那样的质疑,在我们看来,由于实验哲学的主流是补充型实验哲学,而补充型实验哲学所倡导的用实验方法来补充分析方法的理念具有不可批评性①,再加上实验哲学所带来的突出成就,这些都证明补充型实验哲学的发起是合理的,补充型实验哲学的前途是光明的。从补充型实验哲学的发展看,我们赞同《哲学心理学》的评论,即"实验哲学家所采用的方法不应该像它通常被认为的那样有争议"②。而且,即使是批评者,也有人接受实验哲学的有用性。例如,路德维希写道:"实验哲学……对人们的假设作了检测。这些假设认为,人们对他人有一致的反应,尤其对那些没有受过哲学训练的人的反应具有一致性。"③相似地,索萨说:"揭示在不利的条件下直觉可能迷失方向,当然是有用的。"④

对实验哲学的批评,还有不少基于误解之上。例如,没有实验哲学家声称,实验应该完全取代哲学的理论化。然而,实验哲学家不断面临来自以下的批判:"如果我们调查每个人都发现,他们认为怀疑主义是错误的(或者相信上帝和外部世界存在是合理的等等),这个事实是如何能终止这个长达 2000 多年之久的哲学争论呢?"答案很简单:"它不能。"实验哲学家所收集的经验数据是用来揭示而不是取代哲学争论的。此外,实验哲学家没有宣称,他们的方法和结果必然与哲学的每个领域相关。然而,批评者通常试图用在现在看来是与实验不相关的某些哲学争论,来证明实验哲学是没有价值的。

不可否认,在哲学研究中,真实的观察实验有自身不可克服的局限性。沃克迈斯特明确表示:"仅仅观察是不够的;'哲学家的眼睛'是一个不可或缺的先决条件;这也意味着实验数据除非与一个思想体系联系起来,否则是毫无意义的。"⑤周昌乐教授也认为:"对于目前主要以直觉-思辨为主的哲学研究现状而言,哲学实验方法对当代哲学研究走出狭隘的概念思辨,具有不可替代的作用。在这个意义上,哲学实验方法无疑将成为引领当代哲学发展走向的一个重要动力,对繁荣哲学研究事业具有十分重要的意义。"⑥

用实验调查来研究哲学问题,是一种新兴的运动,它提出了一种"令人兴奋的新的研究风格"⑦。在某种意义上,实验哲学就是用数据论证的哲学,用事实说明的哲学,也是在实际中由人来检验的哲学。实验哲学使得哲学能够用数据论证,用事实说明,由人检验。

---

① 说补充型实验哲学所倡导的用实验方法补充分析方法的理念具有不可批评性,是因为人们无法否认使用多种方法比使用单一方法更有用;是因为人们很难否认,调查普通大众是如何看待哲学问题,对这些问题的解答至少有些用。

② Joshua May,"Review of Experimental Philosophy Ed. By Knobe and Nichols",*Philosophical Psychology*,2010(23 :5):713.

③ Kirk Ludwig,"The Epistemology of Thought Experiments:First Person Versus Third Person Approaches",*Midwest Studies in Philosophy*,2007(31):154.

④ Kirk Ludwig,"The Epistemology of Thought Experiments:First Person Versus Third Person Approaches",*Midwest Studies in Philosophy*,2007(31):105.

⑤ [美]W.H.沃克迈斯特著,李德容等译:《科学的哲学》,北京:商务印书馆 1996 年,第 27 页。

⑥ 周昌乐:《哲学实验:一种影响当代哲学走向的新方法》,《中国社会科学》2012 年第 10 期,第 46 页。

⑦ Joshua May,"Review of Experimental Philosophy Ed. By Knobe and Nichols",*Philosophical Psychology*,2010(23 :5):711.

传统分析哲学思辨味太浓、抽象性太重,而且远离现实生活,探讨问题常常陷入公说公有理婆说婆有理的思辨困境而无法自拔,引入实验方法是一种有益尝试和探索,可以让哲学研究与现实生活保持接触,使得哲学研究更具活力和开放性,这是哲学研究的一次变革。用实验的方法来研究哲学,使哲学不再只是哲学家头脑中发生的东西,改变了单纯思辨的性质,使哲学的结论能够得到实验上的验证,这是实验哲学的重要意义。而且,实验的基本特征是可检验性、可重复性,从事实验哲学的研究要求对哲学中的概念作明晰的界定,这有助于更好地纠正、澄清哲学研究中的混乱。不管实验哲学发展的未来如何,实验哲学研究肯定是当代哲学研究中最令人振奋的发展之一。虽然实验哲学尚不成熟,其方法的合理性也存在不少争议,但鉴于传统分析哲学的日益抽象化,日益技术化,日益远离现实社会和人们的生活,引入实验的方法发现新的问题,或者为哲学问题的求解提供新的证据和思路,是繁荣和发展哲学的有益探索。

我们乐观地预测:在未来的若干年中,实验哲学必将更有声势;从长远来看,实验方法在哲学中的运用也将越来越普遍和寻常。当然,我们作出这样的断言,并不意味着每个哲学研究者都要亲自去做这样那样的实验,也不意味着探究所有的哲学问题都必须诉诸实验,更不意味着要用实验方法来取代思辨分析的方法。我们所要强调的是,在日后的哲学研究中,倘若涉及的问题与日常的直觉或经验相关,则研究者就不应该再无视由实验哲学或有关科学所提供的经验证据。

参考文献

1.Adam Feltz & Chris Zarpentine, "Do You Know More When It Matter Less?" *Philosophical Psychology*,2010(23:5):683-706.

2.Adam Morton & Antti Karjalainen,"Contrastive Knowledge", *Philosophical Explorations*,2003(6):74-89.

3.Alex Byrne, "How Hard Are the Sceptical Paradoxes?" *Noûs*,2004(38:2):299-325.

4.Allan Hazlett,"Factive Presupposition and the Truth Condition on Knowledge", *Acta Analytica*,2012(27):461-478.

5.Allan Hazlett,"The Myth of Factive verbs", *Philosophy and Phenomenological Research*,2010(80):497-522.

6.Alvin Goldman,"A Causal Theory of Knowing", *The journal of philosophy*,1967(64):357-372.

7.Alvin Goldman,"Naturalistic Epistemology and Reliabilism", *Midwest Studies in Philosophy*,1994(19:1):301-320.

8.Alvin Goldman, *Epistemology and Cognition*,Cambridge:Harvard University Press,1986.

9.Alvin Goldman, *Liaisons:Philosophy Meets the Cognitive and Social Sciences*, Cambridge:The MIT Press,1992.

10.Anthony Appiah, *Experiments in Ethics*,Cambridge:Harvard University Press, 2008.

11.Anthony Brueckner, "The Structure of the Skeptical Argument", *Philosophy and Phenomenological Research*,1994(54):827-835.

12.Antonia Barke, "Epistemic Contextualism", *Erkenntnis*,2004(61:2-3):353-373.

13.Antti Kauppinen,"The Rise and Fall of Experimental Philosophy", *Philosophical Explorations*, 2007(10:2):95-118.

14.Barry Stroud, *The Significance of Philosophical Scepticism*,Oxford:Oxford University Press,1984.

15.Beate Sodian & Heinz Wimmer, "Children's Understanding of Inference as a Source of Knowledge", *Child Development*,1987(58:2):424-433.

16.Blake Myers-Schulz & Eric Schwitzgebel,"Knowing That P Without Believing That P",*Noûs*,2013(47:2):371-384.

17.Bredo Johnsen,"Contextualist Swords,Skeptical Plowshares",*Philosophy and Phenomenological Research*,2001(62:2):385-406.

18.Brian J. Scholl & Alan M. Leslie,"Modularity,Development and 'Theory of Mind'",*Mind & Language*,1999 (14:1):131-153.

19.Brian Weatherson,"Knowledge,Bets and Interests",in Jessica Brown & Mikkel Gerken(eds.),*Knowledge Ascriptions*,Oxford:Oxford University Press,2012.

20.Chandra Sekhar Sripada & Jason Stanley,"Empirical Tests of Interest-relative Invariantism",*Episteme*,2012(9:1):3-26.

21.Charles G.Lord,Mark R. Lepper & Elizabeth Preston,"Considering the Opposite:A Corrective Strategy for Social Judgment",*Journal of Personality and Social Psychology*,1984(47:6):1231-1243.

22.Christina Starmans & Ori Friedman,"The Folk Conception of Knowledge",*Cognition*,2012(124):272-283.

23.Christoph Jäger,"Skepticism,Information,and Closure:Dretske's Theory of Knowledge",*Erkenntnis*,2004(61:2-3):187-201.

24.Christoph Kelp,"Do 'Contextualist Cases' Support Contextualism?"*Erkenntnis*,2012(76:1):115-120.

25.Christopher K.Hsee,Jiao Zhang and Junsong Chen,"Internal and Substantive Inconsistencies in Decision-Making",in Derek J. Koehler and Nigel Harvey,*Blackwell Handbook of Judgment and Decision Making*,Oxford:Blackwell,2004.

26.Colin Camerer,George Loewenstein & Martin Weber,"The Curse of Knowledge in Economic Settings:An Experimental Analysis",*Journal of Political Economy*,1989(97:5):1232-1254.

27.Colin McGinn,*Problems in Philosophy:The Limits of Inquiry*,Oxford:Blackwell,1993.

28.Colin Radford,"Knowledge-By Examples",*Analysis*,1966(27:1):1-11.

29.Crispin Sartwell,"Knowledge is Merely True Belief",*American Philosophical Quarterly*,1991(28):157-165.

30.Crispin Sartwell,"Why Knowledge is Merely True Belief",*Journal of Philosophy*,1992(89):167-180.

31.D.M.Armstrong,Belief,Truth and Knowledge,Cambridge:*Cambridge University Press*,1973,pp.157-170.

32.D.M.Armstrong,"Does Knowledge Entail Belief?"*Proceedings of the Aristotelian Society*,1969(70):21-36.

33.Dana K. Nelkin,"The Lottery Paradox,Knowledge,and Rationality",*Philosophical Review*,2000(109:3):373-409.

34.Daniel M.Oppenheimer,"The Secret Life of Fluency", *Trends in Cognitive Sciences*,2008(12:6):237-241.

35. Daniel Oppenheimer, "Spontaneous Discounting of Availability in Frequency Judgment Tasks", *Psychological Science*,2004(15):100-105.

36.Daniel R.Ames,"Inside the Mind Reader's Tool Kit:Projection and Stereotyping in Mental State Inference", *Journal of Personality and Social Psychology*,2004(87:3):340-353.

37.David A. Schkade and Daniel Kahneman,"Does Living in California Make People Happy? A Focusing Illusion in Judgments of Life Satisfaction", *Psychological Science*,1998(9:5):340-346.

38.David Lewis,"Elusive Knowledge", *Australasian Journal of Philosophy*,1996(74:4):549-567.

39.David Lewis, "Scorekeeping in a Language Game", *Journal of Philosophical Logic*,1979(8):339-359.

40.David Rose & David Danks,"In Defense of a Broad Conception of Experimental Philosophy", *Metaphilosophy*,2013(44:4):512-532.

41.David Rose & Jonathan Schaffer, "Knowledge Entails Dispositional Belief", *Philosophical Studies*,2013(166:1):19-50.

42.David Sackris & James R. Beebe,"Is Justification Necessary for Knowledge?",in James R. Beebe(ed.),*Advances in Experimental Epistemology*,Bloomsbury Academic, 2014.

43. Deanna Kuhn, *The Skills of Argument*, Cambridge: Cambridge University Press,1991.

44.Derek Powell,Zachary Horne & Nestor Ángel Pinillos,"Semantic Integration as a Method for Investigating Concepts",in James R. Beebe (ed.),*Advances in Experimental Epistemology*,Bloomsbury Academic,2014.

45.Donna J. Lutz & Frank C. Keil,"Early Understanding of the Division of Cognitive Labor",*Child Development*,2002(73:4):1073-1084.

46.Dov Cohen & Alex Gunz,"As Seen By the Other… :Perspectives on the Self in the Memories and Emotional Perceptions of Easterners and Westerners",*Psychological Science*,2002(13):55-59.

47.Ducan Pritchard,"Greco on Reliabilism and Epistemic Luck", *Philosophical Studies*,2006(130):35-45.

48.Duncan Pritchard,"The Structure of Sceptical Arguments",*Philosophical Quarterly*,2005 (218:55):39.

49.Duncan Pritchard,"Two Forms of Epistemological Contextualism",*Grazer Philosophische Studien*,2002(64):19-55.

50.Dylan Murray,Justin Sytsma & Jonathan Livengood,"God Knows (but Does

God Believe?)", *Philosophical Studies*,2013(166):83-107.

51.Eddy Nahmias,Stephen G. Morris,Thomas Nadelhoffer & Jason Turner,"Is Incompatibilism Intuitive?" in Joshua Knobe & Shaun Nichols(eds.),*Experimental Philosophy(Volume* 1),Oxford:Oxford University Press,2008.

52.Edmund L.Gettier,"Is Justified True Belief Knowledge?",in Michael D. Roth & Leon Galis(eds.):*Knowing:Essays in the Analysis of Knowledge*,Oxford:Routledge, 1970.

53.Edward Ellsworth Jones & Richard E. Nisbett,"The Actor and the Observer: Divergent Perceptions of the Cause of Behavior",in Edward E.Jones,David E.Kanouse, Harold H.Kelley,Richard E.Nisbett,Stuart Valins & Bernard Weiner(eds.),*Attribution:Perceiving the Causes of Behavior*,Morristown,NJ:General Learning Press,1972.

54.Elke Brendel & Christoph Jäger,"Contextualist Approaches to Epistemology: Problems and Prospects",*Erkenntnis*,2004(61):143-172.

55.Emily Pronin & Matthew B.Kugler,"Valuing Thoughts,Ignoring Behavior:The Introspection Illusion as a Source of the Bias Blind Spot",*Journal of Experimental Social Psychology*,2006(43:4):565-578.

56.Emily Pronin,"Perception and Misperception of Bias in Human Judgment", *Trends in Cognitive Sciences*,2006(11:1):37-43.

57.Emily Pronin,Jonah Berger & Sarah Molouki,"Alone in a Crowd of Sheep: Asymmetric Perceptions of Conformity and Their Roots in an Introspection Illusion", *Journal of Personality and Social Psychology*,2007(92:4):585-595.

58.Emily Pronin,Justin Kruger,Kenneth Savitsky & Lee Ross,"You Don't Know Me,But I Know You:The Illusion of Asymmetric Insight",*Journal of Personality and Social Psychology*,2001(81:4):639-656.

59.Emily Pronin,Thomas Gilovich & Lee Ross,"Objectivity in the Eye of the Beholder:Divergent Perceptions of Bias in Self Versus Others",*Psychological Review*, 2004(111):781-799.

60.Eric Schwitzgebel & Fiery Cushman,"Expertise in Moral Reasoning? Order Effects on Moral Judgment in Professional Philosophers and Non-Philosophers",*Mind and Language*,2012(27:2):135-153.

61.Eric Schwitzgebel & Joshua Rust,"The Moral Behavior of Ethics Professors: Relationships Among Self-Reported Behavior,Expressed Normative Attitude,and Directly Observed Behavior",*Philosophical Psychology*,2014(27:3):293-327.

62.Erik P.Thompson,Shelly Chaiken & Douglas Hazelwood,"Need for Cognition and Desire for Control as Moderators of Extrinsic Reward Effects:A Person Situation Approach to the Study of Intrinsic Motivation",*Journal of Personality and Social Psychology*,1993(64):987-999.

63.Ernest Sosa,"A Defense of the Use of Intuitions in Philosophy",in Dominic

Murphy andMichael Bishop (eds.), *Stich and His Critics*, Oxford: Blackwell, 2009.

64. Ernest Sosa, "Experimental Philosophy and Philosophical Intuitions", *Philosophical Studies*, 2007(132): 99-107.

65. Ernest Sosa, "Experimental Philosophy and Philosophical Intuition", in Joshua Knobe & Shaun Nichols(eds.), *Experimental Philosophy*, Oxford: Oxford University Press, 2008.

66. Ernest Sosa, "Intuitions and Meaning Divergence", *Philosophical Psychology*, 2010(23:4): 419-426.

67. Ernest Sosa, *Knowledge in Perspective*, Cambridge: Cambridge University Press, 1991.

68. Eyal Zamir, Ilana Ritov & Doron Teichman, "Seeing is Believing: The Anti-inference Bias", *Indiana Law Journal*, 2014(89:195): 195-229.

69. Fiery Cushman & Alfred Mele, "Intentional Action: Two-and-a-Half Folk Concepts?", in Joshua Knobeand Shaun Nichols(eds.), *Experimental Philosophy*, Oxford: Oxford University Press, 2008.

70. Frank Hofmann, "Intuitions, Concepts, and Imagination", *Philosophical Psychology*, 2010(23:4): 529-546.

71 Frank Jackson, *From Metaphysics to Ethics: A Defense of Conceptual Analysis*, Oxford: Clarendon Press, 1998.

72. Fred Dretske, "Epistemic Operators", in Keith DeRose & Ted A. Warfield (eds.), *Skepticism: A Contemporary Reader*, Oxford: Oxford University Press, 1999.

73. Fred Dretske, "Externalism and Modest Contextualism", *Erkenntnis*, 2004(61): 173-186.

74. Fred Dretske, "The Pragmatic Dimension of Knowledge", *Philosophical Studies*, 1981(40:3): 363-378.

75. Fritz Allhoff, Ron Mallon & Shaun Nichols, *Philosophy: Traditional and Experimental Readings*, Oxford: Oxford University Press, 2012.

76. Gabriel Segal, "The Modularity of Theory of Mind", in Peter Carruthers and Peter K. Smith (eds.), *Theories of Theories of Mind*, Oxford: Cambridge University Press, 1996.

77. Gershon Weiler, "Degrees of Knowledge", *The Philosophical Quarterly*, 1965 (15): 317-327.

78. Gilbert Harman, "Knowledge, Inference, and Explanation", *American Philosophical Quarterly*, 1968(5:3): 164-173.

79. Hal Richard Arkes, "Costs and Benefits of Judgment Errors: Implications for Debiasing", *Psychological Bulletin*, 1991(110): 486-498.

80. Hal Richard Arkes, David Faust, Thomas J. Guilmette & Kathleen J. Hart, "Eliminating the Hindsight Bias", *Journal of Applied Psychology*, 1988(73): 305-307.

81. Hamid Seyedsayamdost, "On Gender and Philosophical Intuition: Failure of Replication and Other Negative Results", *Philosophical Psychology*, 2015(28:5):642-673.

82. Henry M. Wellman, David Cross & Julanne Watson, "Meta-Analysis of Theory-of-Mind Development: The Truth about False Belief", *Child Development*, 2001(72): 655-684.

83. Herman Cappelen, *Philosophy without Intuitions*, Oxford: Oxford University Press, 2012.

84. Hilary Kornblith, "Appeals to Intuition and the Ambition of Epistemology", in Stephen Hetherington (ed.), *Epistemology Futures*, Oxford: Oxford University Press, 2006.

85. Hilary Kornblith, "Is there room for armchair theorizing in epistemology?" in Matthew C. Haug (ed.), *Philosophical methodology: The armchair or the laboratory?* Oxford: Routledge, 2013.

86. Hilary Kornblith, "Naturalism and Intuitions", *Grazer Philosophische Studien*, 2007(74:1):27-49.

87. Hilary Putnam, "Brains in a Vat", in Keith DeRose & Ted A. Warfield (eds.), *Skepticism: A Contemporary Reader*, Oxford: Oxford University Press, 1999.

88. Ian Apperly, *Mindreaders: The Cognitive Basis of "Theory of Mind"*, Hove and Oxford: Psychology Press, 2011.

89. Icek Ajzen, "IntuitiveTheories of Events and the Effects of Base-rate Information on Prediction", *Journal of Personality and Social Psychology*, 1977(35:5):303-314.

90. Ivana Bianchi, Ugo Savardi, Roberto Burro & Stefania Torquati, "Negation and Psychological Dimensions", *Journal of Cognitive Psychology*, 2011(23:3):275-301.

91. J.L. Austin, "Other Minds", in J.O. Urmson & G.J. Warnock (eds.), *Philosophical Papers* ([3]rd edition), Oxford: Oxford University Press, 1979, pp.76-116.

92. James Beebe & Joseph Shea, "Gettierized Knobe Effects", *Episteme*, 2013(10:3):219-240.

93. James Beebe & Wesley Buckwalter, "The Epistemic Side-Effect Effect", *Mind & Language*, 2010(25:4):474-498.

94. James R. Beebe & Mark Jensen, "Surprising Connections Between Knowledge and Action: The Robustness of the Epistemic Side-Effect Effect", *Philosophical Psychology*, 2012(25:(5):689-715.

95. James R. Beebe & Wesley Buckwalter, "The Epistemic Side-Effect Effect", *Mind & Language*, 2010(25):474-498.

96. James R. Beebe (ed.), *Advances in Experimental Epistemology: Advances in Experimental Philosophy Series*, London: Bloomsbury Academic, 2014.

97. Janet Levin, "Critical Notices: Experimental Philosophy", *Analysis*, 2009(69:4): 761-769.

98.Janet Shibley Hyde,"The Gender Similarities Hypothesis",*American Psychologist*,2005(60):581-592.

99.Jason Stanley,"Context,Interest-relativity and the Sorites",*Analysis*,2003(63):269-280.

100.Jason Stanley,"On the Linguistic Basis for Contextualism",*Philosophical Studies*,2004(119):119-146.

101.Jason Stanley,*Knowledge and Practical Interests*,Oxford:Oxford University Press,2005.

102.Jennifer Cole Wright,"On Intuitional Stability:The Clear,the Strong,and the Paradigmatic",*Cognition*,2010(115):491-503.

103.Jennifer Nagel,"Epistemic Anxiety and Adaptive Invariantism",*Philosophical Perspectives*,2010(24:1):407-435.

104.Jennifer Nagel,"Epistemic Intuitions",*Philosophy Compass*,2007(2:6):792-819.

105.Jennifer Nagel,"Knowledge Ascriptions and The Psychological Consequences of Changing Stakes",*Australasian Journal of Philosophy*,2008(86:2):279-294.

106.Jennifer Nagel,"Mindreading in Gettier Cases and Skeptical Pressure Cases",in Jessica Brown & Mikkel Gerken(eds),*Knowledge Ascriptions* . Oxford:Oxford University Press,2012.

107.Jennifer Nagel,Valerie San Juan & Raymond A. Mar,"Lay Denial of Knowledge for Justified True Beliefs",*Cognition*,2013(129):652-661.

108.Jens Kipper,"Philosophers and Grammarians",*philosophical Psychology*,2010(23:4):511-527.

109.Jeremy Fantl & Matt McGrath,"Evidence,Pragmatics,and Justification",*The Philosophical Review*,2002(111):67-94.

110.Jeremy Fantl & Matt McGrath,"On Pragmatic Encroachment in Epistemolo-'gy",*Philosophy and Phenomenological Research*,2007(75:3):558-589.

111.Jeremy Fantl& Matthew McGrath,*Knowledge in an Uncertain World*,Oxford:Oxford University Press,2009.

112.Jesse J. Prinz,"Empirical Philosophy and Experimental Philosophy",in Joshua Knobe and Shaun Nichols(eds.),*Experimental Philosophy*,Oxford:Oxford University Press,2008.

113.Jessica Brown,"Adapt or Die:the Death of Invariantism?"*The Philosophical Quarterly*,2005(55:219):263-285.

114.Jessica Brown,"Contextualism and Warranted Assertibility Manoeuvres",*Philosophical Studies*,2006(130:3):407-435.

115.Jessica Brown,"The Knowledge Norm for Assertion",*Philosophical Issues*,2008(18:1):89-103.

116. Jisun Park, Incheol Choi & Gukhyun Cho, "The Actor-observer Bias in Beliefs of Interpersonal Insight", *Journal of Cross-Cultural Psychology*, 2006(37):630-642.

117. Joachim Horvath & Thomas Grundmann(eds.), *Experimental Philosophy and its Critics*, Oxford:Routledge, 2012.

118. Joachim Horvath, "How (Not) to React to Experimental Philosophy", *philosophical Psychology*, 2010(23:4):447-480.

119. Joachim Krueger & Russell W.Clement, "The Truly False Consensus Effect", *Journal of Personality and Social Psychology*, 1994(67):596-610.

120. Jochen Musch & Thomas Wagner, "Did Everybody Know it All Along? A Review of Individual Differences in Hindsight Bias", *Social Cognition*, 2007(25):64-82.

121. John Bengson, Marc A. Moffett & Jennifer C. Wright, "The Folk on Knowing How", *Philosophical Studies*, 2009(142:3):387-401.

122. John Cacioppo & Richard E.Petty, "The Need for Cognition", *Journal of Personality and Social Psychology*, 1982(42):116-131.

123. John Greco, "Agent Reliabilism", *Philosophical Perspectives*, 1999(13):291-293.

124. John Hawthorne & Jason Stanley, "Knowledge and Action", *Journal of Philosophy*, 2008(105):571-590.

125. John Hawthorne, "The Case for Closure", in Keith DeRose & Ted A.Warfield (eds.), *Skepticism:A Contemporary Reader*, Oxford:Oxford University Press, 1999.

126. John Hawthorne, *Knowledge and Lotteries*, Oxford and Oxford:Oxford University Press, 2004.

127. John Hick, *An Interpretation of Religion*, New Haven:Yale University Press, 1989.

128. John Hospers, "Argument Against Skepticism", in Louis P.Pojman(collected), *Philosophy:The Quest for Truth* (⁴th edition), London: An International Thomson Publishing Company Inc., 1999.

129. John MacFarlane, "The Assessment Sensitivity of Knowledge Attributions", in Tamar Szabó Gendler & John Hawthorne(eds.), *Oxford Studies in Epistemology* 1, Oxford:Oxford University Press, 2005, pp.197-233.

130. John MacFarlane, *Assessment Sensitivity:Relative Truth and its Applications*, Oxford:Oxford University Press, 2014.

131. John T.Cacioppo, Richard E.Petty, Jeffrey A.Feinstein & W.Blair G.Jarvis, "Dispositional Differences in Cognitive Motivation:the Life and Times of Individuals Varying in Need for Cognition", *Psychological Bulletin*, 1996(119):197-253.

132. John Turri & Ori Friedman, "Winners and Losers in the Folk Epistemology of Lotteries", in James R. Beebe(ed.), *Advances in Experimental Epistemology*, Bloomsbury Academic, 2014, pp.45-70.

133.John Turri,"A Conspicuous Art:Putting Gettier to the Test",*Philosophers' Imprint*,2013(13:10):1-16.

134.John Turri, "Gettier's Wake", in Stephen Hetherington(ed.),*Epistemology: The Key Thinkers*,Oxford:Continuum,2012.

135.John Turri,"Is Knowledge Justified True Belief?" *Synthese*,2012(184:3):247-259.

136.John Turri, "Manifest Failure:The Gettier Problem Solved",*Philosophers' Imprint*,2011(11):1-11.

137.John Turri,"Skeptical Appeal:The Source-Content Bias",*Cognitive Science*,2015(39):307-324.

138.John Turri,"The Problem of ESEE Knowledge",*Ergo,an Open Access Journal of Philosophy*,2014(1:4):101-127.

139.Jonathan Adler,"Withdrawal and Contextualism",*Analysis*,2006(66:4):280-285.

140.Jonathan Cohen,"More About Knowing and Feeling Sure",*Analysis*,1966(27:1):11-16.

141.Jonathan Dancy,*An Introduction to Contemporary Epistemology*,Oxford:Blackwell Publisher,1985.

142.Jonathan Kvanvig,*The Value of Knowledge and the Pursuit of Understanding*,Oxford:Cambridge University Press,2003.

143.Jonathan Livengood,Justin Sytsma,Adam Feltz,Richard Scheines & Edouard Machery,"Philosophical temperament",*Philosophical Psychology*,2010(23:3):313-330.

144.Jonathan M. Weinberg,Chad Gonnerman,Cameron Buckner and Joshua Alexander,"Are philosophers expert intuiters?",*Philosophical Psychology*,2010(23:3):331-355.

145.Jonathan M. Weinberg,Joshua Alexander,Chad Gonnerman,Shane Reuter"Restrictionism and reflection:Challenge deflected,or simply redirected?"*The Monist*,2012(95):200-222.

146.Jonathan M. Weinberg, Shaun Nichols & Stephen P.Stich, "Normativity and Epistemic Intuitions",in Joshua Knobe & Shaun Nichols(eds.),*Experimental Philosophy*,Oxford:Oxford University Press,2008.

147.Jonathan Schaffer & Joshua Knobe,"Contrastive Knowledge Surveyed",*Noûs*,2012(46:4):675-708.

148.Jonathan Schaffer, "Closure,Contrast and Answer",*Philosophical Studies*,2007(133:2):233-255.

149.Jonathan Schaffer,"Contrastive Knowledge",in Tamar Szabó Gendler & John Hawthorne(eds.),*Oxford Studies in Epistemology*,Oxford:Oxford university Press,

2005,pp. 235-271.

150.Jonathan Schaffer,"From Contextualism to Contrastivism",*Philosophical Studies*,2004(119:1-2):73-103.

151.Jonathan Schaffer,"The Contrast-Sensitivity of Knowledge Ascriptions",*Social Epistemology:A Journal of Knowledge,Culture and Policy*,2008(22:3):235-245.

152.Jonathan Schaffer,"The Irrelevance of the Subject:Against Subject-Sensitive Invariantism",*Philosophical Studies*,2006(127):87-107.

153.Jonathan Sutton,*Without Justification*,Cambridge:The MIT Press,2007.

154.Jonathan Vogel,"Are There Counterexamples to the Closure Principle?",in Roth Michael & Ross Glenn (eds.),*Doubting:Contemporary Perspetcives on Scepticism*. Dordrecht:Kluwer Academic Publishers,1990.

155.Jonathan Vogel,"Skeptical Arguments",*Philosophical Issues*,2004(14):426-455.

156.Jonathan Vogel,"The Refutation of Skepticism",in Matthias Steup & Ernest Sosa(eds.),*Contemporary Debates in Epistemology*,Oxford:Blackwell Publishing Ltd.,2005.

157.Jonathan Weinberg,Shaun Nichols & Stephen Stich,"Normativity and Epistemic Intuitions",Joshua Knobe & Shaun Nichols(eds.),*Experimental Philosophy*,Oxford:Oxford University Press,2008.

158.Joseph R.Priester & Richard Petty,"Source Attributions and Persuasion:Perceived Honesty as a Determinant of Message Scrutiny",*Personality and Social Psychology Bulletin*,1995(21):637-654.

159.Joseph Shieber,"On the Nature of Thought Experiments and a Core Motivation of Experimental Philosophy",*Philosophical Psychology*,2010(23:4):547-564.

160.Joshua Alexander & Jonathan M. Weinberg,"Analytic Epistemology andExperimental Philosophy",*Philosophy Compass*,2007(2):56-80.

161.Joshua Alexander,Chad Gonnerman & John Waterman,"Salience and Epistemic Egocentrism:An Empirical Study",in James R. Beebe (ed.),*Advances in Experimental Epistemology*,Bloomsbury Academic,2014.

162. Joshua Alexander,*Experimental Philosophy:An Introduction*,Cambridge:Polity Press,2012.

163.Joshua Knobe & Shaun Nichols (eds.),*Experimental Philosophy*,Oxford:Oxford University Press,2008.

164.Joshua Knobe & Shaun Nichols(eds.),*Experimental Philosophy(Volume 2)*,Oxford:Oxford University Press,2014.

165.Joshua Knobe & Shaun Nichols,"An Experimental Philosophy Manifesto",in Joshua Knobe and Shaun Nichols(eds.),*Experimental Philosophy*,Oxford:Oxford University Press,2008.

166.Joshua Knobe,"ExperimentalPhilosophy",*Philosophy Compass*,2007（2：1）：81-92.

167.Joshua Knobe,"Intentional Action and Side Effects in Ordinary Language",*Analysis*,2003(63：3)：190-194.

168.Joshua Knobe,"Intentional Action in Folk Psychology：An Experimental Investigation",*Philosophical Psychology*,2003(16：2)：309-323.

168.Joshua May,"Review of Experimental Philosophy Ed. By Knobe and Nichols",*Philosophical Psychology*,2010(23 ：5)：711-715.

170.Joshua May,Walter Sinnott-Armstrong,Jay G. Hull & Aaron Zimmerman,"Practical Interests,Relevant Alternatives,and Knowledge Attributions：An Empirical Study",*Review of Philosophy and Psychology* ,2010(1：2)：265-273.

171.Jr. Mylan Engel,"What's Wrong with Contextualism,and a Noncontextualist Resolution of the Skeptical Paradox",*Erkenntnis*,2004(61)：203-231.

172.Kathleen Corriveau & Paul L.Harris,"Choosing Your Informant：Weighing Familiarity and Recent Accuracy",*Developmental Science*,2009(12：3)：426-437.

173.KeithDeRose, "Assertion, Knowledge and Context", *Philosophical Review*, 2002 (111：2)：167-203.

174.Keith DeRose,"Contextualism and Knowledge Attributions",*Philosophy and Phenomenological Research* ,1992(52)：913-929.

175.Keith DeRose,"Contextualism,Contrastivism,and X-Phi Surveys",*Philosophical Studies*,2011(156：1)：81-110.

176.Keith DeRose,"Contextualism：An Explanation and Defense",in John Greco & Ernest Sosa(eds.),*The Blackwell Guide to Epistemology*,Malden：Blackwell Publishers Inc.,1999.

177.Keith DeRose, "Introduction：Responding to Skepticism", in Keith DeRose & Ted A.Warfield (eds.)*Skepticism：A Contemporary Reader*,Oxford：Oxford University Press,1999.

178.Keith DeRose,"Knowledge,Assertion and Lotteries",*Australasian Journal of Philosophy*,1996(9：4)：568-580.

179.Keith DeRose,"Solving the Skeptical Problem",in Keith DeRose & Ted A. Warfield(eds.),*Skepticism：A Contemporary Reader*,Oxford：Oxford University Press，1999.

180.Keith DeRose,"Solving the Skeptical Problem",*Philosophical Review*,1995 (104：1)：1-52.

181.Keith DeRose,"The Ordinary Language Basis for Contextualism,and the New Invariantism",*The Philosophical Quarterly*,2005(55)：172-198.

182.Keith DeRose,"The Problem with Subject Sensitive Invariantism",*Philosophy and Phenomenological Research*,2004(68:2):346-350.

183.Keith DeRose,*The Case for Contextualism*:*Knowledge*,*Skepticism and Context*(*vol*. 1),Oxford:Oxford University Press,2009.

184.Keith E. Stanovich & Richard F. West,"Individual Differences in Rational Thought",*Journal of Experimental Psychology*:*General*,1998(127):161-188.

185.Keith E.Stanovich,"Distinguishing the Reflective,Algorithmic and Reflective Minds:Time for a Tripartite Theory?" in Jonathan St.B.T. Evans & Keith Frankish (eds),*In Two Minds*:*Dual Processes and Beyond*,Oxford:Oxford University Press, 2009.

186.Keith Frankish and Jonathan Evans,"The Duality of Mind:An Historical Perspective",*Tennessees Business*,2009(17:2):2-5.

187.Keith Lehrer,"Belief and Knowledge",*The Philosophical Review*,1968(77: 4):491-499.

188.Keith Lehrer,*Theory of Knowledge*,Boulder and London:Westview Press, 1990.

189.Keith Stanovich & Richard West,"Individual Differences in Reasoning:Implications for the Rationality Debate",*Behavior and Brain Sciences*, 2000(23):645-665.

190.Kenneth Boyd & Jennifer Nagel,"The Reliability of Epistemic Intuitions",in Edouard Machery,Elizabeth O'Neill(eds.),*Current Controversies in Experimental Philosophy*,Oxford:Routledge,2014.

191.Kent Bach,"Knowledge in and out of Context",in Joseph Keim Campbell,Michael O'Rourke & Harry S. Silverstein(eds.),*Knowledge and Skepticism*,Cambridge: The MIT Press,2010.

192.Kent Bach,"The Emperor's New 'Knows'",in Gerhard Preyer & Georg Peter (eds.),*Contextualism in Philosophy*:*Knowledge*,*Meaning and Truth*,Oxford:Oxford University Press,2005.

193.Kent Bach,"The Semantics-Pragmatics Distinction:What It Is and Why It Matters",in Ken Turner(ed.),*The Semantics/Pragmatics Interface from Different Points of View*,Kidlington,UK:Elsevier Science Ltd.,1999.

194.Kirk Ludwig,"Intuitions and Relativity",*philosophical Psychology*,2010(23: 4):427-445.

195.Kirk Ludwig,"The Epistemology of Thought Experiments:First Person Versus Third Person Approaches",*Midwest Studies in Philosophy*,2007(31):128-159.

196.Konika Banerjee,Bryce Huebner & Marc Hauser,"Intuitive Moral Judgments Are Robust Across Variation in Gender,Education,Politics and Religion:A Large-scale Web-based Study",*Journal of Cognition and Culture*,2010(10:3):253-281.

197.Krist Vaesen,Martin Peterson & Bart Van Bezooijen,"The Reliability of Armchair Intuitions",*Metaphilosophy*,2013(44 :5):559-578.

198. Laurence BonJour, "Externalism/Internalism", in Jonathan Dancy & Ernest Sosa(eds.), *A Companion to Epistemology*, Oxford: Blackwell Publishers, 1992.

199. Laurence BonJour, "Externalist Theories of Empirical Knowledge", *Midwest Studies in Philosophy*, 2010(5:1):53-74.

200. Laurence BonJour, *Epistemology: Classic Problems and Contemporary Responses*, Lanham: Rowman & Lttlefield Publishers, Inc, 2002.

201. Linda Zagzebski, *On Epistemology*, Belmont: Wadsworth Publishing, 2009.

202. Louis P. Pojman, *The Theory of Knowledge: Classical and Contemporary Readings*, Belmont: Wadsworth Publishing Company, 1999.

203. Louise Antony, "Different Voices or Perfect Storm: Why Are There So Few Women in Philosophy?" *Journal of Social Philosophy*, 2012(43:3):227-255.

204. Ludwig Wittgenstein, *On Certainty*, D.Paul & G.E.M. Anscombe(trans.), G.E.M. Anscombe & G.H. von Wright(eds.), Oxford: Basil Blackwell, 1969.

205. Ludwig Wittgenstein, *Zettel*, Oxford: Basil Blackwell, 1967.

206. Marjorie Taylor, Bridget S. Cartwright and Thomas Bowden, "Perspective Taking and Theory of Mind: Do Children Predict Interpretive Diversity as a Function of Differences in Observers' Knowledge?" *Child Development*, 1991(62):1334-1351.

207. Mark A. Sabbagh and Dare A. Baldwin, "Learning Words from Knowledgeable versus Ignorant Speakers: Links between Preschoolers' Theory of Mind and Semantic Development", *Child Development*, 2001(72):1054-1070.

208. Mark Alfano, James Beebe & Brian Robinson, "The Centrality of Belief and Reflection in Knobe-Effect Cases", *The Monist*, 2012(95:2):264-289.

209. Mark Phelan, "Evidence That Stakes Don't Matter for Evidence", *Philosophical Psychology*, 2014(27:4):488-512.

210. Mark Richard, "Contextualism and Relativism", *Philosophical Studies*, 2004(119):215-242.

211. Martijn Joan Blaauw, *Contrastivism: Reconciling Skeptical Doubt with Ordinary Knowledge*, Amsterdam, Dissertation Free University of Amsterdam, 2004.

212. Matt Lutz, "The Pragmatics of Pragmatic Encroachment", *Synthese*, 2014(191:8):1717-1740.

213. Matthias Steup, "Internalist Reliabilism", *Philosophical Issues*, 2004(14:1):403-425.

214. Melissa A. Koenig, Fabrice Clément & Paul L. Harris, "Trust in Testimony: Children's Use of True and False Statements", *Psychological Science*, 2004(15:10):694-698.

215. Michael Brady & Duncan Pritchard, "Epistemological Contextualism: Problems and Prospects", *The Philosophical Quarterly*, 2005(219:55):161-171.

216. Michael Devitt, *Ignorance of Language*, Oxford: Clarendon Press, 2006.

217. Michael Veber, "Contextualism and Semantic Ascent", *The Southern Journal of Philosophy*, 2004(42:2):261-272.

218. Michael Williams, "Inference, Justification, and the Analysis of Knowledge", *The Journal of Philosophy*, 1978(75:5):249-263.

219. Michael Williams, "Knowledge, Reflection and Sceptical Hypothese", *Erkenntnis* 2004(61):315-343.

220. Michael Williams, "Skepticism", in John Greco & Ernst Sosa(eds.), *The Blackwell Guide to Epistemology*, Oxford:Blackwell Publishers, 1999.

221. Michael Williams, *Unnatural Doubts: Epistemological Realism and the Basis of Scepticism*, Princeton University Press, 1996.

222. Mikael Janvid, "Contextualism and the Structure of Skeptical Arguments", *Dialectica*, 2006(60:1):63-77.

223. Mikkel Gerken, " On the Cognitive Bases of Knowledge Ascriptions" , in Jessica Brown & Mikkel Gerken(eds.), *Knowledge Ascriptions*, Oxford: Oxford University Press, 2012.

224. Mikkel Gerken, "Epistemic Focal Bias", *Australasian Journal of Philosophy*, 2013(91):41-61.

225. Minsun Kim & Yuan Yuan, "No Cross-Cultural Differences in the Gettier Car Case Intuition: A Replication Study of Weinberg et al. 2001", *Episteme*, 2015(12:3):355-361.

226. Nancy Daukas, "Skepticism, Contextualism, and the Epistemic 'Ordinary'", *The Philosophical Forum*, 2002(33):63-79.

227. Nat Hansen & Emmanuel Chemla, " Experimenting on Contextualism", *Mind & Language*, 2013(28:3):286-321.

228. Nat Hansen, "Contrasting Cases", in James R. Beebe (ed.), *Advances in Experimental Epistemology*, Bloomsbury Academic, 2014.

229. Neil D. Weinstein, "Unrealistic Optimism about Future Life Events", *Journal of Personality and Social Psychology*, 1980(39):806-820.

230. Nestor Ángel Pinillos & Shawn Simpson, "Experimental Evidence in Support of Anti-Intellectualism About Knowledge", in James R. Beebe (ed.), *Advances in Experimental Epistemology*, Bloomsbury Academic, 2014.

231. Nestor Ángel Pinillos, "Knowledge, Experiments and Practical Interests", in Jessica Brown & Mikkel Gerken(eds.), *New Essays on Knowledge Ascriptions*, Oxford:Oxford University Press, 2012.

232. Nestor Ángel Pinillos, Nick Smith, G. Shyam Nair, Cecilea Mun & Peter Marchetto, "Philosophy's New Challenge: Experiments and Intentional Action", *Mind & Language*, 2011(26:1):115-139.

233. Nicholas Epley & David Dunning, "Feeling 'Holier Than Thou': Are Self-

serving Assessments Produced by Errors in Self or Social Prediction?" *Journal of Personality and Social Psychology*,2000(79:6):861-875.

234.Nicholas Epley & Thomas Gilovich,"The Anchoring and Adjustment Heuristic:Why Adjustments Are Insufficient",*Psychological Science*,2006(17):311-318.

235.Nicholas Epley,Boaz Keysar,Leaf Van Boven & Thomas Gilovich,"Perspective Taking as Egocentric Anchoring and Adjustment",*Journal of Personality and Social Psychology*,2004(87):327-339.

236.Nikolaus Dalbauer & Andreas Hergovich,"Is What is Worse More Likely? - The Probabilistic Explanation of the Epistemic Side-Effect Effect",*Review of Philosophy and Psychology*,2013(4:4):639-657.

237.O. R. Jones,"Knowing and Guessing:By Examples",*Analysis*,1971(32:1):19-23.

238.Patrick Rysiew,"Contesting Contextualism",*Grazer Philosophische Studien*,2005(69):51-70

239.Patrick Rysiew,"Speaking of Knowing",*Noûs*,2007(41:4):627-662.

240.Patrick Rysiew,"The Context-Sensitivity of Knowledge Attributions",*Noûs*,2001(35:4):477-514.

241.Peter Unger,"A Defense of Skepticism",*Philosophical Review*,1971(80):198-219.

242.Peter Unger,"Philosophical Relativity",in Keith DeRose & Ted A. Warfield (eds.),*Skepticism:A Contemporary Reader*,Oxford:Oxford University Press,1999.

243.Philip M.Podsakoff,Scott B.MacKenzie,Jeong-Yeon Lee & Nathan P. Podsakoff,"Common Method Biases in Behavioral Research:A Critical Review of the Literature and Recommended Remedies",*Journal of Applied Psychology*,2003(88:5):897-903.

244.Plato,*The Dialogues of Plato*,Benjamin Jowett(trans.),Oxford:Random House,1937.

245.R.Nathan Spreng,Margaret C. McKinnon,Raymond A. Mar & Brian Levine,"The Toronto Empathy Questionnaire:Scale Development and Initial Validation of a Factor-analytic Solution to Multiple Empathy Measures",*Journal of Personality Assessment*,2009(91:1):62-71.

246.Ram Neta,"Contextualism and the Problem of the External World",*Philosophy and Phenomenological Research*,2003(66):1-31.

247.Reid Buchanan,"Natural Doubts:Williams's Diagnosis of Scepticism",*Synthese*,2002(131:1):57-80.

248.Richard Feldman,"Contextualism and Skepticism",*Philosophical Perspectives*,1999(13):91-114.

249.Richard Feldman,"Skeptical Problems,Contextualist Solutions",*Philosophical*

Studies,2001(103):74-78.

250.Richard Feldman,*Epistemology*,*Upper Saddle River*,NJ:Prentice Hall,2003.

251.Richard Nisbett,Keyin Peng,Incheol Choi & Ara Norenzayan,"Culture and systems of thought:Holistic versus analytic cognition",*Psychological Review*,2001 (108):291-310.

252.Richard P.Larrick,"Debiasing",in Derek J. Koehler & Nigel Harvey(eds.), *Blackwell Handbook on Judgment and Decision Making*,Oxford:Blackwell Publishing,2004,pp. 316-338.

253.Robert Audi,"Causalist Internalist",*American Philosophical Quarterly*,1989 (26:4):309-320.

254.Robert Audi,*Epistemology:A Contemporary Introduction to the Theory of Knowledge*,Oxford:Routledge Press,2003.

255.Robert Audi,*The Cambridge Dictionary of Philosophy*,Oxford:Cambridge University Press,1999.

256.Robert J.Robinson,Dacher Keltner,Andrew Ward & Lee Ross,"Actual Versus Assumed Differences in Construal:'Naïve Realism' in Intergroup Perception and Conflict",*Journal of Personality and Social Psychology*,1995(68):404-417.

257.Robert L. Woolfolk,"Experimental Philosophy:A Methodological Critique", *Metaphilosophy*,2013(44:1-2):79-87.

258.Robert Nozick,*Philosophical Explanations*,Cambridge:Harvard University Press,1981.

259.Robert Stalnaker,"Comments on 'From Contextualism to Contrastivism'", *Philosophical Studies*,2004(119):108-112.

260.Robin McKenna,"Interests Contextualism",*Philosophia*,2011(39:4):741-750.

261.Roderick M.Chisholm,*The Foundations of Knowing*,Minnesota:University of Minnesota Press,1982.

262.Rolf Reber & Norbert Schwarz,"Effects of Perceptual Fluency on Judgments of Truth",*Consciousness and Cognition*,1999(8:3):338-342.

263.Rudiger F.Pohl & Wolfgang Hell,"No Reduction of Hindsight Bias After Complete Information and Repeated Testing",*Organizational Behavior and Human Decision Processes*,1996(67):49-58.

264.Ruth Mayo,Yaacov Schul & Eugene Burnstein ,"'I Am Not Guilty'vs 'I Am Innocent':Successful Negation May Depend on the Schema Used for Its Encoding", *Journal of Experimental Social Psychology*,2004(40:4):433-449.

265. Samir Okasha, "Verificationism, Realism and Scepticism", *Erkenntnis*, 2001 (55:3):371-385.

266.Sara J.Unsworth & Douglas L.Medin,"Cultural Differences in Belief Bias Associated with Deductive Reasoning?" *Cognitive Science*,2005(29):525-529.

267.Saul Kripke,*Naming and Necessity*,Cambridge:Harvard University,1980.

268.Scott Sturgeon,"The Gettier Problem",*Analysis*,1993(53:3):156-164.

269.Shali Wu & Boaz Keysar,"The Effect of Culture on Perspective Taking",*Psychological Science*,2007(18):600-606.

270.Shane Frederick,"Cognitive Reflection and Decision Making",*Journal of Economic Perspectives*,2005(19):25-42.

271.Shaun Nichols,Stephen Stich & Jonathan M. Weinberg, "Meta-Skepticism: Meditations in Ethno-Epistemology",in Stephen Stich,*Collected Papers*,*Volume 2: Knowledge,Rationality,and Morality*,1978—2010,Oxford:Oxford University Press, 2012.

272.Shaun Nichols,Stephen Stich & Jonathan M. Weinberg,"Metaskepticism:Meditations in Ethno-Epistemology",in Steven Luper(ed.),*The Skeptics*,Aldershot,England:Ashgate Publishing,2003,pp.227-247.

273.Simon Cullen,"Survey Driven Romanticism",*Review of Philosophy and Psychology*,2010(1:2):275-296.

274.Stacey Swain,Joshua Alexander & Jonathan M. Weinberg,"The Instability of Philosophical Intuitions:Running Hot and Cold on Truetemp",*Philosophy and Phenomenological Research*,2008(76):138-155.

275.Stanley B.Klein,Leda Cosmides,John Tooby & Sarah Chance,"Decisions and the Evolution of Memory:Multiple Systems,Multiple Functions",*Psychological Review* 2002(109:2):306-329.

276.Stephen Hetherington,"The Gettier Problem",in Sven Bernecker and Duncan Pritchard (eds),*The Routledge Companion to Epistemology*,Oxford:Routledge,2011.

277.Stephen Hetherington,*How to Know:A Practicalist Conception of Knowledge*,Oxford:Wiley-Blackwell,2011.

278.Stephen Schiffer,"Contextualist Solutions to Skepticism",*Proceedings of the Aristotelian Society*,1996(96:1):317-333.

279.Stephen Sherman,Robert Cialdini,Donna Schwartzmann & Kim Reynolds,"Imagining can Heighten Or Lower the Perceived Likelihood of Contracting a Disease", *Personality and Social Psychology Bulletin*,1985(11):118-127.

280.Steven M.Smith & Richard E.Petty,"Message Framing and Persuasion:A Message Processing Analysis",*Personality and Social Psychology Bulletin*,1996(22):257-268.

281.Stewart Cohen,"Contextualism,Skepticism,and the Structure of Reasons", *Philosophical Perspectives*,1999(13):57-89.

282.Stewart Cohen,"Contextualist Solutions to Epistemological Problems:Scepticism,Gettier,and the Lottery",in Ernest Sosa & Jaegwon Kim(eds.):*Epistemology:An Anthology*,Oxford:Blackwell Publishers Ltd,2000.

283.Stewart Cohen,"How to Be a Fallibilist",*Philosophical Perspectives*,1988(2): 91-123.

284.Stewart Cohen,"Justification and Truth",*Philosophical Studies* 1984(46): 279-296.

285.Stewart Cohen,"Two Kinds of Skeptical Argument",*Philosophy and Phenomenological Research*,1998(58:1):143-159.

286.Susan A. J. Birch & Paul Bloom,"The Curse of Knowledge in Reasoning about False Beliefs",*Psychological Science*, 2007(18:5):382-386.

287.Susan A. J. Birch,"When Knowledge Is a Curse:Children's and Adults' Reasoning about Mental States", *Current Directions in Psychological Science*,2005(14:1): 25-29.

288.Susan A.J.Birch & Paul Bloom,"The Curse of Knowledge in Reasoning about False Beliefs",*Psychological Science*,2007(18:5):382-386.

289.Susan A.J.Birch,Sophie A.Vauthiera & PaulBloom,"Three-and Four-year-olds Spontaneously Use Others' Past Performance to Guide Their Learning",*Cognition*, 2008(107:3):1018-1034.

290.Thomas Grundmann,"Some Hope for Intuitions:A Reply to Weinberg",*Philosophical Psychology*,2010(23:4):481-509.

291.Thomas Mussweiler & Fritz Strack,"Hypothesis-consistent Testing and Semantic Priming in the Anchoring Paradigm:A Selective Accessibility Model",*Journal of Experimental Social Psychology*,1999(35):136-164.

292.Thomas Mussweiler,Birte Englich & Fritz Strack,"Anchoring Effect",in Rüdiger F. Pohl (ed.),*Cognitive Illusions:A Handbook of Fallacies and Biases in Thinking,Judgement,and Memory*,London,UK:Psychology Press,2004.

293.Thomas Nadelhoffer & Eddy Nahmias,"The Past and Future of Experimental Philosophy",*Philosophical Explorations*,2007(10:2):123-149.

294.Thomas Nadelhoffer,"The Butler Problem Revisited",*Analysis*,2004(64:3): 277-284.

295.Three-and four-year-olds spontaneously use others' past performance to guide their learning

296.Tim Black,"A Moorean Response to Brain-in-a-Vat Scepticism",*Australasian Journal of Philosophy*,2002(80):148-163.

297.Tim Black,"Relevant Alternatives and the Shifting Standards for Knowledge",*Southwest Philosophy Review*,2002(18):23-32.

298.Timothy Williamson,"Contextualism,Subject-sensitive Invariantism and Knowledge of Knowledge",*The Philosophical Quarterly*,2005(55):213-235.

299.Timothy Williamson,"Philosophical Expertise and the Burden of Proof",*Metaphilosophy*,2011(42:3):215-229.

300. Timothy Williamson, "Philosophical Expertise and the Burden of Proof", *Metaphilosophy*, 2011(42:3):215-229.

301. Timothy Williamson, *Knowledge and Its Limits*, Oxford: Oxford University Press, 2000.

302. Toni Adleberg, Morgan Thompson & Eddy Nahmias, "Do Men and Women Have Different Philosophical Intuitions? Further Data", *Philosophical Psychology*, 2015 (28:5):615-641.

303. Tony Charman, Ted Ruffman & Wendy Clement, "Is There a Gender Difference in False Belief Development?", *Social Development*, 2002(11):1-10.

304. Trent Dougherty & Patrick Rysiew, "Clarity about Concessive Knowledge Attributions: Reply to Dodd", *Synthese*, 2011(181:3):395-403.

305. Trent Dougherty & Patrick Rysiew, "Fallibilism, Epistemic Possibility and Concessive Knowledge Attribution", *Philosophy and Phenomenological Research*, 2009 (78:1):123-132.

306. Verena Gottschling, "Keeping the Conversational Score: Constraints for an Optimal Contextualist Answer?" *Erkenntnis*, 2004(61:2-3):295-314.

307. Vikram K. Jaswal and Leslie A. Neely, "Adults Don't Always Know Best: Preschoolers Use Past Reliability over Age When Learning New Words", *Psychological Science*, 2006(17:9):757-758.

308. Walter Sinnott-Armstrong, "Abstract + Concrete = Paradox", in Joshua Knobe & Shaun Nichols(eds.), *Experimental Philosophy*, Oxford: Oxford University Press, 2008.

309. Walter Sinnott-Armstrong, *Pyrrhonian Skepticism*, Oxford: Oxford University Press, 2004.

310. Wayne A. Davis, "Knowledge Claims and Context: Loose Use", *Philosophical Study*, 2007(132:3):395-438.

311. Wesley Buckwalter & Jonathan Schaffer, "Knowledge, Stakes, and Mistakes", *Noûs*, 2015(49:2):201-234.

312. Wesley Buckwalter & Stephen Stich, "Gender and philosophical intuition", in Joshua Knobe & Shaun Nichols(eds.), *Experimental Philosophy* (Vol. 2). Oxford: Oxford University Press, 2014.

313. Wesley Buckwalter, "Gettier Made ESEE", *Philosophical Psychology*, 2014 (27:3):368-383.

314. Wesley Buckwalter, "Knowledge Isn't Closed onSaturday: A Study in Ordinary Language", *Review of Philosophy and Psychology*, 2010(1):395-406.

315. Wesley Buckwalter, "Non-Traditional Factors in Judgments about Knowledge", *Philosophy Compass*, 2012(7:4):278-289.

316. Wesley Buckwalter, "The Mystery of Stakes and Error in Ascriber Intuitions",

in James R. Beebe(ed.), *Advances in Experimental Epistemology*, Bloomsbury Academic, 2014.

317. Wesley Buckwalter, David Rose & John Turri, "Belief Through Thick and Thin", *Noûs*, 2015(49:4):748-775.

318. William G. Lycan, "Sartwell's Minimalist Analysis of Knowing", *Philosophical Studies*, 1994(73):1-3.

319. William P. Alston, "An Internalist Externalism", in *Epistemic Justification: Essays in the Theory of Knowledge*, Ithaca: Cornell University Press, 1989.

320. Williamson Timothy, "Contextualism, Subject-Sensitive Invariantism and Knowledge of Knowledge", *The Philosophical Quarterly*, 2005 (55):213-235.

321. Xinyue Zhou, Lingnan He, Qing Yang, Junpeng Lao & Roy F. Baumeister, "Control Deprivation and Styles of Thinking", *Journal of Personality and Social Psychology*, 2012(102:3):460-478.

322. 曹剑波、万超前:《实验知识论对经典思想实验的挑战》,《厦门大学学报(哲社版)》2013 年第 5 期。

323. 曹剑波、左兴玲:《哲学领域女性偏少的现象、原因及其应对策略》,《厦门大学学报(哲学社会科学版)》2017 年第 3 期。

324. 曹剑波:《"女人不宜搞哲学"之批判》,《妇女性别研究》2016 年第 3 辑。

325. 曹剑波:《日常知识归赋的语境敏感性》,《自然辩证法通讯》2016 年第 4 期。

326. 曹剑波:《哲学领域的性别差异与哲学直觉的性别差异研究》,《哲学与文化》2015 年第 493 期。

327. 曹剑波:《知识与语境:当代西方知识论对怀疑主义难题的解答》,上海:上海人民出版社 2009 年。

328. 曹剑波:《葛梯尔反例意义的诘难》,《复旦学报(社科版)》2004 年第 5 期。

329. 曹剑波:《怀疑主义直觉的实验研究》,《长沙理工大学学报》(社会科学版)2014 年第 1 期。

330. 曹剑波:《基于三个维度的实验知识论研究》,《中国高校社会科学》2017 年第 6 期。

331. 曹剑波:《确证理论的实验研究:特鲁特普案例》,《世界哲学》2014 年第 2 期。

332. 曹剑波:《哲学直觉方法的合理性之争》,《世界哲学》2017 年第 6 期。

333. 曹剑波:《知识与语境:当代西方知识论对怀疑主义难题的解答》,上海:上海人民出版社 2009 年。

334. 曹剑波:《直觉是有理论负载的》,《山西大学学报(哲社版)》2017 年第 4 期。

335. 弓肇祥:《认识论逻辑》,出自王雨田:《现代逻辑科学导引》下册,北京:中国人民大学出版社 1988 年。

336. 何孟杰:《对所与之谜的哲学实验研究》,厦门大学人文学院博士论文 2014 年。

337. 潘天群:《群体对一个命题可能的知道状态分析》,《自然辩证法研究》2003 年第 11 期。

338.郑伟平:《知识与信念关系的哲学论证和实验研究》,《世界哲学》2014 年第 1 期。

339.周昌乐:《哲学实验:一种影响当代哲学走向的新方法》,《中国社会科学》2012 年第 10 期。

340.[德]黑格尔著,贺麟、王太庆译:《哲学史讲演录》第 3 卷,北京:商务印书馆 1959 年。

341.[德]黑格尔著,贺麟译:《小逻辑》,北京:商务印书馆·1980 年。

342.[美]W.H.沃克迈斯特著,李德容等译:《科学的哲学》,北京:商务印书馆 1996 年。

343.[美]约书亚·诺布和肖恩·尼科尔斯编,厦门大学知识论与认知科学研究中心译:《实验哲学》,上海译文出版社 2013 年。

344.[美]约书亚·亚历山大著,楼巍译:《实验哲学导论》,上海:上海译文出版社 2013 年。